中国的毒蘑菇

图力古尔　杨祝良　陈作红　李泰辉　李海蛟　编著

科学出版社
北京

内 容 简 介

本书基于作者数十年的真菌资源调查和分类学研究，以中毒案例、毒性成分及可靠文献为依据，介绍了我国毒蘑菇研究历史与现状、种类及其生态地理分布、标本采集和处理、形态特征与鉴定、中毒症状类型及其毒性成分、中毒诊断与治疗要点等，记载了8个中毒类型的毒蘑菇51科126属509种、毒性待确定的蘑菇26种、我国分布存疑的毒蘑菇65种，可为毒蘑菇的快速识别与预防中毒提供科学依据。

本书可供菌物学研究者、疾病预防控制与中毒预防部门工作人员、医院急诊与中毒治疗医务工作者、菌物学科普传播者、蘑菇爱好者，以及大专院校和科研机构相关专业师生参考。

图书在版编目（CIP）数据

中国的毒蘑菇 / 图力古尔等编著. -- 北京：科学出版社，2025.3.

ISBN 978-7-03-081564-4

I.Q949.32

中国国家版本馆CIP数据核字第2025T6D896号

责任编辑：陈　新　郝晨扬 / 责任校对：郑金红
责任印制：肖　兴 / 封面设计：北京美光设计制版有限公司

科学出版社 出版
北京东黄城根北街16号
邮政编码：100717
http://www.sciencep.com

北京汇瑞嘉合文化发展有限公司印刷
科学出版社发行　各地新华书店经销

*

2025年3月第　一　版　开本：787×1092 1/12
2025年3月第一次印刷　印张：33 2/3
字数：750 000

定价：280.00元

（如有印装质量问题，我社负责调换）

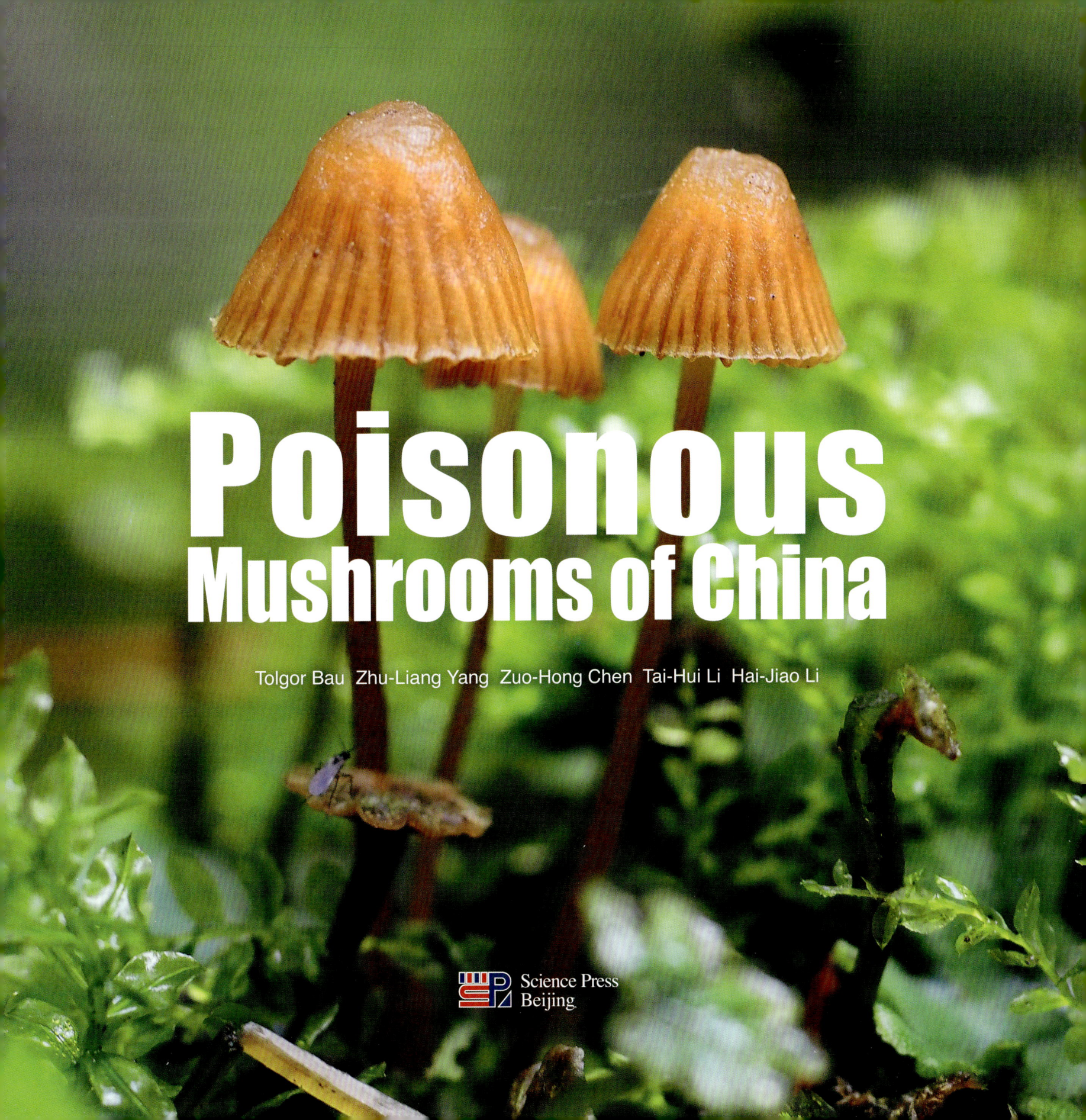

Poisonous
Mushrooms of China

Tolgor Bau Zhu-Liang Yang Zuo-Hong Chen Tai-Hui Li Hai-Jiao Li

Science Press
Beijing

Brief Introduction

Based on the authors' accumulation of research results on macrofungal resources investigation and taxonomy in the past decades, according to poisoning cases, toxin components and reliable literature, 509 species of poisonous mushrooms in China were concluded and recorded, which can cause acute liver damage, acute kidney injury, neuropsychiatric disorders, gastroenteritis, rhabdomyolysis, hemolysis, photoallergic dermatitis and other types of poisoning symptoms. They taxonomically belong to 126 genera under 51 families (excluding the undetermined families), 12 orders, 5 classes, 2 phyla of the fungal kingdom. Information such as species name (including nicknames/common names when available), morphological characteristics, habitat and substrate, geographical distribution, occurrence time and toxicity, together with one or more colour photographs, is provided for each species. In addition, 26 uncertain "poisonous mushrooms", which have been documented as poisonous or thought to be poisonous but lack evidence of poisoning cases and determining of toxic components, are also described; and 65 species with doubtful distribution in China were listed, which have been recorded in China but have no conclusive Chinese voucher specimens or other evidence of their distributions. References, an index of Chinese fungal names and an index of Latin names are provided at the end of the book.

作者简介

图力古尔

博士，吉林农业大学二级教授、博士生导师，中国菌物学会副理事长，农业农村部北方食用菌资源利用重点实验室主任，教育部"重要菌物资源保育与可持续利用"创新团队带头人，泰山学者。长期从事真菌分类与资源利用研究，发表真菌新科1个、新属6个、新种180个，培养硕士研究生、博士研究生148名，指导留学生、高级访问学者、进修生12名。主持国家自然科学基金面上项目等科研项目10余项，发表学术论文280篇，编著《中国大型菌物资源图鉴》、《毒蘑菇识别与中毒防治》、《中国真菌志》（球盖菇科、丝盖伞科）、《吉林省菌物志》（蘑菇目、红菇目）等毒蘑菇资源相关学术著作10余部，主编教材《蕈菌分类学》。

杨祝良

中国科学院昆明植物研究所二级研究员、博士生导师，享受国务院特殊津贴，主要从事真菌多样性进化与资源利用研究。德国图宾根大学理学博士，国家杰出青年科学基金获得者，中国科学院"百人计划"入选者，曾任中国科学院植物多样性与生物地理学重点实验室主任、中国菌物学会理事会副理事长、中国菌物学会菌物多样性及系统学专业委员会主任，现任云南省真菌多样性与绿色发展重点实验室主任、*Fungal Diversity* 主编、《菌物学报》和《菌物研究》副主编、国际真菌命名法委员会委员等。完成国家和省部级科研任务51项，出版论文著作300余篇（册），发表毒蘑菇新种80余个，获国家发明专利15件。曾获省部级科技奖一等奖、二等奖5项，获全国先进工作者称号、全国五一劳动奖章、中国菌物学会戴芳澜杰出成就奖、北美真菌学会外籍荣誉会士等。

陈作红

博士，二级教授，博士生导师，湖南师范大学生命科学学院真菌研究室主任，中国菌物学会常务理事。长期从事有毒蘑菇及其毒素、高等真菌资源调查与利用研究。先后主持国家自然科学基金项目7项、省部级项目10余项，调查了我国400余起野生蘑菇中毒事件。在 Fungal Diversity、Food Chemistry、BMC Genomics、MycoKeys、Toxicon、《菌物学报》等刊物上发表有关毒蘑菇论文80余篇，编撰《毒蘑菇识别与中毒防治》《湖南大型真菌图鉴》《湖南毒蘑菇识别与中毒防治手册》等3部著作，其中《毒蘑菇识别与中毒防治》获2020年湖南省科技进步奖二等奖。培养硕士研究生、博士研究生40余名，其中2人获得湖南省优秀博士学位论文奖。80余次受国家卫生健康委员会、国家食品安全风险评估中心、中国疾病预防控制中心、各省市疾病预防控制中心和医院邀请进行标本鉴定、指导治疗、技术培训和科普宣传。

李泰辉

博士，二级研究员，博士生导师，享受国务院特殊津贴，广东省科学院微生物研究所首席专家，第五届、第六届中国菌物学会理事会副理事长，第七届、第八届中国菌物学会菌物多样性及系统学专业委员会主任，广州市科普志愿者协会前副理事长。自1980年起，从事大型真菌的资源与系统分类学研究，合作编撰《中国大型菌物资源图鉴》《毒蘑菇识别与中毒防治》等学术著作20部，发表致命鹅膏等毒蘑菇在内的真菌新种250多种，制定了我国第一个毒蘑菇鉴定标准，参与大量毒蘑菇中毒防治及科普工作。荣获中国菌物学会戴芳澜杰出成就奖、广东省丁颖科技奖及10多项省部级科技奖、广州科普创新奖。

李海蛟

博士，中国疾病预防控制中心职业卫生与中毒控制所中毒控制室研究员，硕士生导师。中国菌物学会科普工作委员会副主任、菌物科普导师、科普与劳动教育分会常务委员，中国毒理学会中毒与救治专业委员会委员，北京市预防医学会营养与食品卫生专业委员会委员，北京环境诱变剂学会科普专业委员会委员。一直专注于毒蘑菇多样性、毒素检测、中毒机制、临床救治、防控策略和科普宣传等蘑菇中毒防治关键环节，开展全链条、全周期研究。10余年来参与国内2000余起中毒事件的处置；主持国家自然科学基金项目2项；获教育部自然科学奖二等奖等省部级奖励3次；以第一作者或通信作者发表SCI论文40余篇；发表大型真菌新种近100种；共同主编科普图书4部。

序 一

在浩瀚的生命世界中，真菌与植物和动物并驾齐驱，是真核生物中一个独立的界。真菌无时不在，无处不有，微小的种类需要借助显微镜才能观察到，大型种类则显而易见，它们或因绚丽多彩而引人注目，或因暗淡无光而被人忽视。蘑菇是常见的真菌类群之一，其中既含有脍炙人口、美味营养的食用菌，也包括误食可致人于死地的毒蘑菇。识别蘑菇绝非一日之功，对于常年在野外采集样品、富有经验的真菌学家，敏锐地识别可食用和有毒种类可能并不十分困难；而对于一般生物学爱好者，鉴别毒蘑菇并非易事。

科学普及工作在我国日益受到重视，为了防止和尽量减少蘑菇中毒事件的发生，针对具体案例，蘑菇研究专家开展了各种形式的讲座、宣传和展示，但在蘑菇生长盛期中毒事件仍然时有发生。记得我们在进行规模性真菌野外考察时，在没有蘑菇专家一路同行的情况下，采食蘑菇是断然禁止的，任何人都不愿意为误食毒蘑菇而付出生命代价。蘑菇导致中毒的机理因种类而异，若缺乏对物种的正确识别，就会给挽救生命增加难度。我们迫切需要一部关于全面认知我国毒蘑菇的科普读物。

《中国的毒蘑菇》的作者以我国出现的中毒案例、有报道的毒素成分以及相关文献资料为依据，记载了目前发现的导致急性肝损害型、急性肾损伤型、神经精神型、胃肠炎型、横纹肌溶解型、溶血型、光过敏性皮炎型等不同中毒类型的毒蘑菇509种，总结了毒蘑菇中毒诊断与治疗方法等必要信息。该书提供了每个物种的名称、形态描述、原生态彩色图片、生境与基物、已知地理分布、发生时间、毒性成分和中毒类型等基本信息。同时，该书收录了文献记载为有毒以及出现中毒症状但缺乏中毒机制考证的少数种类。

《中国的毒蘑菇》一书的出版为我们开启了一扇从无知通往有知的大门，为普及毒蘑菇识别和开展蘑菇中毒防控救治提供了重要的科学信息。这是一部图文并茂、内容丰富、可读性强的读物。该书的5位作者是我国享有盛誉的真菌学家，他们长期投身于真菌学事业，对蘑菇更是情有独钟，潜心研究，积极并热心投入科学普及工作。他们学术和实践经验丰富，熟知毒蘑菇的研究历史、种类特点、危害类型、毒性成分和中毒机理，频繁应邀参与相关科普工作或现场救治。

是为序。期待《中国的毒蘑菇》为减少或杜绝我国蘑菇中毒事件助力！

庄文颖
真菌学家、中国科学院院士
2025年3月于北京

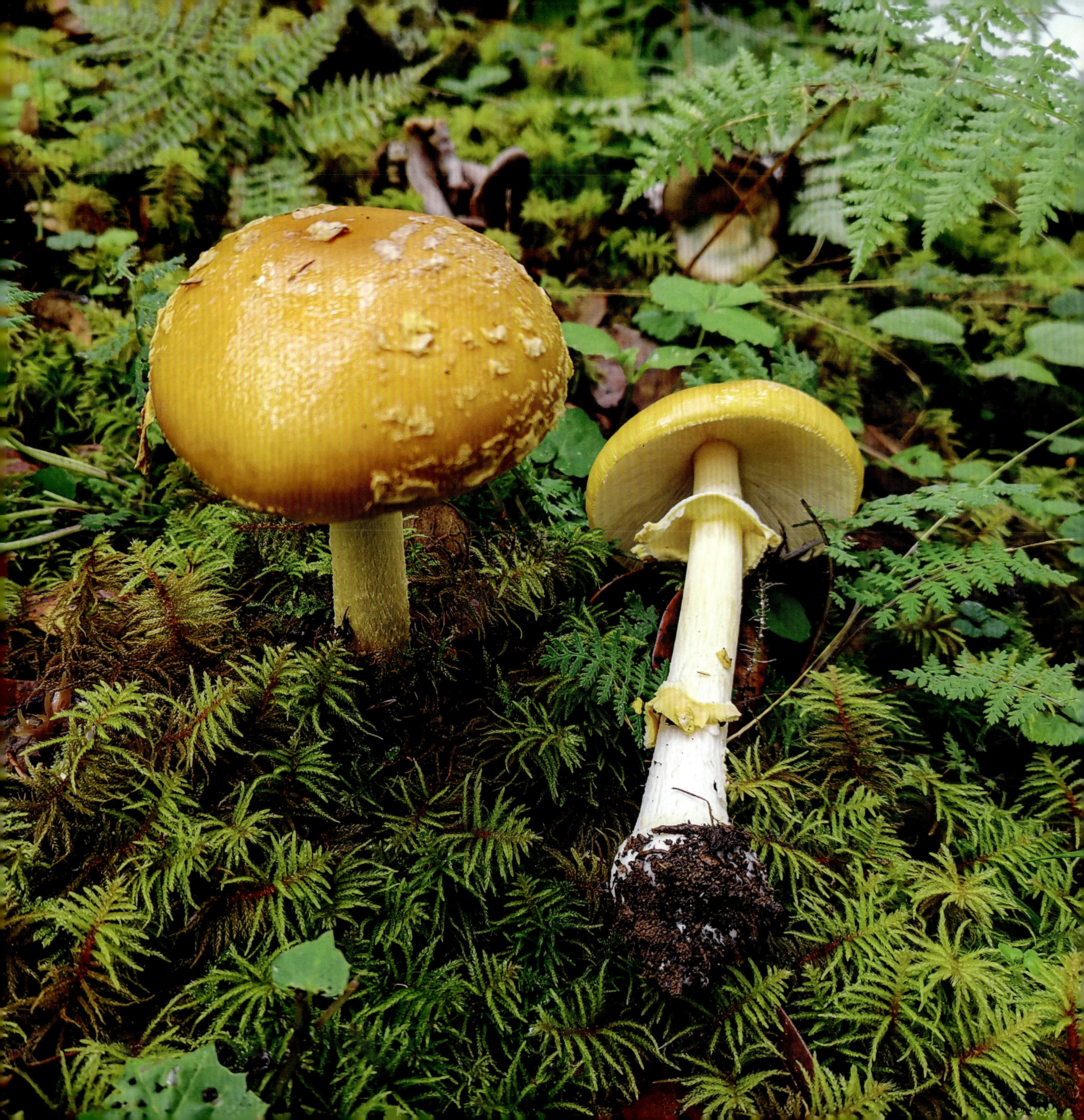

序 二

2006年7月，滇西高黎贡山出现2人不明原因猝死，百余人的村落被诡异、恐惧的氛围笼罩。调查显示，该事件与当地称为"小白菌"的蘑菇有关。事发后，"小白菌"样本送到北京，请菌物研究专家鉴定，但它是什么，当时莫衷一是。随后"小白菌"图片经世界卫生组织转发给国际及中国国内菌物学专家们，但依旧没有鉴定结果。菌物学家对毒蘑菇的物种鉴定结果对于医学家诊断和治疗毒蘑菇中毒具有指导意义。虽然真菌学家和医学家都关注毒蘑菇，但二者长期以来若即若离，缺乏紧密的合作与交流。

2006年，中国疾病预防控制中心开展了"有毒生物标本库"建设专项，目的是通过推动天然生物致病因子研究，弥合有毒生物中毒防治领域生物学和医学之间的鸿沟，"毒蘑菇"就是其中重要的研究内容。项目启动后的情况调查显示，当年全国医疗卫生领域具备"毒蘑菇"研究能力的机构为"0"！"有毒生物标本库"项目于2009年验收，共收集87种毒蘑菇标本。在项目执行过程中，中国疾病预防控制中心同国内数十家生物学科研院所、高校的数百位有毒生物权威专家建立了紧密的合作关系，形成了以解决有毒生物中毒为目标的多学科交叉融合的工作机制。

当前，我国毒蘑菇防控任务依然艰巨。随着我国人民群众生活方式的改变，蘑菇中毒出现各种新情况、新趋势。随着监测系统的不断完善，研究发现蘑菇中毒危害仍呈现一定的上升趋势：2023年全国共报告蘑菇中毒事件3087起，暴露人数13 438人，发病人数10 489人，住院人数3953人，死亡人数58人。蘑菇中毒地区差异很大，南方明显高于北方，危害最严重的是云南、贵州和湖南。

面对我国广袤地域内种类繁多的毒蘑菇，特别是近年来研究发现的大量毒蘑菇新物种，结合蘑菇中毒监测发现很多毒蘑菇时空分布随着气候变化、生态环境改变和现代物流的兴起等而发生极大改变的现况，急需一本能体现这些变化的权威读物供广大医疗卫生工作者参考。

图力古尔教授、杨祝良研究员、陈作红教授和李泰辉研究员是我国菌物学领域资深专家，有深厚的毒蘑菇多样性研究基础。近年来，中国疾病预防控制中心的李海蛟博士承担了2000余起蘑菇中毒事件的调查和物种鉴定工作，熟悉我国蘑菇中毒现况与规律。以上5位专家取得的研究成果代表了我国几十年来毒蘑菇与蘑菇中毒研究的最前沿，《中国的毒蘑菇》归纳了我国毒蘑菇多样性、毒素检测、中毒诊治和中毒防控等蘑菇中毒防治多领域、全链条成果，科学性强、内容系统全面，是从事毒蘑菇基础研究、中毒预防控制和临床救治的必备参考书。

希望该书作者持续积累新的研究成果，收集新的研究进展，体现在后续版本中。

孙承业
中国疾病预防控制中心中毒控制首席专家
2025年3月于北京

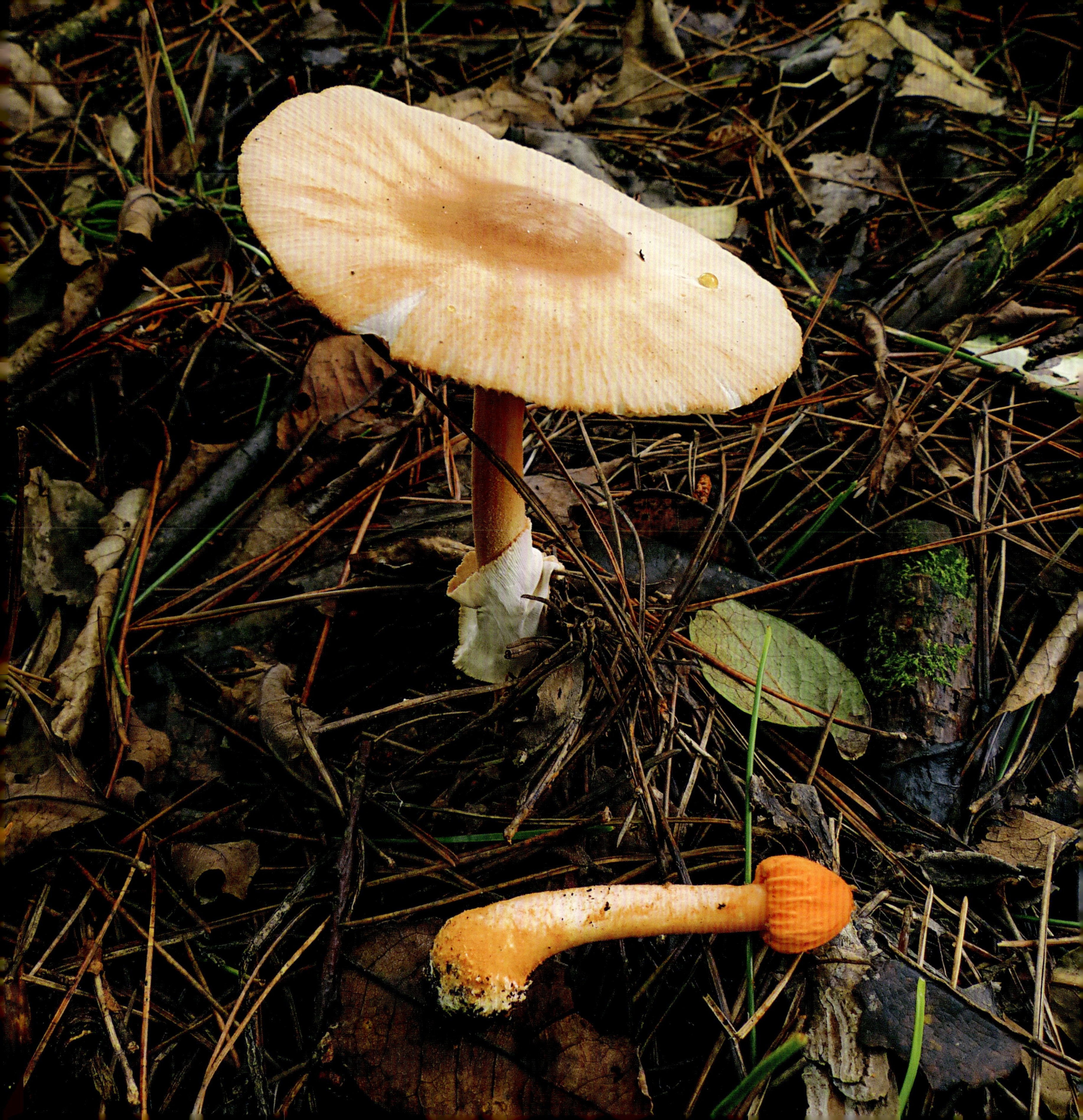

前 言

在地球上，蘑菇是一类拥有再生力的自然资源，不但具有重要的生态价值，而且有重要的食用和药用价值，这是对人类有利的方面。然而，有些蘑菇有毒，这些蘑菇被误食后会导致人中毒甚至死亡，这是蘑菇对人类有害的方面。本书将此类有毒蘑菇简称毒蘑菇。事实上，毒蘑菇是伴随野生食用菌发生的，毒蘑菇中毒事件是全球面临的难题，关系到人类健康、关系到千家万户，尤其是偏远山区老百姓。毒蘑菇中毒带来的危害极其严重，有时甚至危及生命，多年来已成为我国食源性疾病死亡的首要因素。

哪些蘑菇有毒？分布在哪些地方？什么季节出没？误食后会导致哪些中毒后果？如何有效治疗毒蘑菇中毒？要解决这些问题，除了认识毒蘑菇，还要系统地研究毒蘑菇的生长习性、毒性成分以及相应的解救措施等，这是一个需要分类学、生态学、系统学、毒素学以及疾病防控等多个行业专家共同参与才能完成的系统工程。

如何快速、准确地识别毒蘑菇是毒蘑菇中毒防治工作中的第一步，也是关键的一步。通过一个多世纪的努力，在欧美一些国家编著有图文并茂的有毒蘑菇辨识手册或图鉴，如 *Toxic and Hallucinogenic Mushroom Poisoning*（Lincoff and Mitchel，1977）、*Mushrooms and Toadstools of Britain and Europe*（Courtecuisse and Duhem，1995）等。在20世纪后半叶我国也出版了相关著作，如《毒蘑菇》（中国科学院微生物研究所真菌组，1975，1979）、《湖南主要食用菌和毒菌》（湖南师范学院生物系和湖南省食杂果品公司，1979）、《吉林省有用和有害真菌》（李茹光，1980）、《毒蕈中毒防治手册》（杨仲亚，1984）、《毒蘑菇识别》（卯晓岚，1987）、《云南食用菌与毒菌图鉴》（郑文康，1988）等，对我国毒蘑菇识别和中毒防控起到了重要作用。

进入21世纪，人们对毒蘑菇的物种识别、毒性成分、毒素作用机制和毒蘑菇中毒防治等方面开展了广泛深入的研究，对毒蘑菇的认知有了长足进步，取得了一些标志性的成果。《毒蘑菇识别与中毒防治》（陈作红等，2016）对我国毒蘑菇识别和中毒防控起到重要作用，获湖南省科技进步奖二等奖和优秀科普读物奖。此后，又经过近10年的研究，在毒蘑菇的种类及其生态分布规律、发生时间、毒性成分、中毒症状、临床分型、中毒治疗等方面，全国各地相关专业人员发表了大量的研究数据和新资料，积累了众多有关毒蘑菇识别和中毒防控的经验。为了让读者更好地了解我国的毒蘑菇种类及相关科学知识，作者根据数十年的研究积累及同行的研究成果，完成了本书的编撰工作。

在写作过程中，作者力求做到：①熟悉地域南北兼顾，专业知识和中互补。本书的5位作者分别来自吉林农业大学、中国科学院昆明植物研究所、湖南师范大学、广东省科学院微生物研究所、中国疾病预防控制中心职业卫生与中毒控制所，地域上属于中国的东北、西南、华中、华南、华北地区，专业上涉及分类学、生态学、毒素学和中毒防治等领域，各区统筹，长短互补。主要作者曾联合编著过《毒蘑菇识别与中毒防治》《中国大型菌物资源图鉴》等专业书籍，合作默契。②内容翔实，突出原创。本书记载的毒蘑菇物种大多数是作者在多年野外调查、中毒现场采样、民间寻访以及实验室研究中发现或命名的，仅少数根据同行文献载入。本书作者独立或参与命名的毒蘑菇新种达106种，占全部记载物种的20.8%；部分毒性成分和中毒机理是作者带领的实验室研究取得的成果；部分中毒案例和中毒症状是作者从中毒现场收集的第一手资料中分析获得。③注重内容的全国性、全面性和权威性。本书记载的毒蘑菇覆盖全国各省区的不同生态区域，包含毒蘑菇中毒的所有八大类型，许多内容是根据作者团队数十年的实践和研究成果精炼而成，同时也吸收了部分同行的最新研究成果。④提高著作的普适性。作者努力使本书成为一本受大众欢迎的毒蘑菇知识科普读物、一本疾控部门实用的毒蘑菇中毒预防指南和一本科研人员与蘑菇爱好者乐意使用的参考书籍。⑤实事求是，去伪存真。本书专门列出记载有毒但中毒类型不明确且缺乏案例的物种和曾被记载有毒但因错误鉴定或目前中国并无确凿分布证据的物种，供读者参考。

在本书编写过程中，得到了李玉院士、庄文颖院士、吴清平院士、张克勤院士、郭良栋研究员、戴玉成教授、孙承业研究员、余成敏主任医师、张平教授、马涛、王向华、葛再伟、曾念开、李艳春、刘建伟、吴刚、赵琪、赵宽、魏铁铮、李国杰、王元兵、邓旺秋、张明、范宇光、颜俊清、田恩静、蔡箐、崔杨洋、冯邦等众多前辈或同仁、学生的大力支持，部分同行提供了少量珍贵照片，在此一并表示谢意！

本项工作得到云南省"兴滇英才支持计划"科技领军人才专项（202305AB350004），教育部"长江学者和创新团队发展计划"（IRT1134、IRT-15R25），国家自然科学基金项目（32270001、32070010、32270021），江苏安惠生物科技有限公司，湖南诺泽生物科技有限公司的资助。

需要指出的是，我国幅员辽阔，拥有丰富的毒蘑菇物种资源，如在蘑菇属、裸伞属、斑褶菇属、裸盖菇属、广义丝盖伞属等分布广泛的毒蘑菇重要类群中，还有不少有毒种类需进一步调查、研究和确认；有的物种的毒性可能记载不够全面、认知不够深入，甚至可能有误。敬请广大读者提出宝贵意见，以便今后进一步完善。

作　者
2024 年秋

目 录

第一章　概述

第一节　我国毒蘑菇研究历史与现状　/ 2
第二节　我国毒蘑菇的种类及其生态地理分布　/ 6
第三节　毒蘑菇标本采集和处理　/ 13
第四节　毒蘑菇的形态特征与鉴定　/ 15

第二章　毒蘑菇中毒症状类型及其毒性成分

第一节　急性肝损害型　/ 22
第二节　急性肾损伤型　/ 27
第三节　神经精神型　/ 30
第四节　胃肠炎型　/ 34
第五节　横纹肌溶解型　/ 35
第六节　溶血型　/ 35
第七节　光过敏性皮炎型　/ 36
第八节　其他类型　/ 37
第九节　毒蘑菇中毒典型案例　/ 37

第三章　毒蘑菇中毒诊断与治疗方法

第一节　毒蘑菇中毒诊断与治疗总原则　/ 46
第二节　急性肝损害型中毒诊断与治疗　/ 48
第三节　急性肾损伤型中毒诊断与治疗　/ 50
第四节　神经精神型中毒诊断与治疗　/ 51
第五节　胃肠炎型中毒诊断与治疗　/ 52
第六节　横纹肌溶解型中毒诊断与治疗　/ 52
第七节　溶血型中毒诊断与治疗　/ 53
第八节　光过敏性皮炎型中毒诊断与治疗　/ 54

第四章　我国毒蘑菇的种类

第一节　急性肝损害型毒蘑菇　/ 58
第二节　急性肾损伤型毒蘑菇　/ 83
第三节　神经精神型毒蘑菇　/ 96
第四节　胃肠炎型毒蘑菇　/ 210
第五节　横纹肌溶解型毒蘑菇　/ 345
第六节　溶血型毒蘑菇　/ 347
第七节　光过敏性皮炎型毒蘑菇　/ 350
第八节　其他类型毒蘑菇　/ 351
第九节　毒性待确定种和分布存疑种　/ 352

参考文献　/ 371

中文名称索引　/ 381

拉丁学名索引　/ 385

POISO
MUSH

Introduction

NOUS ROOMS

第一章
概 述

第一节　我国毒蘑菇研究历史与现状

一、古代对毒蘑菇的认识和记载

在我国古代文献中，蘑菇被称为"菌"、"蕈"、"芝"或"蕈菌"。早在战国时期（公元前476～前221年），列子在《列子·汤问》中记载有"朽壤之上有菌芝者，生于朝，死于晦"。隋朝（581～618年），隋代医家巢元方在《诸病源候论》里解释说："蕈菌等物，皆是草木变化所生。出于树者为蕈，生于地者为菌，并是郁蒸湿气变化所生。"早在东汉时期（25～220年），张机（张仲景）所著《金匮要略方论》中记载："木耳赤色，及仰生者，勿食。"唐代中医学家陈藏器于公元739年撰写的《本草拾遗》中记载："菌，冬春无毒，夏秋有毒，有蛇、虫从下过也。夜中有光者，欲烂无虫者，煮之不熟者，煮讫照人无影者，上有毛下无纹者，仰卷赤色者，并有毒杀人。"南宋陈仁玉所撰《菌谱》中记载："杜蕈生土中，与山中鹅膏蕈相乱。俗言毒蛰之气所成，食之杀人。"潘之恒在《广菌谱》中也引用了以上陈藏器、陈仁玉等所记载的关于毒蕈的论述。清代吴林在《吴蕈谱》中对毒蕈进行了较大篇幅的描述，对我国古代的毒菌文献进行了搜集整理和引用，并提出了一些自己的观察心得，曰："烹时以灯草数茎投釜中，灯草黑，有毒不可食"，"凡菌有名色可认者，采之，无名者，弃之"。

古人在采食野生蘑菇过程中认识到了毒蘑菇的存在很了不起，"鹅膏"等毒蘑菇名称沿用至今，"生于朝，死于晦"记录的是蘑菇寿命之短，像极了鬼伞"朝生暮死"的特点，古人很早就对蘑菇的生境产生了兴趣，无论木生还是草生，他们认为均是草木腐化而成的，也注意到"夜中有光者"，即有荧光（参见第291页右上图）可能有毒性，对个别中毒症状也有所观察，如"令人笑不止"的"笑蕈"，即如今所指橙裸伞（大笑菌）等"神经精神型"中毒类型，并提出了误食毒蕈中毒后的治疗方法，如在《吴蕈谱》中，对我国古代毒蘑菇的认识及解毒方法进行了总结，充分体现了我国古代劳动人民识别毒蘑菇的探索精神以及寻求起死回生妙药的良好愿望。

然而，从现代科学的角度来看，这些鉴别毒蘑菇和中毒治疗的方法大多数都是不科学的甚至是错误的。

二、20世纪毒蘑菇研究简介

（一）物种多样性

自20世纪初开始，我国老一辈真菌学家开启了用现代科学方法研究真菌的先河。邓叔群（1963）所著的《中国的真菌》、戴芳澜（1979）所著的《中国真菌总汇》奠定了中国大型真菌研究的基础。在《中国的真菌》中记述了蘑菇目中大约28种有毒或可能有毒的蘑菇。《云南常见的食菌与毒菌》（云南省卫生防疫站，1961）记载了云南常见的食用菌和毒蘑菇的部分物种。王云章（1973）发表蘑菇目2个毒蘑菇新种，分别定名为残托斑毒伞（*Amanita kwangsiensis*）和黄褐丝盖伞（*Inocybe flavobrunnea*）。有关中国毒蘑菇的首部专著《毒蘑菇》（中国科学院微生物研究所真菌组，1975年第一版，1979年第二版）记载了我国毒蘑菇83种。同时期，我国还出版了《毒蘑菇识别》（卯晓岚，1987）、《湖南主要食用菌和毒菌》（湖南师范学院生物系和湖南省食杂果品公司，1979）、《贵州常见的食菌和毒菌及菌中毒的防治》（周代兴和李汕生，1979）、《吉林省有用和有害真菌》（李菇光，1980）《毒蕈中毒防治手册》（杨仲亚，1984）和《云南食用菌与毒菌图鉴》（郑文康，1988）。这些书籍对当时人们识别毒蘑菇和中毒预防与救治发挥了积极作用。

20世纪80～90年代，我国学者开展了一些毒蘑菇物种多样性调查和研究。卯晓岚先生于1982～1983年调查了西藏各地的鹅膏属物种多样性，报道了西藏地区鹅膏属毒蘑菇14种（卯晓岚，1990）。1991年，卯晓岚先生发表论文《中国鹅膏菌科毒菌及毒素》，记载了有毒或怀疑有毒的鹅膏属物种35个。薛金鼎（1984a，1984b，1986）报道了河南省毒蘑菇50种。傅伟杰等（1995）报道了吉林省内有毒和怀疑有毒的蘑菇75种。陈作红等（1997）报道湖南有毒鹅膏菌13种。同期，国内出版的一些地区大型真菌志也记载了部分毒蘑菇。例如，《西南地区大型经济真菌》（应建浙和臧穆，1994）记载了98种毒蘑菇，《湖南大型真菌志》（李建宗等，1993）记载了约70种毒蘑菇。

到了90年代中后期，中国科学院昆明植物研究所杨祝良开展了我国西南地区鹅膏属（$Amanita$）的研究，发表了11个新种，并基于形态解剖、个体发育及分子进化生物学证据将该属分为2个亚属7个组（Yang，1997，2000a），发现东亚的鹅膏菌是独立的分类群，过去报道的某些鹅膏菌，如绿盖鹅膏（$A.\ phalloides$）、白毒鹅膏（$A.\ verna$）等最初描述于欧洲的毒蘑菇物种在我国并没有分布（Yang，1997，2000a，2000b；杨祝良，2000）。

（二）中毒案例、毒素及中毒症状分型和治疗

20世纪50~60年代，发生蘑菇中毒多，但公开报道少，有关中毒资料不全。80年代，国家有关部门发现蘑菇中毒在全国许多地区频繁发生，委托有关省份的卫生防疫站组成了"毒蘑菇中毒防治科研协作组"，根据协作组统计，不同种类蘑菇在某些省市引起了严重的中毒事件（卯晓岚，2006）。穆源浦和张肃（1992）对全国蘑菇中毒资料开展了统计分析，结果表明，在1985~1990年我国共发生蘑菇中毒事件1446起，中毒8975人，死亡588人，病死率为6.6%，蘑菇中毒高发区在我国西南地区。李西云等（2003）对云南省1985~2000年毒蘑菇引起的食物中毒情况进行了分析，16年间全省共发生毒蘑菇中毒事件378起，中毒2330人，死亡326人，病死率为13.99%，且针对绝大多数中毒事件中的毒蘑菇未开展科学鉴定。

早期，依据毒素在临床上对人体造成的主要损害，我国有毒蘑菇分为4种中毒类型：肝损害型、神经精神型、胃肠炎型、溶血型（吴金澄，1976；中国科学院微生物研究所真菌组，1979）。卯晓岚（1987）根据亚稀褶红菇（$Russula\ subnigricans$）导致中毒性心肌炎、急性肾功能衰竭、呼吸麻痹等症状以及污胶鼓菌（$Bulgaria\ inquinans$）导致过敏性皮炎等症状，在原来4种类型的基础上又增加了呼吸循环衰竭型和光过敏性皮炎型。

在蘑菇中毒治疗方法方面，20世纪50~70年代已开始按照蘑菇中毒的不同症状进行对症治疗，主要方法：①催吐（催吐剂有1:5000高锰酸钾溶液、3%~5%鞣酸溶液、0.5%活性炭混悬液或浓茶等）和洗胃等，减少毒素吸收。②使用解毒剂，包括阿托品、氢化可的松、地塞米松、二巯基丙磺酸钠及一些中药解毒剂，如甘草、金银花、明矾等。③对症支持治疗，5%的葡萄糖水溶液加维生素C，以补液、利尿、补充能量、维持体内酸碱和电解质平衡等方式对症处理（黄锐尚，1959；胡锦鹄，1961；吴金澄，1976；郝海波，1978）。20世纪80~90年代，对毒蘑菇引起急性肾功能衰竭的患者已采用腹膜透析和血液透析，认为这些透析法是治疗蘑菇中毒致肾功能衰竭的有效疗法（黄智勇等，1989；黎刚等，1998）。何晓玲和何介元（1999）认为紫灵芝是治疗各种毒蘑菇中毒的理想药物。

三、21世纪以来毒蘑菇研究的主要成绩

（一）整理和发现毒蘑菇物种资源

2000年3月，广东省广州市发生1起9名农民工误食野生蘑菇中毒的事件，导致其中8人死亡。该起中毒事件的毒蘑菇标本经鉴定是一个新种——致命鹅膏（$Amanita\ exitialis$），并于2001年正式发表（Yang and Li，2001）。该种的发现开启了我国21世纪毒蘑菇研究的序幕，在随后20多年中，致命鹅膏作为实验材料被广泛用于毒蘑菇各个方面的研究。各方力量协同，联合制定并颁布了国家标准《致命鹅膏的物种鉴定》（GB/T 24316—2009）。应用DNA测序、基因组测序、比较基因组学及生物信息学等技术，研究人员可以快速识别真菌演化中出现的数量众多的单系支系，为建立各分类等级的新分类单元提供有力证据，为真菌分类学研究带来了新希望和活力，并将这类技术应用于剧毒鹅膏菌的鉴定中（蔡等，2012；杨祝良，2013）。研究发现东亚的剧毒鹅膏菌至少有9个种，包括拟灰花纹鹅膏（$A.\ fuligineoides$）、淡红鹅膏（$A.\ pallidorosea$）、裂皮鹅膏（$A.\ rimosa$）等新种（Zhang $et\ al.$，2010）。后来，研究人员又发表了鹅膏科新种64个（Cai *et al*., 2014，2016，2018）。研究发现，就是这些剧毒鹅膏菌在我国华东、华中、华南、东北和西南地区引起了至少33起误食中毒事件（陈作红等，2016；Li *et al*.，2020，2021a，2022a，2023）。

在疾病预防控制中心和相关医院的协助下，我国真菌分类工作者深入现场和医院进行蘑菇中毒案例的综合调查与毒蘑菇物种鉴定，发现了一批毒蘑菇新种，如假淡红鹅膏（*A. subpallidorosea*）、领口鹅膏（*A. collariata*）、毒环柄菇（*Lepiota venenata*）、毒鹿花菌（*Gyromitra venenata*）、毒沟褶菌（*Trogia venenata*）、环幕歧盖伞（*Inosperma zonativeliferum*）（Li *et al*., 2015；Yang *et al*., 2012；Cai *et al*., 2018；李海蛟等，2020；Deng *et al*., 2021，2022；Su *et al*., 2022）。通过对2019～2023年5年全国各地的2266起毒蘑菇中毒案例进行调查和标本鉴定，研究人员共报道我国毒蘑菇物种220种，新增71种（Li *et al*., 2020，2021a，2022a，2023，2024）。根据实际考察和文献资料，订正了以往文献中的拉丁学名问题，总结了我国的毒蘑菇435种（图力古尔等，2014）。后来，我国的毒蘑菇进一步增加至480种（Wu *et al*., 2019）。根据最新结果，我国的毒蘑菇物种多达660种（图力古尔等，2024）。不难看出，我国的毒蘑菇物种多样性研究对毒蘑菇物种鉴定和中毒预防与治疗发挥了重要作用。

（二）中毒案例调查及中毒症状分型

据统计，2004～2014年全国共上报蘑菇中毒事件576起，累计报告中毒病例3701例，死亡786例，病死率为21.24%。中毒事件数、中毒病例数和死亡数分别占全国食源性中毒事件数的12.19%、中毒病例数的2.74%和死亡数的35.57%（周静等，2016）。2021年和2022年我国食源性疾病暴发监测资料分析表明，在病因明确的中毒事件中，毒蘑菇导致的事件数和死亡人数最多，占比分别超过40%和50%（李红秋等，2022，2024）。以上数据说明误食毒蘑菇是我国食源性疾病中导致死亡的主要因素。有关数据分析表明，64.70%中毒起数、78.05%中毒人数和70.49%死亡数是由鹅膏属中的种类所引起的，主要有灰花纹鹅膏和致命鹅膏。另外，13.73%中毒起数、10.33%中毒人数和24.59%死亡数是由亚稀褶红菇引起的（Chen *et al*., 2014）。

2016年在中国疾病预防控制中心职业卫生与中毒控制所的组织下，整合国内医学和生物学领域专业资源，构建了疾控机构、临床医疗机构、科研院所和高等院校有关专业人员协同配合的蘑菇中毒防控网络化协调工作的技术体系，实现了蘑菇鉴定、疾病控制与医疗救治的无缝衔接。建立了全国以及省市级主要由疾控专业人员、医院急诊医生和大型真菌科研工作者组成的各类微信群数十个，全国各地的蘑菇中毒信息和中毒标本得以及时获得，标本的及时准确鉴定对于中毒治疗发挥了重要作用。

在调查我国1994～2012年102起（852人中毒、183人死亡）蘑菇中毒事件的基础上，研究人员结合国内外研究进展，将我国毒蘑菇中毒类型分为8种：①急性肝损害型；②急性肾损伤型；③胃肠炎型；④神经精神型；⑤溶血型；⑥横纹肌溶解型；⑦光过敏性皮炎型；⑧其他类型（Chen *et al*., 2014；陈作红等，2016）。这种中毒症状分型在随后国内的蘑菇中毒案例调查和蘑菇中毒临床诊断治疗中得到了广泛应用（卢中秋等，2019；Li *et al*., 2020，2021a，2022a，2023）。

（三）毒性成分的检测与分析

国内外已报道的蘑菇毒性成分超过124种（Yin *et al*., 2019），但能够有效检测的毒性成分种类并不多，目前可以检测的主要是鹅膏肽类毒素（*Amanita* peptides）、毒蕈碱（muscarine）、异噁唑衍生物（isoxazole derivatives）、裸盖菇素（psilocybin）等。2000年以来，随着高效液相色谱（HPLC）法和高效液相色谱-质谱（HPLC-MS）法等分析技术方法的发展与应用，我国毒蘑菇毒性成分检测分析方法逐步得到完善和发展。在鹅膏肽类毒素方面，利用HPLC和HPLC-MS方法检测分析了包括致命鹅膏、灰花纹鹅膏等鹅膏属檐托鹅膏组10余种剧毒鹅膏菌的肽类毒性成分（包海鹰等，2002；陈作红等，2003；胡劲松等，2003；Deng *et al*., 2011；Tang *et al*., 2016；Wei *et al*., 2017）。胡劲松和陈作红（2014）利用大孔吸附树脂联合葡聚糖凝胶Sephadex LH20和半制备HPLC分离纯化出7个纯度达95%以上的鹅膏肽类毒素单体，其中5个经质谱分析鉴定为α-鹅膏毒肽、β-鹅膏毒肽、脱氧二羟毒伞素、羧基三羟鬼笔毒肽和羧基二羟鬼笔毒肽。除鹅膏属物种外，近年来还开展了其他属真菌中的鹅膏肽类毒素检测分析，如环柄菇属中的肉褐鳞环柄菇（*Lepiota brunneoincarnata*）、毒环柄菇（*L. venenata*）(Long et al., 2020; Xu et al., 2020a; Mao et al., 2022）和盔孢伞属中的条盖盔孢伞（*Galerina sulciceps*）（黄双等，2015）。随着质谱技术的不断进步，超高效液相色谱或高效液相色谱-串联质谱（UPLC/HPLC-MS/MS）技术在鹅膏肽类毒素检测领域得到了广泛应用，HPLC 与 MS 结合可精确测定多肽类毒素含量和分子量，具有进样量少、灵敏度高、准确可靠等优点，适用于生物样品（如剩余样品、血液、尿液、肝脏组织等）中痕量甚至超痕量毒素的检测及确证（刘润卿等，2021；姜奕甫等，2024；Yang et al., 2024）。

近年来，利用超高效液相色谱或高效液相色谱-串联质谱技术在毒蕈碱、异噁唑衍生物、裸盖菇素等毒素检测方面也取得了良好进展。检测出含有毒蕈碱的物种主要有丝盖伞科丝盖伞属（*Inocybe*）、歧盖伞属（*Inosperma*）、裂盖伞属（*Pseudosperma*）中的一些物种（Deng et al., 2021, 2022; Li et al., 2021b, 2022b; Zhao et al., 2022）及杯伞科金钱菌属（*Collybia*）的物种（He et al., 2023）。检测出含有异噁唑衍生物鹅膏蕈氨酸（ibotenic acid）和异鹅膏胺（muscimol）的物种主要是鹅膏属鹅膏组（*A.* sect. *Amanita*）的物种（Su et al., 2023）。Yao 等（2024）检测分析了引起 2 起中毒事件的红褐斑褶菇（*Panaeolus subbalteatus*）中的裸盖菇素含量。

（四）预防控制与中毒治疗

针对毒蘑菇的危害性，全国各地尤其是在西南、华中、华南等毒蘑菇中毒事件高发地区，近年来采取了下述一系列有效措施来预防毒蘑菇中毒，减少事件发生率，降低病死率。①一些省市建立了联防联控、部门协作机制；卫生健康部门开展常态化监测与风险预警；农业农村部门、林草部门加强农林产品的源头管理、产地巡查和警示劝阻；市场监管部门加强对食品生产经营单位的日常监管；各部门及时开展风险交流、完善工作机制，使预防蘑菇中毒各项措施形成合力，严防有毒野生蘑菇流向餐桌。②中国疾病预防控制中心和毒蘑菇中毒高发省份的省市级疾病预防控制中心加强了全国及各省（区、市）毒蘑菇中毒的信息管理，收集毒蘑菇标本及中毒事件流行病学资料，明确了我国及各地蘑菇中毒的主要物种及其时空分布。③各地制定和推出了一系列毒蘑菇中毒的风险防控策略。有的省份绘制了野生蘑菇中毒风险地图，以县域为单元，划分为高、中、低风险县（市、区）和无事件上报县（市、区），各县（市、区）按风险级别实施对应的防控措施，进一步落实精准防控。④全国各地广泛开展了毒蘑菇中毒事件科普宣传，制作、发放各地区常见毒蘑菇图谱、中毒症状及救治等健康教育材料，通过主流媒体、政府网站、微信公众号、广播系统等各种途径进行"全覆盖、多层次、立体化"的宣传，切实提高群众对毒蘑菇危害的认知。⑤在毒蘑菇中毒高发地区建立了定点医院，通过举办野生蘑菇中毒预防及救治培训班，提升了各级医疗单位诊疗救治水平，减少了危重症、死亡病例的发生。

在毒蘑菇中毒诊断与治疗方面，近年来，来自临床医学、公共卫生学、真菌分类学、毒理学等领域的专家，通过文献整理和诊治实践总结，发表了《中国蘑菇中毒诊治临床专家共识》（卢中秋等，2019）和《中国含鹅膏毒肽蘑菇中毒临床诊断治疗专家共识》（余成敏和李海蛟，2020）。这两个"专家共识"对于我国毒蘑菇中毒诊断与治疗具有重要指导意义。

2024 年，为了指导各地有效开展风险识别预警、研判处置、科普宣传和诊疗救治等工作，国家卫生健康委员会食品司组织专家结合地方优秀经验措施，梳理相关专业资料和科普作品，委托中国疾病预防控制中心和国家食品安全风险评估中心共同研制"有毒动植物和毒蘑菇中毒科普宣传及诊疗鉴定'工具箱'"（https://www.foodu14.com/special/show-95.html）并动态更新，其中毒蘑菇是重点关注对象，供全国卫生健康与食品安全工作者使用，为解决有毒动植物和毒蘑菇中毒防治问题提供了"一站式"专业技术支持。同时，成立诊治专家组和科普专家组，为全国有毒动植物和毒蘑菇中毒防治提供专业技术支撑。

第二节　我国毒蘑菇的种类及其生态地理分布

一、毒蘑菇物种

（一）毒蘑菇在真菌各大纲目中的分布特点

依据《中国毒蘑菇新修订名录》，中国毒蘑菇种类达660种，隶属于5纲14目59科162属（图力古尔等，2024）。其中，蘑菇纲（Agaricomycetes）所含种类最多（619种），其次是盘菌纲（Pezizomycetes）（27种）、锤舌菌纲（Leotiomycetes）（8种）、粪壳菌纲（Sordariomycetes）（5种）、花耳纲（Dacrymycetes）（1种），这说明毒蘑菇种类主要集中在真菌界（Fungi）担子菌门（Basidiomycota）。从目级水平上也基本上得出相同的结论：担子菌门中的蘑菇目（Agaricales）（433种）、牛肝菌目（Boletales）（88种）、红菇目（Russulales）（63种），共计584种，占毒蘑菇种数的88.5%，而子囊菌门（Ascomycota）盘菌纲的所有毒蘑菇种类则集中在盘菌目（Pezizales）（27种）中。换句话说，只要我们了解和掌握以上这4个目的毒蘑菇种类就等于对我国92.6%的毒蘑菇"基本盘"做到了心中有数。从科的组成上看，含毒蘑菇种类10种以上的科有丝盖伞科（Inocybaceae）（71种）、鹅膏科（Amanitaceae）（67种）、红菇科（Russulaceae）（62种）、牛肝菌科（Boletaceae）（59种）、层腹菌科（Hymenogastraceae）（57种）、蘑菇科（Agaricaceae）（49种）、口蘑科（Tricholomataceae）（26种）、杯伞科（Clitocybaceae）（24种）、球盖菇科（Strophariaceae）（23种）、拟盔盖伞科（Galeropsidaceae）（17种）、丝膜菌科（Cortinariaceae）（16种）、钉菇科（Gomphaceae）（16种）、粉褶菌科（Entolomataceae）（15种）、小脆柄菇科（Psathyrellaceae）（14种）、蜡伞科（Hygrophoraceae）（12种）、乳牛肝菌科（Suillaceae）（11种）。

若把目光聚焦到属水平上，含有10种以上的属有鹅膏属（*Amanita*）（67种）、丝盖伞属（*Inocybe*）（41种）、乳菇属（*Lactarius*）（30种）、口蘑属（*Tricholoma*）（24种）、蘑菇属（*Agaricus*）（22种）、裸盖菇属（*Psilocybe*）（22种）、红菇属（*Russula*）（22种）、斑褶菇属（*Panaeolus*）（17种）、金钱菌属（*Collybia*）（16种）、丝膜菌属（*Cortinarius*）（14种）、粉褶菌属（*Entoloma*）（14种）、盔孢伞属（*Galerina*）（14种）、裂盖伞属（*Pseudosperma*）（13种）、歧盖伞属（*Inosperma*）（12种）、鳞伞属（*Pholiota*）（11种）、多汁乳菇属（*Lactifluus*）（10种）、环柄菇属（*Lepiota*）（10种），共计359种，即能够识别这些属的毒蘑菇就等于识别一半以上（54.4%）的毒蘑菇。若范围再缩小，只掌握鹅膏属一个属的特征，就相当于识别中国10%的毒蘑菇种类。了解和掌握毒蘑菇门、纲、目、科、属、种的识别特征，对我们在毒蘑菇中毒防治一线快速、准确识别和鉴定毒蘑菇，避免误食毒蘑菇，争取有效的处置和治疗时间，减少死亡率、致残率是至关重要的。系统学习蘑菇的分类学知识请参阅《蕈菌分类学》（图力古尔，2018）。

学习和掌握含有较多毒蘑菇种类的重要分类单元固然重要，但并不意味着含少数物种的分类单元不重要。沟褶菌属（*Trogia*）、疣孢斑褶菇属（*Panaeolina*）、彩孔菌属（*Hapalopilus*）、麦角菌属（*Claviceps*）、胶鼓菌属（*Bulgaria*）等属均只含有1个毒蘑菇物种，仅举一例：在过去35年，毒沟褶菌（*Trogia venenata*）在我国云南省已导致400余人不明原因猝死（Yang et al., 2012），可见其危害之大。

（二）毒蘑菇家谱

毒蘑菇是真菌界的成员，在真菌界家谱中，总体而言其分布是有规律的。在同一个分类群中，不同物种往往含有相同或相似的活性物质、毒性成分，这可以为我们寻找这些活性物质或鉴定毒性成分提供参考。本书涵盖真菌界2门5纲12目51科（不含未定科）126属509种，凭证标本保存于吉林农业大学菌物标本馆（FJAU）、中国科学院昆明植物研究所隐花植物标本馆（HKAS）、湖南师范大学生命科学学院植物标本馆（MHHNU）、广东省微生物研究所真菌标本馆（GDGM）

和中国疾病预防控制中心职业卫生与中毒控制所有毒生物标本库。

按照主流分类系统，本书记载的我国有毒蘑菇物种存在于下列分类等级中。

Ascomycota 子囊菌门
 Leotiomycetes 锤舌菌纲
  Helotiales 柔膜菌目
   Cordieritidaceae 耳盘菌科
    Cordierites 耳盘菌属
  Phacidiales 星裂盘菌目
   Phacidiaceae 星裂盘菌科
    Bulgaria 胶鼓菌属
 Sordariomycetes 粪壳菌纲
  Hypocreales 肉座菌目
   Clavicipitaceae 麦角菌科
    Claviceps 麦角菌属
    Metarhizium 绿僵菌属
   Hypocreaceae 肉座菌科
    Trichoderma 木霉属
   Ophiocordycipitaceae 线虫草科
    Ophiocordyceps 线虫草属
    Tolypocladium 弯颈霉属
 Pezizomycetes 盘菌纲
  Pezizales 盘菌目
   Discinaceae 平盘菌科
    Discina 平盘菌属
    Gyromitra 鹿花菌属
    Paragyromitra 鹿花菌属
   Sarcosomataceae 肉盘菌科
    Galiella 盖尔盘菌属
   Helvellaceae 马鞍菌科
    Helvella 马鞍菌属
    Paxina 柄盘菌属
   Morchellaceae 羊肚菌科
    Verpa 钟菌属
   Otideaceae 侧盘菌科
    Otidea 侧盘菌属
   Pezizaceae 盘菌科
    Legaliana 褐盘菌属
    Peziza 盘菌属
    Sarcosphaera 裂盘菌属
   Pyronemataceae 火丝菌科
    Trichaleurina 胶陀盘菌属
   Rhizinaceae 根盘菌科
    Rhizina 根盘菌属
   Sarcoscyphaceae 肉杯菌科
    Sarcoscypha 肉杯菌属
   Wynneaceae 丛耳菌科
    Wynnea 丛耳菌属
Basidiomycota 担子菌门
 Agaricomycetes 蘑菇纲
  Agaricales 蘑菇目
   Agaricaceae 蘑菇科
    Agaricus 蘑菇属
    Chlorophyllum 青褶伞属
    Coprinus 鬼伞属
    Echinoderma 锐鳞环柄菇属
    Lepiota 环柄菇属
    Leucoagaricus 白环蘑属
    Leucocoprinus 白鬼伞属
    Micropsalliota 小蘑菇属
   Amanitaceae 鹅膏科
    Amanita 鹅膏属
   Bolbitiaceae 粪伞科
    Bolbitius 粪锈伞属
    Conocybe 锥盖伞属
    Pholiota 鳞伞属
   Clitocybaceae 杯伞科
    Clitocybe 杯伞属
    Collybia 金钱菌属
   Cortinariaceae 丝膜菌科
    Cortinarius 丝膜菌属

Entolomataceae 粉褶菌科
    Entoloma 粉褶菌属
Galeropsidaceae 拟盔盖伞科
    Panaeolus 斑褶菇属
Hygrophoraceae 蜡伞科
    Ampulloclitocybe 柄杯伞属
    Cantharellula 假鸡油菌属
    Gliophorus 湿果伞属
    Hygrocybe 湿伞属
    Spodocybe 灰盖杯伞属
Hymenogastraceae 层腹菌科
    Flammula 火菇属
    Galerina 盔孢伞属
    Gymnopilus 裸伞属
    Hebeloma 滑锈伞属
    Phaeocollybia 暗金钱菌属
    Psilocybe 裸盖菇属
Incertae sedis 未定科
    Infundibulicybe 漏斗伞属
    Leucocybe 白伞属
    Panaeolina 疣孢斑褶菇属
    Ripartites 毛缘菇属
    Trogia 沟褶菌属
Inocybaceae 丝盖伞科
    Inocybe 丝盖伞属
    Inosperma 歧盖伞属
    Pseudosperma 裂盖伞属
Lyophyllaceae 离褶伞科
    Gerhardtia 不规则孢伞属
    Lyophyllum 离褶伞属
Marasmiaceae 小皮伞科
    Marasmius 小皮伞属
Mycenaceae 小菇科
    Mycena 小菇属
    Panellus 扇菇属
Omphalotaceae 类脐菇科

Collybiopsis 拟金钱菌属
Gymnopus 裸脚伞属
Neonothopanus 新假革耳属
Omphalotus 类脐菇属
Rhodocollybia 红金钱菌属
Phyllotopsidaceae 黄褶菌科
    Tricholomopsis 拟口蘑属
Physalacriaceae 膨瑚菌科
    Desarmillaria 假蜜环菌属
Pluteaceae 光柄菇科
    Pluteus 光柄菇属
    Volvopluteus 托光柄菇属
Porotheleaceae 乳突孔菌科
    Megacollybia 大金钱菌属
Psathyrellaceae 小脆柄菇科
    Candolleomyces 黄盖小脆柄菇属
    Coprinellus 小鬼伞属
    Coprinopsis 拟鬼伞属
    Lacrymaria 毡毛小脆柄菇属
Squamanitaceae 鳞鹅膏科
    Cystoderma 囊皮伞属
Strophariaceae 球盖菇科
    Deconica 黄囊菇属
    Hypholoma 垂暮菇属
    Leratiomyces 沿丝伞属
    Pholiota 鳞伞属
    Protostropharia 原球盖菇属
    Stropharia 球盖菇属
Tricholomataceae 口蘑科
    Aspropaxillus 白桩菇属
    Tricholoma 口蘑属
Auriculariales 木耳目
Auriculariaceae 木耳科
    Exidia 黑耳属
Boletales 牛肝菌目
Boletaceae 牛肝菌科

Anthracoporus 变黑牛肝菌属
Baorangia 薄瓤牛肝菌属
Boletellus 条孢牛肝菌属
Butyriboletus 黄肉牛肝菌属
Caloboletus 美牛肝菌属
Chiua 裘氏牛肝菌属
Heimioporus 网孢牛肝菌属
Hourangia 厚瓤牛肝菌属
Lanmaoa 兰茂牛肝菌属
Leccinum 疣柄牛肝菌属
Neoboletus 新牛肝菌属
Phylloporus 褶孔牛肝菌属
Pulveroboletus 粉末牛肝菌属
Retiboletus 网柄牛肝菌属
Rubroboletus 红孔牛肝菌属
Suillellus 小乳牛肝菌属
Sutorius 异色牛肝菌属
Tylopilus 粉孢牛肝菌属
Xanthoconium 金孢牛肝菌属
Xerocomus 绒盖牛肝菌属
Gyroporaceae 圆孔牛肝菌科
    Gyroporus 圆孔牛肝菌属
Hygrophoropsidaceae 拟蜡伞科
    Hygrophoropsis 拟蜡伞属
Paxillaceae 桩菇科
    Meiorganum 尿囊菌属
    Paxillus 桩菇属
Sclerodermataceae 硬皮马勃科
    Scleroderma 硬皮马勃属
Suillaceae 乳牛肝菌科
    Suillus 乳牛肝菌属
Tapinellaceae 小塔氏菌科
    Tapinella 小塔氏菌属
Gomphales 钉菇目
Clavariadelphaceae 棒瑚菌科
    Clavariadelphus 棒瑚菌属

Gomphaceae 钉菇科
　　　　Gomphus 钉菇属
　　　　Ramaria 枝瑚菌属
　　　　Turbinellus 疣钉菇属
　Phallales 鬼笔目
　　Phallaceae 鬼笔科
　　　　Clathrus 笼头菌属
　Polyporales 多孔菌目
　　Laetiporaceae 炮孔菌科
　　　　Laetiporus 炮孔菌属
　　Phanerochaetaceae 原毛平革菌科
　　　　Hapalopilus 彩孔菌属
　Russulales 红菇目
　　Albatrellaceae 地花菌科
　　　　Albatrellus 地花孔菌属
　　Russulaceae 红菇科
　　　　Lactarius 乳菇属
　　　　Lactifluus 多汁乳菇属
　　　　Russula 红菇属
Dacrymycetes 花耳纲
　Dacrymycetales 花耳目
　　Dacrymycetaceae 花耳科
　　　　Calocera 胶角耳属

值得关注的是，在亲缘关系较近的类群中，毒性成分往往相同或相近。这种"类群"，有时发生在目级范围内，有时则出现在科或属级范围内，如牛肝菌目的物种往往含有牛肝菌酸，对胃肠具有刺激性作用，属于胃肠炎型毒蘑菇；小脆柄菇科的物种多数含有鬼伞素（coprine），与酒同食可导致双硫仑样反应；鹅膏属真菌中的鹅膏肽类毒素包括鹅膏毒肽（amatoxins）、鬼笔毒肽（phallotoxins）、毒伞素（virotoxins），丝膜菌属真菌中的奥来毒素（orellanine），鹿花菌属真菌中的鹿花菌素（gyromitrin），裸盖菇属真菌中的裸盖菇素（psilocybin）等。从这个角度来看，毒蘑菇的毒性成分的分布似乎具有一定的规律可循。但这只是事物的一方面，另一方面是毒蘑菇"狡猾"的一面，也正是我们捉摸不透、研究上难度大的原因。即同类甚至同一种毒蘑菇含有多种不同的毒素，可谓多毒俱全，如鹅膏属真菌除了含有常见的鹅膏毒肽，还有可能含有异噁唑衍生物鹅膏蕈氨酸（ibotenic acid）、异鹅膏胺（muscimol）、异鹅膏氨酸（muscazone）等，中毒类型也发生相应的变化。也就是说，同一个属的不同真菌物种有可能导致不同类型的中毒症状。相反，由于基因水平转移或趋同进化，不同科属的毒蘑菇可能含有同样的毒素。以鹅膏毒肽为例，除了鹅膏属（*Amanita*）部分真菌，我们在盔孢伞属（*Galerina*）、环柄菇属（*Lepiota*）、小菇属（*Mycena*）、丝盖伞属（*Inocybe*）、杯伞属（*Clitocybe*）、锥盖伞属（*Conocybe*）等多个亲缘关系较远的属中也检测到了鹅膏毒肽。

总之，毒蘑菇的毒素与真菌的系统演化有一定的关系，但也有很多例外。

二、毒蘑菇生态类型与生态地理分布

（一）生态类型

毒蘑菇和其他真菌一样，要想生存，对环境条件的选择是至关重要的，这取决于它的遗传特征和对环境的适应能力。在自然界中，生态位或生长习性的选择只是相对的，而变异和分化、新环境的适应才是绝对的。按营养方式不同，可将毒蘑菇大致分为3种生态类型：腐生型、共生型、寄生型。

1. 腐生型

腐生型真菌是指能够利用死去的植物残余和动物残骸作为自身营养而生长的真菌，包括木栖型、叶栖型、土腐型、氨生型。

木栖型：生长在倒木、树干、枯枝、伐桩上，通过分解木头中的有机化合物获得营养的真菌，如松树根际上生长的赭红拟口蘑（*Tricholomopsis rutilans*）、树干上生长的橙裸伞（*Gymnopilus junonius*）。

叶栖型：落叶上生长的真菌。实质上，它们与木栖蕈菌同类，属于木腐真菌（即使有的生长于草本植物的叶上），只是子实体较小，这类真菌对枯枝落叶的分解有重要的作用，如小皮伞属（*Marasmius*）、小菇属（*Mycena*）、裸脚伞属（*Gymnopus*）等属于此类。

土腐型：生于肥沃的土地或粪土上、少数生长在各种土壤甚至沙地上的真菌，如蘑菇属（*Agaricus*）、鬼伞属（*Coprinus*）、斑褶菇属（*Panaeolus*）、马勃属（*Lycoperdon*）等属的真菌。这类蕈菌可直接从土壤中吸收生长发育所需要的物质，完成生活史。

氨生型：通过分解动物的代谢物或脱落的残余实现生长繁衍的真菌，也称为氨生蕈菌（ammonia fungi），如根黏滑菇（*Hebeloma radicosum*）。

2. 共生型

共生型真菌是指那些能与植物活的根系形成菌根的真菌，通过菌根与植物建立互利互惠的共存关系。外生菌根菌中的毒蘑菇很常见，如牛肝菌科（Boletaceae）、红菇科（Russulaceae）、丝膜菌科（Cortinariaceae）、口蘑科（Tricholomataceae）、鹅膏科（Amanitaceae）等，大都属于此类。在地上生长的真菌中，一部分为共生型真菌，一部分为土腐型真菌。

3. 寄生型

寄生型真菌是指从活着的生物体（寄主）上索取营养而生存的真菌。寄生真菌可以寄生在活的真菌、植物、动物体上，引起病害，甚至死亡。

蕈生菌：指长在另外一种活的真菌上的真菌。库克金钱菌（*Collybia cookei*）生长在红菇属的老化子实体上；血红小菇（*Mycena haematopus*）的菌盖上生长着一种接合菌——小菇伞菌霉（*Spinellus fusiger*）。有时因不同蕈菌菌丝的感染生长变得畸形，如蜜环菌的菌丝寄生在斜盖粉褶菌（*Entoloma abortivum*）上导致后者的子实体不能正常生长而呈一团块。

虫生菌：指生于昆虫上或与昆虫的活动有密切联系的物种，包括昆虫寄生菌和昆虫共生菌。寄生于昆虫体上的真菌与虫体形成的复合体称为虫草，被寄生的虫体是一种假菌核，其内部充满菌丝，春季会从虫体菌核上长出真菌的子座，如小蝉草（*Ophiocordyceps sobolifera*）。

（二）生态地理分布

包括毒蘑菇在内的大型真菌有着鲜明的生态地理分布特点，起因主要是气候、地形地貌、植被、土壤等地带性生态因子和特定小生态因子的有规律或非规律性的变化。所以，大型真菌的生态地理分布往往分为地带性分布和非地带性分布两种。所谓地带性分布是指随着经纬度的变化发生的地理分布特点；非地带性分布是指特定环境下的地理分布，如因海拔差异（高山、山谷）引起的分布规律。与动物、植物的生态地理分布研究相比较，目前真菌方面的研究尚需进一步完善，弄清其生态地理分布特点。何况毒蘑菇只是大型真菌中很小的一部分，很难代表大型真菌乃至整个真菌世界的全貌。因此，本书只介绍大尺度生态背景下毒蘑菇的生态地理分布特点，以便读者对毒蘑菇的生态地理分布有一个整体了解，也为有的放矢地开展毒蘑菇中毒防治提供依据。有关大型真菌详细的生态地理分布情况，请参阅《中国大型菌物资源图鉴》（李玉等，2015）。

1. 东北地区常见毒蘑菇

东北地区包括黑龙江、吉林、辽宁、内蒙古东部地区。该地区东部有林海之称的长白山、大小兴安岭林区，中部有辽阔的低山、丘陵，西部和北部有着广阔的科尔沁沙地、呼伦贝尔大草原。胃肠炎型毒蘑菇中的蘑菇属（*Agaricus* spp.）、青褶伞属（*Chlorophyllum* spp.）、鬼伞类、黏盖托光柄菇（*Volvopluteus gloiocephalus*）等是草原和平原地区主要分布的毒蘑菇。公园、社区人工绿化种植的雪松、冷杉、松树等针叶树下和草地上也能见到急性肝损害型剧毒蘑菇肉褐鳞环柄菇（*Lepiota brunneoincarnata*）。神经精神型毒蘑菇裸盖菇属（*Psilocybe* spp.）、斑褶菇属（*Panaeolus* spp.）为牧区、半牧区的常客。溶血型毒蘑菇，被当地老百姓称作"油蘑"的卷边桩菇（*Paxillus involutus*）的主产区也在这里，是"三北"防护林的副产之一；山区、林区毒蘑菇种类更多，且剧毒蘑菇更常见。例如，长白山地区分布的急性肝损害型毒蘑菇淡红鹅膏（*Amanita pallidorosea*）、黄盖鹅膏（*A. subjunquillea*）及盔孢伞属（*Galerina* spp.）的众多种类，大小兴安岭地区分布着种类繁多的急性肾损伤型毒蘑菇丝膜菌属（*Cortinarius* spp.）成员，知名的神经精神型毒蘑菇毒蝇鹅膏（*A. muscaria*）、橙裸伞（*Gymnopilus junonius*）及丰富的广义丝盖伞属（*Inocybe* spp.）成员。史料中记载的长白山地区五十怪之一、"吃蘑菇，嘴巴歪"的污胶鼓菌（*Bulgaria inquinans*，又称胶陀螺等），是光过敏性皮炎型毒蘑菇，老百姓称之为"猪拱嘴蘑"，但在某些地方的山货店常见出售。

2. 华北地区常见毒蘑菇

华北地区包括北京、天津、河北、山西及内蒙古中部地区。该地区的北部为内蒙古大草原，靠近草原南部及华北西部地区为山区，中部为广阔的华北平原，东部为丘陵地带。该地区主要的山脉在北部有东西延伸的燕山，在西北部有东北—西南走向的太行山、恒山、五台山，在南部有河南境内东西走向的伏牛山、桐柏山和大别山，以及山东境内的泰山。植被类型多样，建群种以松科的松树和壳斗科的栎属物种为主，种类相当丰富，大致可以分为温带落叶阔叶林、温带针叶林、温带针阔混交林、温带草地等（李玉等，2015）。华北地区温带阔叶林总体属于暖温带落叶阔叶林，海拔一般在800m以下，主要有栎树、桦树及栽培物种杨、柳、榆、槐、臭椿、泡桐等；华北地区针叶林主要有松树林、落叶松林、云杉林、冷杉林、柏树林和银杏树，海拔一般为800～2400m；华北地区针阔混交林通常由栎属、槭属、椴树属等阔叶树与云杉、冷杉、松属、侧柏、圆柏等针叶树混合组成，海拔一般与针叶林类似；华北地区温带草地多为暖温带半湿润暖性草丛草地和山地草坡，为半干旱草原带，主要由喜暖的多年生草本植物构成其优势种，往往是由于历史上森林被破坏后形成的，总体气候与附近林区相似（李玉等，2015）。

近年来，华北地区蘑菇中毒事件呈现明显上升趋势。华北地区常见的毒蘑菇包括造成急性肝损害型中毒的黄盖鹅膏（*Amanita subjunquillea*）和肉褐鳞环柄菇（*Lepiota brunneoincarnata*），造成急性肾损伤型中毒的假褐云斑鹅膏（*A. pseudoporphyria*）和欧氏鹅膏（*A. oberwinkleriana*），造成神经精神型中毒的假球基鹅膏（*A. ibotengutake*）、拟华美丝盖伞（*Inocybe splendentoides*）、茶褐裂盖伞（*Pseudosperma umbrinellum*）、粪生斑褶菇（*Panaeolus fimicola*）及鬼伞类毒蘑菇如毛头鬼伞（*Coprinus comatus*）、晶粒小鬼伞（*Coprinellus micaceus*）、墨汁拟鬼伞（*Coprinopsis atramentaria*）等，造成胃肠炎型中毒的密褶裸脚菇（*Gymnopus densilamellatus*）、栎裸脚菇（*G. dryophilus*）、网状硬皮马勃（*Scleroderma areolatum*）、毒硬皮马勃（*S. venenatum*）等（Li et al., 2020，2021a，2022a，2023，2024）。

3. 华东地区常见毒蘑菇

华东地区包括山东、江西、江苏、浙江、安徽和上海，该地区真菌物种的分布很大程度上与华中、华南地区具有一定的相似性，同时在日本常见的一些物种在此地也有分布，共有5种类型的毒蘑菇分布于该区域。胃肠炎型毒蘑菇常见种以牛肝菌类为主，有黄肉条孢牛肝菌（*Boletellus aurocontextus*）、隐纹条孢牛肝菌（*B. indistinctus*）、厚瓢牛肝菌（*Hourangia cheoi*）、苦粉孢牛肝菌（*Tylopilus felleus*）、阿切尔笼头菌（*Clathrus archeri*）、变绿粉褶菌（*Entoloma incanum*）、近江粉褶菌（*E. omiense*）等，也不乏特有物种在该地区分布，如深褐顶蘑菇（*Agaricus melanocapus*）、拟乳头状青褶伞（*Chlorophyllum neomastoideum*）、竹林拟口蘑（*Tricholomopsis bambusina*）。急性肝损害型毒蘑菇则以鹅膏属为主，种类丰富，常见的有灰花纹鹅膏（*Amanita fuliginea*）、拟灰花纹鹅膏（*A. fuligineoides*）、灰盖粉褶鹅膏（*A. griseorosea*）、裂皮鹅膏（*A. rimosa*），还有新近发表的毒环柄菇（*Lepiota venenata*）。急性肾损伤型毒蘑菇以鹅膏属和丝膜菌属的种类为主，如赤脚鹅膏（*Amanita gymnopus*）、异味鹅膏（*A. kotohiraensis*）、拟卵盖鹅膏（*A. neoovoidea*）、欧氏鹅膏（*A. oberwinkleriana*）、锥鳞白鹅膏（*A. virgineoides*）、掷丝膜菌（*Cortinarius bolaris*）、荷叶丝膜菌（*C. salor*）等。神经精神型毒蘑菇以鹅膏属和丝盖伞属为主，如雀斑鳞鹅膏（*Amanita avellaneosquamosa*）、灰疣鹅膏（*A. griseoverrucosa*）、假残托鹅膏（*A. pseudosychnopyramis*）、翘鳞蛋黄丝盖伞（*Inocybe squarrosolutea*）、小蝉草（*Ophiocordyceps sobolifera*）、双孢斑褶菇（*Panaeolus bisporus*）、姜黄裂盖伞（*Pseudosperma conviviale*）、苏梅岛裸盖菇（*Psilocybe samuiensis*）、大蝉草（*Tolypocladium dujiaolongae*）等。横纹肌溶解型毒蘑菇有亚稀褶红菇（*Russula subnigricans*）和油黄口蘑（*Tricholoma equestre*）。

4. 华中地区常见毒蘑菇

华中地区包括湖南、湖北和河南。该地区有武陵山脉、雪峰山脉、罗霄山脉、大别山山脉等，是中国热量条件优越、雨水丰沛的地区，具有明显的亚热带季风气候特征，植被类型多样，以暖温带落叶阔叶林和亚热带湿润常绿阔叶林为主，因而大型真菌资源丰富。该地区百姓有采食野生菌的习惯，因此华中地区是我国误食野生蘑菇中毒事件的高发地区。在华中地区，导致急性肝损害型中毒的种类主要包括鹅膏属中的灰花纹鹅膏（*Amanita fuliginea*）、淡红鹅膏（*A. pallidorosea*）、裂皮鹅膏（*A. rimosa*）、黄盖鹅膏（*A. subjunquillea*）、假淡红鹅膏（*A. subpallidorosea*），盔孢伞属中的条盖盔孢伞（*Galerina sulciceps*），环柄菇属中的肉褐鳞环柄菇（*Lepiota brunneoincarnata*）和毒环柄菇（*L. venenata*）。导致急性肾损伤型中毒的种类主要包括鹅膏属中的赤脚鹅膏（*Amanita gymnopus*）、异味鹅膏（*A. kotohiraensis*）、拟卵盖鹅膏（*A. neoovoidea*）、欧氏鹅膏（*A. oberwinkleriana*）和假褐云斑鹅膏（*A. pseudoporphyria*）。导致神经精神型中毒的种类较多，包括丝盖伞属中的辣味丝盖伞（*Inocybe acriolens*）、翘鳞蛋黄丝盖伞（*I. squarrosolutea*），杯伞属中的白霜杯伞（*Clitocybe dealbata*），金钱菌属中的湖南金钱菌（*Collybia hunanensis*）、亚热带金钱菌（*C. subtropica*），鹅膏属中的小毒蝇鹅膏（*Amanita melleiceps*）、土红鹅膏（*A. rufoferruginea*）、球基鹅膏（*A. subglobosa*）、残托鹅膏（*A. sychnopyramis*）、领口鹅膏（*A. collariata*），裸盖菇属中的古巴裸盖菇（*Psilocybe cubensis*）、苏梅岛裸盖菇（*P. samuiensis*），裸伞属中的紫褐裸伞（*Gymnopilus dilepis*）。导致胃肠炎型中毒的种类在华中地区也较多，近年来频繁引起中毒事件的常见种类包括变红青褶伞（*Chlorophyllum hortense*）、铅绿青褶伞（*C. molybdites*）、日本红菇（*Russula japonica*）。导致横纹肌溶解型中毒的种类有亚稀褶红菇（*Russula subnigricans*）。

5. 华南地区常见毒蘑菇

华南地区包括广东、广西、海南、福建及香港、澳门、台湾。该地区陆地山脉众多，水系发达，地形复杂，有山地、丘陵、谷地、平原、河川及众多大小岛屿。以亚热带、热带季风气候为主，降水丰沛，夏季时长，空气湿度大，热量充沛，因而毒蘑菇种类繁多，且全年均有可能出现毒蘑菇。该地区也是我国蘑菇中毒事件的高发地区之一。导致急性肝损害型中毒最多的是致命鹅膏（*Amanita exitialis*），其他常见种类有灰花纹鹅膏（*A. fuliginea*）、拟灰花纹鹅膏（*A. fuligneoides*）、灰盖粉褶鹅膏（*A. griseorosea*）、小致命鹅膏（*A. parviexitialis*）、裂皮鹅膏（*A. rimosa*）、肉褐鳞环柄菇（*Lepiota brunneoincarnata*）、乳白锥盖伞（*Conocybe apala*）等。导致急性肾损伤型中毒的种类主要有赤脚鹅膏（*Amanita gymnopus*）、异味鹅膏（*A. kotohiraensis*）、拟卵盖鹅膏（*A. neoovoidea*）、欧氏鹅膏（*A. oberwinkleriana*）、假褐云斑鹅膏（*A. pseudoporphyria*）。导致神经精神型中毒的种类较多，包括小毒蝇鹅膏（*Amanita melleiceps*）、美黄鹅膏（*A. mira*）、东方黄盖鹅膏（*A. orientigemmata*）、土红鹅膏（*A. rufoferruginea*）、残托鹅膏（*A. sychnopyramis*）、变色龙裸伞（紫褐裸伞）（*Gymnopilus dilepis*）、多种丝盖伞（*Inocybe* spp.）、古巴裸盖菇（*Psilocybe cubensis*）及多种歧盖伞（*Inosperma* spp.）、多种斑褶菇（*Panaeolus* spp.）等。导致胃肠炎型中毒的种类较多且十分常见，其中最常见的是喜欢长于草地上的铅绿青褶伞（*Chlorophyllum molybdites*）及其近似种，占所有蘑菇中毒案例的1/3以上；其次是近江粉褶菌（*Entoloma omiense*）、日本红菇（*Russula japonica*）及其近似种短孢红菇（*R. brevispora*）；草坪上常见的大盖小皮伞（*Marasmius maximus*）近年也引起了多起中毒事件；灰鳞蘑菇（*Agaricus moelleri*）、穆雷粉褶菌（*E. murrayi*）、丛生粉褶菌（*E. caespitosum*）、日本网孢牛肝菌（*Heimioporus japonicus*）、纯黄白鬼伞（*Leucocoprinus birnbaumii*）、粗柄白鬼伞（*L. cepistipes*）、滴泪白环蘑（*Leucoagaricus lacrymans*）、新假革耳（*Neonothopanus nambi*）、点柄黄红菇（*R. punctipes*）、橙黄硬皮马勃（*Scleroderma citrinum*）及多个粉末牛肝菌（*Pulveroboletus* spp.）等也是常见种类。导致横纹肌溶解型中毒的种类有亚稀褶红菇（*Russula subnigricans*）。溶血型毒蘑菇有桩菇属（*Paxillus*）的种类。本书作者对台湾的毒蘑菇缺乏深入研究，但由于气候地理环境与植被的相似性，相信大部分华南其他省（区）的毒蘑菇种类在台湾也有分布。此外，台湾有海拔达2600多米的阿里山山脉，应该还有一些适合温带地区生长的其他毒蘑菇种类。

6. 西南地区常见毒蘑菇

西南地区包括贵州、四川、重庆、云南、西藏。该地区有青藏高原、云贵高原、四川盆地、横断山脉、三江并流等举世瞩目的地貌单元，全球3个生物多样性热点地区汇聚于此，地跨热带、亚热带、山地温带和寒带，雨热同季，孕育有十分丰富的毒蘑菇物种。在热带和南亚热带地区，既有导致急性肝损害型中毒的致命鹅膏（*Amanita exitialis*）、亚毒环柄菇（*Lepiota subvenenata*）、条盖盔孢伞（*Galerina sulciceps*），也有导致横纹肌溶解型中毒的亚稀褶红菇（*Russula subnigricans*），还有导致神经精神型中毒的紫褐裸伞（*Gymnopilus dilepis*）、黄顶白缘鹅膏（*A. melleialba*）等。在亚热带地区，既有导致急性肝损害型中毒的黄盖鹅膏（*Amanita subjunquillea*）、灰花纹鹅膏（*A. fuliginea*），也有导致急性肾损伤型中毒的假褐云斑鹅膏（*A. pseudoporphyria*）、异味鹅膏（*A. kotohiraensis*），更有导致胃肠炎型中毒的日本红菇（*Russula japonica*）、长柄网孢牛肝菌（*Heimioporus gaojiaocong*）、新苦粉孢牛肝菌（*Tylopilus neofelleus*）、高地口蘑（*Tricholoma highlandense*）等大量物种。不仅有导致神经精神型中毒的球基鹅膏（*Amanita subglobosa*）、黄鳞鹅膏（*A. subfrostiana*）、四川鹿花菌（*Gyromitra sichuanensis*）、毒鹿花菌（*G. venenata*），还有导致光过敏性皮炎型中毒的叶状耳盘菌（*Cordierites frondosus*）、导致溶血型中毒的东方桩菇（*Paxillus orientalis*）。此外，在亚热带地区还分布有毒沟褶菌（*Trogia venenata*），但其毒性成分及中毒机理尚不十分清楚。在高山、亚高山地区，既有导致胃肠炎型中毒的毒新牛肝菌（*Neoboletus venenatus*）、毡盖美牛肝菌（*Caloboletus panniformis*）等，也有导致急性肝损害型中毒的紫褐鳞环柄菇（*Lepiota brunneolilacea*）及其他有毒蘑菇。

7. 西北地区常见毒蘑菇

西北地区包括新疆、甘肃、内蒙古西部及宁夏西北部。辽阔的阿尔泰山脉、准噶尔盆地、天山山脉、塔里木盆地及阿拉善高原与河西走廊区域覆盖着大片森林、草原和戈壁，孕育着各类生物资源，也不乏毒蘑菇的分布。常见的毒蘑菇除了蘑菇属、鹅膏属、裸盖菇属、斑褶菇属、鬼伞类，脐形鸡油菌（*Cantharellula umbonata*）、变绿粉褶菌（*Entoloma incanum*）、大毒滑锈伞（*Hebeloma crustuliniforme*）、棒囊盔孢伞（*Galerina clavata*）、肉褐鳞环柄菇（*Lepiota brunneoincarnata*）、晚生丝盖伞（*Inocybe serotina*）、茶褐裂盖伞（*Pseudosperma umbrinellum*）、棒柄杯伞（*Ampulloclitocybe clavipes*）、碟状马鞍菌（*Helvella acetabulum*）、变红歧盖伞（*Inosperma erubescens*）、污白丝盖伞（*Inocybe geophylla*）及新近发现的白杯伞状金钱菌（*Collybia alboclitocyboides*）和新疆鹿花菌（*Gyromitra xinjiangensis*）等毒蘑菇也分布于该地区。

第三节　毒蘑菇标本采集和处理

采集和处理毒蘑菇标本，是后续高质量科学研究和毒蘑菇鉴定的基础。随着几代菌物研究者的不断探索，基本形成了较为高效且一致的标本采集、处理流程。在蘑菇中毒事件处置过程中，样品采集与处理工作主要由疾控或医院专业人员开展，但是他们普遍缺乏蘑菇样品采集、处理的经验。因此，在中国疾病预防控制中心牵头下，联合国内众多真菌研究专家、中毒事件处置及救治一线的专业人员和临床医生制定了毒蘑菇采集处理的标准。2024 年 3 月 18 日，由中华人民共和国国家卫生健康委员会发布推荐性卫生行业标准《蘑菇中毒事件样本采集标准》（WS/T 833—2024），该标准于 2024 年 9 月 1 日正式实施。

一、范围

毒蘑菇标本采集和处理主要包含菌物学研究者以科学研究为目的的标本采集、处理和中毒事件中的标本采集、处理。具体包括毒蘑菇标本采集、处理、运输和保存等环节。

二、蘑菇标本种类

根据后续工作或研究要求，蘑菇标本主要分为新鲜标本和干制标本。在蘑菇中毒事件中的标本既包含野外采集的毒蘑菇标本，还包含可疑餐次剩余蘑菇标本，剩余蘑菇标本又分为可疑餐次剩余的新鲜蘑菇样本、干蘑菇样本以及已烹饪蘑菇样本等。

三、采集设备、工具、材料等

包含毒蘑菇采集、拍照、处理、记录、转运等全流程所需设备、工具、材料等，如刀具（刀口锋利、清洁，如普通水果刀)、照相工具(有微距功能的照相机或其他具有拍照功能的通信终端,如手机等)、三脚架、标尺、标签、卫星定位终端、样本采集袋(纸质、无纺布或其他透气材质的袋子或者锡箔纸等)、记录工具(记号笔、签字笔、记录本等)和收纳装置(如篮、箱、包、干冰壶、液氮罐等)等。

四、采样流程

毒蘑菇采样流程主要包含样本搜索、图像采集、样本采集、编号和信息记录等标本采集全过程,具体如下。

(一) 样本搜索

在到达预定的采集地址或中毒事件中的蘑菇原采集地后,在保障安全的前提下,开展毒蘑菇标本搜索。

(二) 图像采集

在发现毒蘑菇标本后,拍照记录毒蘑菇生态、形态及其他信息。图像种类包含生境照片、整体及细节照片、剖面及损伤照片。生境照片:蘑菇生长区域林木、寄主林木的细节照片、周边草本植物、凋落物、基质等,并记录在蘑菇样本标签内。整体及细节照片:找到蘑菇后,从蘑菇侧位至侧上位(与蘑菇水平夹角0°~45°)拍摄整体照片,展示标本全貌。对于同种多个子实体,可将1至数个采下,侧放在生长的子实体旁边进行拍照,最好可以同时反映不同生长阶段和毒蘑菇各个部位的特征。将标尺平放或竖直立于标本旁,拍照记录。所拍摄照片应能清晰显示蘑菇各部位的鉴别特征,如鹅膏菌的菌盖、菌褶、菌柄、菌环、菌托等。剖面及损伤照片:将一株完整的子实体纵向剖开,观察内部结构、颜色及颜色变化等,并记录气味信息,同时用采集刀具将菌盖、菌柄、菌褶或菌孔等表面划伤,观察是否有乳汁流出、是否有颜色变化等,并拍照记录。照片应以原图格式保存和交付。

(三) 样本采集

将蘑菇周围的凋落物和(或)基质与蘑菇轻轻剥离,将蘑菇样本采下,应保持蘑菇的完整性。将同一时间、地点采集的同种单个或多个子实体记录为一份样本。对于个体大的蘑菇,可径向将标本一分为二或更多份;也可在不伤及菌褶或菌孔的条件下将菌盖沿与菌柄交界处切割,再分别径向切割。根据蘑菇大小和数量,选择相应采集袋,将标本封装。如需单独保存部分用于分子生物学研究的标本,可单独用锡箔纸封装,做好标记后置于干冰或液氮中。

(四) 编号和信息记录

给每一份样本编号并记录采集信息,包含蘑菇名称、采集编号、采集时间、地点、生境信息、受伤后是否变色、是否有乳汁、气味、经纬度、海拔和其他可能有用的信息。

五、收纳和转运

毒蘑菇标本采集后,单独包装后置于收纳装置中,尽快(≤6h)在常温或冷藏(0~8℃)条件下转运至实验室或驻地开展后续处理。用于分子生物学研究的标本,于干冰或液氮中冷冻条件下转运。在转运过程中,应避免样本挤压、撞击,以保持样本完整性。

六、毒蘑菇标本干燥处理

毒蘑菇标本运回实验室或驻地后,如需新鲜标本,可以冷藏、冷冻或采用其他方法保藏。干标本作为科学研究和长期保藏的标本类型,其主要干燥方法包括鼓风干燥、硅胶干燥、自然干燥、真空冷冻干燥等。推荐鼓风干燥,适宜温度为40~50℃,干燥时间5~12h或更长,直至恒重。干燥过程中应防止样本混杂、霉变和腐烂。

第四节 毒蘑菇的形态特征与鉴定

毒蘑菇物种的快速、准确鉴定对于误食毒蘑菇患者的正确诊断和治疗具有非常重要的价值，也是毒蘑菇中毒防治的首要环节。毒蘑菇鉴定的主要依据为外部形态特征、内部显微结构、中毒症状及食用量、食用方式等，也包括后续的毒性检测和分子生物学鉴定。

特点是直观、快速。本节主要通过图解的方式，介绍有毒蘑菇的外部形态特征、内部显微结构等基本知识，以便帮助读者正确理解各物种描述中的部分专业术语。

一、毒蘑菇的形态特征

形态学鉴定是最古老而传统的鉴定方法，即通过肉眼、显微镜观察蘑菇的形态结构及生境（基物）识别物种的方法，

（一）宏观形态特征

在有毒蘑菇中，有以牛肝菌、伞菌和腹菌为主的担子菌，以及以盘菌为主的子囊菌。因此，下文以牛肝菌、伞菌、腹菌和盘菌四大类真菌为例，图示说明蘑菇各部分的名称和术语（图1-1和图1-2）。

1. 菌盖

菌盖的形状可因种类不同而异，亦会随生长发育而有所变化，通常以成熟时的形状为鉴定标准，未成熟时的形状变化也有一定的参考意义。它的形状有圆形、半圆形、圆锥形、卵圆形、半球形、凸透镜形、钟形、斗笠形、漏斗形、喇叭形、匙形、扇形、马鞍形、脑形等，幼时甚至有近球形等。菌盖中央有平整、突起、下凹、尖突、脐状、脐凹等；菌盖边缘有全缘、开裂或具条纹的，还有伸展、内卷、翻起、呈波状或花瓣状等各种形态。菌盖表面有光滑的，也有具皱纹、条纹或龟裂的，有干、湿润，甚至胶黏或黏滑的，还附有各种形态的附属物，包括绒毛、纤毛、鳞片或呈粉末状等。菌盖表面的颜色也多种多样，是识别各种毒蘑菇的重要特征。

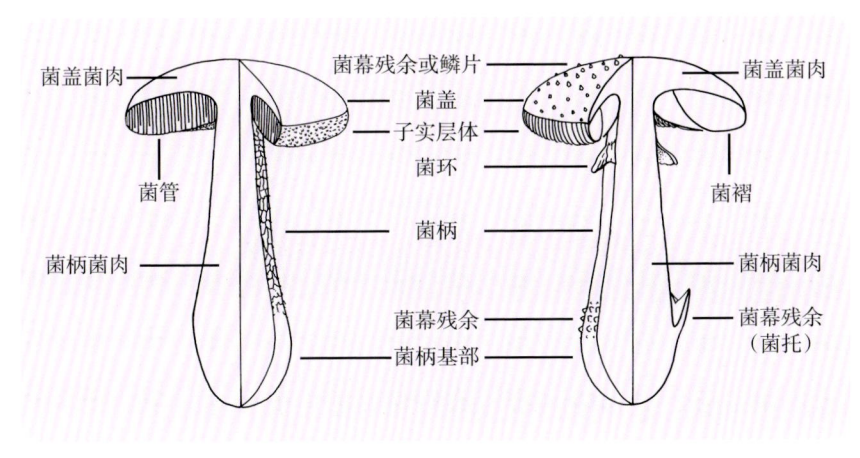

图1-1　典型牛肝菌（左）和伞菌（右）的形态示意图
［仿杨祝良等（2022）］

2. 菌肉

菌肉一般全由丝状菌丝组成，但红菇属（*Russula*）和乳菇属（*Lactarius*）中的种类，菌丝中的很多分枝细胞变成泡囊，这种泡囊成群地遍布于菌肉中，形成了菌肉的主要成分，只在间隙内充以丝状菌丝，故红菇属和乳菇属的子实体显得特别松脆易碎。菌肉白色或有色，但有的伤后变色或流出的乳汁变色。菌肉受伤或乳汁变色是分类上的重要特征。

3. 菌柄

菌柄的颜色、附属物等特征与菌盖的特征有相关性，往往是比较相似或接近的，当然也有不同的。菌柄的大小与形

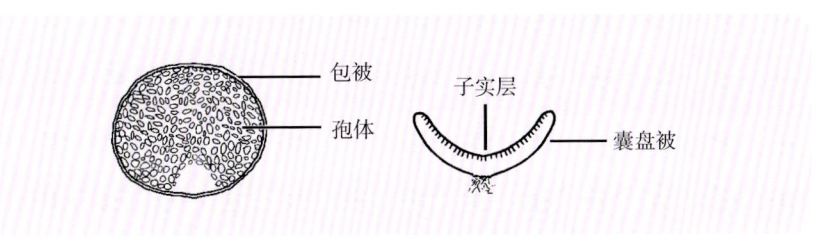

图1-2　典型腹菌和盘菌的切面示意图

状、中生、偏生、侧生或缺如，菌柄基部是否膨大或缩小、是否有假根、基部菌丝体的颜色等特征，都是依种类的不同而异。这些也可作为毒蘑菇的鉴定特征。

4. 菌环

有菌环的毒蘑菇有青褶伞属（*Chlorophyllum*）、鹅膏属（*Amanita*）、蘑菇属（*Agaricus*）、环柄菇属（*Lepiota*）、盔孢伞属（*Galerina*）。菌环是指生于菌柄上的呈环状、膜状或裙状的结构。它是蘑菇幼小时存在于菌盖与菌柄间的内菌幕残留物。当菌体长大时，内菌幕会破裂，部分可残留在菌盖边缘，部分则残留在菌柄上形成菌环。菌环形状可呈环状或膜质，有薄有厚、有大有小，有固定不动的，也有能上下滑动的，根据着生于菌柄的位置，可有顶生、上位、中上位、中位及下位之分，有些可长时间留在菌柄上，也有的容易脱落或成熟后消失。

5. 菌托

毒蘑菇中的鹅膏属（*Amanita*）、小包脚菇属（*Volvariella*）和托光柄菇属（*Volvopluteus*）有菌托。菌托是指菌柄基部呈杯状或苞状等形状、与菌柄其他部分形态与质地不同的结构。它由伞菌幼时包裹菌蕾的外菌幕发育而来，菌体长大后残留在菌柄基部的外菌幕就形成了菌托。菌托的形状多种多样，有袋状、杯状、苞状、鳞茎状、裂片状等，菌托的上缘有开裂、波状等，有的种类菌托不明显，只是在膨大基部的周围形成环带状、颗粒状、粉状等结构。这些特征均可作为毒蘑菇分类的重要依据。

6. 子实层体

伞菌菌盖下面呈放射状排列的薄片称为菌褶。牛肝菌、多孔菌等菌盖下面密集排列的管状结构称为菌管，向下的管口通常称为菌孔或孔口。产生担孢子的子实层着生在菌褶两侧表面或菌管内壁上，故菌褶和菌管统称为子实层体。

7. 菌褶和菌管

菌褶和菌管与菌柄的着生关系可分为直生、离生、弯生、延生等类型。直生是指菌褶或菌管内端呈直角状着生在菌柄上；离生是指菌褶或菌管内端不与菌柄相接触；弯生是指菌褶或菌管内端与菌柄着生处呈一弯曲状；延生就是菌褶或菌管内端沿菌柄下延。菌褶或菌管的颜色及与菌柄的着生关系往往是区分不同属的重要特征。

8. 菌核

菌丝体生长到一定程度，由于适应一定的环境条件或抵抗不良的环境条件，变成疏松的或紧密的密丝组织，形成特殊的组织体，即菌核，如麦角菌。初期都是营养结构，后期都能生出繁殖体。子囊菌和担子菌都可以形成菌核。

9. 菌索

菌丝体有时形成长的绳状物，称为菌索，一般生在树皮下或地下，白色或有各种色泽，外形类似植物的根，所以有时称为假根。菌索能抵抗不良环境，保持休眠状态，当环境转佳时，又从尖端继续生长，到一定阶段便从菌索上长出繁殖体。

10. 包被

包被是腹菌子实体最外面的保护组织，其单层或多层、开裂与否及质地作为分类特征。

11. 孢体

孢体是包被内部的产孢部分，包括担子、担孢子和弹丝（孢丝）等，随着成熟度的不同孢体的颜色、疏密程度及质地等会发生相应的变化。孢体的基部不产生孢子的部位称为不育（不孕）基部。

12. 囊盘被

囊盘被特指盘菌的子实层着生面的保护组织，其表面的颜色、有无附属物及菌丝的排列方式等为主要观察对象。

（二）显微特征

担子菌的显微特征主要包括担子、担孢子、囊状体及锁状联合的有无，而子囊菌的显微特征主要包括子囊、子囊孢子、侧丝等（图 1-3 和图 1-4）。

1. 担孢子或子囊孢子

担孢子通常长在担子菌菌褶两侧或者菌管内壁子实层的担子上，每个典型的担子有 4 个担孢子，但也有一些可以长有其他数量的担孢子。子囊孢子则长在子囊菌子囊腔内或子囊盘上子实层的子囊内，每个典型的子囊内含 8 个子囊孢子，但也有一些可以长有其他数量的子囊孢子。毒蘑菇鉴定时成熟担子菌的担孢子和成熟子囊菌的子囊孢子是最重要的显微特征，因为同一物种的孢子大小、形状、颜色、纹饰等特征是较为固定的。有时孢子与某些化学试剂反应也可作为鉴定

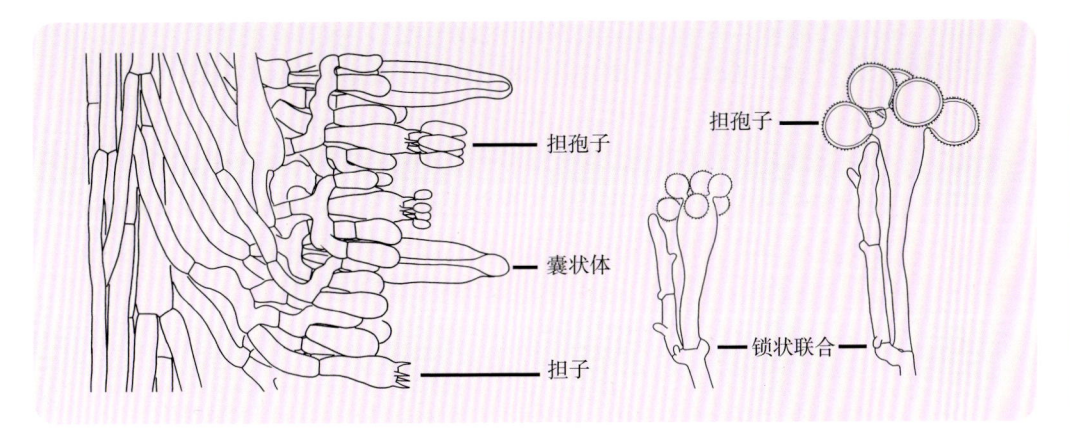

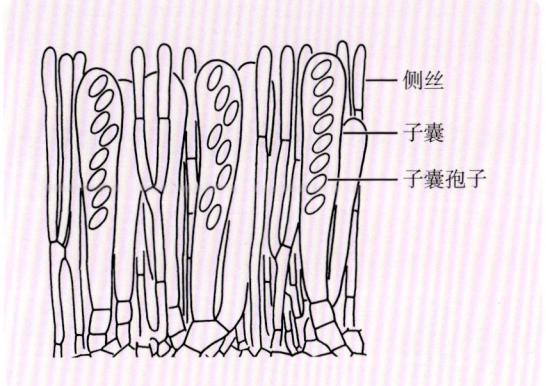

图1-3　担子菌的子实层结构（示担子、担孢子、囊状体和锁状联合）

图1-4　子囊菌的子实层结构

依据，如遇含碘的梅氏液时，孢子可有三类反应：变蓝色的淀粉质反应、变红褐色的拟糊精质反应、无明显颜色变化的非淀粉质反应。

2. 孢子的大小及形状

基于所测的大部分孢子确定孢子的大小，但不能包括最小的和最大的孢子。一般测量20个孢子。孢子大小范围测定后，就可以计算出长宽比（Q），界定标准如下：球形（$Q=1.01\sim1.05$），近球形（$Q=1.05\sim1.15$），宽椭圆形（$Q=1.15\sim1.30$），椭圆形（$Q=1.30\sim1.60$），长方形（$Q=1.60\sim2.0$），圆柱形（$Q=2.0\sim3.0$），杆状（$Q>3.0$）。

测量孢子一般包括其纹饰，但孢子纹饰显著者除外，如红菇属、乳菇属。

3. 囊状体

担子菌子实层上或表皮上特殊化的菌丝末端细胞，是不产生担孢子的不育细胞，包括菌褶边缘上的缘生囊状体、菌褶侧面或菌管内侧的侧生囊状体、菌盖表皮上的盖生囊状体和菌柄表皮上的柄生囊状体。它们一般比担子大而且形状特殊，形状、大小、颜色、细胞壁厚度等在不同种之间差异较大。有些毒蘑菇具有全部种类的囊状体，有些则只有其中部分种类甚至完全没有。

4. 锁状联合

在担子菌单核细胞融合成双核细胞后，多数种类以锁状联合的方式进行细胞分裂，并发育为双核的次生菌丝体，所以在菌丝上能见到锁状联合的特殊结构。

（三）生境（基物）特征

不少人在进行毒蘑菇鉴定时忽略其生境信息等生态学特征。其实，生长基质类型、相关植物种类、气候环境与地理分布等信息对毒蘑菇物种鉴定都是有帮助的。例如，不同的毒蘑菇种类会生长在不同的基质上，如毒沟褶菌（*Trogia venenata*）只长在腐木上，青褶伞属种类（*Chlorophyllum* spp.）喜欢长在草地上，而斑褶菇属种类（*Panaeolina* spp.）则喜欢长在牲畜的粪便上。同样，不同的毒蘑菇会生长在不同的关联植物附近，如菌根真菌中不同种类的牛肝菌或鹅膏菌，与不同的植被类型及植物种类存在紧密的关系。

毒蘑菇的种类与气候环境和地理分布也有关。例如，毒蝇鹅膏（*Amanita muscaria*）在我国只生长在北方温带地区，而不会在南方热带地区；致命鹅膏（*A. exitialis*）在广东省相当常见，但在南岭以北的湖南省则迄今未见。又如，20世纪普遍认为我国有许多种原描述于欧洲或北美洲的毒蘑菇种类，但经21世纪的研究证明，它们中的大多数其实都是中国或亚洲特有的种类。在多数情况下，不同洲的毒蘑菇种类是不同的。现在我们已积累了大量的毒蘑菇种类与生境、发生季节相关性的信息，所以就有可能根据其生境信息对一些形态相似的种类进行快速的鉴别。

（四）分子生物学特征

毒蘑菇的分子生物学鉴定就是通过分析其体内分子结构

和序列来进行物种鉴定。现在，人们已经知道不同物种的生物体内遗传物质（如DNA）的碱基序列和蛋白质的氨基酸序列是不同的。因此，我们可以利用不同物种核酸或蛋白质序列的特异性差异进行毒蘑菇鉴定。

现在常用于毒蘑菇鉴定的DNA/RNA基因序列片段有内在转录间隔区（ITS）、18S、28S、DNA定向RNA聚合酶Ⅰ亚基（RPB2）、翻译延伸因子1（TEF1）、翻译延伸因子1-α（TEF1-α）、细胞色素c氧化酶Ⅰ亚基（COXⅠ）、三磷酸腺苷合成酶F0亚基6（atp6）等，而常用的蛋白质序列片段有β-微管蛋白（β-tubulin）等。这些片段各有特点，可在毒蘑菇分类鉴定中分别起到不同作用；有时不同类群的最适用片段有所不同，要根据实际情况来选择使用。

ITS序列位于28S rDNA、5.8S rDNA和18S rDNA之间，可分为ITS1和ITS2，具有高度的保守性和比较合适的可变性，在不同物种间往往存在较为固定的差异，序列长度大小适中，使得它成为大多数真菌物种鉴定的理想标记，在毒蘑菇鉴定中应用最为广泛。

β-微管蛋白基因编码的是一种重要的细胞骨架蛋白——微管蛋白，这个基因在不同物种间的序列差异较大，扩增成功率高，具有高通用性和高分辨率的特点，也常被用作毒蘑菇物种鉴定的有效分子标记，在鹅膏属中应用较多。

核糖体大亚基（nLSU或28S rDNA）、TEF1、TEF1-α、RPB2、COXⅠ和atp6同样具有不同程度的保守性，也常被用于毒蘑菇的鉴定，如用于粉褶菌属、牛肝菌属、湿伞属等类群的物种鉴定，尤其适用于一些亲缘关系较近、形态难以区分的物种鉴定。

上述片段也可以多个联合使用，往往能使物种鉴定结果更为准确可靠。除了直接测定特定的DNA/RNA基因序列片段和蛋白质序列片段并用于比较分析，其他的一些分子生物学方法也可以用于毒蘑菇的鉴定，如限制性片段长度多态性分析（RFLP）和实时荧光PCR等。

（五）综合鉴定措施

在实践中，无论是宏观鉴定还是显微鉴定、分子鉴定，都不是孤立进行的，而是有序的综合鉴定过程。

首先，要收集到需要鉴定的毒蘑菇样品，接着要多角度拍摄照片、观察与记录毒蘑菇样品的形态学特征和生态学特征。同时切取小量干净的新鲜样品放至超低温冰箱保存，留作分子生物学实验的样品。其他样品烘干制作标本，留作今后进行更深入的研究。然后，对照国内外文献资料中记载的毒蘑菇种类，如果能在严谨的分类学家所写的文献中找到宏观形态特征、显微形态特征与生态学特征都完全一致或非常接近的种类，即可初步鉴定为该物种或该种的近似种。

有条件的实验室可开展分子生物学实验，以获取其ITS片段或其他片段的分子序列生物学信息，将其序列信息与GenBank中注册的相关序列进行比对分析，即可找到与样品序列最接近的或完全一样的序列。根据比对分析结果，结合其形态学的特征分析，就可以确定毒蘑菇的分类学地位。如果宏观形态特征、显微形态特征、生态学特征与序列比较结果都与某一个已知种类完全一致或非常接近，那就基本可以鉴定为该种类或该种类的近缘种。

目前，对于毒蘑菇中较常见种类的鉴定，及时联系有经验的专家进行形态学鉴定仍然是最为快速有效的鉴别方法。然而，当只有破碎的毒蘑菇样品或遇到不常见的种类时，形态学鉴定可能比较困难，这时则可采用分子生物学方法进行鉴定。

由于人类对真菌的认识还很不全面，还有大量的物种尚未被发现和描述记载，也没有可靠的序列作参照比较。所以，对于一些不常见的毒蘑菇种类，有可能无论采用哪种方法都得不到满意的鉴定结果。这时可以联系有经验的专家，共同讨论或深入研究。

（六）毒蘑菇鉴定注意事项

1. 要尽量收集标本及图像资料

抢救毒蘑菇中毒患者最迅速有效的途径是认识该毒蘑菇种类，根据该毒蘑菇的毒性制订合理的救治方案。所以，遇到毒蘑菇中毒事件时，要尽量收集毒蘑菇的实物标本及图像资料，为鉴定工作提供最起码的材料。

2. 时刻警惕错误的发生

从多年的研究经验得知，毒蘑菇鉴定的各种分析方法都有一定的出错可能，如在获取DNA分子生物学特征时，就有可能因样品被污染而出错。另外，目前已有的毒蘑菇形态学描述信息及分子生物学信息并不够全面，甚至不少是错误的，如果经验不足，依据错误的文献描述或错误的序列信息进行鉴定，结果自然也会出错。

3. 要以不同方法复核鉴定结果

毒蘑菇种类繁多，有些种类非常相似，而且还有不少人类尚未认识的物种，容易鉴定出错。因此，当初步获得鉴定结果后，最好能继续参考其他的文献或以其他鉴定方法进行复核和印证。通常结合形态分类学和分子生物学方法进行鉴定，可使鉴定结果更加科学准确。如果对鉴定结果存在怀疑，有条件的还可与蘑菇分类专家沟通以减少错误的发生。

4. 抓住重点学习能事半功倍

一般人要在短时间内认识数百种毒蘑菇是相当困难的。在学习毒蘑菇的形态学鉴定时，大家应首先记住其重点类群的特点。例如，致死人数最多的类群是鹅膏属的种类，其特点是既有菌环又有菌托；引起中毒案例最多的毒蘑菇是铅绿青褶伞（*Chlorophyllum molybdites*），它爱长在草地上，有菌环，菌褶半干时带青绿色；毒性极强的亚稀褶红菇（*Russula subnigricans*），其菌肉伤变红的特征相当显著；等等。

5. 不要相信错误的毒蘑菇民间鉴别方法

民间仍然有许多错误的"毒蘑菇鉴别方法"在广为流传。大家一定要从科学的角度来判断民间传说的正确与否，不要被错误的传说所误导。常见的错误如下。

错误鉴定方法 1——颜色鲜艳的蘑菇有毒，颜色普通的蘑菇没毒。 这是一个流传甚广的错误说法，错误的认识已造成了许多毒蘑菇中毒事件，包括中毒致死的严重事件。因为在我国剧毒的毒蘑菇中，多数种类都并不鲜艳，如白色的致命鹅膏、裂皮鹅膏、鳞柄白鹅膏、欧氏鹅膏等；灰色的种类有灰花纹鹅膏、拟灰花纹鹅膏、灰盖粉鹅膏、假褐云斑鹅膏、亚稀褶红菇等；褐色的种类有多个黄褐色的盔孢伞属种类以及多个带褐色鳞片的环柄菇属种类等。当然，也有少数毒蘑菇是比较鲜艳的，如红色的毒蝇鹅膏、红托鹅膏和黄鳞鹅膏，黄色的黄盖鹅膏和假黄盖鹅膏等。由此可见，仅凭蘑菇的颜色来判断是否有毒是不可能的。事实上颜色不鲜艳的毒蘑菇种类更多、更危险！

错误鉴定方法 2——与生姜、大米、大蒜、银器、瓷片等一起煮，颜色变黑的蘑菇有毒，没变颜色的就无毒。 虽然蘑菇毒素种类繁多，但目前已知的剧毒蘑菇毒素都不会与生姜、大米、大蒜、银器、瓷片等发生变黑反应。我国致死人数最多的致命鹅膏与生姜、大蒜及银器等一起煮，也不会使这些物质变黑。

错误鉴定方法 3——生虫、生蛆的蘑菇没毒。 事实上，很多昆虫、其他动物对毒素的吸收作用与人是不同的。例如，对人毒性极强的致命鹅膏是很容易生虫或长蛆的，甚至经口服喂养小白鼠也不会致死。所以，口服喂养对昆虫和小鼠不致死，并不意味着对人没毒。

错误鉴定方法 4——受伤变色或者有分泌物的蘑菇有毒。 这个鉴定方法也是不对的。例如，牛肝菌科的许多种类都有受伤变色的特征，但其中可以食用的种类相当多；同样，红菇科的乳菇属（*Lactarius*）和多汁乳菇属（*Lactifluus*）的种类，基本上伤后都会有乳汁分泌流出，但它们有毒的种类只占少数，而可以食用的种类却不少。因此，我们不能因为它受伤变色或受伤后有分泌物就断定它就是毒蘑菇。

错误鉴定方法 5——长在牲畜粪便上的蘑菇有毒，长在干净环境中的没有毒。 这个说法虽然有一些可取之处，就是叫人不要吃肮脏环境的蘑菇，但它并不是一个正确的鉴别方法。虽然长在牲畜粪便上的蘑菇确实有不少有毒种类，如斑褶菇属（*Panaeolus*）和裸盖菇属（*Psilocybe*）等有毒种类就喜欢长在牲畜粪便上；但有些食用菌也喜欢长在牲畜粪便上，如知名食用菌双孢蘑菇（*Agaricus bisporus*），就是用牲畜粪便与秸秆作为营养料栽培出来的。另外，在受重金属、农药、病菌、放射性材料等有害物质污染的环境中生长的蘑菇，当然是不应该食用的。但是，在干净环境中的蘑菇却并非一定没有毒，因为毒蘑菇是可以自身产生毒素的，毒性与环境干净与否关系不大，主要与毒蘑菇种类有关。所以，这一鉴定方法总体上还是错的。

总而言之，我们要相信科学，多学习正确的毒蘑菇相关科学知识，不要再盲目相信民间流传的错误的毒蘑菇鉴别方法！毒蘑菇鉴别要相信科学，疑似中毒后赶快到医院，这才是正确的做法。

POISO
MUSH

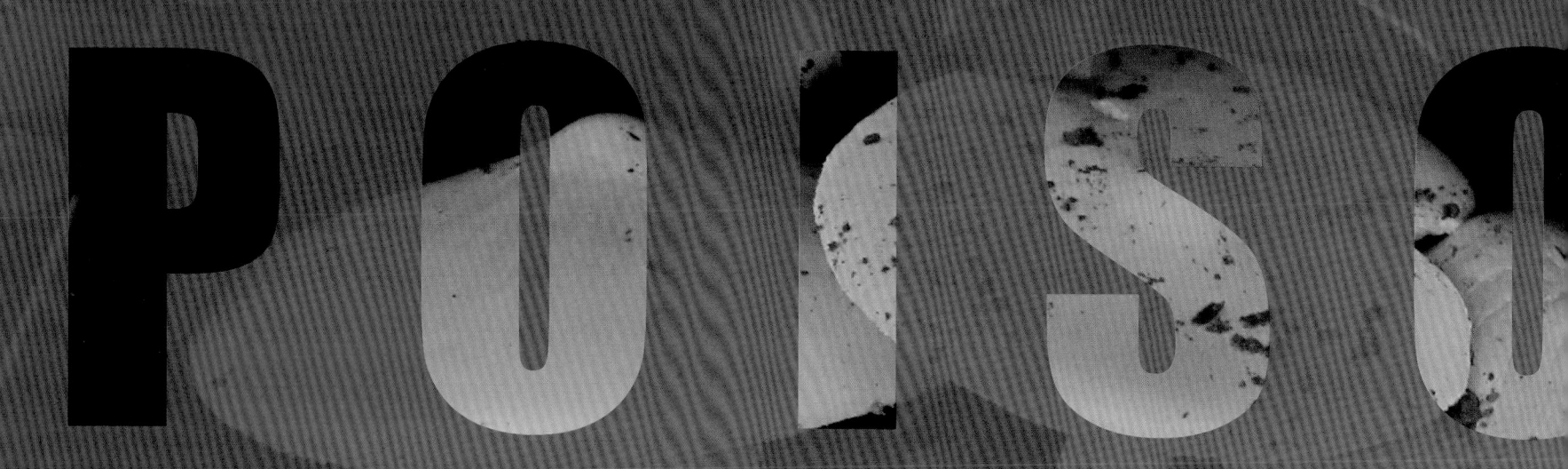

Common Poisoning Symptoms and Toxic Components of Poisonous Mushrooms

第二章

毒蘑菇中毒症状类型及其毒性成分

毒蘑菇种类不同，其含有的毒性成分不一样，中毒后产生的症状也不同。1990年以前，国际上对毒蘑菇中毒症状类型主要依据毒蘑菇所含有的毒素类型和表现症状来分型，主要分为以下8种类型：鹅膏毒肽症状、丝膜菌毒素症状、异噁唑类毒素症状、鹿花菌毒素症状、毒蝇碱症状、裸盖菇素症状、鬼伞素症状、胃肠道刺激物症状（Spoerke and Rumack，1994；Benjamin，1995）。1990年以后，人们又发现了一些新的蘑菇中毒症状，Saviuc和Danel（2006）归纳为以下4类：急性肾损伤症状、红斑性肢痛症状、横纹肌溶解症状、中枢神经系统中毒症状。Diaz（2005）比较全面地综述了蘑菇中毒类型，根据1956~2002年全球发表的28 018例蘑菇中毒资料分析并总结了中毒症状，共分为14类，先根据中毒后的发作时间分为早发型（<6h）、迟发型（6~24h）、缓发型（>1天），再依据作用靶标器官将每种类型分为若干亚型，其中早发型包括8种亚型（4种神经中毒型、2种胃肠炎型、2种过敏症型），迟发型包括3种亚型（肝损害型、急性肾功能衰竭型、红斑性肢痛症），缓发型包括3种亚型（缓发性肾功能衰竭型、中枢神经系统中毒型、横纹肌溶解型）。White等（2019）根据1927~2018年发表的1923篇蘑菇中毒论文（其中858篇是在1995年以后发表的）分析总结了其中毒症状，建议根据症状表现分为6个组21种类型，分别为细胞毒性（3种类型）、神经毒性（4种类型）、肌毒性（2种类型）、代谢与内分泌毒性（7种类型）、胃肠道刺激毒性（1种类型）及其他不良反应（4种类型）。

在我国，过去将毒蘑菇及其中毒症状划分为4类（肝损害型、胃肠炎型、神经精神型、溶血型）（中国科学院微生物研究所真菌组，1979）。卯晓岚（2006）增加了呼吸循环衰竭型和光过敏性皮炎型，共计6种中毒类型。任成山等（2007）通过总结国内报道的3638例毒蘑菇中毒患者的临床资料，建议临床应分为5种类型：胃肠炎型、急性肾功能衰竭型、中毒性肝炎型、神经精神型、溶血型。近20年来，由亚稀褶红菇（*Russula subnigricans*）引起的中毒在我国南方普遍发生，且其死亡率高，中毒症状具有典型的横纹肌溶解症。同时，由污胶鼓菌（*Bulgaria inquinans*）和叶状耳盘菌（*Cordierites frondosus*）引起的光过敏性皮炎在我国也时有发生。因此，建议根据作用靶标器官将我国的毒蘑菇中毒症状分为8种类型比较合理，即急性肝损害型、急性肾损伤型、胃肠炎型、神经精神型、横纹肌溶解型、溶血型、光过敏性皮炎型、其他类型（Chen *et al.*，2014；陈作红等，2016；卢中秋等，2019；Li *et al.*，2020，2021a，2022a，2023，2024）。

第一节　急性肝损害型

一、引起急性肝损害型中毒的蘑菇种类

急性肝损害型中毒主要由含有鹅膏肽类毒素的一些蘑菇种类所引起，主要包括鹅膏属檐托鹅膏组（*Amanita* sect. *Phalloideae*）、盔孢伞属（*Galerina*）、环柄菇属（*Lepiota*）的一些种类。鹅膏属中，在欧洲和北美洲主要的剧毒种类包括绿盖鹅膏（*Amanita phalloides*）、白毒鹅膏（*A. verna*）、鳞柄白毒鹅膏（*A. virosa*）、双孢鹅膏（*A. bisporigera*）、暗褐毒鹅膏（*A. brunnescens*）、薄褶鹅膏（*A. tenuifolia*）等，蘑菇中毒事件中90%的死亡是由这些剧毒种类所致（Wieland，1986；Karlson-Stiber and Persson，2003；Berger and Guss，2005a，2005b；Diaz，2018）。我国鹅膏属种类相当丰富，迄今为止，我国该属已记载近200种。近年来，在我国引起中毒死亡事件的剧毒鹅膏菌主要包括：致命鹅膏（*Amanita exitialis*）、灰花纹鹅膏（*A. fuliginea*）、拟灰花纹鹅膏（*A. fuligineoides*）、淡红鹅膏（*A. pallidorosea*）、亚灰花纹鹅膏（*A. subfuliginea*）、黄盖鹅膏（*A. subjunquillea*）、假淡红鹅膏（*A. subpallidorosea*）、裂皮鹅膏（*A. rimosa*）等（Yang and Li，2001；Zhang *et al.*，2010；Cai et al., 2014，2016；Chen et al.，2014；Li et al., 2015，2020，2021a，2022a，2023，2024）。

在盔孢伞属（Galerina）中，含有鹅膏肽类毒素的种类主要有纹缘盔孢伞（G. marginata）、条盖盔孢伞（G. sulciceps）、毒盔孢伞（G. venenata）、单色盔孢伞（G. unicolor）、丛生盔孢伞（G. fasciculata）等（Spoerke and Rumack，1994；Benjamin，1995）。其中，在我国引起中毒事件的主要种类有条盖盔孢伞、纹缘盔孢伞（郭超等，2013；Chen et al.，2014；Li et al., 2020，2021a，2022a，2023，2024）。

在环柄菇属（Lepiota）中，含有鹅膏肽类毒素的种类主要有褐鳞环柄菇（L. helveola）、栗色环柄菇（L. castanea）、肉褐鳞环柄菇（L. brunneoincarnata）、近肉红环柄菇（L. subincarnata）、亚毒环柄菇（L. subvenenata）、毒环柄菇（L. venenata）等（Cai et al.，2018；余成敏和李海蛟，2020）。其中，肉褐鳞环柄菇于2019～2023年在我国各地引起了54起中毒事件，导致135人中毒，其中11人死亡（Li et al., 2020，2021a，2022a，2023，2024）。

二、急性肝损害型中毒临床症状

含鹅膏毒肽的蘑菇中毒病程包括4个阶段，分别是潜伏期、胃肠炎期、假愈期、爆发性肝功能衰竭期。

1）潜伏期（6～12h）。误食鹅膏菌后，一般发病较慢，有6～12h的潜伏期，也有病例到20h后才出现中毒症状。具有潜伏期这一特点对于中毒诊断具有很高的价值，因为大多数其他有毒蘑菇食用后2h以内就表现出症状。如果患者可能同时进食了多种有毒蘑菇，也有可能在6h之内出现肠胃症状，故6h之内出现中毒表现者也不能完全排除含鹅膏毒肽蘑菇中毒。

2）胃肠炎期（6～48h）。潜伏期过后出现恶心、呕吐、剧烈腹痛、腹泻等肠胃症状。严重情况下可能会导致酸碱紊乱、电解质紊乱、低血糖、脱水和低血压。这个时候的肝功能指标往往是正常的。这个阶段一般维持12～24h。

3）假愈期（48～72h）。胃肠炎期过后，症状消失，近似康复，1～2天无明显易见症状，容易给临床医生和患者造成一个康复的假象。在这个阶段，尽管临床症状得到改善，但肝功能的指标酶谷草转氨酶和谷丙转氨酶、胆红素开始上升，肾功能也开始恶化。对于摄入量较小或虽摄入量较大但经恰当处理的患者，部分患者可在一周内逐渐恢复正常。也有部分摄入量大者可从胃肠炎期直接进入爆发性肝功能衰竭期。

4）爆发性肝功能衰竭期（72～96h）。在摄入含鹅膏毒肽的蘑菇第2～4天，患者出现进行性肝损伤，表现为食欲不振、恶心、上腹部隐痛等，体格检查可发现皮肤巩膜黄染，上腹部轻压痛，肝肿大、肝区压痛叩击痛，严重者发展为肝功能衰竭，表现为皮肤黏膜和消化道出血、腹水、肝肿大或肝萎缩。严重者数日内出现精神萎靡、烦躁不安、嗜睡乃至昏迷。实验室检测发现谷丙转氨酶、谷草转氨酶、乳酸脱氢酶、肌酸激酶异常升高，谷丙转氨酶可超过2000U/L或更高。血清胆红素进行性升高，血清白蛋白显著降低。高胆红素血症、凝血酶原时间延长、活化部分凝血活酶时间延长是评估中毒严重程度的重要指标。一旦出现血清胆红素进行性升高而谷丙转氨酶明显下降的"胆酶分离"现象，提示患者病情危重，预后极差。肝功能障碍还会导致低血糖、高乳酸血症、代谢性酸中毒、凝血功能障碍、代谢性脑病、肝昏迷，可进展至多器官功能衰竭。进入此阶段的患者病死率为30%～60%（余成敏和李海蛟，2020）。

三、引起急性肝损害型中毒的鹅膏肽类毒素

人们对鹅膏肽类毒素的研究已有100多年的历史，根据其氨基酸的组成和结构可将鹅膏肽类毒素分为鹅膏毒肽（amatoxins）、鬼笔毒肽（phallotoxins）、毒伞素（virotoxins）三类。目前已分离鉴定的天然毒素有22种，其中双环八肽的鹅膏毒肽类9种、双环七肽的鬼笔毒肽类7种、单环七肽的毒伞素类6种（Walton，2018）。鹅膏毒肽中的α-鹅膏毒肽和β-鹅膏毒肽在鹅膏菌中含量最高并且是主要的致死毒素，鬼笔毒肽类中主要有二羟鬼笔毒肽、羧基二羟鬼笔毒肽。毒伞素主要是从鳞柄白毒鹅膏（Amanita virosa）中分离获得的。鹅膏肽类毒素化学性质稳定，耐高温、耐干燥和酸碱，一般的烹调加工不会破坏其毒性，该类毒素易溶于甲醇、乙醇、液

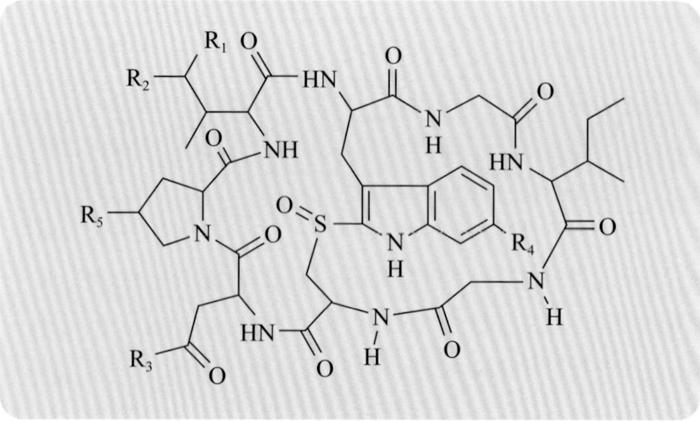

图 2-1 鹅膏毒肽类毒素的基本化学结构式
（Yin et al., 2019）

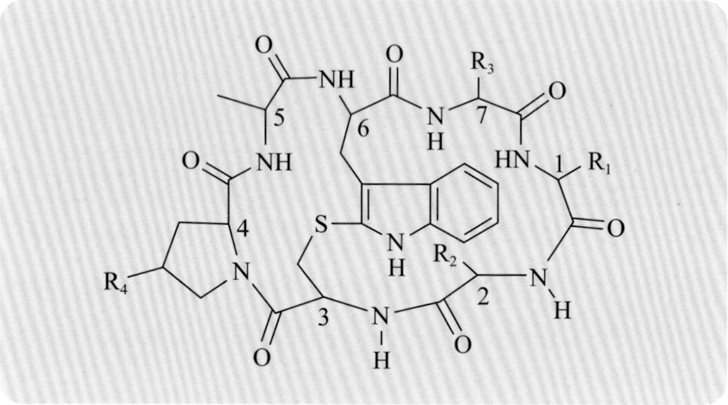

图 2-2 鬼笔毒肽类毒素的基本化学结构式
（Yin et al., 2019）

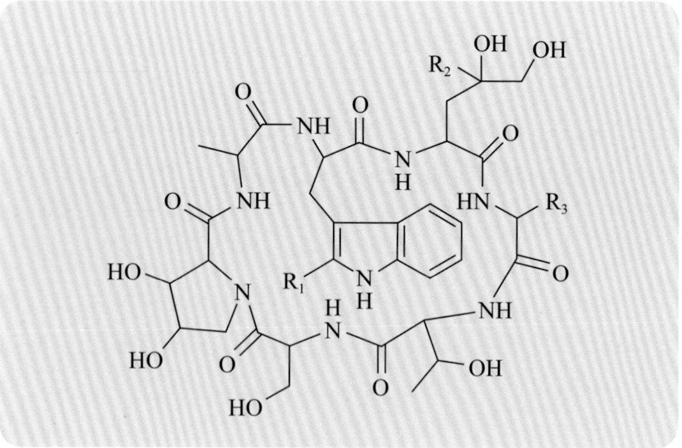

图 2-3 毒伞素类毒素的基本化学结构式
（Yin et al., 2019）

态氨、吡啶和水（Walton，2018）。

鹅膏毒肽类毒素、鬼笔毒肽类毒素和毒伞素类毒素的基本化学结构式如图 2-1～图 2-3 所示，各类毒素的侧链基团差异如表 2-1～表 2-3 所示。

四、鹅膏肽类毒素的毒性及其毒代动力学

鹅膏菌含有的三类肽类毒素所引起的中毒性质和机理是不一样的，鹅膏毒肽是慢作用毒素，食后 2～8 天死亡。鹅膏毒肽对人的致死剂量大约为 0.1mg/kg 体重，甚至更低。毒素由消化道吸收，对几内亚猪的致死剂量也是 0.1mg/kg 体重，人和猪不管是口服还是静脉注射或腹腔注射，其效果一样，但对于其他一些动物如小鼠和大鼠，尽管经静脉注射或腹腔注射其半数致死剂量（LD_{50}）为 0.3～0.6mg/kg 体重，但口服不中毒。猫和狗也能通过消化道吸收。鬼笔毒肽和毒伞素是快作用毒素，静脉注射或腹腔注射实验动物，一般 2～5h 内就死亡，口服不中毒，其致死剂量比鹅膏毒肽要高，对小白鼠的 LD_{50} 为 1.5～2.0mg/kg 体重。由于在误食鹅膏菌后 2～5h 内并未表现出症状，以及鬼笔毒肽不被肠道吸收，因此在鹅膏菌中毒事件中，起主要作用的是鹅膏毒肽。

鹅膏毒肽可经人胃肠道吸收进入血液，未被吸收的鹅膏毒肽通过粪便排泄。鹅膏毒肽分布容积低（0.3L/kg），蛋白结合率极低，在体内不发生代谢转化。血液中鹅膏毒肽主要通过肾以原形排出。比格犬喂饲鹅膏毒肽的胃肠道吸收率为 29.4%～41.54%，粪便排泄量为 58.46%～70.6%。经口摄入鹅膏毒肽血液中的达峰时间 T_{max} 为 1.25～2.08h，消除半衰期 $T_{1/2}$ 为 0.54～1.94h，血浆清除率为 0.12～0.54L/(h·kg)，比格犬血液中鹅膏毒肽的 80% 以上经肾排泄，经胆汁排泄少于 20%。胆汁在鹅膏毒肽的肠道吸收中起到促进作用，食入含鹅膏毒肽蘑菇 48h 后，中毒患者血液中无法检测到鹅膏毒肽；食入含鹅膏毒肽蘑菇 72h 后，仅少部分中毒患者尿液中可检测到鹅膏肽类毒素。血液中的鹅膏毒肽通过肝窦细胞膜上有机阴离子转运多肽 OATP1B3 及肝细胞膜上的两个载体蛋白系统介导进入肝细胞内（余成敏和李海蛟，2020）。

表 2-1　鹅膏毒肽类毒素氨基酸侧链基团的区别

鹅膏毒肽类毒素	R₁	R₂	R₃	R₄	R₅	LD₅₀/（mg/kg 小鼠）
α-鹅膏毒肽（α-amanitin）	CH₂OH	OH	NH₂	OH	OH	0.3～0.6
β-鹅膏毒肽（β-amanitin）	CH₂OH	OH	OH	OH	OH	0.5
γ-鹅膏毒肽（γ-amanitin）	CH₃	OH	NH₂	OH	OH	0.2～0.5
ε-鹅膏毒肽（ε-amanitin）	CH₃	OH	OH	OH	OH	0.3～0.6
三羟鹅膏毒肽（amanin）	CH₂OH	OH	OH	H	OH	0.5
三羟鹅膏毒肽酰胺（amanin amide）	CH₂OH	OH	NH₂	H	OH	0.5
二羟鹅膏毒肽酰胺（amanullin）	CH₃	H	NH₂	OH	OH	>20
二羟鹅膏毒肽羧酸（amanunic acid）	CH₃	H	OH	OH	OH	>20
二羟鹅膏毒肽酰胺原（proamanullin）	CH₃	H	NH₂	OH	H	>20

表 2-2　鬼笔毒肽类毒素氨基酸侧链基团的区别

鬼笔毒肽类毒素	R₁	R₂	R₃	R₄	LD₅₀/（mg/kg 小鼠）
一羟鬼笔毒肽（phalloin，PHN）	CH₃	CH(OH)CH₃	CH₂C(CH₃)₂OH	OH	1.5
二羟鬼笔毒肽（phalloidin，PHD）	CH₃	CH₂C(CH₃)₂OH	CH₂C(CH₃, CH₂OH)OH	OH	2
三羟鬼笔毒肽（phallisin，PHS）	CH₃	CH(OH)COOH	CH₂C(CH₂OH)₂OH	OH	2
一羟鬼笔毒肽原（prophallion，PPN）	CH₃	CH(OH)CH₃	CH₂C(CH₃)₂OH	H	>20
羧基一羟鬼笔毒肽（phallacin，PCN）	CH(CH₃)₂	CH(OH)COOH	CH₂C(CH₃)₂OH	OH	1.5
羧基二羟鬼笔毒肽（phallacidin，PCD）	CH(CH₃)₂	CH(OH)COOH	CH₂C(CH₃, CH₂OH)OH	OH	1.5
羧基三羟鬼笔毒肽（phallisacin，PSC）	CH(CH₃)₂	CH(OH)COOH	CH₂C(CHOH)₂OH	OH	4.5

表 2-3　毒伞素类毒素氨基酸侧链基团的区别

毒伞素类毒素	R₁	R₂	R₃
二羟毒伞素（viroidin）	SO₂	CH₃	CH(CH₃)₂
脱氧二羟毒伞素（desoxoviroidin）	SO	CH₃	CH(CH₃)₂
丙氨酸羟毒伞素（ala-viroidin）	SO₂	CH₃	CH₃
丙氨酸脱氧二羟毒伞素（ala-desoxoviroidin）	SO	CH₃	CH₃
三羟毒伞素（viroisin）	SO₂	CH₂OH	CH(CH₃)₂
脱氧羟毒伞素（vesoxoviroisin）	SO	CH₂OH	CH(CH₃)₂

五、鹅膏肽类毒素的中毒机理

鹅膏毒肽的毒理作用机制：鹅膏毒肽主要抑制真核生物的 RNA 聚合酶Ⅱ活性，导致 mRNA 转录受阻，蛋白质不能合成，最终导致细胞坏死（Lindell et al.，1970）。进一步研究表明，鹅膏毒肽能与 RNA 聚合酶Ⅱ的 RBP1 亚基结合形成一个复合体，导致 RBP1 亚基降解，蛋白质合成受阻（Nguyen et al.，1996）。Bushnell 等（2002）利用 X 射线晶体学方法获得了分辨率为 2.8Å 的 RNA 聚合酶Ⅱ与 α-鹅膏毒肽相结合的晶体结构，并且通过解析得出 α-鹅膏毒肽的结合位点位于 RBP1 亚基的桥螺旋下方，α-鹅膏毒肽与桥螺旋以及位于桥螺旋附近的 RBP1 亚基上的氨基酸残基之间存在着强大的相互作用，影响了桥螺旋的运动，阻碍了 DNA 和 RNA 的易位，导致不能进行下一轮 RNA 的合成。Wang 等（2006）的研究表明，桥螺旋附近的启动环结构对转录起到关键作用，它能够正确识别核苷三磷酸（NTP）和促进催化，确保转录的忠实性，并且认为启动环是调节因子和抑制剂的作用靶标，α-鹅膏毒肽可能阻止启动环摆向其正确位点而不能继续催化。Kaplan 等（2008）进一步的突变体和晶体结构实验表明，启动环上的氨基酸残基 His1085 对底物的选择或者说 NTP 的识别起着关键作用，α-鹅膏毒肽与启动环上的氨基酸残基 His1085 能发生直接作用，α-鹅膏毒肽通过 His1085 结合启动环后，阻止了启动环在活性位点与底物 NTP 的结合，导致启动环核苷酸增加的功能丧失，从而阻止转录的继续进行（图 2-4）。Brueckner 和 Cramer（2008）通过晶体结构实验也发现 α-鹅膏毒肽与启动环、桥螺旋之间存在直接或间接的作用，这种作用限制了启动环和桥螺旋的运动，从而削弱了核苷酸的结合和易位，导致转录受阻。

体内、体外试验表明：鹅膏毒肽不仅能导致细胞坏死，也是一个强的细胞凋亡诱导剂，并且认为凋亡在鹅膏毒肽引起肝损害的发病机制中起着非常重要的作用。Leist 等（1997）利用小鼠和人肝细胞研究发现，α-鹅膏毒肽在凋亡的关键因子 TNF-α 缺失下不会产生肝细胞毒性；同时，用 TNF-α 抗体处理的小鼠或敲除 53kDa TNF-α 受体的转基因小鼠进行 α-鹅膏毒肽实验，也产生很小的毒性。Arima 等（2005）的研究表明，由 α-鹅膏毒肽引起的 RNA 聚合酶Ⅱ抑制转录可引起凋亡，并且依赖 p53 因子。Magdalan 等（2010）利用犬肝细胞与不同浓度的鹅膏毒肽共培养，发现凋亡现象明显，认为凋亡在鹅膏毒肽引起肝损害的发病机制中尤其是发病早期起着非常重要的作用。之后，利用人肝细胞培养进一步表明 0.2μmol/L α-鹅膏毒肽即可显著降低细胞活性，凋亡因子 Annexin V、Caspase-3 和 p53 蛋白含量明显升高，而抗凋亡因子 Bcl-2 蛋白显著降低，认为 α-鹅膏毒肽引起的凋亡依赖 Caspase-3 和 p53（Magdalan et al.，2011a）。

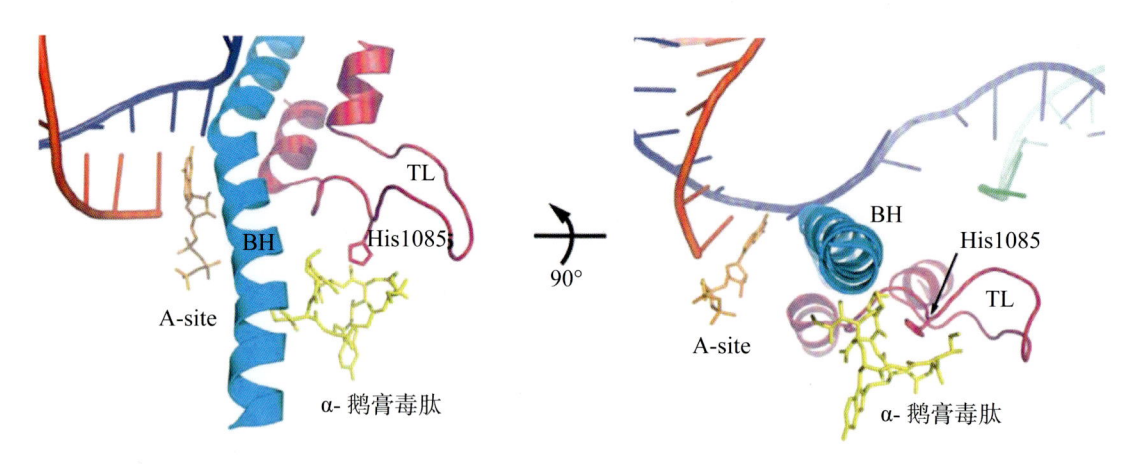

图 2-4　α-鹅膏毒肽与启动环上的 His1085 结合导致转录受阻
（Kaplan et al.，2008）
BH：桥螺旋；TL：启动环；His1085：启动环上的氨基酸残基

此外，自由基反应可能也是鹅膏毒肽引起肝损害的重要因素，Zheleva 等（2007）依据 α- 鹅膏毒肽体内、体外试验发现其具有强氧化特性，结合目前治疗鹅膏菌中毒最有效的药物水飞蓟素具有强抗氧化性的特点进而提出了一个假说，认为随着鹅膏毒肽在肝细胞的积聚，会产生自由基中间体，引起活性氧的增加，肝细胞中的脂质过氧化作用引起肝损害。Magdalan 等（2011b）利用人肝细胞培养进一步实验证明了 α- 鹅膏毒肽能引起脂质过氧化的增加，肝细胞培养基中解毒剂（N- 乙酰半胱氨酸和水飞蓟宾）的添加可有效控制由 α- 鹅膏毒肽引起的脂质过氧化作用。小鼠体内的实验结果也表明：α- 鹅膏毒肽能显著降低肝组织中超氧化物歧化酶（SOD）和过氧化氢酶（CAT）的活性，显著增加丙二醛（MAT）的含量，并且具有时间和剂量效应（Wu et al.，2013）。

鬼笔毒肽的毒理作用机制：由丝状肌动蛋白（F-actin）构成的微丝是细胞骨架的主要成分，丝状肌动蛋白是由球状肌动蛋白（G-actin）聚合组装而成，在正常生理状态下，F-actin 与 G-actin 之间的聚合与解聚是一个动态的平衡过程，这一动态过程关系到 ATP 水解释放能量与细胞质运动、细胞内运输和肌肉运动等生理过程，鬼笔毒肽能专一性地与 F-actin 结合，从而打破 F-actin 与 G-actin 之间的平衡，大量形成 F-actin 毒肽复合体，毒伞素也具有相同的作用机制（Wieland，1986）。

第二节 急性肾损伤型

引起急性肾损伤型中毒的蘑菇有两类：丝膜菌属中含有奥来毒素（orellanine）的物种，鹅膏属中含有 2- 氨基 -4,5- 己二烯酸（2-amino-4,5-hexadienoic acid）的物种。

一、丝膜菌引起的急性肾损伤型中毒

（一）引起急性肾损伤型中毒的丝膜菌属蘑菇种类

含奥来毒素的蘑菇主要是丝膜菌属的一些种类，在欧洲和北美洲引起人中毒的主要种类有 2 种：奥来丝膜菌（*Cortinarius orellanus*）和细鳞丝膜菌（*C. rubellus*）（Herrmann et al.，2012；Dinis-Oliveira et al.，2016）。由奥来丝膜菌引起的中毒最早于 1957 年在波兰报道，之后在欧洲、北美洲和澳大利亚都有中毒报道。1974 年芬兰报道了 4 例细鳞丝膜菌引起的中毒病例，之后在欧洲的瑞典、挪威、意大利、德国、法国、英国等国家都有中毒事件报道（Dinis-Oliveira et al.，2016）。Danel 等（2001）统计了过去 90 例丝膜菌中毒的种类，其中奥来丝膜菌和细鳞丝膜菌占 78.9%，说明这两个种是导致中毒的主要种类。Judge 等（2010）报道了一个有毒的丝膜菌新种，称为 *C. orellanosus*，该种导致了一起中毒事件。Shao 等（2016）通过奥来毒素检测确定北美洲的蜜环丝膜菌（*C. armillatus*）是有毒物种。在丝膜菌属中还有一些种类也是有毒的，如 *C. brunneofulvus*、*C. cinnamomeus*、*C. fluorescens*、*C. gentiles*、*C. henrici*、*C. rainierensis*、*C. semisanguineus*、*C. splendens* 等（Oubrahim et al.，1997；陈作红，2020；He et al.，2022）。

由于丝膜菌引起的中毒特征具有较长的潜伏期，患者发病时不会想到是由几天前吃野生蘑菇所引起，导致中毒原因难以确定，因此在我国近年来的中毒事件案例中到目前为止还没有一例明确由丝膜菌引起的中毒病例报道。根据文献和地方大型真菌志的记载，奥来丝膜菌在我国吉林和辽宁等地有分布，并曾在陕西秦岭地区发生严重的误食中毒事件，细鳞丝膜菌在我国西藏等地也有分布。此外，尖顶丝膜菌（*C. gentiles*）、黄棕丝膜菌（*C. cinnamomcus*）、挪丝膜菌（*C. bolaris*）、荷叶丝膜菌（*C. salor*）等可能有毒的种类在我国也有分布（He et al.，2022）。

（二）丝膜菌引起的急性肾损伤型中毒临床症状

奥来毒素是一种作用缓慢但能致死的毒素。该毒素中毒的特征之一是有很长的潜伏期。因此，患者经常不会想到此时的生病与前几天食用的蘑菇有关，所以通常会导致中毒误诊。丝膜菌属蘑菇中毒主要作用于肾。典型的中毒进展过程可分为以下 4 个阶段（Spoerke and Rumack，1994）。①潜伏期，为食用后 36h 到 17 天，平均为 3 天。潜伏期的长短与中毒的程度有关，潜伏期越短，中毒越严重，Grzymala（1965）在 135 例中毒病例中报道了潜伏期和中毒严重程度的关系如下：轻微中毒，潜伏期 10～17 天，症状表现为口干舌燥、口渴、多尿，几天后很快恢复；中等程度中毒，潜伏期 6～10 天，症状严重但没有严重的肾功能障碍，并且在 3～4 周就会恢复正常；严重中毒，潜伏期 2～3 天，引起肾功能衰竭，死亡率高。②肾损前期，肠胃、神经和一般症状通常持续 1 周。症状表现为厌食、恶心、呕吐、腹痛、便秘、腹泻、突然发冷、寒战、发抖、嗜睡、眩晕、味觉障碍和感觉异常。③肾损期，在未发生肾功能衰竭之前，出现多尿症状，其中有的出现蛋白尿、血尿、白血球尿。随后发展为急性肾亏或肾功能衰竭，出现少尿或无尿症状。肾组织病理学分析显示肾小管间质性肾炎，间质水肿，炎性细胞浸润和纤维化/硬化。④恢复或后遗症期，康复很慢，一般需几个星期或几个月，有 50% 左右的病例由肾功能不全发展成慢性肾功能不全（Danel et al., 2001；Dinis-Oliveira et al., 2016）。

（三）丝膜菌毒素的化学结构、毒性与中毒机理

丝膜菌属蘑菇引起中毒的主要成分是奥来毒素。1962 年，Grzymala 从奥来丝膜菌（*Cortinarius orellanus*）中分离出一种有毒物质，并称之为奥来毒素（orellanine），这种物质对动物产生的毒性作用与蘑菇子实体对动物产生的毒性作用相同。1979 年，Antkowiak 和 Gessner 完成了该毒素的化学结构鉴定，发现这种化合物加热到 270℃ 以上或经光照会发生化学分解，先产生同样具有毒性的 orellinine，最后形成一种叫 orelline 的无毒性化合物（Antkowiak and Gessner，1979，1985）。奥来毒素和 orelline 已可以化学合成（Dehmlow and Schulz，1985），奥来毒素、orellinine、orelline 的化学结构式如图 2-5 所示。

奥来毒素为晶体状、无色化合物。当它被加热到 270℃ 以上或在紫外光条件下脱氧后，会降解为黄色、稳定、无毒性、可升华的 orelline。奥来毒素在蘑菇内非常稳定，烹煮、冷冻或干燥不会将其破坏，甚至经 20 年储藏后，都不会被破坏。然而，从蘑菇中提取时，当暴露在光或紫外光条件下，它会迅速地分解为 orellinine 和 orelline。奥来毒素、orellinine、orelline 溶于稀氢氧化钠、氢氧化铵和二甲基亚砜，微溶于甲醇，但都难溶于有机溶剂和水（Dinis-Oliveira et al., 2016）。

动物实验研究表明，对于小鼠，口喂奥来毒素，其半数致死剂量（LD_{50}）为 33～90mg/kg 体重；腹腔注射，其 LD_{50} 为 12.5～15mg/kg 体重；小鼠口喂干的毒丝膜菌子实体，其 LD_{50} 为 2g/kg 体重（Prast et al., 1988；Richard et al., 1988）。临床数据表明，人对奥来毒素似乎比小鼠和大鼠更敏感，对于体重 70kg 的人，其致死量为 29～227g 鲜蘑菇（Herrmann et al., 2012）。

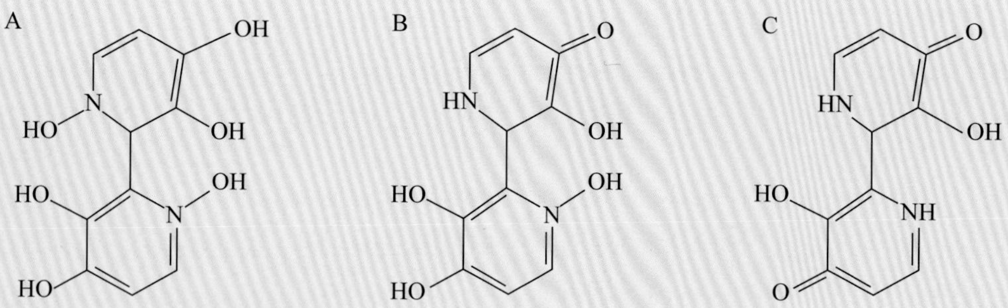

图 2-5　奥来毒素（A）、orellinine（B）、orelline（C）的化学结构式
（Spoerke and Rumack，1994）

奥来毒素对肾损伤的机制目前还没有完全弄清楚，关于它的毒理有多种假说：①奥来毒素强烈抑制大分子如蛋白质、RNA 和 DNA 的合成，并且认为很可能是由其代谢产物所导致的（Richard et al., 1991; Cantin-Esnault et al., 1998; Nilsson et al., 2008）；②体内、体外试验表明奥来毒素能产生氧自由基，引起过氧化作用，导致肾功能受损害（Oubrahim et al., 1998）；③奥来毒素促进了对碱性磷酸酶、γ-谷氨酰转肽酶和亮氨酸氨基肽酶活性的非竞争性抑制（Ruedl et al., 1989）；④转录组学研究表明奥来毒素的毒理机制包括细胞凋亡、金属离子结合、细胞增殖、组织重塑、异种生物代谢、转运体、细胞外基质分子和细胞骨架途径（Nusair et al., 2023）。

近年研究表明，丝膜菌的奥来毒素可用于肾小管上皮转移性肾癌的治疗，可望将其开发成治疗药物（Buvall et al., 2017）。

二、鹅膏菌引起的急性肾损伤型中毒

（一）引起急性肾损伤型中毒的鹅膏属蘑菇种类

在 20 世纪 90 年代之前，人们只知道在丝膜菌属的一些种类中含有的奥来毒素会引起肾损伤，其主要特点是发病晚，2~3 天后出现肠胃症状，8 天后出现急性肾损伤，50% 发展成慢性肾损伤（Danel et al., 2001）。此后，在欧洲和北美洲，人们发现鹅膏属中的 Amanita smithiana 和 A. proxima 也会引起肾损伤，其中毒症状特点是发病和肾损伤的时间比丝膜菌属引起的要早（Saviuc and Danel, 2006）。在欧洲和北美洲，引起急性肾损伤型中毒的种类除 Amanita smithiana 和 A. proxima 外，还有 A. boudieri、A. gracilior、A. echinocephala（Kirchmair et al., 2012）。

在东亚和我国，引起急性肾损伤型中毒的种类有赤脚鹅膏（Amanita gymnopus）、异味鹅膏（A. kotohiraensis）、拟卵盖鹅膏（A. neoovoidea）、欧氏鹅膏（A. oberwinkleriana）、假褐云斑鹅膏（A. pseudoporphyria）（Iwafuchi et al., 2003; Chen et al., 2014; Li et al., 2020, 2021a, 2022a, 2023, 2024）。引起急性肾损伤型中毒的鹅膏菌都属于鹅膏属残鳞鹅膏组（Amanita sect. Roanokenses）。

（二）鹅膏菌引起的急性肾损伤型中毒临床症状

中毒后具有 8~12h 的潜伏期，从误食到肝肾损害一般为 1~4 天，常以消化道症状开始，后出现少尿或无尿，血液中肌酐、尿素氮升高，早期可有转氨酶的轻度、中度升高，肝转氨酶升高，约为正常上限的 15 倍，反映肝功能中度受损。肾功能损害的表现为急性肾小管间质性肾病。值得注意的是，近几年发现假褐云斑鹅膏中毒有导致心肌损伤、发生心律失常和心脏骤停的报道，故应关注患者心电图和心肌酶学改变。

（三）引起急性肾损伤型中毒的鹅膏菌毒素

鹅膏属残鳞鹅膏组中的鹅膏菌引起急性肾损伤的毒素通常被认为是 2-氨基-4,5-己二烯酸（2-amino-4,5-hexadienoic acid）(Leathem et al., 1997; Warden and Benjamin, 1998)，其化学结构式如图 2-6 所示。该毒素对几内亚猪的致死剂量为 100mg/kg 体重（West et al., 2009），但有关其毒性作用目前还不清楚。Kirchmair 等（2012）认为鹅膏属残鳞鹅膏组中的鹅膏菌引起急性肾损伤的毒素可能不是 2-氨基-4,5-己二烯酸，而是一种未知成分。

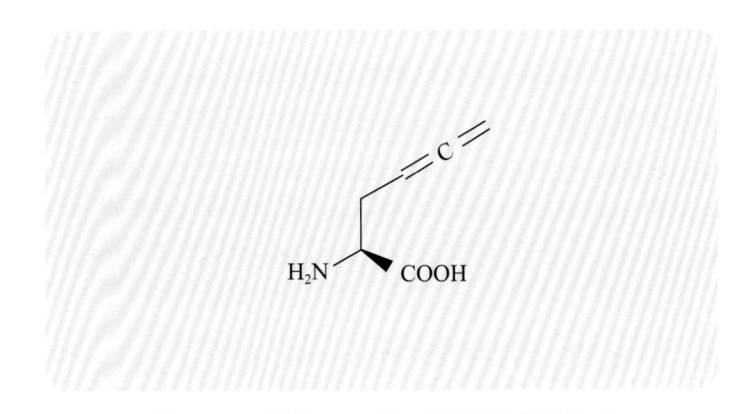

图 2-6　2-氨基-4,5-己二烯酸的化学结构式
（Yin et al., 2019）

第三节 神经精神型

引起神经精神型中毒的有毒蘑菇种类较多，可以产生 5 种类型的神经中毒：①含毒蕈碱（muscarine）的种类产生外周胆碱能神经毒性；②含异噁唑衍生物（isoxazole derivatives）的种类产生谷氨酰胺能神经毒性；③含鹿花菌素（gyromitrin）的种类产生癫痫性神经毒性；④含裸盖菇素（psilocybin）的种类产生致幻性神经毒性；⑤毒素尚不清楚的类型，如一些牛肝菌所导致的中毒。

一、含毒蕈碱的毒蘑菇引起的外周胆碱能神经毒性

（一）含毒蕈碱的毒蘑菇种类

尽管毒蕈碱最先是从毒蝇鹅膏（*Amanita muscaria*）分离出来的，但在该蘑菇中的含量非常低（0.009%），食用毒蝇鹅膏不足以产生毒蕈碱中毒症状。毒蕈碱含量高的毒蘑菇主要是丝盖伞科（Inocybaceae）和杯伞科（Clitocybaceae）中的一些种类，其含量达到干重的 0.08%～0.33%，另外，粉褶菌属（*Entoloma*）和小菇属（*Mycena*）中的一些种类也含有比较高的毒蕈碱（Spoerke and Rumack，1994）。

丝盖伞属（*Inocybe*）中的大部分种类都含有毒蕈碱，裂盖伞属（*Pseudosperma*）和歧盖伞属（*Inosperma*）中的一些物种也含有毒蕈碱。在欧洲和北美洲，主要种类包括 *Inocybe fastigiata*、*I. patouillardi*、*I. geophylla*、*I. lanuginose*、*I. pudica*、*I. lacera*、*I. sororia* 等（Spoerke and Rumack，1994）。在我国，有毒的丝盖伞物种相当丰富，近年来由丝盖伞科物种引起的中毒事件也频繁发生，主要有翘鳞黄棕丝盖伞（*Inocybe squarrosofulva*）、辣味丝盖伞（*Inocybe acriolens*）、晚生丝盖伞（*Inocybe serotina*）、茶褐裂盖伞（*Pseudosperma umbrinellum*）、毒蝇歧盖伞（*Inosperma muscarium*）、海南歧盖伞（*Inosperma hainanense*）、环幕歧盖伞（*Inosperma zonativeliferum*）（Li et al.，2020，2021a，2022a，2023，2024；陈作红等，2022）。

杯伞属（*Clitocybe*）中的一些种类也含有毒蕈碱。在欧洲，常见的主要种类有白霜杯伞（*Clitocybe dealbata*）、环带杯伞（*C. rivulosa*）、小白杯伞（*C. candicans*）；在北美洲，常见的种类有白霜杯伞、*C. cerrusata*、环带杯伞。在我国，引起中毒事件的主要有白霜杯伞、多色杯伞（*Clitocybe subditopoda*）、亚热带金钱菌（*Collybia subtropica*）(Li et al.，2020，2021a，2022a，2023，2024；陈作红等，2022）。通过杯伞科的分类系统和分子发育系统研究以及毒蕈碱在杯伞科中的分布规律，He 等（2023）发现我国杯伞科 17 个新物种和 15 个新组合中的 19 种具有毒性。

另外，小菇属（*Mycena*）中的洁小菇（*M. pura*），粉褶菌属（*Entoloma*）中的臭粉褶菌（*E. rhodopolium*），类脐菇属（*Omphalotus*）中的发光类脐菇（*O. olearius*）、*O. olivascens*、*O. subilludens* 等也可能含有毒蕈碱。

（二）含毒蕈碱的毒蘑菇中毒临床症状

误食后发病快，通常在 15min 至 2h 内发病，发病时间的快慢取决于食用的蘑菇数量和毒蘑菇中毒蕈碱的含量。临床症状特征表现为多涎、流泪、排尿、腹痛、腹泻及呕吐，并且常伴有心搏过缓，瞳孔缩小、视力模糊，支气管黏液分泌增多和支气管痉挛。

（三）毒蕈碱的化学结构与中毒机理

毒蕈碱的化学结构式如图 2-7 所示。

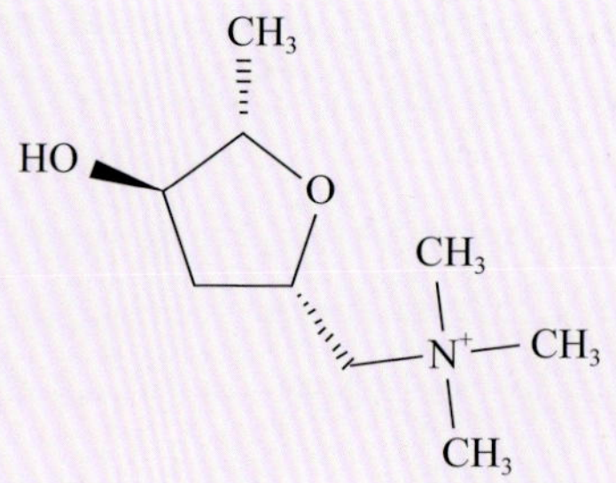

图 2-7 毒蕈碱的化学结构式
（Ginterová et al.，2014）

毒蕈碱是一种季铵化合物，在结构上与乙酰胆碱相似，其作用机理也类似于神经递质乙酰胆碱的作用，毒蕈碱作用于胆碱能神经系统的毒蕈碱型乙酰胆碱能受体，但毒蕈碱不能兴奋烟碱型胆碱能受体或穿过血脑屏障引起中枢胆碱能症状（Diaz，2005）。煮食加热和人体消化液不会影响毒蕈碱的活性，毒蕈碱通过肠内壁进入血液，之后经毛细血管扩散至副交感神经系统。它的作用靶受体包括平滑肌、腺细胞、心脏淋巴结和肌纤维。毒蕈碱是一个离子化合物，不能通过血脑屏障，因此，它的作用是外周的。与乙酰胆碱不同，毒蕈碱不能被血浆中的胆碱酯酶水解，并且它的外周胆碱能效应在摄入含毒蕈碱蘑菇后能持续数小时。通常误食含毒蕈碱的蘑菇不会产生严重的中毒和死亡，毒蕈碱中毒治疗主要采取补液支持性治疗和阿托品（0.01～0.02mg/kg）静脉注射（Diaz，2005）。阿托品是毒蕈碱中毒的特效解毒药物，其解毒机理是阿托品也如乙酰胆碱和毒蕈碱一样，能竞争性地与受体结合，但是阿托品不刺激受体。

二、含异噁唑衍生物的鹅膏属一些种类产生谷氨酰胺能神经毒性

（一）含异噁唑衍生物的毒蘑菇种类

含异噁唑衍生物的毒蘑菇种类主要是鹅膏属鹅膏组（*Amanita* sect. *Amanita*）的物种。在欧洲和北美洲，大部分中毒是由毒蝇鹅膏（*Amanita muscaria*）和豹斑鹅膏（*A. pantherina*）引起的。此外，*Amanita gemmata*、*A. cothurnata*、*A. cokeri*、*A. strobiliformis*、*A. frostiana* 及毒蝇口蘑（*Tricholoma muscarium*）也含有这类化合物（Spoerke and Rumack，1994；Benjamin，1995）。在我国，引起中毒的主要物种包括残托鹅膏（*Amanita sychnopyramis*）、土红鹅膏（*A. rufoferruginea*）、小毒蝇鹅膏（*A. melleiceps*）、球基鹅膏（*A. subglobosa*）、东方黄盖鹅膏（*A. orientigemmata*）、毒蝇鹅膏（*A. muscaria*）、领口鹅膏（*A. collariata*）(Li *et al.*，2020，2021a，2024；Su *et al.*，2023)。

（二）含异噁唑衍生物的毒蘑菇中毒临床症状

误食后发病快，通常在30min至2h内发病，也有的几分钟就出现症状，临床症状表现为恶心、呕吐、运动性抑郁、共济失调，患者不能行走或者似酒醉步态行走。精神错乱，视觉畸变，头晕，兴奋，嗜睡和肌肉抽搐，一般在4～24h恢复（Spoerke and Rumack，1994；Lima *et al.*，2012）。

（三）异噁唑衍生物毒素的化学结构、毒性与中毒机理

这类蘑菇产生的异噁唑衍生物主要毒性成分有鹅膏蕈氨酸（ibotenic acid）、异鹅膏胺（muscimol）和异鹅膏氨酸（muscazone），它们的化学结构式如图2-8所示。其中最主要的是鹅膏蕈氨酸、异鹅膏胺。鹅膏蕈氨酸是一种非蛋白质氨基酸，容易脱羧转化降解为毒性更强的异鹅膏胺。鹅膏蕈氨酸对大鼠的LD_{50}为129mg/kg（口服）、42mg/kg（静脉注射），对小鼠的LD_{50}为38mg/kg（口服）、15mg/kg（静脉注射）；异鹅膏胺对大鼠的LD_{50}为45mg/kg（口服）、4.5mg/kg（静脉注射），对小鼠的LD_{50}为17mg/kg（口服）、5.6mg/kg（静脉注射）；对人类，已报道的最低剂量为0.1mg/kg，在此剂量下会出现嗜睡、幻觉、知觉错乱、恶心和呕吐等症状（Spoerke and

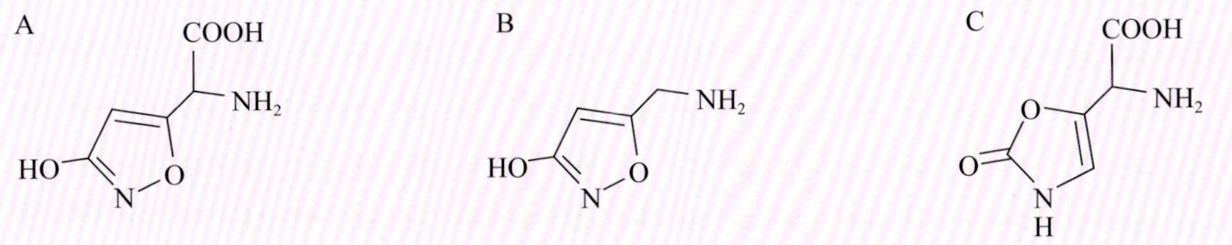

图2-8 异噁唑衍生物毒素的化学结构式
（Michelot and Howell，2003）
A：鹅膏蕈氨酸；B：异鹅膏胺；C：异鹅膏氨酸

Rumack，1994）。

鹅膏蕈氨酸、异鹅膏胺的毒理作用与毒蕈碱不一样，后者只作用于外周胆碱能神经系统，但鹅膏蕈氨酸和异鹅膏胺能通过血脑屏障作用于中枢神经系统。鹅膏蕈氨酸在结构上与谷氨酸相似，能兴奋中枢谷氨酰胺能受体，作用于 N-甲基-D-天冬氨酸（NMDA）受体。异鹅膏胺与γ-氨基丁酸（GABA）在结构上也具有相似性，能兴奋中枢 GABA 受体（Diaz，2005）。苯二氮䓬类药物（benzodiazepines）（又称地西泮）、巴比妥类药物可有效控制兴奋和癫痫发作，主要采用支持治疗，中枢神经系统中毒时间较短暂，很少发生死亡（Diaz，2005；Graeme，2014）。

三、含鹿花菌素的毒蘑菇种类产生癫痫性神经毒性

（一）含鹿花菌素的毒蘑菇种类

引起中毒的最常见种类是鹿花菌（*Gyromitra esculenta*），该种广泛分布于欧洲和北美洲，在我国亦广泛分布。此外，研究证明含有鹿花菌素的种类有拟鹿花菌（*G. ambigua*）、赭鹿花菌（*Paragyromitra infula*）。疑似含有鹿花菌素的种类有 *G. dalfornica*、*G. caroliniana*、*G. fastigiata*、*G. korfii*、*G. sphaerospora*，以及马鞍菌属（*Helvella*）中的皱柄白马鞍菌（*H. crispa*）和棱柄马鞍菌（*H. lacunosa*）（Michelot and Toth，1991；Spoerke and Rumack，1994）。2020 年 3 月在我国云南和贵州发生 2 起中毒事件，后鉴定该毒蘑菇为一个新种——毒鹿花菌（*Gyromitra venenata*）（李海蛟等，2020）。

（二）含鹿花菌素的毒蘑菇中毒临床症状

由含鹿花菌素的毒蘑菇引起的中毒看起来与由鹅膏菌引起的中毒症状相似，特别是在早期，但有很多其他特点可用来诊断。含鹿花菌素的毒蘑菇中毒可分为以下 3 个时期。①潜伏期（6～12h）：误食后 6～12h 出现症状，严重者可能 2h 就出现症状。这种潜伏期特征与鹅膏毒肽中毒类似，但是鹿花菌一般发生在春季（3～4 月），同时，根据误食蘑菇的形态很容易诊断是否为鹿花菌中毒。②胃肠道症状时期（6～48h）：表现为腹胀、恶心、呕吐和腹泻，其中腹泻呈水样甚至可能有一点带血，但患者不一定都会腹泻，如果腹泻和呕吐过度则会引起脱水，患者还有眩晕、昏睡和疲劳感。腹部绞痛和剧烈头痛也是常见的症状之一。鹿花菌中毒患者中，大多数在这一时期持续几天后会自动康复，但严重的会发展到下一阶段（Benjamin，1995）。③神经系统和肝肾症状时期（36～48h）：胃肠道症状时期过后，最典型的症状表现为中枢神经系统障碍，即共济失调、眩晕、眼球震颤、疲劳、言语不清、出汗。严重者出现昏迷和抽搐。少数中毒严重的患者之后出现肝损害，溶血和高铁血红蛋白尿，甚至肾功能损害（Karlson-Stiber and Persson，2003；Diaz，2005）。大部分鹿花菌素中毒患者只表现肠胃症状，2～5 天即恢复，但也有 2%～10% 的患者由于肝、肾功能衰竭或体液和电解质紊乱而死亡（Berger and Guss，2005b）。

（三）鹿花菌素的化学结构、毒性与中毒机理

鹿花菌素是乙醛-*N*-甲基-*N*-甲醛肼（acetaldehyde *N*-methyl-*N*-formylhydrazone），该毒素很不稳定，在体内降解为 *N*-甲基-*N*-甲酰肼（*N*-methyl-*N*-formyhydrazone，MFH），并进一步降解为单甲基肼（monomethylhydrazine，MMH）。单甲基肼是引起中毒的主要毒性成分，它是水溶性的，沸点为 87.5℃，在烹调的过程中会挥发出来。含鹿花菌素的蘑菇被煮熟后吃的毒性要小得多，但在烹调或其他制备（如干燥）过程中挥发出来的单甲基肼这种气体如果被吸入也可能会引起中毒反应。通过干燥可去除蘑菇中的绝大多数鹿花菌素，用水煮沸 10min 后可去除 99% 的鹿花菌素（Spoerke and Rumack，1994；Benjamin，1995）。鹿花菌素和单甲基肼的化学结构式如图 2-9 所示。

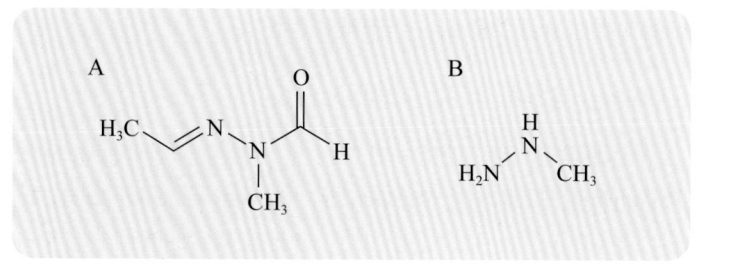

图 2-9　鹿花菌素（A）和单甲基肼（B）的化学结构式
（Benjamin，1995）

据检测，鹿花菌每千克新鲜子实体中含有鹿花菌素1.2~1.6g、单甲基肼50~300mg。鹿花菌素、单甲基肼对小鼠的 LD_{50} 分别为344mg/kg体重、33mg/kg体重。鹿花菌素对成年人、小孩的 LD_{50} 分别为20~50mg/kg体重、10~30mg/kg体重，这个剂量分别相当于鹿花菌新鲜子实体0.4~1.0kg、0.2~0.6kg。单甲基肼的 LD_{50} 更低，对成年人、小孩的 LD_{50} 分别为4.8~8.0mg/kg体重、1.6~4.8mg/kg体重（Michelot and Toth，1991；Benjamin，1995）。

鹿花菌素的中毒机理：鹿花菌素和单甲基肼能与5-磷酸吡哆醛产生化学反应形成肼，直接干扰吡哆醇（维生素 B_6）的利用及其功能的发挥，吡哆醇与细胞内一些重要的酶相关联，它是许多酶促反应和氨基酸代谢中的重要辅助因子，这种干扰可能引发很多症状，其中包括神经毒性方面的，由于降低了谷氨酸脱羧酶的活性从而影响了神经递质γ-氨基丁酸的生成，造成神经系统症状。因此，鹿花菌素中毒可产生类似异烟肼中毒的癫痫发作及周围神经病变等表现，这些症状可被吡哆醇抑制。单甲基肼会在人体内形成自由甲基，造成人体内氧化应激压力，导致高铁血红蛋白症，通过自由基的形成可诱发肝细胞损害，并可能引起肾损害（Benjamin，1995；Diaz，2005）。

四、含裸盖菇素的毒蘑菇种类产生致幻觉性神经毒性

裸盖菇素具有神经致幻作用，含有该类毒素的蘑菇被称为"神圣的蘑菇"或"幻觉蘑菇"，在一些土著人的某些宗教仪式中使用了数百年。20世纪70年代以来，美国、加拿大、英国、德国等国家的许多青年普遍食用含裸盖菇素的蘑菇用于消遣。但是，长期或过量服用此类物质会引起神经中毒，目前含裸盖菇素的蘑菇在美国被列为控制物品。

（一）含裸盖菇素的毒蘑菇种类

含裸盖菇素的蘑菇多达200种以上，主要是裸盖菇属（*Psilocybe*）、斑褶菇属（*Panaeolus*）、裸伞属（*Gymnopilus*）、锥盖伞属（*Conocybe*）的一些种类。含裸盖菇素的蘑菇分布于各大洲，但主要分布于亚热带湿润森林地区（Guzmán，2005）。最常见的种类有古巴裸盖菇（*Psilocybe cubensis*）、半裸盖菇（*P. semilanceata*）、暗蓝斑褶菇（*Panaeolus cyanescens*）。其中，以暗蓝斑褶菇的裸盖菇素含量最高（Musshoff *et al.*，2000）。近年来，在我国引起中毒的主要有古巴裸盖菇、苏梅岛裸盖菇（*Psilocybe samuiensis*）、卵囊裸盖菇（*P. ovoideocystidiata*）、巴布亚裸盖菇（*P. papuana*）、卡拉拉裸盖菇（*P. keralensis*）、紫褐裸伞（*Gymnopilus dilepis*）（Chen *et al.*，2014；Li *et al.*，2020，2021a，2022a，2023）。

（二）含裸盖菇素的毒蘑菇中毒临床症状

误食后发病快，一般10~30min即表现症状，通常维持2~4h，也有报道持续6~12h的。症状开始30min内主要表现为焦虑、紧张、轻微头痛、腹痛、恶心、眩晕、乏力、寒战、肌痛及嘴唇麻木。30~60min开始出现神经病症状，视觉错乱，色彩和形态干扰，精神欢快，出现人格解体，现实感丧失，时空感改变，动作失调等。躯体感觉如头脑眩晕，精神沮丧并伴有焦虑、不安。此外，还有反应迟钝、注意力分散、自发而毫无顺序地回忆起比较遥远的经历。在感觉高峰期还会出现偏头痛、反射亢进、抽搐、耳鸣和感觉异常。类交感神经作用表现为瞳孔放大、心动过速、高血压和口干。1~2h，视觉错乱增强，知觉扭曲更加强烈；2~4h，症状逐渐消失；大部分在4~8h后完全恢复。部分患者会伴随头痛、无精打采、筋疲力尽的状态。尽管含裸盖菇素蘑菇的致幻觉作用很短暂且很少发生死亡，但是如果与乙醇和其他药物混食或者静脉注射致幻觉蘑菇提取物，会出现肾功能衰竭、癫痫发作和心跳停搏。

（三）裸盖菇素的化学结构、毒性与中毒机理

1958年，Hofmann等从墨西哥裸盖菇（*Psilocybe mexicana*）中分离出两种有毒物质，并分别称之为裸盖菇素（psilocybin）、脱磷裸盖菇素（psilocin），这两种物质所产生的毒性作用与蘑菇子实体产生的毒性作用相同。后来又发现了裸盖菇素的两种去甲裸盖菇素类似物（baeocystin和norbaeocystin）。裸盖菇素的化学结构式如图2-10所示。

裸盖菇素的性质相对稳定，干的蘑菇在相当长一段时间内仍然保持活性，该毒素具有热稳定性和水溶性。

裸盖菇素的毒性比较低，对大鼠的 LD_{50} 为280mg/kg体

重（口服）；静脉注射家兔，其 LD_{50} 为 12.5mg/kg 体重。一般用于动物行为实验的剂量为 0.25～10mg/kg 体重。对人类，4～8mg 裸盖菇素（相当于 20g 新鲜蘑菇或 2g 干蘑菇）就可产生致幻作用。

裸盖菇素的中毒机理：裸盖菇素在体内很快脱磷酸化转变为脱磷裸盖菇素。脱磷裸盖菇素是好几个 5-羟色胺受体（5-羟色胺受体位于大脑的许多部位，包括大脑皮层，涉及范围广泛的功能，如情绪的调节等）的部分激动剂，尤其与 $5\text{-}HT_{2A}$ 受体具有高亲和力。裸盖菇素引起的精神病症状可以被 $5\text{-}HT_{2A}$ 拮抗药物（如酮色林或利培酮）消除。此外，脱磷裸盖菇素还能间接增加基底神经节神经递质多巴胺的浓度，导致精神症状的发生（Tylš et al., 2014）。

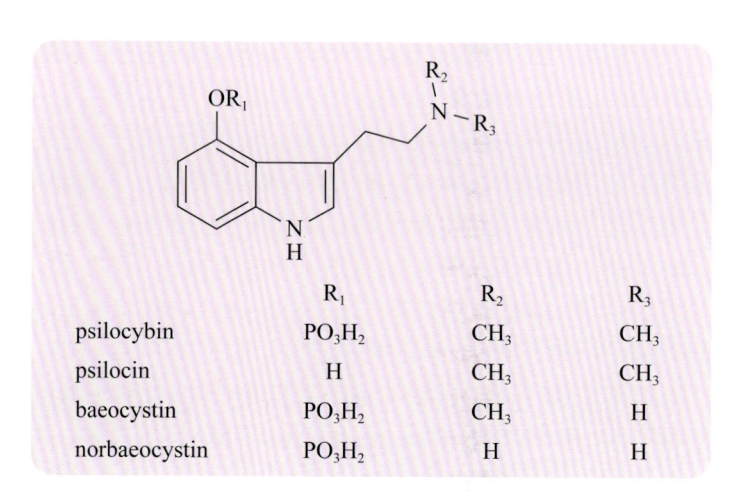

图 2-10　裸盖菇素的化学结构式
（Yin et al., 2019）

第四节　胃肠炎型

一、引起胃肠炎型中毒的蘑菇种类

很多蘑菇误食后可引起胃肠炎型中毒，大部分产生器官损害的蘑菇也具有胃肠炎型症状。这里所指的毒蘑菇种类主要是指只产生胃肠炎型中毒的种类，不包括产生其他器官损害的毒蘑菇种类。

能引起胃肠道刺激的蘑菇种类很多，主要包括蘑菇属（Agaricus）、青褶伞属（Chlorophyllum）、粉褶菌属（Entoloma）、红菇属（Russula）、类脐菇属（Omphalotus）、硬皮马勃属（Scleroderma）、网孢牛肝菌属（Heimioporus）等。

近年来，国内的调查发现在我国引起胃肠炎型中毒的主要种类有铅绿青褶伞（Chlorophyllum molybdites）、拟乳头状青褶伞（C. neomastoideum）、变红青褶伞（C. hortense）、球盖青褶伞（C. globosum）、近江粉褶菌（Entoloma omiense）、黄粉牛肝菌（Pulveroboletus ravenelii）、日本红菇（Russula japonica）、密褶裸脚伞（Gymnopus densilamellatus）、日本类脐菇（Omphalotus guepiniformis）、毒新牛肝菌（Neoboletus venenatus）、日本网孢牛肝菌（Heimioporus japonicus）、红皱乳菇（Lactarius rubrocorrugatus）、光硬皮马勃（Scleroderma cepa）（Chen et al., 2014; Li et al., 2020, 2021a, 2022a, 2023, 2024）。

二、胃肠炎型中毒临床症状

误食该类毒蘑菇后，大多数在食后 15min 至 2h 出现症状，主要表现为恶心、呕吐、腹绞痛、腹泻，可能伴有焦虑、发汗、畏寒和心跳加速等症状。严重情况下，可能出现肌肉痉挛、循环障碍或者电解质流失。对于小孩，电解质快速流失可能导致血流动力学紊乱。在大多数情况下，这种胃肠道症状在 8～12h 后会自发消退。

三、引起胃肠炎型中毒的毒素

引起胃肠炎型的蘑菇种类的多样性反映出其毒素种类的多样性，但引起胃肠炎型的蘑菇毒素到目前为止还没有可靠报道。

第五节　横纹肌溶解型

一、引起横纹肌溶解型中毒的蘑菇种类

毒蘑菇引起横纹肌溶解的症状首先于2001年在法国报道，误食油黄口蘑（*Tricholoma equestre*）后引起12人横纹肌溶解，其中3人死亡（Bedry et al., 2001）。之后，相继在中国、日本报道了由亚稀褶红菇（*Russula subnigricans*）引起横纹肌溶解并导致数十人死亡的中毒事件（Lee et al., 2001; Matsuura et al., 2009; Chen et al., 2014）。近年来，在我国由亚稀褶红菇引起的中毒事件频繁发生，主要发生在湖南、湖北、浙江、贵州、云南等南方地区。亚稀褶红菇与红菇属中其他可以食用的种类如稀褶红菇（*Russula nigricans*）、密褶红菇（*R. densifolia*）极为相似，俗称"火炭菌"，很难从外观形态上将它们区分开。亚稀褶红菇生长于马尾松与栲树等山毛榉科植物的混交林中，发生于7～9月高温季节。

二、亚稀褶红菇引起的横纹肌溶解型中毒症状

误食亚稀褶红菇后，发病时间最短的为10min，其余均在1h内出现症状。症状开始时表现为恶心、呕吐、腹痛、腹泻现象，并有乏力感。24h后，全身明显乏力，肌肉痉挛性疼痛，肢体乏力，明显的腰背痛、肌肉酸痛，有些患者表现为胸闷、心悸。瞳孔缩小，血尿或血红蛋白尿，出现酱油色尿液。不发烧而出汗，呼吸急促、困难，生化指标表现为肌酸激酶急剧上升，高的达到数万至十万单位以上。严重者最后导致多器官功能衰竭而死亡。

三、亚稀褶红菇的毒素与中毒机理

Takahashi等（1992，1993）从亚稀褶红菇子实体中先后分离出6种苯醚类化合物russuphelins A、B、C、D、E、F，其中russuphelins A、B、C、D在体外具有细胞毒活性，之后一直认为该类化合物是亚稀褶红菇的毒性成分。2005～2007年，在日本发生了3起误食亚稀褶红菇导致6人中毒、4人死亡的事件。为了寻找致死毒素，Matsuura等（2009）以小鼠毒性为筛选模型，开展了亚稀褶红菇的毒素分离，并找到了致死毒素，称为环丙-2-烯羧酸（cycloprop-2-ene carboxylic acid）（图2-11）。该毒素能引起横纹肌溶解，对小鼠的致死剂量为2.5mg/kg体重，但有关中毒机理目前仍不清楚。

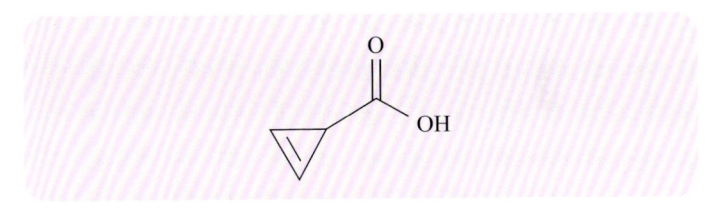

图2-11　环丙-2-烯羧酸的化学结构式
（Matsuura et al., 2009）

第六节　溶血型

一、引起溶血型中毒的蘑菇种类

引起溶血型中毒的蘑菇主要是卷边网褶菌（*Paxillus involutus*）。该种分布广泛，欧洲、北美洲、亚洲都有分布，在我国主要分布于东北、华北、西北、西南、华中和华南地区。与杨、柳、落叶松、云杉、松、桦、山毛榉、栎等树木

形成菌根。卷边网褶菌是一种在欧洲经常导致中毒的种类，生食或未完全煮熟可导致溶血型中毒，在我国的很多地区，卷边网褶菌被当作食用菌采食，或被认为生食可产生胃肠道症状。2002年四川德阳市发生一起因误食卷边网褶菌而导致3人中毒2人死亡的中毒事件。

在我国，大部分文献都将含有鹿花菌素（gyromitrin）的鹿花菌属（*Gyromitra*）所引起的中毒类型归为溶血型。但是，由于其症状主要表现为中枢神经系统障碍，国际上目前都将鹿花菌素所引起的中毒归为癫痫性神经中毒类型（Diaz，2005；Graeme，2014）。

二、卷边网褶菌引起的溶血型中毒症状

误食后症状出现快，一般30min至3h内即出现恶心、呕吐、上腹痛和腹泻等肠胃症状。不久，溶血的发展导致尿液减少甚至无尿，尿液中出现血红蛋白以及贫血。溶血会导致包括急性肾功能衰竭、休克、急性呼吸衰竭、弥散性血管内凝血等并发症，这些并发症的发生能显著增加死亡率。

三、卷边网褶菌的毒素与中毒机理

卷边网褶菌中毒被认为是由自身免疫性溶血引起的，蘑菇中的一种抗原触发了免疫系统，产生免疫球蛋白G抗体，形成的抗原抗体复合物攻击红细胞，导致凝聚和溶血（Winkelmann *et al.*，1986）。Habtemariam（1996）利用鼠科动物和人的细胞株进行了卷边网褶菌不同溶剂提取液的毒性实验，结果表明乙酸乙酯部分具有毒性，并且具有热和酸稳定性，因此认为这种非极性、对热和酸稳定的毒性成分可能是卷边网褶菌引起溶血及其他临床症状的原因，但是这种毒性成分到目前为止仍不清楚。

第七节　光过敏性皮炎型

一、引起光过敏性皮炎型中毒的蘑菇种类

在我国，引起光过敏性皮炎型中毒的蘑菇主要有两种：一种为污胶鼓菌（*Bulgaria inquinans*），另一种为叶状耳盘菌（*Cordierites frondosus*）。

污胶鼓菌又称胶陀螺、猪嘴蘑、猪拱嘴蘑，是东北地区常见的食用菌，但处理不当或者食用过多极易造成中毒。主要分布于我国的吉林、河北、河南、辽宁、四川、甘肃、云南等地。

叶状耳盘菌又称暗皮皿菌、毒木耳，外观形态、色泽、生态习性及发生季节与木耳极为相似，常常发生在腐木或人工栽培的段木上，主要分布于湖南、广西、陕西、云南、贵州、四川等地。该菌子实体除了内部解剖特征与木耳可以区别，在热水或碱性溶液中还有大量褐色色素析出，木耳则无此现象。因此，应用该方法可以将二者区分开来。

二、光过敏性皮炎型中毒症状

污胶鼓菌和叶状耳盘菌的中毒症状特点相同，属于日光过敏性皮炎型症状。潜伏期较长，最快食后3h发病，一般在1～2天发病。主要表现为"日晒伤"样红、肿、热、刺痒、灼痛。开始多感到面部肌肉抽搐，火烧样发热，手指和脚趾疼痛，严重者皮肤出现颗粒状斑点，针刺般疼痛，发痒难忍，发病过程中伴有恶心、呕吐、腹痛、腹泻、乏力、呼吸困难等症状。在日光下会加重。经4～5天后逐渐好转，病程长者可达15天。

三、引起光过敏性皮炎型的毒素

引起光过敏性皮炎型的蘑菇毒素可能属于光过敏物质卟啉毒素类（porphyrins）。当毒素经过消化道被吸收，进入体内后可使人体细胞对日光的敏感性增强，导致凡是接触日光照射部位均出现"日晒伤"样皮炎，针刺般痒痛。

第八节 其他类型

2021年在云南发现的一个剧毒蘑菇新种——毒沟褶菌（*Trogia venenata*），该种过去35年来在我国云南已导致400余人不明原因猝死（Yang et al., 2012）。Zhou等（2012）从引起云南不明原因猝死的毒沟褶菌中分离获得了两个新的毒性成分，即2*R*-氨基-4*S*-羟基-5-己炔酸（2*R*-amino-4*S*-hydroxy-5-hexynoic acid）和2*R*-氨基-5-己炔酸（2*R*-amino-5-hexynoic acid），化学结构式如图2-12所示，它们对小鼠的LD_{50}分别为71mg/kg体重、84mg/kg体重。

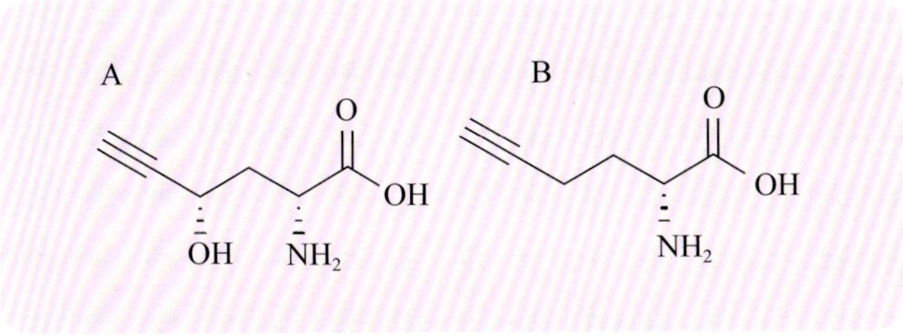

图2-12 从毒沟褶菌分离的两种毒性成分化学结构式
（Zhou et al., 2012）
A：2*R*-氨基-4*S*-羟基-5-己炔酸；B：2*R*-氨基-5-己炔酸

第九节 毒蘑菇中毒典型案例

一、急性肝损害型中毒案例

（一）致命鹅膏（*Amanita exitialis*）中毒案例

案例1：2022年2月13日，广东省梅州市发生1起4人误食致命鹅膏的中毒事件。潜伏期为12~13h，平均为12.5h。年龄22~30岁，3男1女。早期表现为呕吐、腹痛、腹泻等胃肠道症状，病程进展较缓，呕吐3~10次/天，无发热，粪便呈黄色烂便。其中2名较严重患者的谷丙转氨酶（1504~1587U/L）、谷草转氨酶（734~952U/L）、乳酸脱氢酶（454~689U/L）明显升高，且在中毒第4天出现最高值。患者在医院经过导泻、护肝、连续性血液净化等治疗。截至2月24日，4名患者均治愈出院。

案例2：2023年7月31日，云南省昆明市发生1起6人误食致命鹅膏的中毒事件。6名患者的潜伏期为6~9h，早期表现为消化道症状，其中3名患者存在肝损伤，1名患者合并肝功能衰竭、肝性脑病与肾损伤。经医院救治，5人治愈出院，1人死亡。

（二）灰花纹鹅膏（*Amanita fuliginea*）中毒案例

案例1：2015年6月16日，湖南省长沙市宁乡县发生1起4人误食灰花纹鹅膏中毒事件。野生蘑菇购于同村的某一村民，约3kg。中午加工蘑菇时放了较多大蒜，午餐两个小孩未进食蘑菇，2个大人吃了。晚饭前观察到大蒜没变黑，并且下午也没有出现任何症状，18:00全家4人均进食了蘑菇。20:00至次日凌晨全家人陆续出现恶心、呕吐、腹痛、腹泻等中毒症状。2名成人患者18日转湖南省人民医院急诊科治疗。患者1入院后检查出现明显肝肾损害，具体指标如下：谷丙转氨酶3596U/L，谷草转氨酶3686.65U/L，乳酸脱氢酶2391.13U/L，肌红蛋白145.2ng/L，尿素氮12.58mmol/L，肌酐102.91μmol/L，尿酸506mol/L。治疗使用超微灵芝60g（口服，3次/天），并给予益肝灵（含水飞蓟素）、二巯基丙磺酸钠、还原型谷胱甘肽等对症支持治疗。6天后患者谷丙转氨酶614.3U/L，谷草转氨酶718.2U/L，出院1个月后随访肝功能正常。患者2进食毒蘑菇后出现类似症状，入院体查：神志清楚，全身巩膜及皮肤无黄染，谷丙转氨酶91.7U/L，谷草转氨酶93.9U/L，其余检验结果正常。患者2仅给予超微灵芝10g（口服，3次/天）及补液对症治疗，3天后复查谷丙转氨酶63.9U/L，余正常，出院。

案例2：2020年8月，山东省青岛市发生1起6人误食灰花纹鹅膏的中毒事件。该事件共4人发病，潜伏期为6~12h。早期表现为恶心、呕吐（5~10次/天）、腹痛、腹泻（8~20次/天）等胃肠道症状，经实验室检查后发现4人均伴有不同程度的肝肾损害。后经医院救治，4人均治愈出院。

（三）拟灰花纹鹅膏（*Amanita fuligineoides*）中毒案例

2021年6月30日至7月1日，云南省普洱市澜沧县发生1起4人中毒、1人死亡的中毒事件。潜伏期为15~20h。临床症状以恶心、呕吐、腹痛、腹泻和头晕为主。死者临床特征以急性肝损害为主。4名中毒者的血生化检查结果：谷丙转氨酶、谷草转氨酶均有不同程度的升高，其中1名患者7月4日的谷丙转氨酶达1000U/L，谷草转氨酶达2416U/L，给予血液透析、保护肝肾、抗感染、维持平衡等对症治疗，但当天抢救无效而死亡，其余3名患者治愈出院。蘑菇子实体中检出α-鹅膏毒肽、β-鹅膏毒肽和羧基二羟鬼笔毒肽。

（四）淡红鹅膏（*Amanita pallidorosea*）中毒案例

2014年6月14日，贵州省铜仁市发生了一起2人误食淡红鹅膏的中毒事件。潜伏期约为10h，后出现腹痛、腹泻症状且持续不止。6月19日，2名患者均出现面色苍白、发绀、口渴、浮肿、乏力等症状；消化系统表现为恶心、呕吐10~20次/天、腹痛、腹泻20次/天；呼吸系统表现为呼吸短促困难；心脑血管系统表现为心悸和气短；泌尿系统为尿量减少；神经系统表现为头痛、昏迷、言语困难；皮肤和皮下组织有出血点。实验室检查显示：患者1，白细胞16.4×10⁹/L、中性粒细胞80.6%、中性淋巴细胞17.3%，谷丙转氨酶3634U/L、谷草转氨酶10 250U/L，肌酸激酶3135U/L、肌酸激酶同工酶524U/L，心电图提示心肌损害；患者2，谷丙转氨酶4342U/L、谷草转氨酶7099U/L，肌酸激酶193U/L、肌酸激酶同工酶252U/L。医院采取抗感染和保护多脏器等对症支持治疗。6月19日17：20患者1因病情危重放弃救治，在回家途中死亡；患者2因多器官功能衰竭而于6月22日5：50死亡。

（五）假淡红鹅膏（*Amanita subpallidorosea*）中毒案例

2014年9月19日，贵州省遵义市发生了1起2人误食假淡红鹅膏的中毒事件。2名患者潜伏期分别为9h、17h，平均潜伏期为13h。早期表现为恶心、呕吐、腹痛、腹泻等胃肠道症状，病程中患者出现以肝损害为主的中毒表现。患者1谷丙转氨酶最高达1279U/L，患者2谷丙转氨酶最高达6070U/L；患者1谷草转氨酶最高达2829U/L，患者2谷草转氨酶最高达6868U/L。中毒患者肝、肾、心脏损害严重并出现继发性凝血功能障碍。由于病情过重，2名患者分别于9月24日、26日因多脏器功能衰竭而死亡。

（六）裂皮鹅膏（*Amanita rimosa*）中毒案例

案例1：2017年6月26日，湖北省武汉市发生1起4人误食裂皮鹅膏的中毒事件。潜伏期为8~17h，中位潜伏期为11h。早期临床表现以胃肠道症状为主，后期以肝、肾和凝血功能损伤为主。后经医院救治，4名患者于8~15天后均痊愈出院，平均治疗时间为9天。

案例2：2016年5月9日，广东省某市发生1起5人误食裂皮鹅膏的中毒事件。潜伏期为8.3~10h，平均潜伏期为9h。早期临床表现为恶心、呕吐、腹泻、腹痛等胃肠道症状，临床检测提示5名患者均有不同程度的肝功能损害。由于病情较重，5人均因多脏器功能衰竭而死亡，病死率为100%。

（七）黄盖鹅膏（*Amanita subjunquillea*）中毒案例

2016年8月24日，河北省保定市发生1起12人误食黄盖鹅膏的中毒事件，其中1人食量较小而未出现症状。当天1名云南籍民工在施工铁塔周围采集到2~2.5kg野生蘑菇，其间有民工负责人及厨师等人害怕野生蘑菇中毒而劝阻不要食用，但云南籍民工不顾反对而自行加工蘑菇并与11名工友共同进食。11名发病患者潜伏期为10~24h。早期表现为腹痛、呕吐、腹泻等胃肠道症状，9名患者出现乏力、精神萎靡等症状，发病3天后7名患者出现肝肾功能损伤和凝血功能障碍等症状，3名患者出现代谢性酸中毒和心肌损害。经医院救治后，8人痊愈出院，3人由于病情过重而死亡。

（八）肉褐鳞环柄菇（*Lepiota brunneoincarnata*）中毒案例

2016年7月22日，山东省济南市发生1起一家4口误食肉褐鳞环柄菇导致1名9岁儿童死亡的中毒事件。4人年龄9～64岁，2男2女。死亡病例潜伏期过后呕吐、以脐上部为主的腹痛、精神反应欠佳。7月24日，患儿仍反复腹痛，腹肌稍紧张，拒触，左上腹及脐上部明显，压痛、反跳痛明显，肝脾触诊不清，肠鸣音活跃。查凝血系列凝血酶原时间、活化部分凝血活酶时间明显延长，肝功能检查显示谷丙转氨酶2373U/L、谷草转氨酶1765U/L、谷氨酸脱氢酶256.3U/L、总胆红素86.5μmol/L，考虑存在急性肝坏死，继续应用血浆补充凝血因子，给予二巯基丙磺酸钠对症支持治疗。患儿家属要求转院，经随访患儿于7月29日死于肝损害为主的多脏器功能衰竭。其余3名患者的症状主要是腹泻、呕吐，实验室检查未发现明显异常，经过治疗3天复查各实验室指标未发现明显异常后出院。

（九）条盖盔孢伞（*Galerina sulciceps*）中毒案例

2019年10月5日，四川省成都市发生1起3人误食条盖盔孢伞的中毒事件。3名患者的潜伏期为1天。早期临床表现为腹痛、呕吐、腹泻等，之后逐渐出现肝功能损害。后经医院救治，2人痊愈出院，1人死亡。

二、急性肾损伤型中毒案例

（一）欧氏鹅膏（*Amanita oberwinkleriana*）中毒案例

2016年9月，贵州省铜仁市思南县发生1起父女两人（47岁、18岁）误食欧氏鹅膏的中毒事件。潜伏期约为6h。女儿出现恶心、呕吐，症状剧烈，无法自持，无腹痛，腹泻1次，水样便。父亲出现类似胃肠道症状。女儿入院时急诊实验室检查结果如下。电解质：Na^+ 131.5mmol/L（正常范围137.0～147.0mmol/L），余均在正常范围；肾功能：肌酐300μmol/L（正常范围41～109μmol/L），尿素氮7.26mmol/L（正常范围2.80～7.20mmol/L），胱抑素C（Cys-C）2.94mg/L（正常范围0.59～1.03mg/L）；肝功能：谷丙转氨酶62U/L（正常范围9～50U/L），余均在正常范围；凝血功能：凝血酶原时间、活化部分凝血活酶时间稍延长，余均在正常范围。双肾B超未见异常。父亲入院时急诊实验室检查结果如下。电解质：K^+ 5.7mmol/L（正常范围3.5～5.3mmol/L），Na^+ 134.2mmol/L，Cl^- 95.4mmol/L（正常范围99.0～110.0mmol/L），余均在正常范围；肾功能：肌酐573μmol/L，尿素氮14.18mmol/L，胱抑素C 4.66mg/L；肝功能：谷丙转氨酶80U/L，谷草转氨酶41U/L（正常范围15～40U/L）；凝血功能：凝血酶原时间、活化部分凝血活酶时间稍延长，余均在正常范围。双肾B超未见异常。在治疗上，针对胃肠道症状，予以甲氧氯普胺、制酸等药物；毒物清除采用血液灌流、活性炭胃管注入吸附及导泻等措施；针对急性肾损伤，予以连续性血液净化，并辅以N-乙酰半胱氨酸、水飞蓟素解毒，肾康注射液保护肾功能。3周后患者出院。

（二）拟卵盖鹅膏（*Amanita neoovoidea*）中毒案例

案例1：2016年10月下旬至11月初，安徽省安庆市陆续发生7人（2男5女，34～82岁）误食拟卵盖鹅膏的中毒事件。潜伏期为1～72h（1人1h，3人3h，1人12h，1人72h，1人未知）。主要表现为恶心、呕吐、腹泻、腹胀、上腹不适、胸闷、少尿、无尿等症状。尿素氮（12.82～43.77mmol/L，正常范围2.9～8.2mmol/L）、肌酐（570～1828μmol/L，正常范围44～133μmol/L）、尿酸（409～722μmol/L，正常范围208～428μmol/L）、谷丙转氨酶（70～314U/L，正常范围7～45U/L）、乳酸脱氢酶（708～2393U/L，正常范围109～245U/L）等生化指标出现明显异常。通过积极的药物和透析等救治，所有患者经过住院救治于9～15天后康复出院。

案例2：2018年8月，云南省楚雄州发生1起1人误食拟卵盖鹅膏的中毒事件。患者初期表现为频繁恶心、呕吐、头晕、乏力，无明显上腹痛、腹泻，尿量约1000mL/天。第2天实验室检查：尿素氮52.72mmol/L（正常范围3.2～7.1mmol/L）、肌酐1726μmol/L（正常范围71～133μmol/L）、谷丙转氨酶84U/L（正常范围11～66U/L）。第7天转入楚雄州人民医院，检查异常结果如下。血常规检验：血红蛋白115g/L（正常范围

130～170g/L）；尿常规检验：潜血+、葡萄糖2+、蛋白−、比重1.008（正常范围1.003～1.030）、管型−；肝功能检验：谷丙转氨酶82U/L、总蛋白62.3g/L（正常范围63～82g/L）、胆碱酯酶5733U/L（正常范围5900～12 220U/L）、乳酸脱氢酶2150U/L（正常范围313～618U/L）；肾功能检验：肌酐1649.2μmol/L、尿素氮42.39mmol/L、尿酸607μmol/L（正常范围208～506μmol/L）、尿量1060mL；电解质检验：Na^+ 132.5mmol/L（正常范围137～145mmol/L）、K^+ 3.89mmol/L（正常范围3.6～5.0mmol/L）、Mg^{2+} 1.20mmol/L（正常范围0.7～1.0mmol/L）、PO_4^{3-} 2.13mmol/L（正常范围0.81～1.45mmol/L）、Cl^- 87.1mmol/L（正常范围98～107mmol/L）。患者诊断为急性肾损伤型蘑菇中毒。患者入院后给予抑酸、护胃、保肾、补液、纠正水电解质紊乱等对症支持治疗，并给予床旁连续性血液净化治疗、连续性静脉血液透析。住院第11天肾功能恢复正常（肌酐122μmol/L、尿素氮8.9mmol/L、尿酸158.6μmol/L、尿量2550mL），于入院后第12天出院，出院后随访一周无不适。

（三）假褐云斑鹅膏（*Amanita pseudoporphyria*）中毒案例

2005年8月下旬，湖南省郴州市陆续发生11人误食假褐云斑鹅膏的中毒事件。潜伏期为6～12h。11人中男性4人、女性7人，年龄28～51岁。患者均出现恶心、呕吐、胸闷、少尿、呼吸困难等临床症状。实验室检验结果显示所有患者均呈现不同程度的肝肾损害，尿样检测均出现了血尿和蛋白尿。其中最严重的患者谷草转氨酶高达96U/L、谷丙转氨酶高达326U/L、乳酸脱氢酶达570U/L、肌酸激酶达432U/L；尿素氮达23.47mmol/L、肌酐达963.7μmol/L、尿酸达620.9μmol/L。经护肝、利尿等对症治疗，11名患者10余天后均痊愈出院。

三、神经精神型中毒案例

（一）假残托鹅膏（*Amanita pseudosychnopyramis*）中毒案例

2021年4月浙江省丽水市发生1起6人误食假残托鹅膏的中毒事件。6名患者的潜伏期为30min至2h。4名轻症患者早期表现为恶心、呕吐等胃肠道症状，伴头晕、胸闷等；2名重症患者早期无恶心、呕吐等症状，2h后突发意识不清，胡言乱语，四肢不自主抽动，其中1名患者就诊途中多次呕吐。后经医院救治，6名患者均痊愈出院。

（二）残托鹅膏（*Amanita sychnopyramis*）中毒案例

案例1：2019年5月10日，江西省赣州市发生1起5人误食残托鹅膏的中毒事件。5名患者中毒潜伏期为0.5～4.5h，平均潜伏期为2.5h。主要临床表现为头晕、恶心、呕吐、四肢麻木等。入院后1名患者经过1天观察无明显不适后出院，其余4名患者经过5天治疗后痊愈出院。

案例2：2011年5月19日，广东省广州市发生1起1名63岁湖南籍务工人员误食残托鹅膏的中毒事件。当天，患者与同伴在广州市附近山林采摘野生蘑菇，重约250g。19:00患者独自用辣椒和蘑菇煮汤吃，约21:00患者自觉头晕、头痛、乏力，并开始呕吐，后于22:00昏倒在家门外。患者主要症状为恶心、呕吐，呕出约200mL黄色胃内容物，伴有四肢乏力、意识不清、胡言乱语、呼之不应等。23:00患者被送至医院救治，实验室辅助检查：凝血活酶时间（APTT）39.7s（正常值24.9～36.8s）；心脏、肺、肝、肾功能未发现异常。经催吐、补液等对症治疗后，于20日00:25转送至广州市第十二人民医院救治，经洗胃、护胃、护肝、导泻、补液等治疗，于20日6:00逐渐清醒并恢复意识，11:00转到普通病房，继续对症治疗。20日晚上患者病情好转并自行出院。

（三）丝盖伞属蘑菇（*Inocybe* sp.）中毒案例

2020年9月4日，河北省秦皇岛市发生1起4人误食丝盖伞的中毒事件。4名患者的潜伏期约为30min。4名患者的早期表现为腹痛、腹泻、多汗和血压降低等，进食较多者还出现抽搐、四肢无力和神志不清等症状。后经医院救治，4名患者入院6天后痊愈出院。

（四）晚生丝盖伞（*Inocybe serotina*）中毒案例

2019年9月2日，宁夏发生1起2人误食晚生丝盖伞的中毒事件。潜伏期约为2h，2人为一对老年夫妻（75岁和74岁）。患者表现为典型的副交感神经系统刺激症状，寒战、出汗、流涎等，还出现腹泻（分别为4次和2次）等胃肠道症状。入院后血常规和生化检查未发现明显异常。经过对症救治后2人第二天康复出院。采集的蘑菇标本检测出毒蕈碱,含量为(324.0±62.4)mg/kg干蘑菇。

(五)变红歧盖伞(*Inosperma erubescens*)中毒案例

2022年8月15日,甘肃省临夏州发生1起9人误食变红歧盖伞的中毒事件。当日14:00,老人带领两个孙子(8岁、5岁)在家附近山沟采集野生蘑菇,15:20清炒后,当作午餐,9人食用野生蘑菇中毒。潜伏期为45～85min,出现恶心、呕吐、腹泻、流涎和流汗等症状,临床治疗采取洗胃和注射阿托品(主要用来解除平滑肌痉挛、缓解内脏绞痛、改善循环和抑制腺体分泌)等。经1～2天治疗后,所有患者病情好转,痊愈出院。

(六)古巴裸盖菇(*Psilocybe cubensis*)中毒案例

2019年2月26日16:30,贵州省黔东南州榕江县发生1起5人误食古巴裸盖菇的中毒事件。潜伏期为40～70min。年龄20～63岁。5人临床症状相似,均有头昏、腹胀、恶心、全身乏力、视物模糊、瞳孔散大、对光迟钝等症状,病情严重的2名患者呼之不应、自言自语。入院后立即对所有患者进行洗胃、吸氧、心电监护,保持静脉通路通畅,实验室检查显示5名患者生化报告单、检验报告单、血常规报告单检查结果,肝肾及其他项目均无异样。经过及时救治,5名患者于当日23:35全部清醒,生命体征平稳。2月28日16:30,5人康复出院。

(七)红褐斑褶菇(*Panaeolus subbalteatus*)中毒案例

2018年8月13日和2022年7月1日,宁夏石嘴山市发生2起4人误食红褐斑褶菇的中毒事件。潜伏期约为30min。4人年龄7～57岁。患者表现为恶心、呕吐、腹痛、腹泻等胃肠道症状,伴有四肢麻痹、喉咙麻木、头晕眼花、方向感丧失等神经症状。其中1名患者食用量很小,未出现明显中毒症状。经过对症救治后均康复出院。采集的蘑菇标本中检测出裸盖菇素、脱磷裸盖菇素,含量分别为1532.2～1760.7mg/kg干蘑菇、114.5～136.0mg/kg干蘑菇。

(八)黑紫变黑牛肝菌(*Anthracoporus nigropurpureus*)中毒案例

2022年6月,四川和浙江发生4起6人误食黑紫变黑牛肝菌的中毒事件,潜伏期为30min至2h。6人年龄9～45岁,9岁小朋友食用5g左右,未出现明显中毒症状;其余5人食用25～750g,均出现中毒症状,主要表现为视物模糊、眼睛发红、头晕、头痛、走路不稳、肌无力、四肢感觉异常、手脚颤抖等症状。病情持续4～8h后趋于平稳。

四、胃肠炎型中毒案例

(一)铅绿青褶伞(*Chlorophyllum molybdites*)中毒案例

2014年7月1日,江苏省南京市发生1起2人误食铅绿青褶伞的中毒事件。19:30左右,南京市某小区居民2人共同进食了在自己居住小区草坪上采摘的野生蘑菇(白色,鸡蛋大小),2名患者均为女性,分别为51岁和36岁;其中51岁患者约食用了10个蘑菇、36岁患者食用了16个蘑菇。23:30左右,两人接连出现恶心、呕吐、腹痛、腹泻等症状,51岁患者伴有黑朦、胸闷、出冷汗等,潜伏期约为4h。两人于当日23:50就诊,生化指标显示一名患者伴有谷丙转氨酶和谷草转氨酶的升高,另一名患者呕吐少量淡红色液体,并在第2天伴有淡血性稀水便。给予足量补液、激素、保肝、青霉素抗感染等对症支持治疗,3天后全部治愈出院。

(二)日本红菇(*Russula japonica*)中毒案例

2019年7月6日,浙江省温州市发生1起1人误食日本红菇的中毒事件。该患者的潜伏期为10min。早期表现为恶心、呕吐、腹痛、腹泻等胃肠道症状,经实验室检查后发现该患者出现严重的消化道出血。后经医院救治,该患者入院33天后痊愈出院。

(三)近江粉褶菌(*Entoloma omiense*)中毒案例

2018年9月1～2日,福建省邵武市发生2起3人误食近江粉褶菌的中毒事件。潜伏期为0.5～1.5h。3名患者的早期表现为恶心、呕吐、腹泻等胃肠道症状。后经医院救治，3名患者于9月5日均痊愈出院。

（四）日本类脐菇（*Omphalotus guepiniformis*）中毒案例

2018年11月24日和26日，福建省南平市建阳区发生2起10名外来务工人员误食日本类脐菇的中毒事件。11月24日，某村8人误食"野生侧耳"中毒，全部为男性，26日同镇邻村又有2人误食相同毒蘑菇中毒，为夫妻关系。10名患者年龄48～61岁。24日8人食用量为20～130g，潜伏期为30～90min，出现恶心、呕吐、头晕、腹泻等症状。26日2人每人各食用约500g，潜伏期约为10min，随后出现恶心、呕吐、腹痛、腹泻等症状。10名患者均出现恶心、呕吐症状，第1起中毒事件8人恶心、呕吐持续3.5～6h，其中2人伴有1或2次腹泻，1人伴有头痛、头晕；第2起中毒事件2人因食用量大，恶心、呕吐持续约16h，均伴有阵发性腹绞痛，其中1人出现2次腹泻。对患者的毒蘑菇食用量、潜伏期和恶心、呕吐持续时间进行分析，发现毒蘑菇食用量越大，潜伏期越短，恶心、呕吐持续时间越长。入院后及时给予洗胃、导泻、制酸护胃、补液等对症支持治疗，1～3天出院。

（五）发光类脐菇（*Omphalotus olearius*）中毒案例

2015年8月1日，云南省楚雄州元谋县某电厂发生1起12名男性工人误食发光类脐菇的中毒事件。12人共食用100～200g，潜伏期为10min至0.5h。临床表现为不同程度的恶心、呕吐、腹痛、腹泻、头晕、胸闷症状。4名症状较轻者门诊给予处理后拒绝治疗，3名患者给予机械洗胃、药用活性炭胃管注入保留等促进毒物排泄治疗，其他患者给予保肝等对症支持治疗。8名患者3～4天后病愈出院。

（六）糠鳞杵柄鹅膏（*Amanita franzii*）中毒案例

2023年5月21日，广东省惠州市发生1起16人误食糠鳞杵柄鹅膏的中毒事件。当日，某拳馆厨师将学员采摘的两朵野生蘑菇切片后烹煮成菜肴，16名学员及工作人员进食约10min后陆续出现恶心、呕吐、腹痛、腹泻等症状。2.5h后相继前往当地医院就诊。患者早期临床表现主要为呕吐（100%，16/16）、恶心（69%，11/16）、腹痛（44%，7/16）、头晕（38%，6/16）、腹泻≥2次且粪便性状改变（38%，6/16）、发热（6%，1/16）。16名患者临床表现以轻症为主，无重症。其中部分患者出现一过性的肌酸激酶升高，可能为锻炼时肌肉损伤所致。经清除毒物、催吐、补液等对症治疗，3天后均治愈出院。

（七）光硬皮马勃（*Scleroderma cepa*）中毒案例

2019年9月4日，云南省楚雄州发生1起2人误食光硬皮马勃的中毒事件。2名患者的潜伏期为0.5～1h。早期表现为腹痛、恶心、呕吐、腹泻等胃肠道症状。后经医院救治，1名患者于急诊留观1天后出院且随访无异常，另1名患者入院5天后痊愈出院。

五、横纹肌溶解型中毒案例——亚稀褶红菇（*Russula subnigricans*）

案例1：2015年7月26日，云南省楚雄州禄丰县发生1起2人误食亚稀褶红菇的中毒事件。7月26日18:00～19:00两名男性进食采集的"火炭菌"，2人分别为48岁和36岁。21:00左右，2人先后出现消化道及全身症状。其中1名患者发病后立即前往当地卫生院就医，后症状加重，于7月28日转入楚雄州人民医院就诊；另1名患者26日晚到禄丰县人民医院就诊，症状缓解后回家休息，27日11:00再次到禄丰县人民医院就诊，后因症状重，于7月28日15:00转入楚雄州人民医院就诊。2人主要临床表现为恶心、呕吐、腹痛，伴有酱油色尿，肌酸激酶急剧上升（最高达80 600U/L），并伴有谷丙转氨酶（最高达2421U/L）、谷草转氨酶（最高达5099U/L）、肌酸激酶同工酶（最高达3701U/L）、血肌酐（250.4μmol/L）等上升，最终表现为肾功能衰竭和呼吸衰竭。2名患者给予血液灌流、连续性静脉血液滤过、保肝、保肾、抗氧化等对症支持治疗。其中1名患者于40余天后死亡；另1名患者虽然历经转院治疗，但至2016年2月底仍未出院。

案例2：2020年9月20日，江西省某县发生1起6人误食亚稀褶红菇的中毒事件。潜伏期为15～20min，平均潜伏期为19min。早期表现为恶心、呕吐、腹泻等胃肠道症状，其中有5名患者出现呼吸困难、1名患者出现神志不清等症状。病程均在 10 天以上。后经医院救治，3 人治愈出院，1 人转院进一步治疗，2 人死亡。

六、光过敏性皮炎型中毒案例

（一）叶状耳盘菌（*Cordierites frondosus*）中毒案例

2019 年 6 月 6 日 8:00，云南省姚安县医院收治 3 名颜面部及双上肢端红肿、瘙痒的患者。3 人年龄 23~63 岁，2 男 1 女。患者 6 月 4 日 17:00 左右食用了野生"木耳"，第二天出现眼睑、颜面部、肩颈部及双上肢瘙痒，伴肿胀，呈现阵发性灼烧样疼痛，露光部位表现更为严重，其中 1 名患者还伴有恶心，呕吐胃内容物 3 次，每次 20~100g。患者体格检查：一般情况可，生命体征平稳，面容、神志清楚，查体合作，心肺腹查体无异常。全身皮肤巩膜无黄染及出血点。眼睑、颜面部、颈肩部及双上肢露光部位红肿，无皮疹。实验室检查结果显示白细胞计数、淋巴细胞绝对值及单核细胞绝对值增高，嗜酸性粒细胞绝对值及嗜酸性粒细胞百分比降低，肝肾功能及电解质检查均无异常。其中 1 名患者症状较轻，对症支持治疗后症状消失。另外 2 名患者住院后给予糖皮质激素、抗氧化及抗过敏治疗，患者面部及四肢皮肤红肿完全消退，皮温正常，病情好转。2 名患者分别于 6 月 12 日和 17 日出院，出院后随访一周无特殊。

（二）污胶鼓菌（*Bulgaria inquinans*）中毒案例

2009 年 7 月 8 日上午，辽宁省丹东市宽甸县某林区 1 名村民在山上发现污胶鼓菌（猪嘴蘑），随即招呼多人上山采摘，采集量多者分给邻舍食之。当日共有 43 人以生熟不同方式食用，15:00 至 9 日晚陆续出现中毒病例，先后共有 15 人（年龄 11~66 岁）发病。潜伏期为 3~27h，中位潜伏期为 7h，平均潜伏期为 8.2h。生食污胶鼓菌 29 名，10 名发病，发病率为 34.48%；熟食（煮、炒、炖）14 名，5 名发病，发病率为 35.71%，生食与熟食猪嘴蘑的发病率无明显差别。43 名猪嘴蘑食用者中，最小食用量约 50g，最大食用量约 300g，食用量最小者发病，食用量最大者未发病，故食用量与是否发病无明显关系，但食用量与病情轻重成正比，即食用量大者病情较重。中毒患者的主要症状是光敏性皮炎，所有发病者口唇发红肿胀（"猪嘴蘑"由此得名），开始面部、手背、足背皮肤潮红，肿胀，面部肌肉抽搐，剧烈蜇灼样疼痛，手指、脚趾灼痛难忍，见日光及风吹时症状加重，有的出现全身不适症状，愈后患者有手脚皮肤脱屑现象。有的患者甲间有水肿凸起，村民误认为是长"小蘑菇"。患者予以抗过敏、抗感染和对症治疗，治疗 2~15 天痊愈，平均病程 5 天，未发现后遗症。

七、其他类型中毒案例——
毒沟褶菌（*Trogia venenata*）

1995~2020 年，云南共发生 28 起误食毒沟褶菌的中毒事件，中毒病例的潜伏期个体差异大，介于 2~240h，中位潜伏期为 36h。临床症状多样，主要有恶心（45.71%）、头晕（42.86%）、心悸（42.86%）、呕吐（42.86%）、乏力（38.57%）等症状；部分病例表现肌肉酸痛（27.14%）和肢体麻木（22.86%）。在以上事件中，中毒的罹患率为 67.21%，病死率达 47.56%。

POISO
MUSH

Diagnosis and Treatment of Poisonous Mushroom Poisoning

第三章

毒蘑菇中毒诊断与治疗方法

第一节 毒蘑菇中毒诊断与治疗总原则

一、诊断总原则

一般依据蘑菇的摄入史、临床表现及其靶器官损害证据，可作出蘑菇中毒的临床诊断。时间窗内的血、尿、呕吐物、体液等样本中检测到相应的蘑菇毒素可确立诊断（卢中秋等，2019）。

（一）询问病史

蘑菇中毒属于食物中毒，对怀疑中毒或以恶心、呕吐、急性肝功能异常为主要表现的患者，在诊断治疗时必须仔细向患者及家属了解发病前后的进食情况，是否有食用野生菌的历史，包括鲜蘑菇、干蘑菇和含蘑菇的加工品，是否有一起进餐人员集体发病的流行病学史。

（二）标本确认

标本的及早确认对于中毒的诊断和治疗具有重要意义，可以及早了解该类毒蘑菇的发病特征，以便采取相应的对症治疗方法。食后残存的蘑菇标本或者由采集者及其家属再到现场采集的标本请蘑菇专家确认是否为有毒蘑菇。如果食用的是单一蘑菇种类，采集后经中毒患者确认后可用于专家鉴定；如果食用的是混杂的蘑菇，需要在现场尽量采集所有种类，因为有时中毒往往是不小心采集到的几个剧毒蘑菇引起的，而其他大多数种类可以食用的，在这种情况下如果没有采集到所有种类，会给标本的鉴定带来困难。

（三）临床表现

不同中毒类型的毒蘑菇所产生的临床症状不同。通过临床症状表现特点，可以大致判断蘑菇中毒的类型，从而采取相应的治疗方法。大部分蘑菇中毒首先出现恶心、呕吐、腹痛、腹泻等胃肠道症状。根据作用靶标，分为以下几种类型：急性肝损害型、急性肾损伤型、神经精神型、胃肠炎型、横纹肌溶解型、溶血型、光过敏性皮炎型。

急性肝损害型中毒死亡率高，由含有鹅膏肽类毒素的毒蘑菇引起，中毒症状明显表现为4个阶段：①潜伏期（6~12h），误食鹅膏菌后潜伏期较长，这一特点对于急性肝损害型蘑菇中毒的诊断具有很高的价值。②胃肠炎期（6~48h），出现恶心、呕吐、腹痛、腹泻等胃肠道症状。此时肝功能指标往往正常。③假愈期（48~72h），胃肠炎期过后可出现消化道症状一过性消失，但患者肝功能的指标酶谷草转氨酶和谷丙转氨酶、胆红素开始上升，凝血功能、肾功能也开始恶化。这一阶段容易让患者和医生误认为康复好转的假象，故称为假愈期。④内脏损害期，假愈期过后患者重新出现腹痛、腹泻等症状，肝肾功能、凝血等临床指标仍在持续恶化。之后出现乏力、食欲减退、肝区疼痛、黄疸、胆酶分离、出血、多脏器功能衰竭，5~16天后患者死亡。

急性肾损伤型中毒主要为含有奥来毒素的丝膜菌属和假褐云斑鹅膏、欧氏鹅膏等鹅膏属残鳞鹅膏组的蘑菇，潜伏期常大于6h，多为8~12h，常以消化道症状开始，后出现少尿或无尿，血液中肌酐、尿素氮升高，早期可有转氨酶轻度、中度的升高。值得注意的是，近几年发现假褐云斑鹅膏中毒有导致心肌损伤、发生心律失常和心脏骤停的报道，故应关注患者心电图和心肌酶学改变。

神经精神型中毒一般发病较快，15min至2h内可发病，可有癫痫抽搐样表现，也可有出汗、流涎、流泪、瞳孔缩小、排尿、腹痛、腹泻等毒蕈碱样症状，部分患者可出现幻觉、幻视、色彩和形态干扰、嗜睡、烦躁不安、行为怪异等。

胃肠炎型中毒是最常见的类型。其潜伏期一般为10min至6h，绝大多数小于2h，表现为恶心、呕吐、腹泻、腹痛等胃肠道症状，可有头晕、乏力等电解质紊乱、低血压休克的表现。一般病程短，很少有死亡病例，容易恢复。

横纹肌溶解型中毒在我国主要为亚稀褶红菇中毒，潜伏期较短，通常10min至2h内出现消化道症状，之后可出现全身肌肉疼痛，肌酸激酶急剧增高（高达数万甚至几十万单位以上），伴有酱油色尿，常合并肝肾功能损害严重者可有心肌炎表现，出现心电图异常和心律失常甚至心脏骤停。

溶血型中毒通常发病比较快，一般0.5~3h即出现恶心、呕吐、腹痛、腹泻等胃肠道症状，由于红细胞被迅速破坏，很快出现溶血中毒症状，表现为血红蛋白尿、贫血、肝脾增大、黄疸、乏力等症状，部分患者可出现肾损伤，导致少尿、无尿。

光过敏性皮炎型中毒潜伏期较长，最快3h发病，通常1~2天出现症状，颜面部、四肢等有日光照射部位出现皮疹、红肿、瘙痒、疼痛等，严重者皮肤出现颗粒状斑点，甚至出现水泡，常伴有恶心、呕吐、腹痛、腹泻、乏力、呼吸困难等症状。

（四）实验室生化检查

蘑菇中毒并无特异性的标志物，早期常不能单一考虑某一种类的蘑菇中毒，需要高度警惕混杂种类的蘑菇中毒，提高对致死性蘑菇中毒的重视程度。实验室检查可反映脏器受损的程度，需动态监测实验室指标的变化。蘑菇中毒患者的血常规指标绝大部分升高或正常，但对于溶血型中毒的患者，血细胞含量下降。对于致死性蘑菇中毒的患者，需要每日复查肝肾功能、电解质、心肌酶、凝血功能、血常规等指标，可动态评估脏器功能损伤程度，以及评估预后。对于导致肝功能损伤的蘑菇中毒如鹅膏菌，需重点关注肝功能及凝血功能变化，严重的患者可出现肝功能衰竭及凝血功能障碍、肝糖原消耗，需监测血糖、血气分析等相关指标。对于急性肾损伤型中毒的患者，需重点关注电解质、肾功能的变化；早期肾损伤型的患者，可有轻度的肝功能损伤。横纹肌溶解型患者肌酸激酶、肌红蛋白可高达数千甚至数万单位，可出现蛋白尿及肾、心肌等损伤，也可引起心电图改变。胃肠炎型中毒患者呕吐引起大量体液丢失，导致电解质紊乱。

（五）毒素测定

毒蘑菇种类繁多，但是对于大部分毒蘑菇的毒性成分还不清楚，并且针对部分已经明确的毒性成分还没有建立有效的检测方法，这就给通过毒素检测来确定毒蘑菇带来了困难。目前，可以检测的毒蘑菇毒性成分主要包括：①鹅膏肽类毒素，主要分布在鹅膏属（*Amanita*）、盔孢伞属（*Galerina*）、环柄菇属（*Lepiota*）等物种中；②奥来毒素，主要分布在丝膜菌属（*Cortinarius*）的物种中；③毒蕈碱，主要分布在丝盖伞属（*Inocybe*）、裂盖伞属（*Pseudosperma*）、歧盖伞属（*Inosperma*）、粉褶菌属（*Entoloma*）、类脐菇属（*Omphalotus*）、杯伞属（*Clitocybe*）、金钱菌属（*Collybia*）中；④异噁唑衍生物，主要分布在鹅膏属鹅膏组（*Amanita* sect. *Amanita*）的物种中；⑤裸盖菇素，主要分布在裸盖菇属（*Psilocybe*）、斑褶菇属（*Panaeolus*）、裸伞属（*Gymnopilus*）、锥盖伞属（*Conocybe*）等属的物种中。

收集中毒患者未烹饪的蘑菇，以及进食后的残余物、呕吐物和排泄物，甚至患者的血液、尿液等送至有条件的实验室进行检测分析，明确蘑菇毒素和中毒类型。目前国内外对毒蘑菇毒素的检测，根据原理不同，检验法主要包括试剂盒检测法、化学显色法、比色法、荧光光谱法、薄层色谱法、气相色谱-质谱法、液相色谱法、高效液相色谱-质谱法等。其中应用高效液相色谱法及液相色谱-质谱法检测方法较为成熟。毒物检测可为蘑菇中毒的诊断及预后评估提供重要信息。

（六）毒蘑菇分子鉴定

近年来，随着基因测序技术的发展和真菌分子鉴定数据库的完善，应用内在转录间隔区（ITS）片段测序与比对，为毒蘑菇鉴定提供可靠手段。

二、治疗总原则

目前世界上尚无治疗毒蘑菇的特效解毒药，因此需要早诊断、早治疗。临床治疗为对症支持治疗及脏器支持治疗，不同种类的蘑菇引起的中毒，其治疗方法有一定的差异，总的治疗原则如下。

（一）减少毒素吸收，促进毒素的排除

对于那些误食毒蘑菇后1~2h以内到达医院的中毒患者

或者还未出现或刚表现出胃肠道症状的患者，采用胃肠道清除，减少毒素的吸收。胃肠道清除有以下几种方法（卢中秋等，2019；余成敏和李海蛟，2020）：①催吐，误食后早期进行催吐是排出胃内毒物的最好办法，并可加强洗胃的效果。可使用物理催吐或药物催吐。例如，先让患者服用大量温盐水，可用 4% 温盐水 200～300mL，然后可用筷子或压舌板刺激咽部，促使其呕吐，如此反复进行。②洗胃，早期洗胃可以清除胃中绝大部分未被吸收的毒物。最有效的洗胃时间是在进食毒蘑菇后 1h 内。对进食毒蘑菇后 6h 内的患者也需要常规洗胃，超过 6h 的患者根据病情可酌情洗胃。一般采用温开水和生理盐水反复彻底洗胃，直至洗出液清澈为止。③导泻，毒蘑菇随食物进入肠道后，便无法通过洗胃清除，因而可予以硫酸镁、甘露醇等药物导泻，促进肠蠕动，使毒物尚未被吸收就排出肠道。④吸附，口服活性炭可以很好地吸附一些蘑菇毒素。在 24h 内以 20～50g 的活性炭加水配成 15% 混悬液口服或者通过胃管灌入，促进毒物吸附，从而将其排出体外。⑤利尿，维持适宜的尿液排出量是必需的，但过度排尿会给本已受损的肾带来危险，当尿量不多时，可予以呋塞米利尿。

（二）精心观察护理和对症治疗

患者住院观察期间，及时给予心电监护、补液、吸氧、补充能量、维持体内电解质平衡，每日检查肾功能、肝功能、凝血功能等生化指标，并分析指标的变化趋势，指导治疗，严密观察生命体征及病情变化，并做好心理安抚工作。

（三）血液净化

血液净化包括血液灌流、血液透析、腹膜透析、血浆置换、连续性血液净化技术、人工肝 [分子吸附再循环系统（MARS）和普罗米修斯人工肝] 等（Zhang et al., 2014；Luis et al., 2016；Pillukat et al., 2016）。常规的血液净化技术如血液灌流、血液透析、血液滤过、血浆置换在过去被广泛应用于鹅膏菌中毒临床治疗。近年来，我国报道利用连续性血液净化技术在急性肝损害型蘑菇中毒的救治中取得了明显的疗效。鹅膏毒肽的半衰期很短，如果采用血液净化的方法清除血液中的鹅膏毒肽，需要在早期进行血液净化治疗。血液净化对保持代谢正常和改善凝血机制是有好处的。血浆置换可以去除血液中的毒素和代谢废物，补充人体所必需的凝血因子、蛋白质等物质，维持肝细胞再生的内部环境，有效降低鹅膏菌中毒的死亡率。非生物人工肝将传统血液透析与白蛋白吸附结合，能清除白蛋白结合物毒素和水溶性毒素。利用普罗米修斯人工肝装置并结合常规对症支持治疗方法治疗鹅膏菌中毒也取得了很好的效果。

（四）药物治疗

蘑菇中毒患者在治疗上并无特效解毒药物。诊断中毒类型以后，可针对不同中毒类型采用不同的有效药物。大多数情况下，以对症支持治疗为主。积极补液，维持水电解质和酸碱平衡，维持循环稳定，护胃，保肝，护肾，预防感染，以及其他对症支持治疗。

第二节　急性肝损害型中毒诊断与治疗

引起急性肝损害型的毒蘑菇主要是含有鹅膏肽类毒素的一些种类，在我国最主要的种类包括鹅膏属、盔孢伞属及环柄菇属的一些种类，是蘑菇中毒中导致死亡的最主要原因。

一、急性肝损害型中毒诊断要点

1）误食后具有 6～12h 的潜伏期，也有病例 20h 后才出现症状。

2）6～48h，胃肠炎期，潜伏期过后出现恶心、呕吐、腹泻等肠胃症状。

3）48～72h，假愈期，症状消失，近似康复，1～2天内无明显易见症状。

4）72～96h，内脏损害期，患者重新出现腹痛、腹泻，出现黄疸，肝功能异常，肝肾功能恶化，凝血功能障碍引起内出血，导致多器官功能衰竭，5～16天后患者死亡。

5）中毒24h后血液生化指标检测肝功能，可能有谷草转氨酶、谷丙转氨酶急剧上升。

6）中毒患者食后的残留物、呕吐物、血液或尿液等中检测出含有鹅膏肽类毒素。

在急性肝损害型中毒中，根据中毒严重程度可分为以下4级（余成敏和李海蛟，2020）。

1级：潜伏期过后患者出现典型的胃肠道症状，但肝肾功能、凝血功能等生化指标正常。

2级：患者出现鹅膏菌中毒症状，转氨酶轻度或者中度升高（<500U/L），胆红素正常，但不出现凝血功能障碍。

3级（重症病例）：有以下其中之一表现可诊断为重症病例。①呕吐、腹泻、脱水，并有低血容量休克者；②进食后出现皮肤黄染、皮肤黏膜出血、肝肿大等表现者；③患者出现严重的肝损害，转氨酶升高，谷丙转氨酶>500U/L，胆红素明显升高，凝血功能轻度异常。

4级（危重病例）：有以下其中之一表现可诊断为危重病例。①肝功能衰竭；②肝性脑病；③弥散性血管内凝血；④多脏器功能衰竭；⑤"胆酶分离"现象，胆红素进行性升高，血清谷丙转氨酶和谷草转氨酶下降。

二、急性肝损害型中毒治疗方法

（一）早期催吐、洗胃、导泻

由于鹅膏菌引起的中毒具有6～12h的潜伏期，大多数患者都是误食数小时后出现呕吐、腹泻等症状才去医院，洗胃和催吐不能起到较好的作用。但在临床上发病即使已超过6h，仍宜给予洗胃、导泻等治疗，以减少毒素的吸收。

（二）精心观察护理和对症支持治疗

精心医护已成为提高鹅膏菌中毒生存率的重要因素，在适当情况下以下一些方法都应考虑和采用：①摄取和排泄的监护；②输液治疗；③留置中心静脉导管，便于血液动力学不稳的患者的体液监测；④静脉注射葡萄糖，维持血液中正常的葡萄糖水平可防止对低血糖的不利影响；⑤血清因子的监测，凝血酶原、转氨酶、心肌酶、电解质、纤维蛋白原和氨的水平应每12～24h进行监测；⑥血浆的补充，对于那些有出血症状的患者需要补充血浆、冷沉淀、维生素K以维持血液体积和凝血因子的适当水平；⑦输血治疗，当贫血严重时，需进行输血补充；⑧必要时可予以乳果糖防治肝性脑病，予以白蛋白、高渗葡萄糖、甘露醇防治脑水肿等。

（三）药物治疗

目前，对于肝损害型蘑菇中毒暂无有效的特异解毒药物。现阶段在临床上常用的并可能有效的药物大致有以下几种（Pradhan and Girish，2006；Poucheret et al.，2010；Magdalan et al.，2011a，2011b；卢中秋等，2019）：大剂量青霉素G、N-乙酰半胱氨酸、水飞蓟素、巯基类药物等。青霉素G通过抑制OATP1B3受体，减少肝细胞摄取鹅膏毒肽。N-乙酰半胱氨酸因其结构含有巯基，参与肝细胞的氧化还原反应，清除氧自由基，增加谷胱甘肽的活性，发挥解毒功能。水飞蓟素是从野生植物蓟中提取而来，大量的实验和临床研究证明了它的有效性，其通过阻断肝摄取鹅膏肽类毒素和肝肠循环，同时还通过抗炎、抗氧化应激的作用参与解毒过程。巯基类药物可结合一些毒素，起到减轻毒力的作用。具体用法如下。

大剂量青霉素G：根据个体化每日给予青霉素G 30万～100万 U/kg，持续使用2～3天。青霉素过敏患者禁用，同时需警惕青霉素脑病的发生。

水飞蓟素：每日予以水飞蓟宾胶囊35mg/kg，分3次口服；每日予以水飞蓟素胶囊50～100mg/kg，分3次口服。需注意腹泻症状。

N-乙酰半胱氨酸：予以5%葡萄糖200mL+150mg/kg N-乙酰半胱氨酸静脉滴注1h；之后予以5%葡萄糖500mL+

50mg/kg N-乙酰半胱氨酸静脉滴注 4h；然后予以 5% 葡萄糖 1000mL+100mg/kg N-乙酰半胱氨酸静脉滴注 16h。

巯基类药物：①每 6h 肌内注射二巯基丙磺酸钠 0.125～0.25g，病情好转后每 12h 注射一次，持续使用 5～7 天。②每天 3 次肌内注射二巯丁二钠 0.125～0.25g，持续使用 5～7 天。

（四）中药治疗

灵芝作为我国传统的最负盛名的中药真菌，含有三萜类化合物，具有抗氧化活性、抗细胞凋亡及护肝的作用，因而使其具有解毒作用。近年来国内利用灵芝治疗鹅膏类蘑菇中毒取得显著的临床疗效（Wu et al., 2016a）。

灵芝煎剂（GGD）：灵芝 200g 加水煎至 600mL，分 3 次服用，每次服用 200mL，连续使用 7～14 天。也可给予破壁的大剂量超微灵芝粉替代灵芝煎剂口服。

（五）血液净化治疗

常用的血液净化治疗如血液灌流、血液透析、血液滤过、血浆置换、人工肝等，可以促进毒物消除，同时也可支持脏器功能，现已在救治致死性蘑菇中毒患者中广泛应用，并取得了较好的疗效（Vardar et al., 2010；Bergis et al., 2012）。对于肝功能损伤型蘑菇中毒患者，尽早行血液净化治疗，首选血浆置换，其次使用血液灌流治疗；对多脏器功能损伤的患者可联合多种血液净化治疗。

（六）肝移植

对于肝功能衰竭且难以逆转的蘑菇中毒患者，可考虑进行肝移植。

第三节　急性肾损伤型中毒诊断与治疗

引起急性肾损伤型的毒蘑菇有两类，即丝膜菌属中含有奥来毒素的物种、鹅膏属残鳞鹅膏组中含有 2-氨基 -4,5-己二烯酸的物种，在我国主要有假褐云斑鹅膏、赤脚鹅膏、拟卵盖鹅膏、欧氏鹅膏。对我国丝膜菌属中的此类物种尚缺乏较深入的认识。

一、急性肾损伤型中毒诊断要点

1）误食后有 8～12h 的潜伏期，之后出现恶心、呕吐、腹泻、腹痛等消化道症状。

2）少尿或无尿。

3）肝功能轻度或中度受损。

4）急性肾功能损伤，生化指标表现为血液中肌酐和尿素氮升高，可能有全身水肿、血压升高、心衰等表现。

二、急性肾损伤型中毒治疗方法

（一）洗胃、导泻

误食后 10h 或更长时间仍应进行彻底洗胃及有效的导泻，以清除消化道中的残留毒素。

（二）精心观察护理和对症支持治疗

予以心电监护，动态监测血常规、尿常规、肝功能、肾功能、心肌酶学、电解质、凝血功能、血气分析、心电图等相关检查指标；在患者少尿或无尿期，仔细观察呼吸、脉搏、血压及脉压差，每日准确记录出入液量，应予以改善肾脏血流、利尿、维持液体出入平衡等治疗，防止发生水中毒而出现全身水肿、血压增高，甚至心衰。保持内环境稳定。进入多尿期，准确记录出入量，动态复查肾功能、电解质、肝功能、尿常规等指标，防止脱水、低钠、低钾和血容量不足。

（三）药物治疗

予以巯基类药物、N-乙酰半胱氨酸、水飞蓟素、呋塞米等治疗（卢中秋等，2019）。巯基类药物：早期可用5%二巯基丙磺酸钠5mL肌内注射，或加入5%葡萄糖溶液后输注，每天2次，症状好转后减量，持续使用5～7天。N-乙酰半胱氨酸：予以5%葡萄糖200mL+150mg/kg N-乙酰半胱氨酸静脉滴注1h，之后予以5%葡萄糖500mL+50mg/kg N-乙酰半胱氨酸静脉滴注4h，然后予以5%葡萄糖1000mL+100mg/kg N-乙酰半胱氨酸静脉滴注16h。水飞蓟素：每日予以水飞蓟宾胶囊35mg/kg，分3次口服。呋塞米：当出现少尿、水肿时可予以呋塞米20mg利尿，增加肾血流量，缩短少尿期。

（四）血液透析治疗

血液透析是目前治疗急性肾损伤型中毒最有效的方法。血液透析指征：24～48h少尿或无尿不缓解；高分解代谢状态；心力衰竭、肺水肿、脑水肿等水钠潴留表现；尿素氮>28.6mmol/L或肌酐>442μmol/L；K$^+$>6.5mmol/L或Na$^+$<120mmol/L；严重代谢性酸中毒；等等。

第四节　神经精神型中毒诊断与治疗

引起神经精神型中毒的有毒蘑菇种类较多，可造成以下4种类型的神经中毒：①含毒蕈碱的种类产生外周胆碱能神经毒性；②含异噁唑衍生物的种类产生谷氨酰胺能神经毒性；③含鹿花菌素的种类产生癫痫性神经毒性；④含裸盖菇素的种类产生致幻觉性神经毒性。其中，含鹿花菌素种类的中毒在我国很少发生，并且此类蘑菇中毒一般很少发生死亡。

一、神经精神型中毒诊断要点

1）误食后发病快，通常在15min至2h内发病。
2）含毒蕈碱的种类中毒临床症状表现为多涎、流泪、出汗、排尿、腹痛、腹泻及呕吐，并且常伴有心率缓慢、瞳孔缩小、视力模糊甚至出现幻觉。含异噁唑衍生物的种类中毒临床症状表现为呕吐、运动性抑郁、共济失调、精神错乱、视觉畸变、头晕等。含鹿花菌素的种类中毒临床症状表现为类似异烟肼中毒的癫痫抽搐，可出现共济失调、眩晕、眼球震颤等症状。含裸盖菇素的种类中毒临床症状表现为神经病症状，视觉错乱、色彩和形态干扰、精神欢快、动作失调等，躯体感觉如头脑眩晕，精神沮丧并伴有焦虑不安。
3）4～24h恢复。

二、神经精神型中毒治疗方法

（一）催吐、洗胃、导泻

食后1～2h进行催吐、洗胃和导泻。

（二）对症支持治疗

给予常规对症支持治疗，保护心脏、脑、肝、肾等脏器功能，维持水电解质和酸碱平衡，动态监测肝功能、肾功能、心肌酶、电解质、凝血功能等器官功能。

（三）药物治疗

对于含毒蕈碱的蘑菇中毒，阿托品是特效解毒药物，可短期使用阿托品0.5～1.0mg静推，必要时可重复使用，直至阿托品化。对于含异噁唑衍生物和含裸盖菇素的蘑菇中毒，可予以苯二氮䓬类药物（地西泮10mg静推，每日2次）、巴比妥类药物控制兴奋和癫痫发作。此外，联合运用氟哌啶醇5～10mg肌内注射+氢溴酸东莨菪碱0.3mg每日2次，能明显缩短病程，神经精神症状能快速恢复，疗效肯定（刘林东等，2012）。

第五节　胃肠炎型中毒诊断与治疗

毒蘑菇误食后绝大部分都可引起胃肠炎型中毒。这里所指的是只产生胃肠炎型中毒，而不包括产生其他器官损害的中毒，主要有蘑菇属、青褶伞属、粉褶菌属、红菇属、乳菇属、类脐菇属、硬皮马勃属、网孢牛肝菌属等。胃肠炎型蘑菇中毒是最常见的中毒类型，一般病程短，致死率低，容易恢复。

一、胃肠炎型中毒诊断要点

1）发病快，潜伏期一般为 10min 至 2h，少数可长达 6h。
2）主要表现为恶心、呕吐、腹部绞痛、腹泻，大便常常呈米汤样。可能伴有焦虑、发汗、畏寒、心跳加速等症状，严重者可能出现头晕、头痛、全身无力、肌肉痉挛、循环障碍或电解质流失等脱水、休克症状。
3）很少有急性肝功能衰竭、急性肾功能衰竭。

二、胃肠炎型中毒治疗方法

（一）催吐、洗胃、导泻

及时进行催吐、洗胃和导泻；已有严重呕吐、腹泻的患者可不进行催吐、洗胃、导泻。

（二）对症支持治疗

密切观察和监测血常规、肝肾功能、心肌酶、凝血功能、电解质、心电图等其他器官功能指标变化。

（三）药物治疗

迅速建立静脉通路，监测体液和电解质丢失量，量出为入，维持组织灌注、水电解质及酸碱平衡。静脉补入适量盐和葡萄糖等液体，以晶体液为主，可予以 10% 葡萄糖 500mL+ 维生素 C 2g+ 维生素 B_6 200mg 静脉滴注及林格氏液 500mL 补充电解质。若出现低血容量休克等症状，应加强液体复苏，维持平均动脉压在 65mmHg（1mmHg=133.322Pa）以上，保证肾灌注，维持尿量在 30mL/h，可适当补充胶体液。

第六节　横纹肌溶解型中毒诊断与治疗

横纹肌溶解型中毒主要由亚稀褶红菇、油黄口蘑引起。2000 年以后，由亚稀褶红菇引起的中毒事件在我国湖南、湖北、浙江、贵州、云南等南方地区频繁发生，已导致数十人死亡。

一、横纹肌溶解型中毒诊断要点

1）发病快，误食亚稀褶红菇后，发病时间最短的为 10min，其余大多数在 1h 内出现症状。

2）症状开始时表现为恶心、呕吐、腹痛、腹泻等消化道情况，并有乏力感，之后逐渐出现明显的全身乏力，明显的腰背痛、肌肉酸痛，可有胸闷、心悸、呼吸急促。

3）可出现少尿或者无尿，血尿或血红蛋白尿，出现酱油色尿液等表现。

4）心电图可出现改变、生化指标表现为血浆肌红蛋白、肌酸激酶急剧上升，肌酸激酶可高达数万至几十万单位甚至以上。

5）严重者可出现肾、肝、呼吸和循环等多器官功能衰竭。

二、横纹肌溶解型中毒治疗方法

（一）催吐、洗胃和导泻

尽快进行催吐、洗胃和导泻，减少体内毒素。

（二）精心观察护理和对症支持治疗

静脉输液，维持体液和电解质平衡，同时加强营养支持，如补充足够热量、维生素等；密切观察和监测肝肾功能、心肌酶、凝血功能、血气分析、心电图等其他器官功能指标变化。

（三）药物治疗

横纹肌溶解的患者，主要是及时、尽早、尽快补液。开始以等渗的盐水为主，容量不足的患者可予以大量补液，速度可达 10~20mL/(kg·h)，过多输入 0.9% 氯化钠可出现高氯性代谢性酸中毒，可输注林格氏液避免高氯性代谢性酸中毒；液体复苏后给予一定量的低渗葡萄糖盐水，每日补液量不少于 3000mL。予以 5% 碳酸氢钠注射液 250mL 碱化尿液，每日 1 或 2 次；并根据情况适当给予呋塞米 20mg 利尿，预防肾小管堵塞，促进毒素排出（王晋鹏等，2015）。对于肝功能异常者，给予还原性谷胱甘肽 2.4g 及水飞蓟宾胶囊 35mg/kg 等护肝药物。对出现中毒性心肌炎的患者根据心功能情况，给予适量补液的同时应用心血管药物，可予以大剂量地塞米松 10~20mg 静脉输注，大剂量维生素 C 3~5g 等治疗；呼吸困难患者及时给予呼吸机辅助通气（张婷和傅晓骏，2017）。

（四）血液净化治疗

横纹肌溶解型中毒患者通过血液灌流和血液透析联合使用能起到较好的作用，能减轻肾负担，纠正水电解质及酸碱失衡。

第七节　溶血型中毒诊断与治疗

在我国，引起溶血型中毒的蘑菇主要是卷边桩菇、东方桩菇、红角肉棒菌等。死亡率不高。

一、溶血型中毒诊断要点

1）误食后症状出现快，一般 30min 至 3h 内即出现恶心、呕吐、腹痛和腹泻等胃肠道症状。

2）出现溶血中毒症状，表现为黄疸、急性贫血、酱油色尿；严重溶血可引起继发性肝肾肿大，部分可出现嗜睡、脉搏细弱、抽搐等症状。

3）严重患者会出现急性肾功能衰竭、休克、呼吸衰竭、弥散性血管内凝血、多器官功能衰竭等并发症。

二、溶血型中毒治疗方法

（一）催吐、洗胃和导泻

及时进行催吐、洗胃和导泻，可口服活性炭清除胃肠道毒物，减少体内毒素，以及予以利尿，促进体内毒素排出。

（二）对症支持治疗

监测全血细胞计数、血压、肝肾功能、心肌酶指标，予以补液治疗，维持体液和电解质平衡，促进尿液产生。

（三）药物治疗

可予以糖皮质激素治疗，需早期、短程、足量使用。根据病情严重程度，每日予以氢化可的松 200～300mg 或地塞米松 20～40mg，持续使用 3～5 天，必要时可加大剂量或延长使用时间；可予以 5% 碳酸氢钠注射液 250mL 静脉滴注，碱化尿液，每日 1 或 2 次（李毅和于学忠，2007）。

（四）血液净化治疗

病情严重的患者尽早行血液净化治疗，可有效清除毒素，并可治疗急性肾功能衰竭、水电解质和酸碱失衡，包括血液透析、血液灌流、血浆置换等。

第八节　光过敏性皮炎型中毒诊断与治疗

在我国，引起光过敏性皮炎型中毒的蘑菇主要有两种：一种为污胶鼓菌，另一种为叶状耳盘菌。斯氏耳盘菌和黑皱盘菌可能也具有光过敏性皮炎型毒性。毒素作用类似光过敏性物质卟啉。此类中毒极少有患者死亡。

一、光过敏性皮炎型中毒诊断要点

1）潜伏期较长，最快在误食后 3h 发病，一般在 1～2 天发病，病程可达数天。

2）症状主要为接触阳光照射部位可出现"日晒伤"样皮炎，表现为发红、肿胀、热、烧灼样疼痛，如颜面部及上肢发红肿胀、嘴唇肿胀外翻伴疼痛等。

3）严重者皮肤出现颗粒状斑点，针刺般疼痛，发痒难忍，肿胀明显，水泡等。

4）常伴有恶心、呕吐、腹痛、腹泻等消化道症状及乏力、呼吸困难等表现。

5）极少部分患者可能会出现中毒性心肌炎的表现，如心电图的变化（传导阻滞、心室颤动等）、心肌酶谱升高、心源性休克及猝死。

二、光过敏性皮炎型中毒治疗方法

（一）催吐、洗胃和导泻

及时进行催吐、洗胃、导泻，减少体内毒素。

（二）精心护理和对症支持治疗

监测心电图、心肌酶、肝肾功能、血常规等相关指标；患者所在病房需避免日光和强光照射；大量静脉补液，利尿，维持体液电解质平衡，促进毒物排出；做好皮肤清洁护理，防止感染。

（三）药物治疗

可予以氢化可的松 200～300mg 或地塞米松 10～20mg 静脉滴注抗过敏治疗；可予以抗组胺药物，如马来酸氯苯那敏（即扑尔敏）1 片，每日 3 次，减轻渗出；同时可予以大剂量维生素 C 3～5g 抗氧化，保护心脏、肝等脏器（刘登国，2005）。

（四）皮损治疗

对于皮肤损伤严重患者，需保护皮肤的完整性，避免损伤皮肤。可将湿润烧伤膏涂于患处，每日 3 或 4 次；若出现大水泡，可使用注射器抽吸水泡内液体。

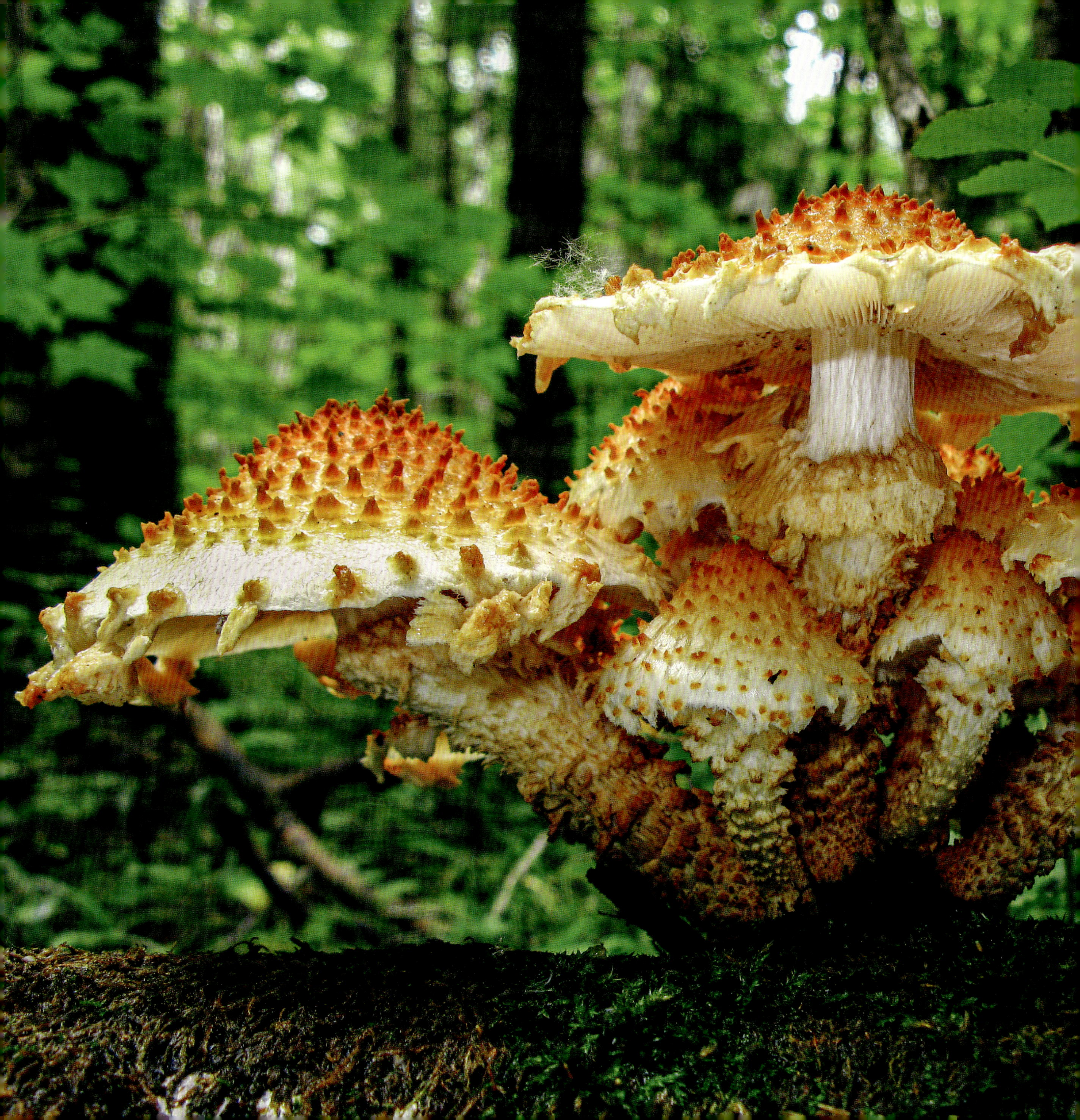

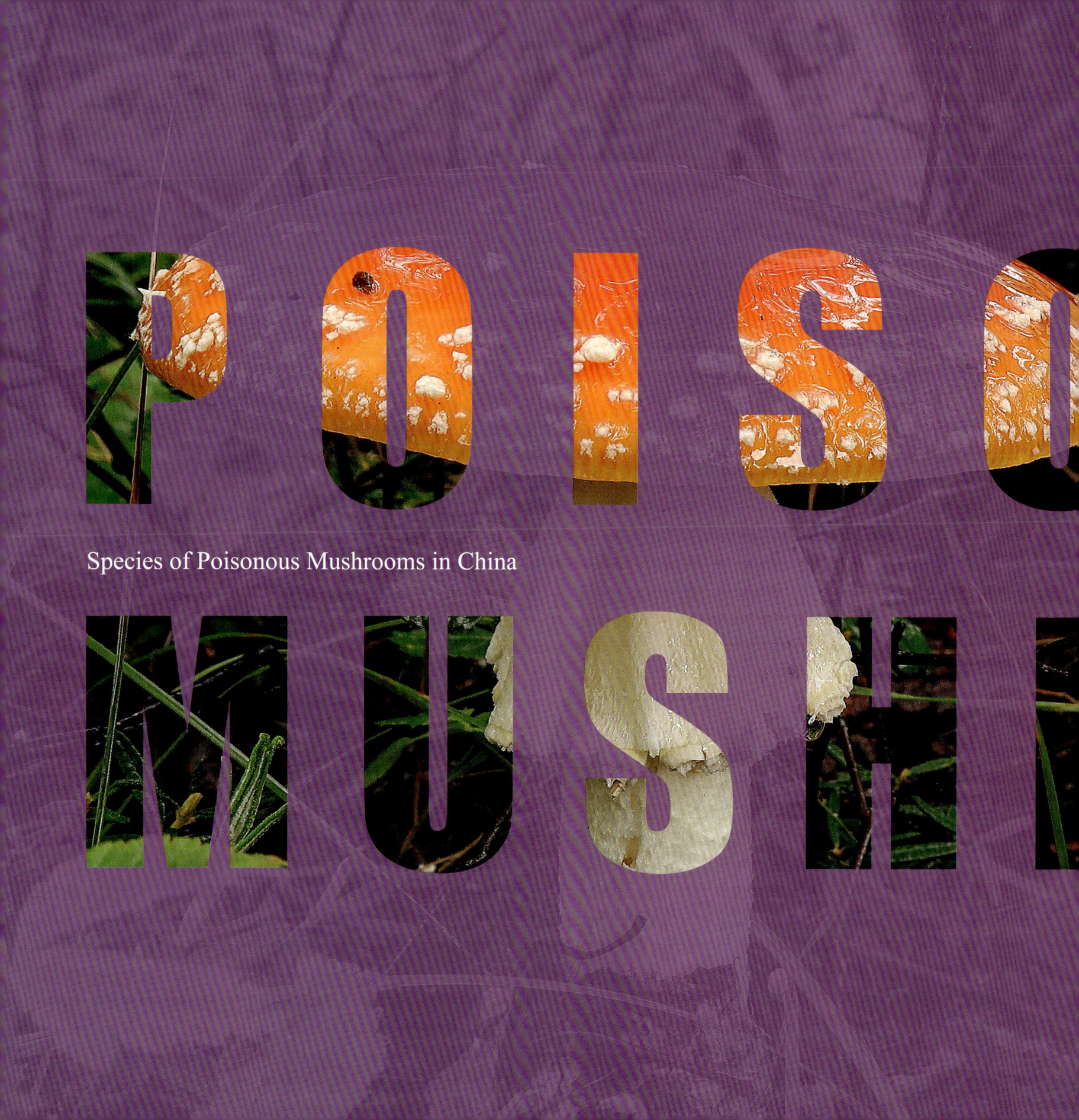

POISO
Species of Poisonous Mushrooms in China
MUSH

第四章

我国毒蘑菇的种类

急性肝损害型毒蘑菇

第一节　急性肝损害型毒蘑菇

致命鹅膏 *Amanita exitialis* Zhu L. Yang & T.H. Li

【形态特征】菌盖直径 4~8cm，初近半球形，后凸透镜形至近平展，白色，中央有时米色，边缘平滑无沟纹。菌肉白色，伤不变色。菌褶离生，白色，稠密，不等长，短菌褶近菌柄端渐窄。菌柄 7~9×0.5~1.5cm，白色，光滑或被白色纤毛状鳞片，基部近球形。菌环上位，顶生至近顶生，白色，膜质，易脱落。菌托浅杯状，白色，膜质。担孢子 9.5~12.0×9.0~11.5μm，球形至近球形，淀粉质。

【生境及基物】壳斗科植物林地上。
【地理分布】华南、西南地区。
【发生时间】1~8 月。
【毒性】主要毒性成分为鹅膏毒肽（α- 鹅膏毒肽、β- 鹅膏毒肽）和鬼笔毒肽，导致急性肝损害型中毒。2000~2023 年在我国发生 73 起 268 人中毒事件，其中 73 人死亡，死亡率高达 27.24%（陈作红等，2016；Li et al.，2020，2021a，2022a，2023，2024；梁嘉祺等，2023）。

灰花纹鹅膏 *Amanita fuliginea* Hongo

【形态特征】菌盖直径3~6cm，幼时半球形，成熟时展开至扁平，深灰色、暗褐色、深褐色至近黑色，中部颜色较深，具有深色纤丝状隐身花纹，边缘无棱纹，无絮状物。菌肉白色，伤不变色。菌褶离生，白色，小菌褶近菌柄端渐狭。菌柄6~10×0.5~1.0cm，白色至浅灰色，常有浅褐色纤丝状小鳞片，基部近球形。菌环顶生至近顶生，灰色至污白色。菌托浅杯状，膜质，白色至污白色，内表白色。担孢子7~9×6.5~8.5μm，球形至近球形，少数宽椭圆形，淀粉质。

【生境及基物】壳斗科和松科植物组成的阔叶林或混交林地上。

【地理分布】华东、华中、华南、西南地区。

【发生时间】6~10月。

【毒性】主要毒性成分为鹅膏毒肽（α-鹅膏毒肽、β-鹅膏毒肽）和鬼笔毒肽，导致急性肝损害型中毒。1994~2023年在我国至少发生57起410人中毒事件，其中79人死亡（陈作红等，2016；Li *et al.*，2020，2021a，2022a，2023，2024）。

拟灰花纹鹅膏 *Amanita fuligineoides* P. Zhang & Zhu L. Yang

【形态特征】菌盖直径 7~14cm，半球形至凸透镜形，灰褐色、暗褐色至黑色，中部颜色较深，有深色纤丝状隐花纹；边缘无棱纹，无絮状物。菌肉白色，伤不变色。菌褶离生，白色，小菌褶近菌柄端渐狭。菌柄 10~14×0.8~1.5cm，圆柱形，白色至浅灰色，常被小的灰褐色纤丝状至蛇皮状鳞片，基部萝卜状至棒状。菌环顶生至近顶生，白色至浅灰色。菌托浅杯状，膜质，白色至污白色。担孢子 7.5~9.5×7~9μm，球形至近球形，淀粉质。

【生境及基物】壳斗科和松科植物组成的阔叶林或混交林地上。

【地理分布】华东、华中、西南地区。

【发生时间】3~9 月。

【毒性】主要毒性成分为鹅膏毒肽（α-鹅膏毒肽、β-鹅膏毒肽）和鬼笔毒肽，导致急性肝损害型中毒。2021~2023 年在我国发生 4 起 28 人中毒事件，其中 6 人死亡（Li *et al.*，2022a，2023，2024）。

灰盖粉褶鹅膏 *Amanita griseorosea* Qing Cai *et al.*

【形态特征】菌盖直径 5~13cm，扁半球形、凸透镜形至平展，淡灰色，有时污白色，被菌幕残余；菌幕残余状至锥状，高和宽各 1~4mm，淡灰色至灰色，顶端近白色；边缘常有絮状物，无沟纹。菌肉白色，伤不变色。菌褶白色，短菌褶近菌柄端渐窄。菌柄 6~12×0.7~2.5cm，污白色至淡灰色，被淡灰色至灰色纤丝状至絮状鳞片，基部腹鼓状至梭形。菌环中上位，膜质。菌托灰色至近白色。担孢子 8~11×5.5~7.0μm，宽椭圆形至椭圆形，淀粉质。

【生境及基物】针阔混交林或阔叶林地上。

【地理分布】华东、华南、西南地区。

【发生时间】3~9 月。

【毒性】主要毒性成分为鹅膏毒肽和鬼笔毒肽，导致急性肝损害型中毒。

急性肝损害型毒蘑菇

软托鹅膏 *Amanita molliuscula* Qing Cai *et al.*

【形态特征】菌盖直径4~6cm，初斗笠形，后平展，白色，中央偶尔呈浅米色，无菌幕残余，边缘无条纹。菌肉白色，伤不变色。菌褶离生，白色至奶油色，密，不等长，小菌褶近菌柄端渐窄。菌柄8~10×0.6~1.0cm，近圆柱形，白色，被同色纤毛状小鳞片。菌环顶生至近顶生，白色，膜质，宿存。菌柄基部近球形，粗1.5~2.0cm。菌托浅杯状，膜质，白色。担孢子7.5~9.0×7~8μm，近球形，光滑，无色，淀粉质。

【生境及基物】以壳斗科植物为主的针阔混交林地上。

【地理分布】东北、华中、西北地区。

【发生时间】7~8月。

【毒性】主要毒性成分为鹅膏毒肽（α-鹅膏毒肽、β-鹅膏毒肽），导致急性肝损害型中毒。

第四章　我国毒蘑菇的种类　61

急性肝损害型毒蘑菇

淡红鹅膏 *Amanita pallidorosea* P. Zhang & Zhu L. Yang

【别名/俗名】粉红鹅蛋菌。

【形态特征】菌盖直径 4~11cm，初斗笠形，边缘近白色，顶部粉红色至淡红褐色，后期渐平展，中央略凸起，淡玫瑰红色或粉红色，有时几乎白色，边缘近白色，有不明显的辐射状细条纹。菌肉白色，伤不变色。菌褶近离生，白色，密，不等长。菌柄 8~15×0.6~1.2cm，近圆柱形，上部渐细，白色，有纤维状小鳞片，基部膨大。菌环上位，白色，膜质。菌托浅杯状，白色，膜质。担孢子 6~8×6.0~7.5μm，近球形，光滑，无色，淀粉质。

【生境及基物】阔叶林或针阔混交林地上。

【地理分布】东北、华东、华中、西南地区。

【发生时间】6~10 月。

【毒性】主要毒性成分为鹅膏毒肽和鬼笔毒肽，导致急性肝损害型中毒。2011~2023 年在我国发生 16 起 39 人中毒事件、其中 5 人死亡（陈作红等，2016；Li *et al.*，2020，2021a，2022a，2023，2024）。

小致命鹅膏 *Amanita parviexitialis* Qing Cai *et al.*

【形态特征】菌盖直径1~3cm，初斗笠形，后平展，中央浅褐色，向边缘白色至污白色，无菌幕残余，边缘无条纹。菌肉白色，伤不变色。菌褶近离生至离生，白色，密，不等长，小菌褶近菌柄端渐窄。菌柄5~7×0.2~0.5cm，近圆柱形，白色至污白色，光滑或被同色小鳞片。菌环近顶生，白色，膜质，宿存。菌托浅杯状，膜质，白色。担孢子7.5~9.5×7~9μm，近球形，光滑，无色，淀粉质。

【生境及基物】以亚热带壳斗科植物为主的阔叶林地上。

【地理分布】华南地区。

【发生时间】6~8月。

【毒性】主要毒性成分为鹅膏毒肽和鬼笔毒肽，导致急性肝损害型中毒。

裂皮鹅膏 *Amanita rimosa* P. Zhang & Zhu L. Yang

【形态特征】菌盖直径3~5cm，中部奶油色至淡黄褐色，向盖缘渐变白色，光滑，无菌幕残余，边缘无棱纹，常有裂纹，无絮状物。菌肉白色，伤不变色。菌褶离生，白色，小菌褶近菌柄端渐狭。菌柄5~8×1~3cm，白色至污白色，有时被白色小鳞片，基部近球形。菌环近顶生，白色。菌托浅杯状，白色，膜质。担孢子7.0~8.5×6.5~8.0μm，球形至近球形，淀粉质。

【生境及基物】壳斗科和松科植物组成的阔叶林或混交林地上。

【地理分布】华东、华中、华南地区。

【发生时间】5~9月。

【毒性】主要毒性成分为鹅膏毒肽和鬼笔毒肽，导致急性肝损害型中毒。2014~2022年在我国至少发生13起56人中毒事件，其中16人死亡（陈作红等，2016；Li *et al.*，2020，2021a，2022a，2023）。

急性肝损害型毒蘑菇

亚灰花纹鹅膏 *Amanita subfuliginea* Q. Cai, Zhu L. Yang & Y.Y. Cui

【形态特征】菌盖直径 4.0～5.5cm，褐色至深褐色，有深色纤丝状隐身花纹，光滑，无菌幕残余，边缘无棱纹及絮状物。菌肉白色，伤不变色。菌褶离生，白色，小菌褶近菌柄端渐狭。菌柄 10～12×0.5～0.7cm，浅灰色至浅褐色，密被褐色至深褐色纤丝状鳞片。菌环顶生至近顶生，白色。菌托浅杯状，白色，膜质。担孢子 7～9×7～9μm，球形，少数近球形，淀粉质。

【生境及基物】壳斗科和松科植物组成的针叶林或混交林地上。

【地理分布】华中、华南、西南地区。

【发生时间】3～9 月。

【毒性】主要毒性成分为鹅膏毒肽和鬼笔毒肽，导致急性肝损害型中毒。2022～2023 年在重庆发生 2 起 5 人中毒事件（Li *et al.*，2023，2024）。

黄盖鹅膏 *Amanita subjunquillea* S. Imai

【形态特征】菌盖直径 3～6cm，中部有时有突起，黄褐色、污橘黄色至芥末黄色，有时纯白色，光滑，无菌幕残余，边缘无棱纹及絮状物。菌肉白色，伤不变色。菌褶离生，白色，小菌褶近菌柄端渐狭。菌柄 4～12×0.3～1.0cm，白色至浅黄色，有浅黄色纤丝状鳞片，基部近球形。菌环近顶生，白色。菌托浅杯状，白色至污白色，膜质。担孢子 6.5～9.5×6～8μm，球形至近球形，少数宽椭圆形，淀粉质。

【生境及基物】壳斗科植物组成的林地上。

【地理分布】各地区均有分布。

【发生时间】6～10 月。

【毒性】主要毒性成分为鹅膏毒肽和鬼笔毒肽，导致急性肝损害型中毒。2019～2023 在我国贵州、云南、重庆、浙江、河北等地发生 15 起 52 人中毒事件，其中 1 人死亡（Li *et al.*，2020，2021a，2022a，2023，2024）。

急性肝损害型毒蘑菇

假淡红鹅膏 Amanita subpallidorosea Hai J. Li

【形态特征】菌盖直径5~8cm，初斗笠形，后平展，中央略凸起，白色，中央粉色至肉色，边缘近白色，无菌幕残余，边缘无条纹。菌肉白色，伤不变色。菌褶近离生至离生，白色，密，不等长，小菌褶近菌柄端渐窄。菌柄7~10×0.6~1.2cm，近圆柱形，白色至污白色，被同色鳞片。菌环近顶生，白色，膜质，宿存。菌托浅杯状，膜质，白色。担孢子8~10×7.5~9.0μm，球形至近球形，光滑，无色，淀粉质。

【生境及基物】阔叶林或以松科和壳斗科为主的针阔混交林地上。

【地理分布】华中、华南、西南地区。

【发生时间】9~11月。

【毒性】主要毒性成分为鹅膏毒肽、鬼笔毒肽和毒伞素，导致急性肝损害型中毒。2020~2021年在贵州和云南发生11起19人中毒事件，其中7人死亡（Li et al.，2021a，2022a）。

急性肝损害型毒蘑菇

鳞柄白鹅膏 *Amanita virosa* Bertill.

【形态特征】菌盖直径6～10cm，幼时半球形，成熟后平展，白色，中央常有突起并呈米色，边缘无沟纹。菌肉白色。菌褶白色，密，不等长。菌柄8～15×0.8～2.0cm，白色，被白色蛇皮状鳞片，基部近球状。菌环近顶生，白色，膜质。菌托浅杯状，白色。子实体遇5% KOH快速变黄色。担孢子9.0～11.0×8.5～10.5μm，球形至近球形，淀粉质。

【生境及基物】阔叶林或以松科和壳斗科为主的针阔混交林地上。

【地理分布】东北、华中、西南地区。

【发生时间】8～9月。

【毒性】主要毒性成分为鹅膏毒肽、鬼笔毒肽和毒伞素（Wei *et al.*, 2017），导致急性肝损害型中毒。

乳白锥盖伞 *Conocybe apala* (Fr.) Arnolds

【别名/俗名】阿帕锥盖伞。

【形态特征】菌盖直径1～3cm，斗笠形、锥形，有时近钟形，脆，湿时光滑至稍黏，有时有细条纹，中部奶油白色至淡黄白色，有时淡橙褐色至淡赭褐色，边缘象牙白色至淡黄白色。菌肉薄，白色。菌褶窄直生，近弯生，密，淡赭色至淡黄褐色。菌柄6～12×0.1～0.2cm，圆柱形，中空，柔弱，有白色粉霜或白色纤维质细小绒毛，乳白至象牙白色；基部膨大，有时膨大至圆头状。担孢子11.5～15.0×8.5～10.0μm，椭圆形，黄褐色至橙褐色或锈褐色，厚壁。缘生囊状体球顶短颈瓶形。侧生囊状体未见。

【生境及基物】公园、路边草地上。

【地理分布】各地区均有分布。

【发生时间】6～10月。

【毒性】主要毒性成分为鹅膏毒肽，导致急性肝损害型中毒。

急性肝损害型毒蘑菇

帆孢盔孢伞 *Galerina calyptrata* P.D. Orton

【形态特征】菌盖直径0.5~1.3cm，幼时半球形或近钟形，后平展至斗笠形或凸透镜形，土黄色至黄褐色，湿时边缘具明显短条纹，具白色菌幕残余，老后消失。菌肉薄，乳黄色。菌褶直生至弯生，不等长，较稀疏，黄色至淡黄褐色。菌柄2.2~5.5×0.1~0.3cm，圆柱形，基部稍膨大，乳黄色，向基部渐深至黄褐色。担孢子10~12×5~6μm，长椭圆形，淡黄褐色，有细小疣突，局部被不规则膜状物包裹，非淀粉质，无芽孔，无明显脐上光滑区。缘生囊状体丛生，长颈瓶状，头部膨大呈泡囊状，基部腹鼓状，无色透明。侧生囊状体未见。具锁状联合。

【生境及基物】林地苔藓层上。

【地理分布】东北、华东、西南地区。

【发生时间】7~8月。

【毒性】主要毒性成分为鹅膏毒肽，导致急性肝损害型中毒。

棒囊盔孢伞 *Galerina clavata* (Velen.) Kühner

【形态特征】菌盖直径0.5~1.5cm，半球形至近平展，黄褐色至褐色，边缘有条纹，水浸状。菌肉薄，乳白色。菌褶直生至弯生，黄色至褐色，较稀，不等长。菌柄1.5~6.0×0.1~0.5cm，圆柱形，黄色、黄褐色至褐色，具白色粉霜状绒毛，纤维质，空心。担孢子9.5~12×5~6μm，长椭圆形，淡黄色至黄色，近光滑或稍有褶皱，非淀粉质，无芽孔。缘生囊状体长颈瓶状，头部指状，基部一侧膨出，无色透明。侧生囊状体未见。具锁状联合。

【生境及基物】针阔混交林苔藓层上。

【地理分布】东北、西北地区。

【发生时间】7~8月。

【毒性】主要毒性成分为鹅膏毒肽，导致急性肝损害型中毒。

第四章　我国毒蘑菇的种类

急性肝损害型毒蘑菇

簇生盔孢伞 *Galerina fasciculata* Hongo

【形态特征】菌盖直径2～5cm，初半球形，后平展，光滑，暗肉桂色，水浸状，边缘呈淡黄色。菌肉黄褐色。菌褶直生至稍延生，肉桂色，密或疏。菌柄6～9×0.3～0.5cm，圆柱形，淡黄色至淡黏土色，中空，纤维状，顶部粉状，基部具有白色菌丝体。菌环中下位，污褐色，膜质，纤维状，脱落后无残留。担孢子6～9×4～5μm，长椭圆形、椭圆形至卵圆形，褐色，具小疣，非淀粉质，具脐上光滑区。无侧生囊状体。缘生囊状体长颈瓶状，顶部圆头状无分支，基部膨大。具锁状联合。

【生境及基物】山林、公园、腐木上。

【地理分布】西南地区。

【发生时间】7～8月。

【毒性】主要毒性成分为鹅膏毒肽，导致急性肝损害型中毒。

细条盔孢伞 *Galerina filiformis* A.H. Sm. & Singer

【形态特征】菌盖直径0.2～0.8cm，钟形或圆锥形，中部稍平，肉桂色、淡黄色至赭黄色，中央有时黄白色，初时边缘向内卷，褐色，有不规则条纹，水浸状。菌肉薄，白色。菌褶密，褶幅宽0.5～1.0mm，黄褐色至赭黄色，延生，不等长。菌柄5.0～6.5×0.1～0.3cm，圆柱形，赭黄色至肉桂色，基部根状，纤维质，实心。担孢子7.5～10.0×6.0～7.5μm，卵圆形至杏仁形，赭黄色至褐色，有小疣，脐上光滑区明显，非淀粉质，无芽孔。侧生囊状体棍棒状至泡囊状，无色透明，薄壁。缘生囊状体瓶状，中央腹鼓状，透明。柄生囊状体形状与缘生囊状体相似。具锁状联合。

【生境及基物】白桦林苔藓层上。

【地理分布】东北、西南地区。

【发生时间】8～9月。

【毒性】主要毒性成分为鹅膏毒肽，导致急性肝损害型中毒。

黄褐盔孢伞 *Galerina helvoliceps* (Berk. & M.A. Curtis) Singer

【形态特征】菌盖直径1~4cm，半球形至平展，光滑，米黄色、黄色至赭黄色，湿时边缘有水浸状条纹且内卷。菌肉薄，白色。菌褶直生、延生或弯生，不等长，稍疏，污黄色、赭黄色或黄褐色。菌柄1.5~7.0×0.1~0.7cm，直或弯曲，中空，有时上部颜色稍浅，污黄色，下部深褐色，基部有白色绒毛。菌环上位，污白色至黄色，膜质。担孢子8~11×5.0~6.5μm，椭圆形至杏仁形，淡褐色至黄褐色，多小疣或褶皱，有脐上光滑区，非淀粉质，无芽孔。侧生囊状体簇生，瓶状，无色至淡黄色，透明。缘生囊状体与侧生囊状体类似，稍小。具锁状联合。

【生境及基物】针阔混交林腐木上。

【地理分布】东北、西北地区。

【发生时间】6~10月。

【毒性】主要毒性成分为鹅膏毒肽，导致急性肝损害型中毒。

急性肝损害型毒蘑菇

异囊盔孢伞 *Galerina heterocystis* (G.F. Atk.) A.H. Sm. & Singer.

【形态特征】菌盖直径 0.3~1.5cm，近钟形，中央常有明显近乳状突起，淡黄色、土黄色至黄褐色，光滑，水浸状。菌肉薄，黄白色，无明显气味。菌褶近直生，初淡黄色，干后黄色至黄褐色，不等长。菌柄 1.5~3.2×0.1~0.2cm，棍棒状，上部黄褐色，下部黄色，脆，纤维质，上部具不完整菌幕，下部被白色绒毛。担孢子 8.0~9.5×5~6μm，近椭圆形，黄色至黄褐色，有麻点，凹凸不平，无脐上光滑区，无芽孔，非淀粉质。缘生囊状体 30~45×4~11μm，小瓶状，顶部圆头状，黄色至黄褐色。侧生囊状体无色或淡黄色。柄生囊状体褐色。锁状联合未见。

【生境及基物】针阔混交林腐木上。

【地理分布】东北、西南地区。

【发生时间】5~7 月。

【毒性】主要毒性成分为鹅膏毒肽，导致急性肝损害型中毒。

急性肝损害型毒蘑菇

苔藓盔孢伞 *Galerina hypnorum* (Schrank) Kühner

【形态特征】菌盖直径0.2~0.5cm，钟形或凸透镜形，污蜜色至淡赭色，湿，水浸状。菌肉薄，黄白色。菌褶直生，较疏，黄至赭色。菌柄1.5~5.5×0.1~0.2cm，圆柱形，脆，淡黄色，干后变黄褐色，上部具白色粉末，基部光滑、无毛。担孢子9~12×5~7μm，椭圆形至卵圆形，黄褐色至褐色，有褶纹，有脐上光滑区，无芽孔，非淀粉质。缘生囊状体簇生，拟纺锤形至瓶形，无色透明，薄壁。侧生囊状体未见。柄生囊状体瓶状，基部腹鼓状，有时有分支，无色。具锁状联合。

【生境及基物】高海拔山林、苔原带的腐木苔藓层上。

【地理分布】东北、华南、西南地区。

【发生时间】7~9月。

【毒性】主要毒性成分为鹅膏毒肽，导致急性肝损害型中毒。

迦佩盔孢伞 *Galerina jaapii* A.H. Sm. & Singer

【形态特征】菌盖直径0.3~2.2cm，近斗笠形，棕色至赭褐色，中部凸起，边缘有条纹延伸至菌盖2/3处，水浸状。菌肉薄，淡赭褐色。菌褶直生至弯生，较稀疏，不等长，淡褐色至赭褐色。菌柄0.7~5.5×0.1~0.4cm，淡黄褐色，向基部颜色渐深至棕褐色，具丝膜质菌环，脆骨质，空心。担孢子8.6~10.2×5.2~6.5μm，近椭圆形或近杏仁形，淡黄棕色，具疣突，有脐上光滑区，非淀粉质，无萌发孔。担子棍棒状，具2（4）个担子小梗。侧生囊状体与缘生囊状体相似，长颈瓶状，头部膨大，钝圆，基部略膨大。

【生境及基物】针叶林苔藓层上。

【地理分布】东北、西北地区。

【发生时间】8月。

【毒性】可能含有鹅膏毒素，可导致急性肝损害型中毒。

急性肝损害型毒蘑菇

纹缘盔孢伞 *Galerina marginata* (Batsch) Kühner

【别名/俗名】纹缘盔孢菌、单色盔孢菌、秋生盔孢菌、焦脚菌、秋生鳞耳。

【形态特征】菌盖直径0.7~2.1cm，半球形至近平展，中央稍凹陷，黄色至褐色，光滑，干后边缘上卷。菌肉薄，乳白色至淡黄色，伤不变色。菌褶弯生，黄褐色，不等长。菌柄1.1~3.0×0.1~0.3cm，圆柱形，灰白色，具丝光，脆，实心，基部有白色菌丝体。菌环上位，褐色，膜质，较小，易脱落。担孢子7.5~12.0×5~6μm，近椭圆形，黄色至浅褐色，具疣突，有脐上光滑区，包被不规则孢鞘，无芽孔，非淀粉质。缘生囊状体近纺锤形至中央腹鼓状，头部圆头状，透明。具锁状联合。

【生境及基物】针阔混交林腐木上。

【地理分布】东北、西南、西北地区。

【发生时间】6~10月。

【毒性】主要毒性成分为鹅膏毒肽，导致急性肝损害型中毒。

大囊盔孢伞 *Galerina megalocystis* A.H. Sm. & Singer

【形态特征】菌盖直径0.5~3.0cm，半球形、凸透镜形至斗笠形，中央有时钝圆，赭黄色至褐色，边缘颜色稍深为褐色，光滑，不黏，边缘水浸状。菌肉薄，肉桂色。菌褶直生至稍延生，密或稍疏，赭黄色至褐色，干后颜色变深。菌柄1.5~3.0×0.2~0.5cm，圆柱状，上部细，黑褐色，有丝光，纤维质，空心。菌环上位，白色，膜质，易消失。担孢子8~10×5~6μm，椭圆形至卵圆形，黄褐色至褐色，有脐上光滑区，被小疣突或皱纹，非淀粉质，无芽孔。侧生囊状体长颈瓶状，基部腹鼓状，无色。缘生囊状体与侧生囊状体相似，稍小。具锁状联合。

【生境及基物】针阔混交林腐木上。

【地理分布】东北、西北地区。

【发生时间】6~9月。

【毒性】主要毒性成分为鹅膏毒肽，导致急性肝损害型中毒。

索纹盔孢伞 *Galerina perplexa* A.H. Sm.

【形态特征】菌盖直径1.5～2.0cm，初半球形或凸透镜形，后稍平展，顶部钝圆，土黄色至黄褐色，黏，边缘有直达上部的不等长条纹。菌肉白色至肉色，薄。菌褶直生至稍延生，疏，不等长，土黄色至黄褐色。菌柄4～5×0.1～0.2cm，圆柱形，上部黄白色，下部黄褐色至褐色，实心。担孢子8.0～11.5×5.5～7.0μm，椭圆形，淡黄色至赭黄色，有纹饰，凹凸不平，脐上光滑区明显，无芽孔，非淀粉质。缘生囊状体长颈瓶状，无色透明。侧生囊状体少或无，腹鼓状，无色透明。柄生囊状体不规则瓶状；无色。具锁状联合。

【生境及基物】针阔混交林腐木苔藓层上。

【地理分布】西南地区。

【发生时间】7～8月。

【毒性】主要毒性成分为鹅膏毒肽，导致急性肝损害型中毒。

泡孢盔孢伞 *Galerina physospora* Singer

【形态特征】菌盖直径1.5～3.6cm，黄色至黄褐色，钟形至斗笠形，中央有乳突或尖突，具明显条纹，延伸至菌盖中部。菌肉薄，乳黄色、浅黄色。菌褶弯生至近延生，稀疏，不等长，乳黄色、淡黄褐色至褐色或棕色。菌柄3.8～5.2×0.3～0.5cm，中生或略偏生，黄色至黄褐色，颜色向下渐深，幼时上部具有明显白色微绒毛，老后或干后消失，脆骨质，空心。担孢子7.8～10.4×4.6～5.8μm，椭圆形至长椭圆形，淡黄褐色至褐色，具细密疣突，包被孢鞘，具明显脐上光滑区。缘生囊状体薄壁，宽棍棒状或近泡囊状。侧生囊状体近梭形或长颈烧瓶形，基部稍膨大。柄生囊状体长棍棒状，位于菌柄上部。

【生境及基物】阔叶林腐木上。

【地理分布】华南地区。

【发生时间】4月。

【毒性】可能含有鹅膏毒素，可导致急性肝损害型中毒。

急性肝损害型毒蘑菇

盖条盔孢伞 *Galerina pistillicystis* (G.F. Atk.) A.H. Sm. & Singer

【形态特征】菌盖直径0.4~1.3cm，半球形、钟形至凸透镜形，中央灰褐色，边缘褐色至暗赭黄色，边缘有条纹，水浸状，光滑。菌肉薄，黄至黄褐色。菌褶延生，污白色或黄白色，褶缘黄褐色至褐色。菌柄1.5~6.0×0.1~0.3cm，圆柱形，基部稍膨大，灰黄色、暗蜜色至污白色，有丝光，纤维质，空心。担孢子8.5~13.5×5.5~7.0μm，长椭圆形至倒卵圆形，黄色、亮黄色至黄褐色，有小疣或皱纹，具脐上光滑区，无芽孔，非淀粉质。缘生囊状体小瓶状，顶部近圆头状。侧生囊状体未见。柄生囊状体小瓶状，无色透明。具锁状联合。

【生境及基物】针阔混交林腐木苔藓层上。

【地理分布】东北地区。

【发生时间】7~8月。

【毒性】主要毒性成分为鹅膏毒肽，导致急性肝损害型中毒。

铁盔孢伞 *Galerina sideroides* (Bull.) Kühner

【形态特征】菌盖直径0.8~2.0cm，褐色至棕褐色，斗笠形至近平展，黏，边缘具条纹。菌肉薄，黄白色。菌褶弯生，黄色至褐色，不等长，较稀。菌柄3.0~3.5×0.1~0.2cm，圆柱形，灰白色，纤维质，空心。担孢子6.0~7.5×4~5μm，近椭圆形，光滑，无疣突，无脐上光滑区，黄色至褐色，无芽孔，非淀粉质。缘生囊状体长颈瓶状，头部圆头状，基部稍腹鼓状，无色透明。侧生囊状体、柄生囊状体及盖生囊状体未见。具锁状联合。

【生境及基物】林地枯枝落叶层上。

【地理分布】东北、西南地区。

【发生时间】8~9月。

【毒性】主要毒性成分为鹅膏毒肽，导致急性肝损害型中毒。

急性肝损害型毒蘑菇

纹柄盔孢伞 *Galerina stylifera* (G.F. Atk.) A.H. Sm. & Singer

【形态特征】菌盖直径2~3cm，中央黄褐至褐色，边缘浅黄色，半球形至近平展，中央有乳状突起，不黏，边缘具条纹，水浸状，具菌幕残片，有光泽，稍具丝光。菌肉黄褐色。菌褶直生，黄色至褐色，不等长。菌柄4~5×0.2~0.5cm，圆柱形，实心，上部乳白色，下部黄色至褐色，具有大量不规则白色纤毛，基部有少量白色菌丝体。担孢子4.5~7.5×4~5μm，近椭圆形，光滑，黄色至褐色，无脐上光滑区，无芽孔，非淀粉质。缘生囊状体长颈瓶状，顶部圆头状，下部腹鼓状，无色透明。无侧生囊状体。柄生囊状体未见。无盖生囊状体。具锁状联合。

【生境及基物】落叶松林枯枝落叶层上。

【地理分布】东北地区。

【发生时间】8~9月。

【毒性】主要毒性成分为鹅膏毒肽，导致急性肝损害型中毒。

第四章　我国毒蘑菇的种类

急性肝损害型毒蘑菇

条盖盔孢伞 *Galerina sulciceps* (Berk.) Boedijn

【形态特征】菌盖直径 3.0～4.5cm，凸透镜形或半球形至平展，光滑，膜质，边缘薄且波状，具明显沟条，中央有乳突，黄褐色至浅茶褐色，干后暗红褐色至褐色。菌肉黄褐色。菌褶近直生至稍延生，稀，宽 1～4mm，褐色。菌柄 4～7×0.3～0.6cm，圆柱形或扁平，实心，黄褐色至浅茶褐色，干后褐色至黑褐色。担孢子 8.0～10.5×4～6μm，椭圆形至杏仁形，黄褐色，具脐上光滑区，具小疣，非淀粉质，无芽孔。缘生囊状体簇生，与侧生囊状体相似，腹鼓状或长颈瓶状，顶部头状，薄壁，透明或淡黄色。柄生囊状体长颈瓶状，稍污黄色至黄褐色。具锁状联合。

【生境及基物】林地腐木上。

【地理分布】华北、华中、西南地区。

【发生时间】4～12 月。

【毒性】主要毒性成分为鹅膏毒肽，导致急性肝损害型中毒。2014～2023 在我国湖南、湖北、贵州、云南、河北等地发生 27 起 89 人中毒事件，其中 11 人死亡（陈作红等，2016；Li *et al.*，2020，2021a，2022a，2023，2024）。

多形盔孢伞 *Galerina triscopa* (Fr.) Kühner

【形态特征】菌盖直径 0.3～0.9cm，斗笠形至半球形，褐色至棕褐色，边缘具条纹，水浸状。菌肉薄，污白色。菌褶弯生至近离生，淡肉桂色至肉桂色，不等长。菌柄 0.9～3.0×0.1～0.2cm，黄褐色至深褐色，圆柱形，上部具白色粉霜状绒毛，下部稍具丝光，纤维质，空心。担孢子 6.0～7.5×4.0～4.5μm，宽椭圆形至椭圆形，淡黄色，具疣突，脐上光滑区明显，非淀粉质，无芽孔。缘生囊状体长颈瓶状，头部呈指状，无色透明。无侧生囊状体。具锁状联合。

【生境及基物】针阔混交林腐木苔藓层上。

【地理分布】东北地区。

【发生时间】7～8月。

【毒性】主要毒性成分为鹅膏毒肽，导致急性肝损害型中毒。

多形担子盔孢伞 *Galerina variibasidia* T. Bau & X.L. Liu

【形态特征】菌盖直径 0.8～1.5cm，钟形、近锥形或近斗笠状，菌盖颜色多为双色调，中央部位呈乳白色或淡乳黄色，边缘呈淡黄褐色或淡褐色，水浸状，条纹至菌盖约 1/2 处。菌肉薄，乳黄色。菌褶较稀疏，不等长，直生至弯生，淡黄褐色至淡褐色。菌柄 0.4～0.7×0.2～0.5cm，淡黄褐色至淡褐色，脆骨质，空心。担孢子 9.9～12.2×5.6～7.0μm，椭圆形、长椭圆形或近杏仁形，淡黄褐色或黄褐色，具疣突，拟糊精质，无明显脐上光滑区，无萌发孔。担子类型多样，具鹿角状分叉担子。缘生囊状体长颈瓶状，头部指状，基部稍膨大。侧生囊状体与缘生囊状体相似，少见。柄生囊状体多单侧膨大呈腹鼓状。

【生境及基物】腐木苔藓层上。

【地理分布】东北地区。

【发生时间】7月。

【毒性】可能含有鹅膏毒素，可导致急性肝损害型中毒。

急性肝损害型毒蘑菇

毒盔孢伞 *Galerina venenata* A.H. Sm.

【形态特征】菌盖直径 1.5~2.0cm，初半球形，后呈扁半球形至近平展，中央稍下凹，肉桂色至褐色，干后棕褐色，边缘有时开裂，光滑，水浸状。菌肉薄，污白色至黄白色。菌褶直生至延生，初肉桂色至赭黄色，后变成褐黄色，密或稍宽，不等长。菌柄 2.2~4.0 × 0.2~0.4cm，圆柱形，土黄色至黄褐色，光滑，基部膨大，且常有白色菌丝体。菌环上位，膜质，黄白色。担孢子 6.0~9.5 × 4.5~5.5μm，卵圆形至椭圆形，淡黄色、黄色至赭黄色，有纹饰，具小疣，具脐上光滑区，无芽孔，非淀粉质。缘生囊状体与侧生囊状体相似，不规则腹鼓状，无色透明。具锁状联合。

【生境及基物】针阔混交林腐木上。

【地理分布】西南地区。

【发生时间】7~10 月。

【毒性】主要毒性成分为鹅膏毒肽，导致急性肝损害型中毒。

沟条盔孢伞 *Galerina vittiformis* (Fr.) Singer

【形态特征】菌盖直径 0.8~1.5cm，圆锥形、钟形或平展，有时中部具脐状尖突，黄褐色，光滑，盖面由中心处向四周具有放射性条纹，干时条纹不明显。菌肉薄，黄褐色。菌褶直生，稀，褶缘全缘，黄褐色。菌柄 2.5~3.0 × 1.0~1.5mm，圆柱形，红褐色，上部被同盖色的小纤毛，下部暗红褐色，中空。担孢子 9~12 × 5.5~7.0μm，长椭圆形，亮黄色至黄色，具细疣，具脐上光滑区，非淀粉质，无芽孔。缘生囊状体指状或瓶状，薄壁，无色。侧生囊状体与柄生囊状体相似，瓶状至腹鼓状，无色。盖生囊状体瓶状至腹鼓状，常有光折射的黄色小颗粒。具锁状联合。

【生境及基物】针阔混交林腐木苔藓层上。

【地理分布】东北、华东、华中、华南、西南、西北地区。

【发生时间】6~9 月。

【毒性】主要毒性成分为鹅膏毒肽，导致急性肝损害型中毒。

急性肝损害型毒蘑菇

肉褐鳞环柄菇 *Lepiota brunneoincarnata* Chodat & C. Martín

【形态特征】菌盖直径2~6cm，幼时钟形，后平展，污白色，被紫褐色鳞片，中部鳞片完整，色深，向边缘渐浅且撕裂呈块状。菌肉薄，白色。菌褶离生，乳白色，密，不等长。菌柄3~6×0.3~0.8cm，近圆柱形，向下渐粗，基部膨大明显，污白色至浅褐色，中空，环区之上具白色纤毛状鳞片，环区之下具带状排列的紫褐色鳞片。菌环中上位，为环状的膜质区，近白色，边缘常与其下的鳞片同色。担孢子6~8×4.5~5.0μm，椭圆形，光滑，厚壁，拟糊精质。缘生囊状体棒状，薄壁，无色透明。侧生囊状体未见。具锁状联合。

【生境及基物】针叶树下草地上。

【地理分布】各地区均有分布。

【发生时间】6~10月。

【毒性】主要毒性成分为鹅膏毒肽，导致急性肝损害型中毒。2018~2023年在我国发生54起130人中毒事件，其中8人死亡（Li et al., 2020，2021a，2022a，2023，2024）。

紫褐鳞环柄菇 *Lepiota brunneolilacea* Bon & Boiffard

【形态特征】菌盖直径2~3cm，近圆锥形，顶部钝圆，污白色，密被灰褐色至暗褐色鳞片，边缘有时翻卷，有时具菌幕残片。菌肉白色。菌褶离生，白色至乳白色，稀至中，不等长。菌柄4~7×0.3~0.5cm，近圆柱状，向基部渐粗，中空，基部稍膨大，菌环以上浅褐色，近光滑，菌环以下部分浅褐色至近褐色，有不完整环状排列的暗褐色小鳞片。菌环上位，膜质，上表面白色，边缘及下表面常褐色，易脱落。担孢子8.0~10.5×5.0~6.5μm，椭圆形或宽纺锤形，无色透明，光滑，壁略厚，拟糊精质。

【生境及基物】柳树林或矮杜鹃林地上。

【地理分布】西南地区。

【发生时间】8~9月。

【毒性】主要毒性成分为鹅膏毒肽，导致急性肝损害型中毒。

第四章　我国毒蘑菇的种类

急性肝损害型毒蘑菇

褐鳞环柄菇 *Lepiota helveola* Bres.

【别名/俗名】褐鳞小伞。

【形态特征】菌盖直径1.8~3.2cm，幼时半球形，后平凸至平展，污白色至淡黄褐色，密被淡粉褐色、橙红色、淡红褐色至褐色同心环状排列的鳞片，中部鳞片密集、完整，向边缘逐渐变小、变稀疏。菌肉近白色。菌褶离生，白色至奶油色，密，不等长。菌柄2.2~3.6×0.2~0.3cm，近圆柱形，污白色，菌环以上近光滑，菌环以下被近蛇纹状排列的小鳞片，粉褐色至淡橙红色。菌环中上位，膜质，污白色。担孢子7.0~8.5×5~6μm，椭圆形，光滑，稍厚壁，无色，拟糊精质。侧生囊状体未见。具锁状联合。

【生境及基物】阔叶林地或草地上。

【地理分布】西北地区。

【发生时间】8月。

【毒性】主要毒性成分为鹅膏毒肽，导致急性肝损害型中毒。

近肉红环柄菇 *Lepiota subincarnata* J.E. Lange

【形态特征】菌盖直径2.2~4.5cm，幼时半球形，后平凸至平展，污白色至淡黄褐色，被淡橙褐色、橙红色、红褐色至褐色鳞片；鳞片略呈同心环状排列，在菌盖中部密集且完整，向盖缘逐渐变小、变稀疏。菌肉白色，中部稍浅粉色。菌褶离生，白色至奶油色，密，不等长。菌柄3.5~7.5×0.2~0.4cm，近圆柱形，污白色至淡粉褐色，环区以上近光滑，环区以下被近环状排列且与菌盖鳞片同色的不规则鳞片。菌环上位，近白色。担孢子6.5~8.0×4~5μm，长椭圆形，光滑，稍厚壁，无色，拟糊精质。缘生囊状体棒状。侧生囊状体未见。具锁状联合。

【生境及基物】针叶林、针阔混交林腐殖质层或草坪上。

【地理分布】东北、西南、西北地区。

【发生时间】7~8月。

【毒性】主要毒性成分为鹅膏毒肽，导致急性肝损害型中毒。

亚毒环柄菇 *Lepiota subvenenata* Hai J. Li et al.

【形态特征】菌盖直径 1.6~3.5cm，幼时近球形至钟形，后平展，奶油色至白色，密被红褐色、深褐色至紫褐色鳞片，中部鳞片密集且常色较深；盖缘老后常撕裂。菌肉近白色。菌褶离生，白色至奶油色，密，不等长，近边缘波浪状。菌柄 2.0~3.5×0.2~0.4cm，圆柱形，基部稍膨大，环区以上奶油色、浅红白色至浅红色，近光滑，环区以下浅红白色至浅红色，密被红褐色至紫褐色环带状排列的鳞片；基部菌丝体可呈片状、网状至菌索状，白色。菌环上位，奶油色至白色，有时边缘褐色。担孢子 5~6×2.8~3.2μm，长椭圆形至圆柱形，稍厚壁，无色，拟糊精质。

【生境及基物】阔叶林腐殖质层上。

【地理分布】西南地区。

【发生时间】8~9 月。

【毒性】主要毒性成分为鹅膏毒肽，导致急性肝损害型中毒。

急性肝损害型毒蘑菇

毒环柄菇 *Lepiota venenata* Zhu L. Yang & Z.H. Chen

【形态特征】菌盖直径 1.0～1.8cm，幼时抛物线形，后平凸至平展，污白色，密被淡褐色至褐色纤维薄片状鳞片，向边缘渐撕裂，中部鳞片密集，色深，完整。菌肉近白色。菌褶离生，白色至奶油色，密，不等长，近边缘波浪状。菌柄 1.8～2.5×0.2～0.3cm，圆柱形，基部稍膨大，污白色至淡黄褐色，环区以上近光滑，环区以下被淡黄褐色至褐色环带状排列的鳞片。菌环上位，近白色至奶油色。担孢子 6～7×3～4μm，长椭圆形，稍厚壁，无色。缘生囊状体棒状至宽棒状。侧生囊状体未见。具锁状联合。

【生境及基物】林中腐殖质层上。

【地理分布】华东、西南地区。

【发生时间】6～9月。

【毒性】主要毒性成分为鹅膏毒肽，导致急性肝损害型中毒。2017年在湖北发生 1 起 2 人中毒事件（Cai *et al*., 2018）。

第二节　急性肾损伤型毒蘑菇

显鳞鹅膏 *Amanita clarisquamosa* (S. Imai) S. Imai

【形态特征】菌盖直径4～10cm，初半球形至凸透镜形，后平展，污白色，中部常黄褐色；表面菌幕残余显著，破布状或纤丝状，灰褐色、浅褐色至褐色；边缘有短棱纹，常附有絮状菌物。菌褶离生，白色，小菌褶近菌柄端多平截。菌柄6～13×1～2cm，圆柱形，略向下增粗，白色，有糠状至絮状淡褐色至灰褐色鳞片。菌环上位，易碎，常有白色至灰褐色粉末状鳞片残存于菌柄上。担孢子10～13×5.5～7.0μm，长椭圆形，有时椭圆形或近圆柱形，光滑，无色，淀粉质。

【生境及基物】栎或冷杉林地上。

【地理分布】西南地区。

【发生时间】7～10月。

【毒性】主要毒性成分为2-氨基-4,5-己二烯酸，导致急性肾损伤型中毒。

急性肾损伤型毒蘑菇

赤脚鹅膏 *Amanita gymnopus* Corner & Bas

【形态特征】菌盖直径 5.5~11.0cm，初半球形至凸透镜形，后平展，白色、奶油色至浅褐色，成熟后多为浅褐色；菌幕显著，残余破布状至碎屑状，浅褐色至褐色；边缘无棱纹，有絮状物。菌肉白色，伤后渐变浅褐色至褐色。菌褶奶油色至浅黄色，后变为黄褐色，小菌褶渐狭。菌柄 7~13 × 0.7~2.0cm，污白色至浅褐色，表面光滑，基部显著膨大呈宽椭圆形至近球形。菌环顶生至近顶生，白色至奶油色，膜状下垂，易碎成粉片状脱落，有时大菌环下有一个小菌环。担孢子 6.0~8.5 × 5.5~7.5μm，近球形至宽椭圆形，光滑，无色，淀粉质。

【生境及基物】壳斗科和松科植物组成的阔叶林或混交林地上。

【地理分布】华东、华中、华南、西南地区。

【发生时间】7~9 月。

【毒性】主要毒性成分为 2-氨基-4,5-己二烯酸，导致急性肾损伤型中毒。2003 年在湖南发生 1 起 3 人中毒事件（Chen *et al.*，2014）。

急性肾损伤型毒蘑菇

异味鹅膏 *Amanita kotohiraensis* Nagas. & Mitani

【形态特征】菌盖直径4～7cm，初半球形至凸透镜形，后近平展，白色，有时中部奶油色，常有易脱落的成块絮状物；边缘无棱纹，垂附着易脱落的白色絮状物。菌肉白色，伤不变色，有刺鼻的气味。菌褶浅黄色，小菌褶渐狭。菌柄6～13×0.5～1.5cm，白色，有白色小鳞片，基部显著膨大呈近球形。菌环顶生至近顶生，白色。菌托疣状、颗粒状至锥状，白色。担孢子7.5～9.5×5.0～6.5μm，宽椭圆形至椭圆形，光滑，无色，淀粉质。

【生境及基物】壳斗科和松科植物组成的阔叶林或混交林地上。

【地理分布】华东、华中、华南、西南地区。

【发生时间】3～10月。

【毒性】主要毒性成分为2-氨基-4,5-己二烯酸，导致急性肾损伤型中毒。2003～2023年在我国四川、湖南、福建发生4起97人中毒事件，其中1人死亡（陈作红等，2016，2022；Li *et al.*，2022a）。

第四章 我国毒蘑菇的种类

拟卵盖鹅膏 *Amanita neoovoidea* Hongo

【形态特征】菌盖直径 7～18cm，初半球形至凸透镜形，后平展，白色至奶油色；菌幕可大片残留，可脱落，分两层：外层膜质，浅褐色、赭色至灰色；内层粉末状，白色；边缘无棱纹，常附有显著的下垂絮状物。菌肉白色，伤不变色。菌褶白色至奶油色，干后变浅褐色，小菌褶渐狭。菌柄 7～20×1～3cm，白色至污白色，表面有白色絮状至粉末状鳞片，基部膨大呈纺锤形至白萝卜形。菌环近顶生，白色，易破碎而消失。菌托不完整带状或浅杯状，浅黄色至浅褐色。担孢子 7.0～9.5×5.0～6.5μm，椭圆形，光滑，无色，淀粉质。

【生境及基物】松属、栲属、栎属和石栎属植物组成的针叶林、阔叶林或混交林地上。

【地理分布】华东、华中、华南、西南地区。

【发生时间】4～9 月。

【毒性】主要毒性成分可能为 2- 氨基 -4,5- 己二烯酸，导致急性肾损伤型中毒。2000～2022 年在我国湖南、四川、云南、重庆、浙江等地发生 13 起 30 人中毒事件（陈作红等，2016，2022；Li *et al.*，2020，2021a，2022a，2023）。

欧氏鹅膏 *Amanita oberwinkleriana* Zhu L. Yang & Yoshim. Doi

【形态特征】菌盖直径3~8cm，扁平至平，白色，中央有时米黄色，光滑或有时有1~3大片白色膜质菌幕残余；边缘罕有菌幕残余，无沟纹或老时偶有不明显沟纹。菌褶离生，白色，老时米色至淡黄色，稍密，不等长。菌柄5~9×0.5~1.5cm，白色，常被白色反卷纤毛状或绒毛状鳞片；基部膨大，腹鼓状至萝卜状。菌环上位，白色，膜质。菌托浅杯状，白色。担孢子8.0~10.5×6~8μm，椭圆形，光滑，无色，淀粉质。

【生境及基物】阔叶林、针叶林或针阔混交林地上。

【地理分布】华北、华东、华中、华南、西南地区。

【发生时间】6~11月。

【毒性】主要毒性成分可能为2-氨基-4,5-己二烯酸，导致急性肾损伤型中毒。2015~2022年在我国湖南、四川、云南、重庆、浙江、江苏、河南、河北等地发生52起108人中毒事件（陈作红等，2016，2022；Li *et al.*，2020，2021a，2022a，2023）。

急性肾损伤型毒蘑菇

假褐云斑鹅膏 *Amanita pseudoporphyria* Hongo

【形态特征】菌盖直径 5～15cm，浅灰色、灰色至灰褐色，有隐生辐射状深色花纹，光滑，中部无或偶有菌幕残余宿存；菌幕残余白色至污白色，块状；边缘无棱纹，常有较短絮状物形成白色边缘线。菌肉白色，伤不变色。菌褶白色，小菌褶渐狭。菌柄 8～13×0.5～2.0cm，白色，有白色纤丝状至粉末状鳞片，基部膨大呈棒状至纺锤形。菌环顶生至近顶生，白色。菌托浅杯状，膜质，白色至污白色。担孢子 7～9×4.5～6.0μm，椭圆形，光滑，无色，淀粉质。

【生境及基物】壳斗科和松科植物组成的针叶林、阔叶林或混交林地上。

【地理分布】华北、华东、华中、华南、西南地区。

【发生时间】5～10 月。

【毒性】主要毒性成分为 2- 氨基 -4,5- 己二烯酸，导致急性肾损伤型中毒，2005～2023 年在我国湖南、四川、广西、云南、江西、河北等地发生 40 起 128 人中毒事件，其中 6 人死亡（Li *et al.*, 2020, 2021a, 2022a, 2023, 2024；陈作红等, 2022）。

变红褐鹅膏 *Amanita rufobrunnescens* W.Q. Deng & T.H. Li

【形态特征】菌盖直径 4～10cm，初近球形，后凸透镜形至平展，白色至污白色，略带点泥土色，边缘有条纹或浅沟纹；菌幕残余膜状至纤丝状，淡褐色。菌肉白色，伤变微红色、淡褐色至红褐色。菌褶近离生，稍密，白色，伤变色同菌肉，干后灰褐色。菌柄 7～15×0.7～2.2cm，近圆柱形，白色至近白色，被小鳞片，基部膨大。菌环上位，易碎，易脱落。菌托粗大，袋形，外表面褐白色至灰橙褐色，内表面近白色。担孢子 10～12×5.5～6.5μm，近矩形，光滑，无色。

【生境及基物】壳斗科植物组成的阔叶林地上。

【地理分布】华中、华南地区。

【发生时间】6～8 月。

【毒性】该种隶属于鹅膏属暗褶鹅膏组 *Amanita* sect. *Amidella*，该组种类普遍有毒，该种可能会导致急性肾损伤型中毒。

锥鳞白鹅膏 *Amanita virgineoides* Bas

【形态特征】菌盖直径7~20cm，幼时为直径小于菌柄的近小球形，渐变大呈扁半球形至凸透镜形或近平展，白色；菌幕残余锥状，高1~3mm，宽1~3mm，白色，部分或几乎全部易脱落；边缘无棱纹，常附有下垂絮状物。菌肉白色，伤不变色。菌褶白色至奶油色，小菌褶近菌柄端渐狭。菌柄10~20×1.5~3.0cm，白色，有白色絮状至粉末状鳞片，基部膨大呈纺锤形至卵形。菌环近顶生，白色。菌托疣状至颗粒状，白色。担孢子8~10×6.0~7.5μm，宽椭圆形至椭圆形，光滑，无色，淀粉质。

【生境及基物】壳斗科和松科植物组成的针叶林、阔叶林或混交林地上。

【地理分布】华东、华中、华南、西南地区。

【发生时间】3~9月。

【毒性】毒性成分尚不清楚，但有记载其导致急性肾损伤型中毒。

蜜环丝膜菌 *Cortinarius armillatus* (Fr.) Fr.

【形态特征】菌盖直径4~6cm，幼时半球形，边缘内卷，后平展，中部凸起，黄褐色、锈褐色至褐色，中部深褐色，具红褐色鳞片和锈褐色纤毛。菌肉褐色至黑褐色。菌褶弯生，中等至较密，锈褐色至深褐色。菌柄10~12×0.7~1.0cm，圆柱形，基部明显膨大，上部具橙红色丝膜残留，中下部具不完整锈褐色环带。担孢子9.5~11.5×6~7μm，椭圆形至长椭圆形，稍粗糙至粗糙，锈褐色。缘生囊状体窄棒形。

【生境及基物】针阔混交林地上。

【地理分布】东北、华北、西南地区。

【发生时间】8~9月。

【毒性】主要毒性成分为奥来毒素，导致急性肾损伤型中毒。

急性肾损伤型毒蘑菇

掷丝膜菌 *Cortinarius bolaris* (Pers.) Zawadzki

【形态特征】菌盖直径 2~6cm，幼时半球形，后凸起至平坦，有时稍带突起，边缘内卷，菌盖黄土色至淡黄色，表面初具鳞片，后渐消失。菌肉白色，切开后变成藏红花色至橙黄色，略带霉味，泥土味。菌褶黄土色，弯生至窄直生，边缘稍带波状。菌柄圆柱形，底部向外扩张，幼时坚实，老时中空，表面幼时白色至淡黄色，很快从底部向上变为红色至红褐色，常常在黄色背景上也带有红褐色鳞状，有时也呈不规则条纹状，顶部白色至淡黄色。菌幕初白色，后红色。担孢子 6.0~7.9×4.7~6.1μm，近球形至卵形，中等粗糙。担子棒形，具4担子小梗。缘生囊状体短棒形。

【生境及基物】阔叶林地上。

【地理分布】东北、华东、华中地区。

【发生时间】6~9 月。

【毒性】主要毒性成分为奥来毒素，导致急性肾损伤型中毒。中毒症状为口干舌燥、口渴、多尿，或少尿、血尿，严重中毒者表现为急性肾功能衰竭，甚至致人死亡。

栗色丝膜菌 *Cortinarius castaneus* (Bull.) Fr.

【形态特征】菌盖直径 1.0~3.5cm，较小型，幼时近锥形、钟形或半球形，后凸透镜形，中部具钝突起至钝圆锥形突起，黄褐色，中央凸起处深褐色至黑褐色，边缘色浅，表面强水浸状，被白色纤毛，往往有一圈淡色边缘，或边缘具丰富的白色菌幕残余。菌肉褐色，略呈泥土味。菌褶近菌柄处微凹，中等密度，黄褐色至锈褐色，边缘不整齐。菌柄 3~6×0.2~0.4cm，圆柱形，具初白色、后褐色纤毛，幼时顶部往往略带蓝色色调。菌幕白色，可在菌柄上形成鞘状环带。担孢子 6.5~9.0×4.5~6.0μm，椭圆形，疣突微弱，锈褐色。

【生境及基物】桦、栎、云杉组成的混交林地上。

【地理分布】东北、西北地区。

【发生时间】8~9 月。

【毒性】主要毒性成分为奥来毒素，导致急性肾损伤型中毒。

黄棕丝膜菌 *Cortinarius cinnamomeus* (L.) Gray

【别名/俗名】肉桂色丝膜菌。

【形态特征】菌盖直径1～5cm，初半球形、凸透镜形，后平展，中部略凸起，中心略呈红褐色或暗褐色，边缘黄色至浅黄褐色，具黄褐色纤毛。菌肉较薄，浅黄褐色。菌褶弯生，中等密度，橙至浅橙红色，后带锈褐色，边缘稍齿状。菌柄2～6×0.3～0.8cm，圆柱形，黄色至金黄色，具黄褐色纤毛，基部黄褐色。菌幕黄褐色，后带锈褐色。担孢子5.5～8.5×4～5μm，椭圆形，粗糙，黄褐色至锈褐色。缘生囊状体短棒形或串珠形。

【生境及基物】针阔混交林地上。

【地理分布】各地区均有分布。

【发生时间】6～9月。

【毒性】主要毒性成分为奥来毒素，导致急性肾损伤型中毒。

半被毛丝膜菌 *Cortinarius hemitrichus* (Pers.) Fr.

【形态特征】菌盖直径1～4cm，初钝锥形，后平展，中部常明显凸起，灰褐色，中部黑褐色至暗灰褐色，水浸状，被白色纤毛状鳞片。菌肉薄，黄褐色。菌褶近直生，中等密度，灰白色至灰褐色，老时带锈褐色，边缘不整齐。菌柄2～7×0.4～0.6cm，圆柱形或向下略粗，初灰白色至淡灰色，后灰褐色，略有紫色色调，具弱环带或鳞片。菌幕白色，丝膜状。担孢子6.5～8.5×4～6μm，椭圆形，略粗糙，黄褐色至锈褐色。缘生囊状体短棒形。

【生境及基物】白桦林地上。

【地理分布】东北、华北、西南、西北地区。

【发生时间】6～9月。

【毒性】主要毒性成分为奥来毒素，导致急性肾损伤型中毒。

急性肾损伤型毒蘑菇

拟荷叶丝膜菌 *Cortinarius pseudosalor* J.E. Lange

【形态特征】菌盖直径3~9cm，近钝圆锥形至平展，中部常凸起，紫褐色至赭褐色，老后带锈褐色，表面有绒毛，常稍有辐射状浅皱纹，湿时黏。菌肉污白色。菌褶弯生，粉紫色至紫褐色，老时带锈褐色，中等密度，不等长。菌柄10~13×0.6~1.5cm，圆柱形，基部变细，白色带淡紫色色调，表面有丝膜。菌幕白色，后带锈褐色，可在菌柄上位留下丝状环痕。担孢子9~11×5~7μm，椭圆形，有小疣，锈褐色。

【生境及基物】阔叶林或针阔混交林地上。

【地理分布】东北、西南、西北地区。

【发生时间】8~9月。

【毒性】主要毒性成分为奥来毒素，导致急性肾损伤型中毒。

细鳞丝膜菌 *Cortinarius rubellus* Cooke

【形态特征】菌盖直径2~7cm，初圆锥形至钝圆锥形，后钟形至近平展，中部有明显稍尖的突起，边缘内卷，橙褐色至赤褐色，稍有辐射状条纹，边缘黄色，有绒毛至纤毛。菌肉赭褐色，近柄处较厚，向盖缘逐渐变薄。菌褶弯生，中等密度，赭褐色至深赤褐色，老时带锈褐色，边缘光滑至稍微齿状。菌柄5~8×0.6~1.0cm，圆柱形，黄色至带锈褐色，基部稍膨大。菌幕上位，丝膜状，环状，初近无色，后带锈褐色。担孢子8.0~12.5×6~9μm，宽椭圆形，杏仁形，中等粗糙，浅褐色至浅锈褐色。缘生囊状体与拟担子相近，棒状。

【生境及基物】落叶松等组成的针叶林地上。

【地理分布】东北地区。

【发生时间】7~9月。

【毒性】主要毒性成分为奥来毒素，导致急性肾损伤型中毒。

荷叶丝膜菌 *Cortinarius salor* Fr.

【别名/俗名】蓝紫丝膜菌。

【形态特征】菌盖直径3~6cm，初半球形或钟形，后平展，中部稍凸起，边缘平整，内卷，初较亮丽的深蓝紫色，后淡紫色，具放射状纤维，黏。菌肉薄，白色至淡黄褐色。菌褶弯生，初紫色，后黄褐色、棕褐色至锈褐色，边缘光滑。菌柄4~8×0.6~1.5cm，圆柱形，白色、淡紫白色至淡黄褐色，后带孢子的锈褐色，具纵向纤维状条纹，上位具环带，基部常略膨大。担孢子7~11×7.0~8.5μm，近球形、椭圆形，中度至强糙疣，黄褐色至锈褐色。缘生囊状体圆柱形至棒状。

【生境及基物】针叶林或针阔混交林地上。

【地理分布】东北、华北、华东、西南、西北地区。

【发生时间】6~8月。

【毒性】主要毒性成分为奥来毒素，导致急性肾损伤型中毒。

急性肾损伤型毒蘑菇

近血红丝膜菌
Cortinarius subsanguineus T.Z. Wei *et al.*

【形态特征】菌盖直径 2～6cm，初时扁半球形，后凸透镜形至平展，中部有时稍凸起，血红色至紫红褐色，中部略暗。菌肉淡血红色，伤后变为不明显的暗色，薄。菌褶直生，锈红色、暗血红色至锈褐色。菌柄 4～9×0.3～0.8cm，近等粗，血红色，伤变暗色，具弱纵条纹，纤维质，中空。丝膜不明显。担孢子 6.5～9.0×4～6μm，椭圆形至长椭圆形，表面粗糙，淡锈红褐色。

【生境及基物】针叶林地上。

【地理分布】西南地区。

【发生时间】7～10 月。

【毒性】主要毒性成分为奥来毒素，导致急性肾损伤型中毒。

退紫丝膜菌 Cortinarius traganus (Fr.) Fr.

【形态特征】菌盖直径4～8cm，初半球形，后平展至凸出，边缘向内弯曲，淡紫色，常褪色成黄褐色至浅褐色，被细小绒毛，老后表皮裂开呈网状至鳞片状。菌肉藏红花色至褐黄色，近柄处较厚，盖缘处较薄。菌褶窄直生，黄褐色至棕褐色，老时带锈褐色，边缘波状。菌柄5～9×1.2～2.0cm，圆柱形，淡紫色、浅褐色至黄褐色，在中上位被绒毛状菌幕，后环状，基部膨大。担孢子7.5～10.5×5～6μm，椭圆形至长椭圆形或杏仁形，中等粗糙，淡黄色至锈黄色。缘生囊状体圆柱形，部分弯曲。

【生境及基物】针叶林或针阔混交林地上。

【地理分布】东北、西南、西北地区。

【发生时间】7～8月。

【毒性】主要毒性成分为奥来毒素，导致急性肾损伤型中毒。

环带丝膜菌 Cortinarius trivialis J.E. Lange

【别名/俗名】环带柄丝膜菌。

【形态特征】菌盖直径1～6cm，幼时钟形，后逐渐平展，中部凸起，深褐色至黄褐色，边缘色较浅，常带蓝紫色色调，水浸状，黏，老时具条纹。菌肉厚，白色至淡黄色。菌褶窄，直生，稍密，初蓝色至蓝灰色，后带锈褐色，边缘整齐。菌柄5～12×0.6～1.0cm，圆柱形，灰白色、浅黄色至黄褐色，顶部带蓝紫色色调，黏，环下具褐色鳞片构成的不规则环状纹，纤维质。菌幕典型蛛网状，近白色至带褐色，略带蓝色色调，后带锈褐色，形成上位环状。担孢子11.5～16.0×6.5～8.5μm，椭圆形至长杏仁形，强烈粗糙，黄褐色至锈褐色。缘生囊状体球梗状。

【生境及基物】蒙古栎林地上。

【地理分布】东北、华东、西北地区。

【发生时间】8～9月。

【毒性】主要毒性成分为奥来毒素，导致急性肾损伤型中毒。

第三节　神经精神型毒蘑菇

长柄鹅膏 *Amanita altipes* Zhu L. Yang *et al.*

【形态特征】菌盖直径4～8cm，初半球形，后近平展，有时中央稍凸起，淡黄色至黄色，中央色略深带褐色，被浅黄色至污黄色的毡状至絮状菌幕残余，边缘有棱纹。菌肉白色。菌褶浅黄色至白色，离生，短菌褶近菌柄端处多平截，褶缘浅黄色至黄色。菌柄6.5～11.5×0.5～1.0cm，近圆柱形，向上逐渐变细，上部鳞片浅黄色，基部色变浅；基部膨大呈卵状至近球状，粗1.0～2.5cm，被浅黄色至黄色的破布状菌幕残余，偶呈卷边状。菌环近顶生，膜质，薄，米白色至浅黄色，边缘黄色。担孢子8～10×8～9μm，近球形，薄壁，光滑，无色，非淀粉质。

【生境及基物】阔叶林、针叶林或针阔混交林地上。

【地理分布】西南地区。

【发生时间】7～9月。

【毒性】主要毒性成分为鹅膏蕈氨酸和异鹅膏胺（Su *et al.*，2023），导致谷氨酰胺能神经型中毒。

神经精神型毒蘑菇

粗鳞鹅膏 *Amanita castanopsidis* Hongo

【形态特征】菌盖直径5~11cm，扁半球形至平展，白色，被白色至污白色的圆锥状至角锥状鳞片；鳞片幼时顶端干后或多或少带有灰色至褐色，高2~5mm，基部粗2~8mm，边缘处较小，无沟纹，常附有下垂的絮状物。菌肉白色，伤不变色。菌褶白色，短菌褶近菌柄端渐窄。菌柄7~12×1.0~2.5cm，近圆柱形，白色；基部腹鼓状、白萝卜状至假根状，粗2~4cm，其上部被白色疣状至近锥状菌幕残余，排列成不完整的环带状。菌环上位，白色，易破碎消失。担孢子9~11×5.0~6.5μm，椭圆形，光滑，无色，薄壁，淀粉质。

【生境及基物】阔叶林地上。

【地理分布】华南、西南地区。

【发生时间】7~9月。

【毒性】毒性成分未知，可导致神经精神型中毒（图力古尔等，2014）。

橙黄鹅膏 *Amanita citrina* Pers.

【别名/俗名】橙黄鹅膏菌、柠檬黄伞、淡黄毒伞、黄臭伞。

【形态特征】菌盖直径5~7cm，扁半球形至平展，中央无突起，黄色至淡黄色，中央稍深色，被米色、淡黄色至黄色的粉末状、毡状至破布状易脱落的菌幕残余；盖缘无沟纹。菌肉白色。菌褶白色，短菌褶近菌柄端渐窄。菌柄8~12×0.8~2.0cm，近圆柱形，菌环之上白色，被淡黄色的蛇皮状鳞片，菌环之下白色至米色，被淡褐色鳞片至纤毛；基部杵状，粗2.5~3.5cm，上半部常纵裂，几乎无菌幕残余。菌环上位，淡黄色，宿存。担孢子7.0~8.5×6.5~8.0μm，球形至近球形，光滑，无色，薄壁，淀粉质。

【生境及基物】阔叶林或针阔混交林地上。

【地理分布】东北、华南、西南地区。

【发生时间】8~9月。

【毒性】含有蟾蜍素，导致神经精神型中毒。

第四章 我国毒蘑菇的种类

领口鹅膏 *Amanita collariata* Y.T. Su et al.

【形态特征】菌盖直径 3~5cm，中央常稍凹陷，黄褐色、褐色至深褐色，边缘褐色或淡黄色；常有片状菌幕残余，部分开裂呈颗粒状至锥状鳞片，褐色至污白色，易脱落；盖缘有辐射状棱纹，无附着物。菌肉白色。菌褶离生，白色，短菌褶近菌柄处多平截。菌柄 4~6×0.3~0.7cm，向菌盖端稍变细，顶端稍膨大，中空，白色至污白色，被污白色至黄褐色纤毛；基部菌幕残片环成领口状结构，污白色至黄褐色。菌环近顶端，白色至污白色，薄，膜质。气味不明显。担孢子 10.0~11.5×7~9μm，宽椭圆形，薄壁，光滑，无色，非淀粉质。

【生境及基物】阔叶林、针叶林或针阔混交林地上。

【地理分布】华中地区。

【发生时间】7~9 月。

【毒性】主要毒性成分为异噁唑衍生物，导致谷氨酰胺能神经型中毒。2018 年在湖南永州发生 1 起 2 人中毒事件。

环鳞鹅膏 *Amanita concentrica* T. Oda *et al.*

【形态特征】菌盖直径 7～13cm，扁平至平展，白色至污白色，被白色至污白色的锥状至颗粒状鳞片，鳞片众多，向盖缘方向逐渐变小。菌肉白色，不变色。菌褶白色，小菌褶近菌柄端平截。菌柄 7～17×0.8～1.5cm，近圆柱形，白色，常被白色小鳞片，基部膨大至近球形，粗 2～3cm，白色至污白色，上部常被白色、同心环状排列的小鳞片。菌环近顶生，白色，膜质。担孢子 7.5～9.5×7～8μm，近球形至宽椭圆形，光滑，无色，非淀粉质。

【生境及基物】阔叶林或针阔混交林地上。

【地理分布】西南地区。

【发生时间】7～9 月。

【毒性】主要毒性成分为异鹅膏胺（Su *et al.*，2023），导致谷氨酰胺能神经型中毒，同时含有毒蕈碱，刺激副交感神经系统。2019～2023 在我国云南发生 6 起 9 人中毒事件（Li *et al.*，2020，2023，2024）。

小托柄鹅膏 *Amanita farinosa* Schwein.

【形态特征】菌盖直径 3～5cm，灰色、浅灰色至浅褐色，其上密被粉末状、与菌盖同色且易脱落的菌幕残余；边缘有棱纹，无絮状物，或偶尔附有不明显的絮状物。菌肉白色，伤不变色。菌褶白色，小菌褶近菌柄端平截。菌柄 5～8×0.3～0.6cm，白色，基部膨大呈卵形至近球形。菌托灰色。担孢子 6.5～8.0×5.5～7.0μm，近球形至宽椭圆形，非淀粉质。

【生境及基物】针叶林、阔叶林或针阔混交林地上。

【地理分布】华中、华南、西南、西北地区。

【发生时间】6～10 月。

【毒性】毒性成分未知，可导致神经精神型中毒（图力古尔等，2014）。

神经精神型毒蘑菇

黄柄鹅膏 *Amanita flavipes* S. Imai

【形态特征】菌盖直径3.5～12.0cm，扁半球形至平展，黄色至黄褐色，被黄色的絮状、颗粒状至疣状菌幕残余；盖缘无棱纹，无絮状物。菌肉白色至奶油色。菌褶白色至浅黄色，小菌褶近菌柄端渐狭。菌柄5～15×0.5～2.0cm，黄色，被黄色小鳞片；菌环上位，黄色；基部近球形、卵形至纺锤形，白色，其上部被黄色粉末状至疣状鳞片，鳞片常排列呈同心圆环形。担孢子7～9×5.5～7.0μm，宽椭圆形，光滑，无色，淀粉质。无锁状联合。

【生境及基物】针叶林、阔叶林或混交林地上。

【地理分布】东北、华中、西南地区。

【发生时间】6～9月。

【毒性】毒性成分不明，可导致神经精神型中毒（图力古尔等，2014；Wu *et al.*, 2019）。

神经精神型毒蘑菇

黄豹斑鹅膏 *Amanita flavopantherina* Y.Y. Cui *et al.*

【形态特征】菌盖直径5~13cm，扁半球形至平展，黄褐色至褐色，中央颜色更深，被淡黄色的锥形至疣形鳞片（基部粗2~5mm）；盖缘有不清晰棱纹至条纹，无絮状物。菌肉白色至淡黄色。菌褶白色，小菌褶近菌柄端平截。菌柄8~23×1.0~3.5cm，近圆柱形，白至淡黄色，光滑或被同色小鳞片；菌环上位，白色至淡黄色；基部近球形至纺锤形，粗1.5~3.5cm，白色至淡黄色，菌柄近基部有白色至淡黄色鳞片，鳞片常环状排列或呈领口状。担孢子10~12×8~10μm，宽椭圆形，光滑，无色，非淀粉质。

【生境及基物】西南亚高山针叶林地上。

【地理分布】西南地区。

【发生时间】8~9月。

【毒性】主要毒性成分为鹅膏蕈氨酸和异鹅膏胺（Su *et al.*, 2023），导致谷氨酰胺能神经型中毒。

第四章 我国毒蘑菇的种类 101

神经精神型毒蘑菇

格纹鹅膏 *Amanita fritillaria* Sacc.

【形态特征】菌盖直径3～12cm，深灰色、褐色至灰色，表面有隐生纤丝状花纹，边缘无棱纹，无絮状物。菌肉白色，伤不变色。菌褶白色，小菌褶近菌柄端渐狭。菌柄5.5～14.0×0.5～1.5cm，菌环上部菌柄被浅灰色至浅褐色的蛇皮状鳞片，菌环下部菌柄被灰色、浅褐色至褐色的纤丝状鳞片，白色至污白色，基部膨大呈近球形至纺锤形。菌环上位，近顶生，上表层污白色至浅灰色，下表层浅灰色至浅褐色。菌托颗粒状、疣状至絮状，近黑色、深灰色至灰褐色。担孢子7～9×5.5～7.0μm，宽椭圆形至椭圆形，淀粉质。

【生境及基物】壳斗科和松科植物组成的针叶林、阔叶林或针阔混交林地上。

【地理分布】华东、华南、西南地区。

【发生时间】6～9月。

【毒性】毒性成分未知，可导致神经精神型中毒。

神经精神型毒蘑菇

灰豹斑鹅膏 *Amanita griseopantherina* Y.Y. Cui et al.

【形态特征】菌盖直径6～14cm，扁半球形至平展，黄褐色、褐色至暗褐色，有白色至淡灰色的锥形或疣形至颗粒形鳞片，边缘有短棱纹。菌肉白色。菌褶白色，小菌褶近菌柄端平截。菌柄7～20×1～3cm，白色，被白色至淡褐色的纤维形鳞片；菌环顶生至近顶生，白色至淡褐色；基部呈近球形、纺锤形至椭圆形，白色，上部被领口形菌托。担孢子9.5～12.0×8～10μm，宽椭圆形，光滑，无色，非淀粉质。

【生境及基物】亚高山林地上。

【地理分布】西南地区。

【发生时间】6～9月。

【毒性】主要毒性成分为异鹅膏胺（Su et al., 2023），导致谷氨酰胺能神经型中毒。

灰疣鹅膏 *Amanita griseoverrucosa* Zhu L. Yang

【形态特征】菌盖直径7～15cm，扁平至平展，浅灰色，有时污白色，被浅灰色至灰色的疣状至锥状鳞片（高和宽各1～3mm），边缘常有絮状物，平滑无棱纹。菌肉白色，无特殊气味。菌褶白色，短菌褶近菌柄端渐窄。菌柄6～15×0.7～3.0cm，近圆柱形，污白色至浅灰色，被浅灰色至灰色的纤丝状至絮状鳞片；菌环膜质，易破碎消失；基部腹鼓状至梭形，粗1.5～4.0cm，有短假根，菌柄近基部常有灰色至近白色的絮状至疣状鳞片或菌幕残余。担孢子8～11×5.5～7.0μm，椭圆形，光滑，无色，淀粉质。

【生境及基物】针叶林、针阔混交林或阔叶林地上。

【地理分布】华东、华南、西南地区。

【发生时间】6～9月。

【毒性】毒性成分不明，可导致神经精神型中毒（图力古尔等，2014）。

神经精神型毒蘑菇

假球基鹅膏 *Amanita ibotengutake* T. Oda *et al.*

【形态特征】菌盖直径 7~9cm，扁平至平展，皮革褐色至黄褐色，中部色较深，被白色至淡灰色的角锥状至疣状或毡状鳞片，边缘有短棱纹。菌褶白色至米色，短菌褶近菌柄端多平截。菌柄 7~13×0.5~1.5cm，圆柱形，米色至白色，上部被白色粉末状鳞片，下部被白色至污白色鳞片；菌环中上位，膜质，白色至污白色；基部卵状至近球状，粗 1.5~2.5cm，上部有白色、有时浅灰色至浅褐色的小颗粒状至粉状鳞片，菌柄近基部处菌幕残余常呈不完整领口状。担孢子 8~10×6.0~7.5μm，宽椭圆形，光滑，无色，非淀粉质。

【生境及基物】温带松林或针阔混交林地上。

【地理分布】东北、华东地区。

【发生时间】7~9 月。

【毒性】主要毒性成分为异噁唑衍生物，导致谷氨酰胺能神经型中毒。2021 年在山东发生 1 起 17 人中毒事件（Li *et al.*, 2022a）。

黄顶白缘鹅膏 *Amanita melleialba* Zhu L. Yang *et al.*

【别名/俗名】蜜白鹅膏。

【形态特征】菌盖直径 3~5cm，扁平至平展，表面蜜黄色至黄色，边缘浅黄色或白色，被白色或浅黄色的锥状至疣突状小鳞片，小鳞片易脱落，边缘有沟纹。菌肉白色。菌褶白色或乳白色，小菌褶近菌柄端平截。菌柄 4~8×0.4~0.6cm，圆柱形，略向下增粗，白色，被白色鳞片；菌环上位至中上位，白色，易破碎脱落；基部近球形，被白色或浅黄色的锥状或粉末状鳞片。担孢子 7.5~9.5×6~7μm，椭圆形，光滑，无色，非淀粉质。

【生境及基物】南亚热带阔叶林地上。

【地理分布】西南地区。

【发生时间】7~9 月。

【毒性】主要毒性成分为异噁唑衍生物，导致谷氨酰胺能神经型中毒。2021 年在云南发生 1 起 1 人中毒事件（Li *et al.*, 2022a）。

神经精神型毒蘑菇

小毒蝇鹅膏 *Amanita melleiceps* Hongo

【形态特征】菌盖直径2~5cm，扁平至平展，黄色至蜜黄色，边缘变白色，被淡黄色或污白色的破布状、毡状至细疣状鳞片，边缘有沟纹，成熟时常有缺刻状撕裂。菌褶白色，小菌褶近菌柄端多平截。菌柄3~7×0.3~0.6cm，圆柱形，米色或白色；菌环缺失；基部膨大成近球状至卵状，被白色或淡黄色的粉末状至疣状鳞片。担孢子8.5~10.5×6.0~7.5μm，椭圆形至宽椭圆形，光滑，无色，非淀粉质。

【生境及基物】亚热带松林或针阔混交林地上。

【地理分布】华中、华南、西南地区。

【发生时间】4~9月。

【毒性】主要毒性成分为异噁唑衍生物，导致谷氨酰胺能神经型中毒。2018~2023年在湖南、广西、江西和福建发生13起41人中毒事件（Li *et al*., 2020, 2022a, 2023, 2024；陈作红等, 2022）。

神经精神型毒蘑菇

美黄鹅膏 *Amanita mira* Corner & Bas

【形态特征】菌盖直径4～8cm，扁平至平展，中部橘红色、橙黄色至淡橙褐色，向边缘渐变为黄色或淡黄色，被米色、淡黄色至黄色的角锥状或颗粒状鳞片，边缘有长沟纹，成熟时部分近白色。菌褶白色，小菌褶近菌柄端多平截。菌柄5～8×0.8～1.2cm，圆柱形，米色或白色；菌环缺失；基部膨大呈腹鼓状至卵状，被黄色至淡黄色的疣状、絮状至粉末状鳞片。担孢子6～8×6.0～7.5μm，球形至近球形，光滑，无色，非淀粉质。

【生境及基物】热带至南亚热带常绿阔叶林地上。

【地理分布】西南地区。

【发生时间】7～9月。

【毒性】主要毒性成分为异噁唑衍生物，导致谷氨酰胺能神经型中毒。

神经精神型毒蘑菇

毒蝇鹅膏 *Amanita muscaria* (L.) Lam.

【形态特征】菌盖直径5~15cm，半球形、扁平至平展，鲜红色至橘红色，有时橙黄色至淡黄色；菌幕残余白色、污白色至淡黄色，有毡状、锥状、角锥状至疣状颗粒状鳞片，易脱落，边缘具不明显短沟纹。菌肉白色。菌褶白色，密，不等长，短菌褶近菌柄端多平截。菌柄7~18×0.5~2.5cm，近圆柱形，白色，常有白色纤丝状鳞片；菌环中上位，膜质，白色，宿存；基部腹鼓状至近球形，粗1~4cm，有菌幕残余，有同心环状排列的白色至淡黄色的疣状至颗粒状鳞片。担孢子9.0~11.5×7.0~8.5μm，宽椭圆形，光滑，无色，非淀粉质。

【生境及基物】壳斗科和松科植物组成的阔叶林、针叶林或针阔混交林地上。

【地理分布】东北、华北、西北地区。

【发生时间】7~9月。

【毒性】主要毒性成分为鹅膏蕈氨酸和异鹅膏胺（Su et al., 2023），导致谷氨酰胺能神经型中毒。

神经精神型毒蘑菇

东方黄盖鹅膏 *Amanita orientigemmata* Zhu L. Yang & Yoshim. Doi

【形态特征】菌盖直径4～10cm，扁半球形至平展，黄色至浅黄色，中部色稍深，被白色至污白色、毡状至碎片状、有时近锥状的鳞片，边缘有短棱纹。菌肉白色，近表皮处浅黄色。菌褶白色至米色，短菌褶近菌柄端多平截。菌柄6～12×0.5～1.0cm，近圆柱形，米色至白色；菌环膜质，白色，易脱落；基部近球状，粗1～2cm，其上部被白色至浅黄色的破布状、碎片状至疣状鳞片，有时鳞片相互连接形成卷边状。担孢子8～10×6.0～7.5μm，宽椭圆形，光滑，无色，非淀粉质。

【生境及基物】针叶林、针阔混交林或阔叶林地上。

【地理分布】东北、华南地区。

【发生时间】8～9月。

【毒性】主要毒性成分为异噁唑衍生物，导致谷氨酰胺能神经型中毒。2020～2021年在我国湖南和云南发生3起7人中毒事件（Li *et al.*, 2021a, 2022a；陈作红等，2022）。

红褐鹅膏 *Amanita orsonii* Ash. Kumar & T.N. Lakh.

【形态特征】菌盖直径 3～12cm，扁半球形至平展，红褐色至黄褐色，幼时带灰褐色，中部色深，有时具辐射状隐生纤丝花纹，有污白色、淡灰色至灰褐色菌幕残余，形成近锥状、颗粒状至絮状鳞片，无沟纹。菌肉白色，伤后渐变红褐色。菌褶白色，伤后渐变红褐色，密，不等长。菌柄 7～13×0.5～1.5cm，圆柱形，菌环之上污白色，有蛇皮纹，伤后变红褐色，菌环之下污白色至微褐色，伤后变红褐色，被灰色至淡褐色纤毛状鳞片；菌环上位，膜质；基部近球形，菌幕残余常呈环带排列。担孢子 7～9×5.5～7.5μm，宽椭圆形，光滑，无色，淀粉质。

【生境及基物】针叶林或针阔混交林地上，偶见阔叶林地上。

【地理分布】东北、华东、华中、西南地区。

【发生时间】7～10 月。

【毒性】毒性成分未知，可导致神经精神型中毒（图力古尔等，2014）。

神经精神型毒蘑菇

小豹斑鹅膏 *Amanita parvipantherina* Zhu L. Yang *et al.*

【形态特征】菌盖直径3~6cm，扁半球形至平展，淡灰色、淡褐色至淡黄褐色，被易脱落的白色、污白色、米色或淡灰色疣状至角锥状鳞片；边缘有沟纹，成熟时有时有开裂。菌褶白色或奶油色，小菌褶近菌柄端多平截。菌柄4~10×0.5~1.0cm，圆柱形，向下增粗，淡黄色、米色或白色；菌环上位，膜质，白色至奶油色；基部近球形至卵形，被白色、米色、淡黄或淡灰色鳞片。担孢子8.5~11.5×7.0~8.5μm，宽椭圆形，光滑，无色，非淀粉质。

【生境及基物】亚热带阔叶林或针阔混交林地上。

【地理分布】华北、华南、西南地区。

【发生时间】4~9月。

【毒性】主要毒性成分为异噁唑衍生物，导致谷氨酰胺能神经型中毒。2023年在贵州发生3起11人中毒事件（Li *et al.*, 2024）。

假黄盖鹅膏 *Amanita pseudogemmata* Hongo

【形态特征】菌盖直径4~9cm，扁半球形至平展，污黄色至淡黄褐色，边缘色变浅，被黄褐色至橄榄褐色菌幕残余，形成疣状、粉末状或有时毡状的鳞片，菌幕残余上偶有白色膜状物，边缘具沟纹。菌肉白色。菌褶米色，较密，不等长，短菌褶近菌柄端多平截。菌柄6~10×0.5~1.5cm，近圆柱形，米色至白色，被黄色至黄褐色鳞片；菌环上位，膜质，白色至淡黄色，下表面淡黄色，宿存；基部膨大呈杵状至浅杯状，粗1.5~4.0cm，上部边缘常有白色至淡黄色的领口状菌幕残余。担孢子7.0~9.5×6.0~8.5μm，近球形，光滑，无色，弱淀粉质。

【生境及基物】亚热带阔叶林地上。

【地理分布】华中、华南、西南地区。

【发生时间】7~9月。

【毒性】主要毒性成分为异噁唑衍生物，导致谷氨酰胺能神经型中毒。

假豹斑鹅膏 *Amanita pseudopantherina* Zhu L. Yang ex Y.Y. Cui *et al.*

【形态特征】菌盖直径5～10cm，扁半球形至平展，灰褐色、褐色或黄褐色，中部色较深，被白色、污白色至米色的角锥状至疣状鳞片（高1～3mm，基部粗1～5mm），鳞片向盖缘渐变小，老时边缘有短棱纹。菌肉白色，伤不变色。菌褶白色，短菌褶近菌柄端多平截。菌柄7～10×1～2cm，近圆柱形，白色；菌环上位，白色，膜质；基部近球状至卵形，粗1.5～3.0cm，上部被白色领口状鳞片，有时在菌柄近基部还有1～3圈带状鳞片。担孢子9.5～12.5×7～9μm，宽椭圆形，光滑，无色，非淀粉质。

【生境及基物】针叶林或针阔混交林地上。

【地理分布】西南地区。

【发生时间】7～9月。

【毒性】主要毒性成分为异鹅膏胺（Su *et al.*，2023），导致谷氨酰胺能神经型中毒。2021年在云南发生1起1人中毒事件（Li *et al.*，2022a）。

假残托鹅膏 *Amanita pseudosychnopyramis* Y.Y. Cui *et al.*

【形态特征】菌盖直径3～7cm，初半球形，后平展，有时中央稍下陷，中间黄褐色，边缘颜色较浅，边缘有棱纹，被米白色至污白色的锥状菌幕残余，易脱落。菌肉白色。菌褶白色。菌柄6.5～11.0×0.2～0.5cm，近菌盖处变细，上被污白色至黄褐色的絮状鳞片；基部近球形膨大，粗1.0～1.4cm，上部被褐色的圆锥形至近圆锥形菌幕残余，排列成不完整的环。菌环上位至中上位，膜质，白色。担孢子8～10×6～9μm，近球形至宽椭圆形，薄壁，光滑，无色，非淀粉质。

【生境及基物】壳斗科植物组成的阔叶林地上。

【地理分布】华东、华南地区。

【发生时间】4～9月。

【毒性】主要毒性成分为鹅膏蕈氨酸和异鹅膏胺（Su *et al.*，2023），导致谷氨酰胺能神经型中毒。2021～2023年在浙江、福建发生4起16人中毒事件（Li *et al.*，2022a，2023，2024；兰频等，2023）。

神经精神型毒蘑菇

红托鹅膏 *Amanita rubrovolvata* S. Imai

【形态特征】菌盖直径 2~6cm，初半球形，后渐平展，颜色鲜艳，红色至橘红色，边缘橘色至黄色，被红色、橘红色或黄色的粉末状至颗粒状鳞片，边缘有辐射状沟纹。菌褶白色，小菌褶近菌柄端多平截。菌柄 5~8×0.5~1.0cm，圆柱形，略向下增粗，米色至淡黄色或淡青黄色；菌环上位，膜质，近白色，边缘有时带红色；基部膨大呈卵形至近球形，被红色、橘红色或橙色的粉末状鳞片。担孢子 7.5~9.0×7.0~8.5μm，球形至近球形，光滑，无色，非淀粉质。

【生境及基物】亚热带至温带林地上。

【地理分布】华东、华中、西南地区。

【发生时间】5~9 月。

【毒性】主要毒性成分为鹅膏蕈氨酸和异鹅膏胺（Su *et al.*，2023），导致谷氨酰胺能神经型中毒。

112　中国的毒蘑菇　POISONOUS MUSHROOMS OF CHINA

神经精神型毒蘑菇

土红鹅膏 *Amanita rufoferruginea* Hongo

【形态特征】菌盖直径4~7cm，初半球形，渐平展，黄褐色，被土红色、橘红褐色至皮革褐色的粉末状至小疣状鳞片，边缘有辐射状沟纹。菌肉白色，较薄。菌褶白色，较密，小短菌褶近菌柄端多平截。菌柄7~10×0.5~1.0cm，近圆柱形，密被土红色至锈红色的粉末状鳞片；菌环上位，膜质，易破碎而脱落，上表面白色，有辐射状细沟纹，下表面基本与鳞片同色；基部腹鼓状至卵形，粗1.5~2.0cm，上半部被土红色至褐色的疣状、絮状至粉状鳞片，有时鳞片呈环带状。担孢子7~9×6.5~8.5μm，近球形，光滑，无色，非淀粉质。

【生境及基物】针叶林、阔叶林或针阔混交林地上。

【地理分布】华中、华南、西南地区。

【发生时间】3~9月。

【毒性】主要毒性成分为异噁唑衍生物，导致谷氨酰胺能神经型中毒。2019~2023年在我国湖南、重庆、四川、广西、贵州和云南发生17起49人中毒事件（Li *et al*., 2020, 2021a, 2022a, 2023, 2024）。

第四章　我国毒蘑菇的种类　113

泰国鹅膏 *Amanita siamensis* Sanmee *et al.*

【形态特征】菌盖直径 5～7cm，初半球形，渐扁平至平展，黄褐色，带橄榄色色调，密被黄褐色粉末状鳞片，边缘有沟纹。菌褶白色，小菌褶近菌柄端多平截。菌柄 7～10×0.7～1.0cm，圆柱形，密被黄褐色粉末状鳞片；菌环上位，膜质，易破碎而脱落；基部近球形，被黄褐色疣状至粉末状鳞片。担孢子 8.5～11.0×7.0～8.5μm，宽椭圆形至椭圆形，光滑，无色，非淀粉质。

【生境及基物】亚热带针叶林或混交林地上。

【地理分布】华中、西南地区。

【发生时间】7～9 月。

【毒性】主要毒性成分为异噁唑衍生物，导致谷氨酰胺能神经型中毒。2023 年在我国四川发生 2 起 5 人中毒事件（Li *et al.*，2024）。

神经精神型毒蘑菇

圆足鹅膏 *Amanita sphaerobulbosa* Hongo

【形态特征】菌盖直径4～7cm，扁半球形、凸透镜形至平展，白色，有白色至污白色菌幕残余，形成锥状至近锥状鳞片，鳞片朝盖缘变小，边缘常有絮状物，无沟纹。菌肉白色。菌褶离生至近离生，白色至米色，密，不等长，短菌褶近菌柄端渐窄。菌柄6～9×0.5～0.8cm，近圆柱形，白色，菌环之下被白色纤丝状鳞片；菌环上位，膜质，白色，宿存；基部近球形，粗1.8～2.5cm，上部被白色至污白色菌幕残余，形成小颗粒状鳞片，鳞片多少呈同心环状排列。担孢子8.0～9.5×7.0～8.5μm，近球形，光滑，无色，薄壁，淀粉质。

【生境及基物】针阔混交林地上。

【地理分布】华中、西南地区。

【发生时间】8～10月。

【毒性】毒性成分未知，可导致神经精神型中毒（图力古尔等，2014）。

角鳞灰鹅膏 *Amanita spissacea* S. Imai

【别名/俗名】油麻菌、黑芝麻菌、麻子菌、麻子菇。

【形态特征】菌盖直径4～9cm，扁球形，暗灰色、褐灰色至褐色，被近黑色至暗灰褐色的角锥状至毡状鳞片，边缘平滑。菌肉白色，伤不变色。菌褶白色，短菌褶近菌柄端渐窄。菌柄7～16×0.7～1.5cm，近圆柱形，实心，污白色、淡灰色至淡褐色，被淡灰色至淡褐色的纤丝状至蛇皮状鳞片；菌环上位，污白色、淡灰色至淡褐色；基部腹鼓状至假根状，粗1～3cm，上半部被近黑色、淡灰色至灰褐色的絮状至粉末状鳞片，鳞片排列呈不完整的环带状。担孢子7.0～9.5×6.0～7.5μm，近球形至宽椭圆形，光滑，无色，淀粉质。

【生境及基物】针阔混交林地上。

【地理分布】华东、华中、华南及西南等地区。

【发生时间】5～9月。

【毒性】可能对部分人群有毒，会导致神经精神型中毒。

神经精神型毒蘑菇

黄鳞鹅膏 *Amanita subfrostiana* Zhu L. Yang

【形态特征】菌盖直径 4～7cm，初半球形，渐平展，鲜红色、橘红色至淡橘红色，边缘橘黄色至黄色，被黄色、淡黄色或橘红色的絮状至毡状鳞片，边缘有沟纹。菌褶白色或米色，小菌褶近菌柄端多平截。菌柄 6～10×1.0～1.5cm，圆柱形，米色至淡黄色；菌环上位，膜质，与菌柄同色，宿存；基部明显膨大，球状至卵状，被淡黄色粉末状至絮状鳞片，鳞片常连结呈领口状。担孢子 8.5～10.5×8～10μm，球形至近球形，光滑，无色，非淀粉质。

【生境及基物】亚热带林地上。

【地理分布】西南地区。

【发生时间】6～10 月。

【毒性】主要毒性成分为异噁唑衍生物，导致谷氨酰胺能神经型中毒。2020 年在云南发生 1 起 2 人中毒事件（Li *et al.*，2021a）。

神经精神型毒蘑菇

球基鹅膏 *Amanita subglobosa* Zhu L. Yang

【形态特征】菌盖直径 4～10cm，扁平至平展，淡褐色、灰褐色至暗褐色，被白色或淡黄色的角锥状至疣状鳞片，边缘有沟纹。菌褶白色或米色，小菌褶近菌柄端多平截。菌柄 5～15×0.5～2.0cm，圆柱形，白色至污白色；菌环上位，白色；基部明显膨大，近球状，被淡黄色或淡褐色的锥状至粉末状鳞片，菌柄近基部的鳞片常呈领口状。担孢子 8.5～12.0×7.0～9.5μm，宽椭圆形，光滑，无色，非淀粉质。

【生境及基物】松、杨和壳斗科植物组成的混交林地上。

【地理分布】东北、华北、华中、西南、西北地区。

【发生时间】4～10月。

【毒性】主要毒性成分为鹅膏蕈氨酸和异鹅膏胺（Su *et al.*，2023），导致谷氨酰胺能神经型中毒。该种是我国谷氨酰胺能神经型中毒事件中最常见的物种。2019～2023 在我国湖南、四川、贵州、云南、重庆等地发生 31 起 101 人中毒事件（Li *et al.*，2020，2021a，2022a，2023，2024；陈作红等，2022）。

亚红鹅膏 *Amanita subparcivolvata* Y.T. Su *et al.*

【形态特征】菌盖直径 4～8cm，初半球形，后平展且中央稍凹陷，橙色至黄色，中央颜色较深，为橙红色至红色，被黄色至淡黄色的菌幕残余，形成圆锥状至疣状鳞片，边缘具棱纹。菌肉白色。菌褶离生，白色，菌褶近菌柄端多平截。菌柄 11～17×0.7～1.4cm，圆柱形，向上渐细，被橙色至淡黄色絮状鳞片；基部膨大，近球形至卵形，粗 1.0～1.7cm，白色，上半部分被橘黄色至淡黄色的絮状至颗粒状菌幕残片，常形成不完全的环状。菌环缺失。担孢子 9～12×7～10μm，宽椭圆形，无色，薄壁，光滑，非淀粉质。

【生境及基物】阔叶林或针阔混交林地上。

【地理分布】华中地区。

【发生时间】7～9月。

【毒性】主要毒性成分为异噁唑衍生物，导致谷氨酰胺能神经型中毒。

第四章　我国毒蘑菇的种类

神经精神型毒蘑菇

亚小豹斑鹅膏 *Amanita subparvipantherina* Zhu L. Yang *et al.*

【形态特征】菌盖直径5~7cm，扁半球形至平展，淡黄褐色、褐色至暗褐色，被淡灰色至淡褐色的颗粒状鳞片，边缘有棱纹，无絮状物。菌肉白色。菌褶白色，小菌褶近菌柄端平截。菌柄10~15×0.8~2.0cm，圆柱形，污白色，带淡黄褐色色调；菌环近顶生至中上位，白色；基部膨大，球形至卵形，被颗粒形鳞片，在菌柄近基部的鳞片常呈领口形，淡灰色至淡褐色。担孢子9.0~11.5×6.5~8.0μm，宽椭圆形，光滑，无色，非淀粉质。

【生境及基物】针叶林或针阔混交林地上。

【地理分布】西南地区。

【发生时间】7~9月。

【毒性】主要毒性成分为异噁唑衍生物，导致谷氨酰胺能神经型中毒。

残托鹅膏 *Amanita sychnopyramis* Corner & Bas

【形态特征】菌盖直径3~8cm，扁半球形至平展，淡褐色、灰褐色至深褐色，至边缘颜色变淡，被白色、米色或淡灰色的角锥状至圆锥状鳞片，边缘有长沟纹。菌褶白色，小菌褶近菌柄端多平截。菌柄5~11×0.7~2.0cm；菌环有或缺失，若有则多为中位；基部膨大，近球形，被奶油色、淡黄色或淡灰色的疣状、小锥状至粉末状鳞片，鳞片常呈同心环状排列。担孢子6.5~8.5×6~8μm，球形至近球形，光滑，无色，非淀粉质。

【生境及基物】亚热带阔叶林或针阔混交林地上。

【地理分布】华中、华南、西南地区。

【发生时间】5~9月。

【毒性】主要毒性成分为鹅膏蕈氨酸和异鹅膏胺（Su *et al.*，2023），导致谷氨酰胺能神经型中毒。2020~2024年在我国湖南、福建、广西、四川等地发生18起86人中毒事件（Li *et al.*，2020，2021a，2022a，2023，2024）。

神经精神型毒蘑菇

棒柄瓶杯伞 *Ampulloclitocybe clavipes* (Pers.) Redhead *et al.*

【形态特征】菌盖直径 2~10cm，初扁平，后中心稍凹陷，边缘向外弯曲，光滑或中心稍粗糙，褐色至灰褐色，中心较深，边缘稍浅。菌肉白色，伤不变色，稍具水果香气，无特殊味道。菌褶延生，密，不等长，初乳白色，后褐色。菌柄 2.5~5.0×1~3cm，圆柱形，淡黄色或淡褐色，光滑或被细毛，基部膨大，具白色菌丝体。担孢子 6~10×3.0~3.5μm，椭圆形至卵形或长椭圆形，光滑，非淀粉质。缘生囊状体短棒状至球梗状。

【生境及基物】混交林地上。

【地理分布】东北、华北、西南、西北地区。

【发生时间】6~8 月。

【毒性】毒性成分不明，可导致神经精神型中毒。

烟褐变黑牛肝菌 *Anthracoporus holophaeus* (Corner) Yan C. Li & Zhu L. Yang

【形态特征】菌盖直径 4~10cm，扁半球形至平展，幼时黑紫色至黑红色，成熟后淡黑褐色至淡黑红色，边缘色较淡，具有同色绒毛皮型鳞片。菌肉白色至淡灰白色，伤后先变红色，后变黑色，味柔和。子实层体近黑色至淡灰黑色，触碰后先变红色，后变黑色。菌管长约 15mm，管口较大、多角形。菌柄 4~6×1.0~2.5cm，棒形至圆柱形，具有糠麸形至粉形鳞片，中上部具有明显的白色至淡灰色网纹；基部菌丝体白色，伤后先变红色，后变黑色。担孢子 9.0~13.5×3.5~5.0μm，梭形至近圆柱形，光滑，淡褐色。

【生境及基物】热带和亚热带阔叶林地上。

【地理分布】西南地区。

【发生时间】7~9 月。

【毒性】毒性成分不明。2022 年在云南和四川发生 2 起 4 人神经精神型中毒事件（Li *et al.*，2023）。

神经精神型毒蘑菇

黑紫变黑牛肝菌 *Anthracoporus nigropurpureus* (Hongo) Yan C. Li & Zhu L. Yang

【别名/俗名】黑牛肝。

【形态特征】菌盖直径 2～10cm，半球形至平展，黑褐色至紫黑色，干，具微绒毛，常有细裂纹，边缘初期内卷，后平展。菌肉白色至灰色，伤后变粉红色、紫灰色、紫黑色至黑色，味苦。菌管直生至离生，近白色至带粉黄白色。孔口初期与菌管颜色相近或相同，后期容易带黑褐色或紫黑色。菌管与孔口伤后变色同菌肉。菌柄 6～9×1.0～2.5cm，圆柱形，与菌盖同色，具有粉灰褐色细小的绒毛状腺点，具明显的黑色网纹。担孢子 9～11×4～5μm，光滑，长椭圆形，近无色至淡粉红色。

【生境及基物】壳斗科等植物林地上。

【地理分布】华东、华南、西南地区。

【发生时间】4～9月。

【毒性】毒性成分不明。2022年在四川、云南、浙江发生9起17人神经精神型中毒事件（Li *et al.*，2023；Ma *et al.*，2023）。

变蓝色。管口近圆形。菌柄6~12×2~3cm，近圆柱形，中上部淡黄色，向基部渐变为淡紫红色至淡褐红色，常被黄色网纹；基部菌丝体白色。担孢子9~12×3~4μm，近纺锤形，光滑，淡黄色。

【生境及基物】针阔混交林地上。

【地理分布】华东、华中、华南和西南地区。

【发生时间】5~9月。

【毒性】毒性成分不明。可食，但加工不当可导致致幻性神经型中毒。

黄盖粪锈伞 *Bolbitius titubans* (Bull.) Fr.

【形态特征】菌盖直径0.4~2.0cm，初期卵圆形至椭圆形，后斗笠形至近钟形，顶部钝，易腐烂，黏，光滑，有皱纹，中部淡黄色或柠檬黄色，边缘米黄色，有细长条棱。菌肉薄，味道不明显。菌褶离生至近弯生，不等长，稍稀或密，褶幅宽0.1~0.3cm，初白色至草黄色，后灰褐色。菌柄3~11×0.1~0.2cm，柔弱易碎，近圆柱形，中空，基部膨大，有白色粉霜，白色至污黄白色，后淡黄色。担孢子9.5~13.5×5.5~7.5μm，椭圆形，稍厚壁，光滑，具平截的芽孔，黄色。缘生囊状体形态多样。侧生囊状体缺失。盖生囊状体和柄生囊状体与缘生囊状体相似。

【生境及基物】草地，杨、柳等阔叶林或沙地云杉、白桦混交林林缘地上。

【地理分布】各地区均有分布。

【发生时间】6~8月。

【毒性】毒性成分不明，可导致神经精神型中毒。

玫黄黄肉牛肝菌 *Butyriboletus roseoflavus* (M. Zang & H.B. Li) D. Arora & J.L. Frank

【别名/俗名】白葱、见手青。

【形态特征】菌盖直径7~12cm，扁半球形至平展，淡粉色至淡紫红或玫红色，伤变蓝色。菌肉坚实，淡黄色，伤渐变蓝色或不变色，有葱味。子实层体鲜黄色，伤后速变蓝色。菌管柠檬黄色，伤后速

黄盖小脆柄菇 *Candolleomyces candolleanus* (Fr.) D. Wächt. & A. Melzer

【形态特征】菌盖直径 1～10cm，幼时半球形，后圆锥形至平展，中部稍钝圆，凸起或不凸起，新鲜时褐色至黄褐色，边缘水浸状，具半透明条纹，水浸状消失后呈淡黄褐色至污白色，边缘有时开裂，幼时具少量白色丛毛，边缘具菌幕残片，易消失。菌肉薄，白色，脆。菌褶稍弯生，密，不等长，边缘稍齿状。菌柄 3～11×0.3～0.5cm，圆柱形，脆，有白色粉霜，白色至污黄白色。担孢子 6～9×3.5～4.5μm，椭圆形至长椭圆形，淡褐色至黄褐色，非淀粉质，光滑，芽孔明显。缘生囊状体形态多样，棒状至囊状。

【生境及基物】地上或腐木上。

【地理分布】各地区均有分布。

【发生时间】6～10 月。

【毒性】毒性成分不明。2023 年在云南发生 1 起 3 人神经精神型中毒事件（Li *et al*., 2024）。

神经精神型毒蘑菇

麦角菌 *Claviceps purpurea* (Fr.) Tul.

【形态特征】子座直立，近圆球形，柄着菌核上。菌核圆柱形，成熟后弯曲，长1~2cm，初期柔软，有黏性，成熟后表面紫黑色，内部近白色，变硬。柄细，多弯曲，暗褐色。子囊壳200~250×150~175μm，全埋子座内，孔口稍伸出子座表面。子囊100~125×4μm，圆柱形，具厚顶囊盖，内含8个子囊孢子。子囊孢子线形，无色，具隔。

【生境及基物】小麦等禾本科植物花序上。

【地理分布】各地区均有分布。

【发生时间】5~6月。

【毒性】主要毒性成分为麦角毒素，导致神经精神型中毒。中毒初期兴奋和惊厥，后转为抑制，表现为昏沉、运动失调、中枢神经麻痹等全身衰弱的症状。

芳香杯伞 *Clitocybe fragrans* (With.) P. Kumm.

【形态特征】菌盖直径2.5~5.0cm，初扁平，成熟后平展，中部下凹呈漏斗形，边缘有时稍内卷，浅褐黄色或浅褐色，顶部颜色稍深，水浸状，边缘波状，湿时具条纹。菌肉浅褐色，伤不变色，具明显的芳香气味。菌褶延生，密，不等长，污白色或浅褐色。菌柄4.0~7.5×0.4~0.8cm，圆柱形，等粗或向下渐细，与菌盖同色，近光滑。担孢子6.5~9.0×3.5~5.0μm，椭圆形至长椭圆形，无色，光滑，非淀粉质。

【生境及基物】针叶林或针阔混交林地上。

【地理分布】东北、西北地区。

【发生时间】8~10月。

【毒性】毒性成分不明，可导致神经精神型中毒。

环带杯伞 *Clitocybe rivulosa* (Pers.) P. Kumm.

【形态特征】菌盖直径3~4cm，初扁球形，成熟后平展，中部平或稍凹，边缘内卷，污白色、肉色或浅褐色，具褐色斑纹，湿时水浸状，多具明显环纹。菌肉近白色，伤不变色，气味未知。菌褶直生至近延生，密，不等长，污白色，有时具红褐色斑点。菌柄3~6×0.4~0.9cm，圆柱形，等粗，与菌盖同色，近光滑。担孢子4.0~5.5×3~4μm，宽椭圆形，无色，光滑，非淀粉质。

【生境及基物】针叶林或针阔叶林地上。

【地理分布】东北、华中、西北地区。

【发生时间】7~10月。

【毒性】毒性成分不明，可导致神经精神型中毒。

多色杯伞 *Clitocybe subditopoda* Peck

【形态特征】菌盖直径0.9~4.1cm，初期中部稍钝状凸起，后渐平展，中部稍下凹，边缘内卷，顶部浅黄褐色，向边缘颜色渐浅至米黄色，水浸状，边缘具条纹。菌肉近白色，伤不变色，无明显气味。菌褶延生，密，不等长，污白色。菌柄5.9~7.9×0.2~0.5cm，圆柱形，等粗，与菌盖同色或稍浅，具白色菌丝束。担孢子4~5×2.5~3.0μm，椭圆形，无色，光滑，非淀粉质。

【生境及基物】针叶林地上。

【地理分布】西南、西北地区。

【发生时间】8~10月。

【毒性】毒性成分不明。2020~2021年在贵州发生2起6人神经精神型中毒事件（Li et al.，2021a，2022a）。

白杯伞状金钱菌 *Collybia alboclitocyboides* Z.M. He & Zhu L. Yang

【形态特征】菌盖直径3~8cm，扁球形至近平展，中部稍下凹，边缘内卷，白色至污白色，具褐色或粉褐色的斑点或水浸状纹理，边缘不具条纹。菌肉浅褐色，伤不变色，气味不明。菌褶直生至近延生，密，不等长，污白色。菌柄2.5~5.0×0.3~0.5cm，圆柱形，等粗，与菌盖同色或稍浅，具白色菌丝束。担孢子3.5~5.0×2.5~3.0μm，椭圆形，无色，光滑，非淀粉质。

【生境及基物】山地的针叶林地上。

【地理分布】西南、西北地区。

【发生时间】9~10月。

【毒性】主要毒性成分为毒蕈碱（He *et al.*，2023），导致外周胆碱能神经型中毒。

亚洲金钱菌 *Collybia asiatica* Z.M. He & Zhu L. Yang

【形态特征】菌盖直径2.5~3.5cm，初斗笠形，成熟后近平展，中部下凹呈漏斗形，边缘内卷，白色至污白色，在水浸纹理处具褐色的斑点，边缘不具条纹。菌肉褐色，伤不变色，气味不明。菌褶直生至近延生，密，不等长，奶黄色。菌柄2.5~3.5×0.2~0.4cm，圆柱形，近白色，具白色菌丝束。担孢子4.0~6.5×2.5~4.0μm，椭圆形至长椭圆形，无色，光滑，非淀粉质。

【生境及基物】针叶林或阔叶林地上。

【地理分布】西南地区。

【发生时间】8~10月。

【毒性】主要毒性成分为毒蕈碱（He *et al.*，2023），导致外周胆碱能神经型中毒。

| 神经精神型毒蘑菇 |

二梗金钱菌 *Collybia bisterigmata* Z.M. He & Zhu L. Yang

【形态特征】菌盖直径 2.0~3.2cm，扁球形至平展，有时中部下凹呈漏斗形，边缘内卷，干时白色，潮湿时浅褐色，边缘具条纹。菌肉与菌盖同色，伤不变色，气味不明。菌褶近直生，稍密至密，不等长，白色。菌柄 2.5~3.2×0.2~0.3cm，圆柱形，与菌盖同色。担孢子 6~8×4~6μm，宽椭圆形至椭圆形，无色，光滑，非淀粉质。

【生境及基物】针叶林或阔叶林地上。

【地理分布】西南地区。

【发生时间】9~12月。

【毒性】主要毒性成分为毒蕈碱（He et al., 2023），导致外周胆碱能神经型中毒。

浅褐脐状金钱菌 *Collybia brunneoumbilicata* Z.M. He & Zhu L. Yang

【形态特征】菌盖直径 1.5~4.0cm，近脐状，边缘稍内卷，湿时褐色或粉褐色，干后颜色稍浅，有时被白色粉霜，边缘具条纹。菌肉与菌盖同色，伤不变色，气味不明。菌褶延生，稍密至密，不等长，污白色、浅黄色或黄褐色。菌柄 2~6×0.1~0.4cm，圆柱形，等粗，与菌盖同色。担孢子 4.0~5.5×2~3μm，长椭圆形至圆柱形，无色，光滑，非淀粉质。

【生境及基物】阔叶林地上。

【地理分布】华中、西南地区。

【发生时间】8~11月。

【毒性】主要毒性成分为毒蕈碱（He et al., 2023），导致外周胆碱能神经型中毒。

白霜金钱菌 *Collybia dealbata* (Sowerby) Z.M. He & Zhu L. Yang

【别名/俗名】白霜杯伞。

【形态特征】菌盖直径2～4cm，初扁球形，成熟后平展，中部下凹呈漏斗形，边缘有时稍内卷，污白色，粉霜质，边缘波状，湿时具环带，不具条纹。菌肉近白色至乳白色，伤不变色，无明显气味。菌褶直生至近延生，密，不等长，乳白色。菌柄2.0～3.5×0.5～1.0cm，圆柱形，等粗或向下渐细，与菌盖同色，近光滑。担孢子4～6×3～4μm，椭圆形，无色，光滑，非淀粉质。

【生境及基物】草原或林间草地上。

【地理分布】东北、华东、西北地区。

【发生时间】7～10月。

【毒性】主要毒性成分为毒蕈碱（He *et al*., 2023），导致外周胆碱能神经型中毒。

仙女木金钱菌 *Collybia dryadicola* (J. Favre) Z.M. He & Zhu L. Yang

【形态特征】菌盖直径2～3cm，斗笠形，边缘稍内卷，象牙白色或奶油色，边缘不具条纹。菌肉与菌盖同色，伤不变色，气味不明。菌褶延生，稍密至密，不等长，奶油色。菌柄2～3×0.2～0.3cm，圆柱形，等粗，与菌盖同色。担孢子5.0～5.5×2.5～3.5μm，宽椭圆形，无色，光滑，非淀粉质。

【生境及基物】亚高山仙女木草甸。

【地理分布】东北、西南地区。

【发生时间】7～8月。

【毒性】主要毒性成分为毒蕈碱（He *et al*., 2023），导致外周胆碱能神经型中毒。

神经精神型毒蘑菇

湿金钱菌 *Collybia humida* Z.M. He & Zhu L. Yang

【形态特征】菌盖直径 1.0~5.5cm，斗笠形至近平展，边缘稍内卷，中部凹陷呈浅脐状，边缘褐色，中间湿时褐灰色，干后颜色变浅，有时被白色粉霜，湿时边缘有时具条纹。菌肉与菌盖同色，伤不变色，具令人愉悦的菌菇气味。菌褶近延生，密，不等长，白色、浅黄色或黄褐色。菌柄 2~7×0.2~1.0cm，近圆柱形，等粗，与菌盖同色。担孢子 5.0~6.5×3~4μm，椭圆形至长椭圆形，无色，光滑，非淀粉质。

【生境及基物】阔叶林地上。

【地理分布】西南地区。

【发生时间】7~10月。

【毒性】主要毒性成分为毒蕈碱（He *et al*., 2023），导致外周胆碱能神经型中毒。

湖南金钱菌 *Collybia hunanensis* Z.M. He *et al.*

【形态特征】菌盖直径 1.5~3.0cm，斗笠形至近平展，边缘有时内卷，中央稍凹陷，褐黄色，边缘不具条纹。菌肉与菌盖同色，伤不变色，气味不明。菌褶近延生，密，不等长，白色、浅黄色或黄褐色。菌柄 2~3×0.3~0.8cm，近圆柱形，基部膨大，与菌盖同色。担孢子 5.0~6.5×3~4μm，椭圆形至长椭圆形，无色，光滑，非淀粉质。

【生境及基物】针阔混交林枯枝落叶上。

【地理分布】华中地区。

【发生时间】10~11月。

【毒性】主要毒性成分为毒蕈碱（He *et al*., 2023），导致外周胆碱能神经型中毒。

毡盖金钱菌 *Collybia pannosa* Z.M. He & Zhu L. Yang

【形态特征】菌盖直径 1.0～3.5cm，初近平展，后中凹至漏斗形，边缘有时内卷，湿时水浸状区域褐黄色或褐色，干后近白色，边缘不具条纹。菌肉与菌盖同色，伤不变色，气味不明。菌褶近延生，密，不等长，白色至浅褐色。菌柄 2～4×0.1～0.4cm，圆柱形，等粗，褐黄色，被白色纤毛。担孢子 4～7×2.5～4.0μm，长椭圆形，无色，光滑，非淀粉质。

【生境及基物】针阔混交林枯枝落叶上。

【地理分布】西南地区。

【发生时间】7～10月。

【毒性】主要毒性成分为毒蕈碱（He *et al.*，2023），导致外周胆碱能神经型中毒。

瓣缘金钱菌 *Collybia petaloidea* Z.M. He & Zhu L. Yang

【形态特征】菌盖直径 3.0～5.5cm，初近平展，成熟后中部凹陷至脐状，边缘有时内卷，顶部深褐色，边缘近白色至浅褐色，边缘不具条纹。菌肉与菌盖同色，伤不变色，具香甜气味。菌褶延生，密，不等长，白色。菌柄 4～6×0.4～0.7cm，圆柱形，等粗或向下稍渐粗，与菌盖同色，被白色细小绒毛。担孢子 4.5～6.0×3.0～4.5μm，椭圆形至长椭圆形，无色，光滑，非淀粉质。

【生境及基物】针阔混交林枯枝落叶上。

【地理分布】华中、西南地区。

【发生时间】7～10月。

【毒性】主要毒性成分为毒蕈碱（He *et al.*，2023），导致外周胆碱能神经型中毒。

神经精神型毒蘑菇

白金钱菌 *Collybia phyllophila* (Pers.) Z.M. He & Zhu L. Yang

【别名/俗名】白杯伞、落叶杯伞、毒杯伞、毒银盘。

【形态特征】菌盖直径5~10cm，初扁球形，成熟后中部凹陷呈浅杯状，白色或污白色，边缘有时内卷，边缘不具条纹。菌肉与菌盖同色，伤不变色，气味不明。菌褶延生，密，不等长，白色至浅褐色。菌柄5~7×0.5~1.0cm，圆柱形，等粗，白色，基部被白色绒毛。担孢子5.0~7.5×3~4μm，椭圆形，无色，光滑，非淀粉质。

【生境及基物】阔叶林地上。

【地理分布】东北、西南地区。

【发生时间】7~10月。

【毒性】主要毒性成分为毒蕈碱（He *et al.*, 2023），导致外周胆碱能神经型中毒。

云杉金钱菌 *Collybia piceata* Z.M. He & Zhu L. Yang

【形态特征】菌盖直径1.0~3.5cm，初斗笠形，成熟后凸透镜形至近平展，米色，被白色粉霜，边缘有时内卷，边缘不具条纹。菌肉白色，伤不变色，气味不明。菌褶直生至近延生，密，不等长，白色至奶油色。菌柄2~4×0.3~0.7cm，圆柱形，等粗，黄色或褐黄色，被白色纤维。担孢子4~6×3.0~3.5μm，椭圆形，无色，光滑，非淀粉质。

【生境及基物】云杉林地上。

【地理分布】西北地区。

【发生时间】7月。

【毒性】主要毒性成分为毒蕈碱（He *et al.*, 2023），导致外周胆碱能神经型中毒。

亚热带金钱菌 *Collybia subtropica* Z.M. He et al.

【形态特征】菌盖直径 1.5~4.0cm，初斗笠形，后近平展，最终脐状至近漏斗形，褐色或粉褐色，被白色粉霜，边缘内卷，边缘不具条纹。菌肉与菌盖同色，伤不变色，气味不明。菌褶直生至近延生，密，不等长，白色至奶油色。菌柄 2~5 × 0.1~0.6cm，圆柱形，等粗，与菌盖同色，被白色纤维。担孢子 3.0~4.5 × 2~3μm，椭圆形至长椭圆形，无色，光滑，非淀粉质。

【生境及基物】阔叶林或针阔混交林地上或枯枝落叶上。

【地理分布】华中、西南地区。

【发生时间】7~11 月。

【毒性】主要毒性成分为毒蕈碱（He et al., 2023），导致外周胆碱能神经型中毒。2023 年在湖南发生 3 起 3 人中毒事件（Li et al., 2024）。

西藏金钱菌 *Collybia tibetica* Z.M. He & Zhu L. Yang

【形态特征】菌盖直径 2.5~4.0cm，近平展，中部稍凹陷，褐色或褐灰色，被白色粉霜，边缘内卷，边缘不具条纹。菌肉与菌盖同色，伤不变色，气味不明。菌褶直生至近延生，密，不等长，白色至奶油色。菌柄 2.0~3.5 × 0.3~0.5cm，近圆柱形，等粗或向下渐细，与菌盖同色，被白色纤维。担孢子 4~6 × 3~4μm，椭圆形至长椭圆形，无色，光滑，非淀粉质。

【生境及基物】针叶林中肥沃地上。

【地理分布】西南地区。

【发生时间】7 月。

【毒性】主要毒性成分为毒蕈碱（He et al., 2023），导致外周胆碱能神经型中毒。

神经精神型毒蘑菇

绒柄金钱菌 *Collybia tomentostipes* Z.M. He & Zhu L. Yang

【形态特征】菌盖直径1~3cm，凸透镜形至近平展，干时近白色，潮湿时褐灰色，被白色粉霜，边缘内卷，边缘具条纹。菌肉与菌盖同色，伤不变色，气味不明。菌褶近延生，密，不等长，浅褐色。菌柄2.0~2.5×0.2~0.3cm，近圆柱形，等粗或向下渐细，与菌盖同色，具白色绒毛。担孢子3~5×2.5~3.0μm，宽椭圆形至椭圆形，无色，光滑，非淀粉质。

【生境及基物】针叶林或针阔混交林地上。

【地理分布】西南地区。

【发生时间】8~9月。

【毒性】主要毒性成分为毒蕈碱（He *et al.*，2023），导致外周胆碱能神经型中毒。

具核金钱菌 *Collybia tuberosa* (Bull.) P. Kumm.

【形态特征】菌盖直径0.2~1.0cm，幼时斗笠形，成熟后宽斗笠形至近平展，中部凹陷，白色或污白色，被白色粉霜，边缘内卷，边缘不具条纹。菌肉与菌盖同色，伤不变色，气味不明。菌褶直生，密，不等长，浅褐色。菌柄1~5×0.2~0.5cm，近圆柱形，等粗，上部白色，近基部褐色或红褐色，光滑，基部具红褐色或黄褐色的菌核。担孢子4~6×3.0~3.5μm，椭圆形或近泪滴形，无色，光滑，非淀粉质。

【生境及基物】针叶林或针阔混交林腐殖质层或其他蘑菇子实体上。

【地理分布】东北地区。

【发生时间】8~9月。

【毒性】主要毒性成分为毒蕈碱（He *et al.*，2023），导致外周胆碱能神经型中毒。

神经精神型毒蘑菇

木生金钱菌 *Collybia xylogena* Z.M. He & Zhu L. Yang

【形态特征】菌盖直径约2cm，幼时斗笠形至宽斗笠形，成熟后平展，中部稍凹陷至脐形，奶油色至褐色或褐灰色，被白色粉霜，边缘内卷，边缘不具条纹。菌肉与菌盖同色，伤不变色，气味不明。菌褶延生，密，不等长，浅褐色。菌柄 2～4×0.2～0.4cm，近圆柱形，等粗，与菌盖同色。担孢子 4.5～10.0×3～5μm，椭圆形至长椭圆形，无色，光滑，非淀粉质。

【生境及基物】阔叶树腐木上。

【地理分布】西南地区。

【发生时间】8～10月。

【毒性】主要毒性成分为毒蕈碱，导致外周胆碱能神经型中毒。

靴状拟金钱菌 *Collybiopsis peronata* (Bolton) R.H. Petersen

【别名/俗名】盾状小皮伞、盾状裸菇、毛脚金钱菌。

【形态特征】菌盖直径 3～6cm，幼时斗笠形至宽斗笠形，成熟后平展，有时中部具宽脐突，浅肉色、浅褐黄色或浅褐色，边缘不具条纹。菌肉与菌盖同色，伤不变色，气味不明。菌褶弯生至近离生，密，不等长，奶油色至浅褐色。菌柄 4～8×0.4～0.6cm，近圆柱形，等粗，浅褐色。担孢子 8.5～10.0×3～4μm，椭圆形至长椭圆形，无色，光滑，非淀粉质。

【生境及基物】针叶林落叶腐殖质层上。

【地理分布】东北、华中、华南、西南、西北地区。

【发生时间】5～12月。

【毒性】主要毒性成分为毒蕈碱，导致外周胆碱能神经型中毒。

第四章　我国毒蘑菇的种类

神经精神型毒蘑菇

柔锥盖伞 *Conocybe tenera* (Schaeff.) Fayod

【别名/俗名】柔弱锥盖伞、脆锥盖伞。
【形态特征】菌盖直径 1.0～2.5cm，圆锥形、斗笠形至近钟形，具条纹，中部褐色至灰褐色，边缘黄褐色至灰褐色，有时褐白色至淡褐色。菌肉较薄，色同菌盖。菌褶弯生至近直生，稍密至密，黄褐色至锈褐色。菌柄 5.0～6.5×0.1～0.2cm，细长圆柱形，中空，柔弱，褐色至灰褐色，可比菌盖颜色略浅或更深，被白色粉霜，基部膨大。担孢子 10.0～13.5×5.5～7.5μm，椭圆形，黄褐色至赭褐色，厚壁。具锁状联合。
【生境及基物】林地或草地上。
【地理分布】各地区均有分布。
【发生时间】5～10 月。
【毒性】主要毒性成分未知，可导致神经精神型中毒。

华南黄伞 *Deconica austrosinensis* J.Q. Yan et al.

【形态特征】菌盖直径 1～2cm，扁凸透镜形至平展，水浸状，深褐色，表面具明显半透明条纹。菌褶延生至稍延生，稀疏，不等长，橙黄色至棕黄色，褶缘白色。菌柄 1～3×0.1～0.2cm，中生，等粗，淡褐色至基部渐深呈近褐色至深褐色。担孢子 5.8～7.0×3.7～4.5μm，椭圆形至长椭圆形，稍厚壁，光滑，棕黄色，具明显芽孔。侧生囊状体纺锤形至近烧瓶形，顶端钝或乳突状，稍厚壁，顶端被无色附属物或无。缘生囊状体棒状至梨形，薄壁，光滑，淡黄色至近无色。具锁状联合。
【生境及基物】阔叶林腐木上。
【地理分布】华南、华东地区。
【发生时间】5～7 月。
【毒性】疑似含有色胺衍生物，可导致神经精神型中毒。

鳞盖黄囊伞 *Deconica furfuracea* J.Q. Yan *et al.*

【形态特征】菌盖直径 0.6～1.2cm，凸透镜形至扁凸透镜形，水浸状，褐色，幼时表面被大量白色丛毛鳞片，易消失。菌褶直生至近延生，稀疏，不等长，黄褐色，边缘平滑，白色。菌柄 0.9～2.0×0.1～0.2cm，中生，圆柱形，棕色，被白色纤毛。担孢子 5.5～6.5×4.5～5.2μm，近菱形至近三角盾状，侧面观椭圆形至长椭圆形，稍厚壁，光滑，棕黄色，顶端具明显芽孔。侧生囊状体纺锤形，薄壁，近无色。缘生囊状体纺锤形至近烧瓶形，偶见顶端具短乳突，薄壁，近无色。具锁状联合。

【生境及基物】混交林枯木上。

【地理分布】华东地区。

【发生时间】5～7月。

【毒性】疑似含有色胺衍生物，可导致神经精神型中毒。

暗褐黄囊伞 *Deconica fuscobrunnea* J.Q. Yan *et al.*

【形态特征】菌盖直径 0.5～0.6cm，扁凸透镜形至平展，水浸状，栗褐色，表面光滑。菌褶直生至延生，稀疏，不等长，淡褐色，边缘稍白。菌柄 0.9～2.0×0.1～0.2cm，中生，圆柱形，等粗，棕色，向基部颜色渐深，表面被易脱落的白色纤毛。担孢子 5.0～6.5×4.5～5.3μm，菱形，侧面观椭圆形至长椭圆形，稍厚壁，光滑，棕黄色，顶端具明显芽孔。侧生囊状体缺失。缘生囊状体烧瓶形，具长颈，偶见分支，光滑，淡黄色至近无色。具锁状联合。

【生境及基物】阔叶林腐木上。

【地理分布】华东地区。

【发生时间】5～7月。

【毒性】疑似含有色胺衍生物，可导致神经精神型中毒。

神经精神型毒蘑菇

山地黄囊菇 *Deconica montana* (Pers.) P.D. Orton

【形态特征】菌盖直径 0.4～1.6cm，幼时半球形或钟形，后平展至凸透镜形，有时中部具微小钝突，光滑，湿时稍黏，水浸状，暗褐色至深红褐色，边缘朝下弯曲，后平展，有条纹。菌褶直生至延生，褐色至红褐色，老熟后紫黑色。菌柄 1.5～4.0×0.1～0.2cm，近圆柱形，中生，上端淡橙色，向下颜色渐深至红褐色。担孢子 7～9×5～6μm，椭圆形或近卵形，具芽孔，厚壁，光滑，灰褐色。缘生囊状体烧瓶形，颈部稍宽。侧生囊状体未见。

【生境及基物】山地苔藓层或湿润的土壤上。

【地理分布】东北、西北地区。

【发生时间】7～8 月。

【毒性】主要毒性成分为色胺衍生物，导致致幻性神经型中毒。

粪生黄囊菇 *Deconica merdaria* (Fr.) Noordel.

【别名/俗名】粪生光盖伞、粪生裸盖伞。

【形态特征】菌盖直径 1~4cm，初半球形或圆锥形，麦秆色，后期渐平展，黄褐色至浅肉桂色，湿润时水浸状，稍黏，有不明显的辐射状细条纹。菌肉白色，伤不变色。菌褶直生，初期近白色至浅橄榄色，成熟时紫褐色，褶缘稍呈齿状。菌柄 3~8×0.2~0.6cm，近圆柱形，具微弱但可识别的纤维状菌环区。担孢子 10.5~14.0×7.0~8.5μm，椭圆形至近六角形，光滑，褐色至黑褐色。缘生囊状体烧瓶形，顶部稍尖，具长颈。侧生囊状体未见。

【生境及基物】草地或林地上，羊粪上。

【地理分布】东北地区。

【发生时间】6~8 月。

【毒性】主要毒性成分为色胺衍生物，导致致幻性神经型中毒。

卵孢黄囊伞 *Deconica ovispora* J.Q. Yan *et al.*

【形态特征】菌盖直径 0.5~0.6cm，扁凸透镜形至平展，水浸状，褐色，水浸状消失后呈淡黄褐色。菌褶延生，稀疏，不等长，淡褐色，边缘稍白。菌柄 1~2×0.1~0.2cm，中生，圆柱形，棕色。担孢子 6.0~7.0×4.0~4.5μm，卵形，侧面观椭圆形至长椭圆形，稍厚壁，光滑，棕黄色，顶端具明显芽孔。侧生囊状体缺失。缘生囊状体烧瓶形，具长或短颈，光滑，淡黄色至近无色。具锁状联合。

【生境及基物】阔叶林或针阔混交林腐木上。

【地理分布】华东地区。

【发生时间】6~7 月。

【毒性】疑似含有色胺衍生物，可导致神经精神型中毒。

神经精神型毒蘑菇

大平盘菌 *Discina gigas* (Krombh.) Eckblad

【形态特征】子囊盘高 4～8cm、宽 5～10cm，有时更大，不规则脑状，具皱纹，边缘与菌柄相连。子实层表面最初蜜黄色，后赭色、浅黄色至锈褐色，边缘象牙白色。子层托乳白色。菌柄近圆柱形，具凹槽，中空，金黄色至黄灰色。子囊 290～330×19～21μm，圆柱形，具囊盖，内含 8 个子囊孢子。子囊孢子 26～32×11.0～14.5μm，椭圆形至近梭形，具脊状纹饰，常有不完整网状结构，内含 1～3 个油滴。侧丝线形，具隔，分枝。

【生境及基物】针叶林、阔叶林腐殖质层或腐木上。

【地理分布】东北、西南、西北地区。

【发生时间】5～6 月。

【毒性】毒性成分为鹿花菌素或邻苯二甲酸酯类化合物。食后 15min 至 2h 出现症状，主要表现为恶心、呕吐、腹绞痛、腹泻，可能会伴有焦虑、发汗、畏寒和心跳加速等症状，更甚者可能出现肌肉痉挛。或在 30min 至 3h 内伴有头痛、瞳孔散大、焦躁不安、上腹痛等症状，后发展为尿液减少甚至无尿，尿液中出现血红蛋白，严重者出现贫血，并引发急性肾功能衰竭、休克、急性呼吸衰竭、弥散性血管内凝血等并发症。

绿褐裸伞 *Gymnopilus aeruginosus* (Peck) Singer

【形态特征】菌盖直径 3～11cm，扁半球形至平展，黄褐色至紫褐色，伤变绿褐色，具褐色纤维状鳞片，边缘有菌幕残余。菌肉污色至淡黄色或伴有淡绿色，较厚，味苦，无明显气味。菌褶直生至弯生，不等长，较宽，中等密度，初淡黄绿色，后带锈色。菌柄 1～8×0.3～2.3cm，圆柱形，上部锈色，中下部紫褐色至紫色，有纵条纹，实心。菌幕上位，可残留柄上。担孢子 6.5～8.5×4.5～5.0μm，卵圆形至椭圆形，黄褐色至锈褐色，粗糙，具中等疣突。缘生囊状体烧瓶形，顶部头状。侧生囊状体棒状，无色至黄褐色。具锁状联合。

【生境及基物】针阔混交林腐木上。

【地理分布】东北、华中、华南、西南、西北地区。

【发生时间】6～9 月。

【毒性】毒性成分为色胺衍生物，导致致幻性神经型中毒。

青绿黏湿伞 *Gliophorus psittacinus* (Schaeff.) Herink

【别名/俗名】青绿湿伞、青绿蜡伞、鹦鹉色湿盖伞、鹦鹉绿蜡伞、鹦鹉蜡伞。

【形态特征】菌盖直径 1.2~2.5cm，初钟状，后稍平展至凸透镜形，胶黏，干后蜡质，光滑，幼时绿色、翠绿色至墨绿色，逐渐褪色，成熟时黄绿色至青绿色，盖缘浅黄色、黄色至黄绿色；边缘水浸状，具半透明条纹。菌肉白色，无特殊气味。菌褶宽，中等密度，黄色至蛋黄色。菌褶近弯生，褶缘波浪状，有时黏。菌柄 2.8~5.2×0.3~0.5cm，圆柱形，胶黏，淡橘黄色至淡黄色，顶部淡青色，中部发白，向基部渐为淡橘黄色、黄色至淡黄色，脆骨质。担孢子 7.0~8.5×5~6μm，椭圆形，光滑，透明，非淀粉质。盖外皮层为黏毛皮型。具少量锁状联合。

【生境及基物】林地或林中草地上。

【地理分布】东北、华北、华南、西南地区。

【发生时间】8~9 月。

【毒性】毒性成分未知，可导致神经精神型中毒。

神经精神型毒蘑菇

紫褐裸伞 *Gymnopilus dilepis* (Berk. & Broome) Singer

【别名/俗名】热带紫褐裸伞、变色龙裸伞。

【形态特征】菌盖直径2~5cm，幼时半球形，后平展，中部稍凹陷，紫褐色，边缘暗黄褐色，中央被褐色至暗褐色直立鳞片。菌肉薄，淡黄色至米色，苦。菌褶直生至弯生，黄褐色至淡锈褐色，不等长，较密。菌柄4~7×0.3~0.7cm，圆柱形，等粗，褐色至紫褐色，实心。菌幕上位，纤维状，易消失。担孢子6.5~7.5×4.5~5.5μm，椭圆形，具小疣，亮黄色至黄褐色。缘生囊状体烧瓶形至近纺锤形，上部近头状，中部腹鼓状，无色至淡黄色。具锁状联合。

【生境及基物】针阔混交林腐木上。

【地理分布】华中、华南、西南地区。

【发生时间】5~10月。

【毒性】毒性成分为色胺衍生物，导致致幻性神经型中毒。2020~2023年在云南、贵州、四川、重庆、福建发生22起58人中毒事件（Li *et al.*，2021a，2022a，2023，2024）。

橙裸伞 *Gymnopilus junonius* (Fr.) P.D. Orton

【别名/俗名】橘黄裸伞、红环锈伞、大笑菌。

【形态特征】菌盖直径4~15cm，幼时半球形，后稍平展，橙黄色至橙色，被绒毛，具细小鳞片，无条纹。菌肉黄色至暗橙色，较薄，无明显气味，微苦。菌褶直生至弯生，橙黄色至红褐色，不等长，密。菌柄2.0~5.5×0.2~0.6cm，圆柱形，等粗，实心，橙色至黄褐色，纤维质，向下渐细，具环状菌幕残余。担孢子7~9×4.5~6.5μm，椭圆形、杏仁形，粗糙，具有明显疣突，黄褐色至砖红色。缘生囊状体瓶颈形、纺锤形，上部近头状，中部腹鼓状。具锁状联合。

【生境及基物】阔叶林腐木上。

【地理分布】东北、华北地区。

【发生时间】7~8月。

【毒性】毒性成分为色胺衍生物，导致致幻性神经型中毒。

神经精神型毒蘑菇

条缘裸伞 *Gymnopilus liquiritiae* (Pers.) P. Karst.

【别名/俗名】条纹裸伞。

【形态特征】菌盖直径3.5~5.0cm，初半球形至近钟形，后平展，中部凹陷，湿，淡黄色、玉米黄色至橙黄色，边缘有细条纹。菌肉薄，淡黄色，苦。菌褶直生至弯生，黄色至黄锈色，后肉桂色，不等长，密。菌柄4.5~7.0×0.4~0.5cm，圆柱形，向上渐细，淡黄色至淡黄褐色，具纵条纹，基部稍膨大。菌幕白色，纤维状，易消失。担孢子7.0~8.5×4~5μm，椭圆形至杏仁形，具疣突，亮黄褐色至黄褐色。缘生囊状体烧瓶形至近纺锤形，上部近头状，无色至淡黄色。侧生囊状体烧瓶形至棒状。柄生囊状体丝状至棒状。

【生境及基物】针阔混交林腐木上。

【地理分布】东北地区。

【发生时间】8~9月。

【毒性】毒性成分为色胺衍生物，导致致幻性神经型中毒。

小孢裸伞 *Gymnopilus minisporus* T. Bau & M.T. Liu

【形态特征】菌盖直径1.3~3.5cm，初半球形，后凸透镜形至平展，中部常稍隆起，边缘波浪状，黄色至橙黄色，边缘较浅色至黄色，水浸状，不透明，光滑。菌肉薄，密，淡白色至黄褐色，伤不变色。菌褶直生至稍弯生，淡黄色至黄褐色，后带铁锈色斑点。菌柄3.0~6.5×0.2~0.5cm，圆柱状，褐色，顶端黄褐色，软至实心，脆，纤维状，有灰霜。气味不明显。味道略苦。孢子印锈黄至锈褐色。担孢子3.9~4.6×2.5~2.9μm，椭圆形，粗糙，金黄色至黄褐色。

【生境及基物】腐烂后期的硬木上。

【地理分布】东北地区。

【发生时间】7月。

【毒性】主要毒性成分未知，可导致神经精神型中毒。

神经精神型毒蘑菇

赭黄裸伞 *Gymnopilus penetrans* (Fr.) Murrill

【别名/俗名】赭裸伞。

【形态特征】菌盖直径 2~6cm，幼时半球形或凸起，后平展，平滑，橘黄色至赭黄色。菌肉薄，白色至黄色，无明显气味，味苦。菌褶直生，不等长，密至稍稀，初浅黄色，后深黄色至锈褐色，有深色斑点。菌柄 2.1~7.5×0.3~0.8cm，圆柱形，等粗，松软至空心，有黄色或褐色纵条纹，老时下部暗色，基部有白色绒毛。担孢子 7.5~9.5×4.5~5.5μm，椭圆形，粗糙，具明显疣突，蜜黄色、锈黄色至黄褐色。侧生囊状体腹鼓状或棒状，无色或淡黄色。柄生囊状体近棒状，无色。

【生境及基物】针叶林腐木上。

【地理分布】东北地区。

【发生时间】7~8 月。

【毒性】毒性成分为色胺衍生物，导致致幻性神经型中毒。

苦味裸伞 *Gymnopilus picreus* (Pers.) P. Karst.

【形态特征】菌盖直径 1~5cm，幼时半圆锥形，后宽圆锥形，稍鼓状凸起或平凸，橙褐色至红锈色，中部锈褐色，边缘黄褐色，有纤毛，边缘不规则。菌肉薄，黄色至黄褐色，味道苦，无明显气味。菌褶直生至弯生，幼时深黄色，后黄褐色至赭褐色，不等长，疏，褶缘稍不平。菌柄 1.0~5.5×0.1~0.5cm，圆柱形，或稍向下渐粗，深褐色至红褐色、黑褐色，基部幼时黄褐色至锈褐色，基部有白色絮状菌丝体。担孢子 8.5~10.5×5.5~6.8μm，椭圆形至杏仁形，具明显疣突，黄褐色至锈色。缘生囊状体瓶颈形至纺锤形，上部近头状，无色。

【生境及基物】针叶林腐木上。

【地理分布】东北地区。

【发生时间】7~8 月。

【毒性】毒性成分为色胺衍生物，导致致幻性神经型中毒。

枞裸伞 *Gymnopilus sapineus* (Fr.) Murrill

【形态特征】菌盖直径1.3~2.5cm，初半球形至凸透镜形，后平展，橙色至橙红色，不黏，被丛毛状鳞片或橙色绒毛，边缘内卷。菌肉白色至微黄色，伤不变色，无特殊气味。菌褶橙褐色，不等长，稍密，稍延生。菌柄1.3~2.5×0.1~0.4cm，上部赭色，下部紫红色，圆柱形，纤维质，有细小绒毛。菌幕黄色，纤维质，易消失。担孢子7~11×4.5~7.0μm，椭圆形至近橄榄形，褐色至锈褐色，具疣突。缘生囊状体梭形至纺锤形、烧瓶形，顶部头状或非头状，无色，透明。

【生境及基物】林地腐木（竹）上。

【地理分布】东北、华南、西南、西北地区。

【发生时间】7~8月。

【毒性】毒性成分为色胺衍生物，导致致幻性神经型中毒。

四川鹿花菌 *Gyromitra sichuanensis* Korf & W.Y. Zhuang

【形态特征】子囊盘直径4~6cm，不规则脑状至近马鞍状，边缘波状，有时与菌柄相连。子实层表面褐色，有皱曲或不平滑。子层托颜色稍淡，光滑。菌柄2.5~4.0×1.0~1.5cm，褐色，往往有皱曲，中空。子囊孢子15~20×7~9μm，椭圆形至近梭形，稍厚壁，无色，有细小疣突。

【生境及基物】针叶林地上。

【地理分布】西南地区。

【发生时间】7~9月。

【毒性】毒性成分为鹿花菌素或邻苯二甲酸酯类化合物，导致癫痫性神经型中毒。

球孢鹿花菌 *Gyromitra sphaerospora* (Peck) Sacc.

【形态特征】子囊盘高 2~7cm、宽 4~12cm，不规则脑状，边缘明显内卷，但与菌柄不相连。子实层表面光滑，新鲜时暗褐色至黑褐色。子层托乳白色、近白色至带微褐色。菌柄具纵向至略交织的深棱纹，白色至带粉色。子囊圆柱形，具囊盖，内含 8 个子囊孢子。子囊孢子直径 8.4~12.3μm，近球形，光滑，内含 1 个大油滴。侧丝线形，具隔，分枝。

【生境及基物】伴有苔藓的腐殖质层或腐木上。

【地理分布】东北、西南、西北地区。

【发生时间】5~6 月。

【毒性】毒性成分为鹿花菌素或邻苯二甲酸酯类化合物。食后 15min 至 2h 出现症状，主要表现为恶心、呕吐、腹绞痛、腹泻，可能会伴有焦虑、发汗、畏寒和心跳加速等症状，更甚者可能出现肌肉痉挛。或在 30min 至 3h 内伴有头痛、瞳孔散大、焦躁不安、上腹痛等症状，后发展为尿液减少甚至无尿，尿液中出现血红蛋白，严重者出现贫血，并引发急性肾功能衰竭、休克、急性呼吸衰竭、弥散性血管内凝血等并发症。

毒鹿花菌 *Gyromitra venenata* Hai J. Li *et al.*

【形态特征】子囊盘高 10~15cm、宽 4~8cm，不规则，脑形，初时光滑，逐渐多褶皱，红褐色、紫褐色、金褐色、咖啡色或褐黑色，粗糙。菌柄 2.9~6.0×0.8~3.5cm，圆柱形至近圆柱形，基部偶尔稍膨大，白色至奶油色，偶尔浅粉色或浅褐色，空心，粗糙而凹凸不平。子囊孢子 19~25×9.5~12.0μm，长椭圆形，稍厚壁，无色，微嗜蓝，内含 2 个小油滴，具小疣，电镜下呈不规则褶皱。

【生境及基物】以壳斗科植物为主的林地上。

【地理分布】华中、西南地区。

【发生时间】3~4 月。

【毒性】毒性成分为鹿花菌素或邻苯二甲酸酯类化合物，导致癫痫性神经型中毒，并伴有肝、肾损伤等症状。2020 年在云南和贵州发生 2 起 4 人中毒事件（Li et al., 2021a）。

神经精神型毒蘑菇

红彩孔菌 *Hapalopilus rutilans* (Pers.) P. Karst.

【形态特征】菌盖可多个叠生或左右相连；单个菌盖近圆形至肾形，单个菌盖长径6~10cm、短径4~7cm、中部厚约2cm，肉桂色至赭黄色，初被绒毛，后变光滑，有皱纹及明显或不明显的同心环纹；边缘钝或稍锐。孔口赭黄色至肉桂褐色，每毫米2~4个，多角形至不规则形；不育边缘宽约2mm。菌丝系统一体系：生殖菌丝有锁状联合，与Melzer's试剂和棉蓝无变色反应，与KOH试液反应变为樱桃红色。担孢子3.0~3.5×2.0~2.5mm，椭圆形至卵圆形，无色，薄壁，光滑，非淀粉质。

【生境及基物】阔叶树倒木或落枝上。

【地理分布】东北、华中地区。

【发生时间】8~10月。

【毒性】毒性成分为多孔菌酸（polyporic acid），导致神经精神型中毒。

碟状马鞍菌 *Helvella acetabulum* (L.) Quél.

【别名/俗名】碟形马鞍菌、小棱柄盘菌。

【形态特征】子囊盘直径2~9cm，盘状或近似碟形至深杯状。子实层表面褐色至暗褐色，光滑，边缘轻微波浪状。子层托为米色至黄褐色，被细绒毛。菌柄1.8~4.0×0.5~1.5cm，近子囊盘部位膨大，具明显棱脊，向子层托延伸，污白色带浅褐色。子囊圆柱形，具囊盖，内含8个子囊孢子。子囊孢子18~20×12~14μm，椭圆形，光滑，内含1个油滴，在子囊中单行排列。侧丝线形，顶端膨大，具隔，分枝，浅褐色。

【生境及基物】林中枯枝落叶层上。

【地理分布】东北、华北、西南、西北地区。

【发生时间】6~10月。

【毒性】毒性成分未知，可导致神经精神型中毒。

辣味丝盖伞 *Inocybe acriolens* Grund & D.E. Stuntz

【形态特征】菌盖直径 1.0～3.5cm，幼时钟形，成熟后凸透镜形、扁凸透镜形至平展，中部有不明显突起，褐色至茶褐色，光滑，中间完整，向外纤维丝状，有时被细小鳞片，边缘具细缝裂或开裂。菌肉乳黄色，伤不变色，气味刺鼻似氨水味。菌褶近离生，中等密度，不等长，宽约 5mm，灰白色至灰褐色，有时偏乳黄色，褶缘细齿状。菌柄 1.8～5.0×0.3～0.5cm，圆柱形，基部不膨大，米黄色至浅褐色，微微透明质感，被薄、白色粉霜，有时具纵条纹。担孢子 7.5～9.0×6～7μm，具 8～10 个疣突，黄绿色至黄褐色。

【生境及基物】松属植物组成的针叶林地上。

【地理分布】华中、西南地区。

【发生时间】5～8 月。

【毒性】主要毒性成分为毒蕈碱（李赛男，2023），导致外周胆碱能神经型中毒。

星孢丝盖伞 *Inocybe asterospora* Quél.

【别名/俗名】星孢毛锈伞、星孢裂丝盖菌。

【形态特征】菌盖直径 2.0～3.5cm，有较明显的细缝裂，呈放射状条纹，边缘开裂，中央凸起，凸起处有不明显的平伏鳞片，土黄褐色。菌柄 6.0～8.0×0.3～0.5cm，中实，与盖同色，向下渐粗，基部绒白、球形膨大且边缘完整，被细密白霜。菌褶弯生或稍离生，初白色，后变灰色，中等密度。菌肉有很浓的土腥味，肉质，白色。菌柄菌肉纤维质，柄基部膨大处较硬。担孢子 10～11×8.0～9.5μm，星形，黄褐色。

【生境及基物】阔叶林地上。

【地理分布】各地区均有分布。

【发生时间】7～8 月。

【毒性】主要毒性成分为毒蕈碱，导致外周胆碱能神经型中毒。

> 神经精神型毒蘑菇

胡萝卜色丝盖伞 *Inocybe caroticolor* T. Bau & Y.G. Fan

【形态特征】菌盖直径 1.7～3.3cm，幼时锥形至钟形，成熟后斗笠形至平展，被平伏辐射状鳞片，纤维丝状，边缘开裂、内卷，成熟后偶尔上卷，橘黄色至杏黄色，鳞片幼时与菌盖同色，成熟后渐变褐色至红褐色，盖缘无丝膜状菌幕。菌肉具明显芳香气味，淡杏黄色。菌褶直生，较密，幼时浅橘黄色至杏黄色，后暗杏黄色至褐色，褶缘同色或稍淡，不平滑。菌柄 3.0～4.2×0.2～0.3cm，圆柱形，等粗，中实，基部球形膨大，无边缘，淡橘黄色至杏黄色，被粉末状颗粒。担孢子 6.5～9.0×5～6μm，具 7～9 个疣突，黄褐色。

【生境及基物】栎属植物林缘、路边地上。

【地理分布】东北、华北、华中、西南地区。

【发生时间】6～9 月。

【毒性】主要毒性成分为毒蕈碱，导致外周胆碱能神经型中毒。

琼榆丝盖伞 *Inocybe carpinicola* Y.G. Fan *et al.*

【形态特征】菌盖直径 0.3～1.7cm，幼时锥形至钟形，盖中央稍微凸起，幼时深褐色，成熟后土黄色至褐黄色，幼时边缘稍卷，成熟后平展。菌肉白色至米色，带褐色，稍厚。菌褶幼时白色至象牙白色，成熟后褐色至深褐色，直生，不等长。菌柄 15～40×0.8～1.5mm，圆柱形，基部稍膨大，幼时淡黄色，成熟后呈褐色，顶端具细密白霜，有白色附着物。担孢子 7～10×5.5～7.5μm，黄色至黄褐色，疣突状至近星形。

【生境及基物】鹅耳枥或其他阔叶林地上。

【地理分布】华东、华南、西南地区。

【发生时间】5～9月。

【毒性】主要毒性成分为毒蕈碱，导致外周胆碱能神经型中毒。

神经精神型毒蘑菇

卷鳞丝盖伞 *Inocybe cincinnata* (Fr.) Quél.

【别名/俗名】刺鳞丝盖伞。

【形态特征】菌盖直径 0.8～1.5cm，幼时钟形，后半球形至平展，灰褐色，被淡褐色鳞片，中部鳞片反卷，向边缘渐平伏，幼时边缘内卷，后伸展。菌褶直生，幼时带淡紫色，后变为灰褐色至褐色，褶缘色淡。菌柄 20～30×1.5～3.0mm，圆柱形，等粗，中实，上部淡紫罗兰色，光滑，被灰白色的纤维丝膜，中下部色渐淡、被褐色鳞片。菌盖菌肉薄，淡肉色，菌柄上部菌肉淡紫色至灰紫色，下部渐色淡至白色，气味不明显。担孢子 8.5～9.5×5～6μm，近杏仁形，黄褐色，光滑。黄囊体长颈花瓶形，厚壁，被结晶体。

【生境及基物】阔叶林地上。

【地理分布】华南、西南、西北地区。

【发生时间】8～9月。

【毒性】主要毒性成分为毒蕈碱，导致外周胆碱能神经型中毒。

绿褐丝盖伞 *Inocybe corydalina* Quél.

【形态特征】菌盖直径 2.6～4.5cm，幼时钟形，成熟后凸透镜形至平展，中央具钝状突起，灰褐色至褐色或赭褐色，中央具墨绿色，幼时边缘内卷，成熟后下弯至渐平展。菌肉白色至污白色，厚。菌褶直生，幼时白色至灰白色，后带褐色。菌柄 4.0～8.0×0.4～0.6cm，圆柱形，暗绿色或墨绿色，基部稍膨大，顶端具不明显的白色或灰白色鳞片。担孢子 8.0～10.5×5～6μm，椭圆形至苦杏仁形，光滑，黄色至黄褐色。囊状体稍厚壁，具结晶体。

【生境及基物】阔叶红松混交林地上。

【地理分布】东北地区。

【发生时间】8～9月。

【毒性】主要毒性成分为毒蕈碱，导致外周胆碱能神经型中毒。

弯柄丝盖伞 Inocybe curvipes P. Karst.

【形态特征】菌盖直径 2.2～3.6cm，幼时锥形，成熟后渐平展，中央具有明显突起，表面红褐色或黄褐色，突起烟褐色。菌肉白色。菌褶直生，幼时灰白色、带橄榄色，成熟后褐色，不等长，厚。菌柄 3.5～4.5×0.3～0.5cm，圆柱形，烟褐色，被绒毛状小纤维鳞片。担孢子 8～12×5.0～6.5μm，炮弹形，具有明显至不明显的突起，淡褐色。囊状体厚壁，具结晶体，宽纺锤形且具小柄。

【生境及基物】阔叶林或针阔混交林中。

【地理分布】东北、华东、西南地区。

【发生时间】7～9月。

【毒性】主要毒性成分为毒蕈碱，导致外周胆碱能神经型中毒。

黄褐丝盖伞 Inocybe flavobrunnea Y.C. Wang

【形态特征】菌盖直径 3.0～7.5cm，初钟形，成熟后平展，中央凸起，表面黄褐色至褐色，撕裂成辐射状纤毛鳞片。菌肉污白色。菌褶弯生，幼时近白色，成熟后浅褐色。菌柄 6～14×0.4～0.8cm，圆柱形至近圆柱形，向上变细，中实，污白色或浅褐色，基部呈球状。担孢子 8.5～10.5×4.5～6.0μm，锈色至浅褐色，椭圆形至近卵形，光滑，黄褐色。囊状体厚壁，顶端具结晶体。

【生境及基物】针叶林地上。

【地理分布】西南地区。

【发生时间】6～9月。

【毒性】主要毒性成分为毒蕈碱，导致外周胆碱能神经型中毒。

神经精神型毒蘑菇

鳞毛丝盖伞 *Inocybe flocculosa* Sacc.

【别名/俗名】卷毛丝盖伞。

【形态特征】菌盖直径 1.4~4.7cm，幼时钟形至斗笠形，成熟后半球形至平展，老后深开裂，边缘上翻，中央具钝突起，周围被平伏丛毛，偶尔稍翘起，土黄色至深赭褐色，向边缘色渐淡。菌褶直生，中等密度，不等长，幼时灰白色，后变深土黄色。菌柄 2.1~6.4×0.2~0.6cm，圆柱形，等粗，基部球形膨大，中实，被白色粉末状颗粒，米白色至淡土黄色。菌盖菌肉灰白色，菌柄菌肉纤维质，米白色，基部膨大处肉质，白色。担孢子 7.0~8.5×4.5~5.5μm，椭圆形至近杏仁形，光滑，黄褐色。

【生境及基物】针阔混交林地上。

【地理分布】东北、西北地区。

【发生时间】8~9 月。

【毒性】主要毒性成分为毒蕈碱，导致外周胆碱能神经型中毒。

污白丝盖伞 *Inocybe geophylla* (Bull.) P. Kumm.

【别名/俗名】土味丝盖伞。

【形态特征】菌盖直径 1.1~1.5cm，幼时锥形，后呈钟形，成熟后渐平展，中央明显凸起，白色、象牙白色或稍带淡黄色。菌肉白色或带淡黄色。菌褶直生，较密，幼时白色，后灰色或淡褐色。菌柄 30~55×2.0~2.5mm，圆柱形，白色，顶端具白色霜状鳞片，向下渐呈纤维丝状。担孢子 8~10×4.5~6.0μm，椭圆形，淡褐色，光滑。囊状体厚壁，具结晶体，纺锤形。

【生境及基物】阔叶林或针叶林地上。

【地理分布】东北、华南、西南、西北地区。

【发生时间】7~10 月。

【毒性】主要毒性成分为毒蕈碱，导致外周胆碱能神经型中毒。

神经精神型毒蘑菇

光柄丝盖伞 *Inocybe glabripes* Ricken

【形态特征】菌盖直径 1.2~1.4cm，幼时圆锥形至锥钟形，边缘下弯，可见丝膜，后逐渐平展，中央有明显乳头状突起，突起处暗褐色，边缘渐为黄褐色，光滑，纤丝状，无细裂缝。菌肉乳色至淡赭黄色，伤不变色。菌褶直生，密，不等长，宽约 1mm，乳白色至黄褐色，褶缘近平滑。菌柄 30~35 × 1.5~2.0mm，圆柱形，有时向基部渐粗，顶部灰白色、蜜黄色或带褐色，密被灰白色纤维丝状平伏绒毛，后渐稀疏或消失，顶端无白霜，中实。担孢子 7~8 × 4.5~5.0μm，椭圆形或杏仁形，光滑，黄褐色，具亮黄绿色、油滴状物质。

【生境及基物】桦木科植物组成的阔叶林地上。

【地理分布】东北、华南地区。

【发生时间】7~9 月。

【毒性】主要毒性成分为毒蕈碱（李赛男，2023），导致外周胆碱能神经型中毒。

毛纹丝盖伞 *Inocybe hirtella* Bres.

【形态特征】菌盖直径 1.5~2.0cm，幼时半球形，成熟后渐平展，具钝状突起，土黄色至赭黄色，突起带淡橙色。菌肉近表皮处带淡褐色，近菌褶处半透明状。菌褶直生，较密，幼时白色至灰白色，成熟后带褐色。菌柄 3.3~4.5×0.3~0.4cm，圆柱形，基部膨大或不明显，肉粉色，具白色粉末状颗粒。担孢子 8.0~10.5×5~6μm，近杏仁形至椭圆形，光滑、黄褐色。囊状体厚壁，梭形且具小柄，顶部具结晶体。

【生境及基物】阔叶林地上。

【地理分布】东北、华北、西南、西北地区。

【发生时间】8月。

【毒性】主要毒性成分为毒蝇碱，导致外周胆碱能神经型中毒。

暗毛丝盖伞 *Inocybe lacera* (Fr.) P. Kumm.

【形态特征】菌盖直径 1.0~1.5cm，锥形至钟形，褐色至暗褐色，向边缘渐淡，粗糙至被细密的褐色鳞片，幼时边缘内卷，后伸展，幼时菌盖缘可见丝膜状菌幕残余。菌肉肉质，白色，近表皮处带褐色。菌褶直生，中等密度，不等长，黄褐色。菌柄 30~35×1.0~1.5mm，圆柱形，等粗或向基部渐粗，顶部和上部乳白色至灰白色，向下渐为褐灰色，中实。担孢子 10.0~13.5×4.5~5.5μm，长椭圆形，边缘偶尔呈弱角状，顶部钝圆或稍平，黄褐色。

【生境及基物】阔叶林或针叶林及林缘路边。

【地理分布】东北、西南、西北地区。

【发生时间】8~9月。

【毒性】主要毒性成分为毒蝇碱，导致外周胆碱能神经型中毒。

劳里纳丝盖伞 *Inocybe laurina* Bandini *et al.*

【形态特征】菌盖直径 1.0~2.3cm，幼时锥形，后斗笠形、伞状至平展，中央具明显突起，突起黑褐色，向边缘渐为黄褐色，向外 1/2 处渐开裂成块状或被细小糠麸状鳞片，边缘渐为纤维丝状。菌褶直生至近直生，中等密度，不等长，宽 1~3mm，初乳白色，后淡黄褐色至褐色；边缘细齿状，色淡。菌柄 6.0~7.0×0.3~0.5cm，圆柱形，浅黄褐色，顶端具白霜，下有糠麸状细小鳞片、纤毛或近光滑。菌盖菌肉薄，浅黄褐色，菌柄菌肉顶端带粉红色，伤不变色，气味似嫩竹子。担孢子 8.5~11.0×5~6μm，近长杏仁形，光滑，黄褐色。

【生境及基物】针阔混交林地上，与松属关系密切。

【地理分布】西南地区。

【发生时间】7~9月。

【毒性】主要毒性成分为毒蕈碱（李赛男，2023），导致外周胆碱能神经型中毒。

淡紫丝盖伞 *Inocybe lilacina* (Peck) Kauffman

【形态特征】菌盖直径 1.8~2.7cm，幼时锥形或钟形，成熟后近平展，中央具较弱突起，淡紫罗兰色，突起淡土黄或淡米黄色。菌肉近盖皮处为紫色色调，其余为白色。菌褶弯生且稍延生，不等长，幼时紫罗兰色，后呈褐灰色至褐色。菌柄 45~65×1.9~4.6mm，圆柱形，淡土黄色或米黄色，基部或稍膨大，顶端具白霜状附着物，向下渐为纤维丝状。担孢子 8.5~10.0×5~6μm，椭圆形至近肾形，光滑，黄褐色。囊状体厚壁，被结晶体，纺锤形。

【生境及基物】云杉、冷杉林，针阔混交林或阔叶林地上。

【地理分布】东北、华北、华南、西南地区。

【发生时间】7~9月。

【毒性】主要毒性成分为毒蕈碱，导致外周胆碱能神经型中毒。

神经精神型毒蘑菇

蛋黄丝盖伞 *Inocybe lutea* Kobayasi & Hongo

【形态特征】菌盖直径 1.8～3.2cm，幼时锥形至钟形，成熟后平展，具钝至锐突起，边缘下弯至平展，中部光滑，向边缘渐为纤维丝状至细缝裂，盖缘幼时可见丝膜状菌幕残余，黄色至亮黄色，中部橘黄色。菌褶直生，密，幼时带黄色，成熟后褐色，褶缘色淡。菌柄 2.2～4.5×0.3～0.4cm，等粗或向下渐粗，基部明显膨大，中实，纤维丝状，被残幕状鳞片，顶部具白色粉末状颗粒。菌盖菌肉肉质，黄白色；菌柄菌肉纤维质，淡黄色。担孢子 7～8×5～6μm，多角形至具弱疣突，黄褐色。

【生境及基物】阔叶林地上。

【地理分布】华南、西南地区。

【发生时间】6～9 月。

【毒性】主要毒性成分为毒蕈碱，导致外周胆碱能神经型中毒。

类沿海丝盖伞 *Inocybe maritimoides* (Peck) Sacc.

【形态特征】菌盖直径 4.0～5.5cm，幼时近锥形或凸透镜形，边缘内卷，成熟后平展或边缘上翻呈波浪形，中央具钝突起或不明显，灰褐色至黑褐色，中央颜色稍深，具粗糙纤维状翘起的鳞片，向边缘渐平伏，老后开裂。菌肉深褐色或褐色带白色，伤不变色，具淡土腥味。菌褶直生，密，不等长，宽约 4mm，初浅黄褐色，后黑褐色，褶缘光滑。菌柄 3.5～5.5×0.5～0.8cm，圆柱形，基部不膨大，被灰黄色纤维状薄纱，表皮常断裂上卷，中实。担孢子 7～9×5～7μm，具弱疣突至角状，或为多边形轮廓，黄绿色至黄褐色。

【生境及基物】路边松林地上。

【地理分布】西南地区。

【发生时间】7～9 月。

【毒性】主要毒性成分为毒蕈碱（李赛男，2023），导致外周胆碱能神经型中毒。

迷你丝盖伞 *Inocybe minima* Peck

【形态特征】菌盖直径 1～2cm，幼时锥形至钟形，渐展为扁钟形至伞状，边缘下弯，中央具明显突起，突起明显色深，茶褐色，边缘浅黄褐色至黄褐色，被细密糠皮状小鳞片，向边缘纤维丝状。菌褶直生，中等密度，不等长，宽约 3mm，幼时灰白色，后褐色，褶缘色淡，细小齿状。菌柄 2.0～3.5×0.1～0.2cm，圆柱形，基部不膨大，污白色至黄褐色，顶部具白色粉状颗粒，向下被松散纤维丝，中实。菌盖菌肉浅灰褐色，菌柄菌肉乳白色至浅肉色，伤不变色。担孢子 8～10×5.0～5.5μm，长杏仁形至长椭圆形，光滑，黄褐色。

【生境及基物】松属植物组成的针叶林地上。

【地理分布】西南地区。

【发生时间】7～9 月。

【毒性】主要毒性成分为毒蕈碱（李赛男，2023），导致外周胆碱能神经型中毒。

神经精神型毒蘑菇

隐藏丝盖伞 *Inocybe occulta* Esteve-Rav. et al.

【形态特征】菌盖直径 1.8～3.2cm，幼时钟形或钝圆锥形至半球形，后渐呈扁凸透镜形至平展，中央具钝突起，有时不明显，边缘平直或稍下弯，橘褐色至黄褐色，突起色深，光滑，平伏纤维丝状。菌肉白色，伤不变色，气味不明显。菌褶离生至直生，密，不等长，宽 1～3mm，幼时白色至米白色，后渐赭褐色至橘褐色，褶缘近光滑，色淡。菌柄 2.5～5.0×0.2～0.5cm，圆柱形，基部明显膨大，白色至污白色，密被白霜状颗粒。担孢子 7.5～9.0×6～7μm，具 8～12 个疣突，黄褐色。

【生境及基物】针叶林地上。

【地理分布】东北地区。

【发生时间】7～9 月。

【毒性】主要毒性成分为毒蕈碱（李赛男，2023），导致外周胆碱能神经型中毒。

多变丝盖伞 *Inocybe plurabellae* Bandini *et al.*

【形态特征】菌盖直径1.5~4.0cm，幼时近锥形至半球形，后宽凸透镜形至平展，中央具钝突起，稻草黄色至深褐色，或深红褐色，幼时具灰白色菌幕残余，后被短绒毛和小鳞片，老后纤维丝状至有细裂缝；边缘常有丝膜，稍开裂。菌肉浅黄色至黄白色，伤不变色，具土腥味。菌褶近离生或弯生，密或稍密，宽1~4mm，初乳白色，渐灰褐色至褐色，褶缘色淡，细齿状。菌柄1.5~4.6×0.2~0.4cm，圆柱形，基部稍膨大，苍白色或浅木色至带褐色，被白色绒毛，顶部具白霜，具纵条纹。担孢子9~11×5~6μm，光滑，长杏仁形，黄褐色。

【生境及基物】松属植物组成的针叶林地上。

【地理分布】西南、西北地区。

【发生时间】7~9月。

【毒性】主要毒性成分为毒蕈碱（李赛男，2023），导致外周胆碱能神经型中毒。

神经精神型毒蘑菇

假粉丝盖伞 *Inocybe pseudorubens* Carteret & Reumaux

【形态特征】菌盖直径 1.4~2.5cm，幼时锥形至锥钟形，成熟后平展，中央具明显突起，褐色至暗褐色，向边缘颜色渐淡，纤丝状，突起完整，边缘具不明显细裂缝。菌肉乳色至米黄色，伤不变色。菌褶直生，密，不等长，宽 1~2mm，幼时灰白色，逐渐变为黄褐色，褶缘近平滑，颜色稍浅。菌柄 2.8~3.5×0.2~0.3cm，圆柱形，基部明显膨大，上部乳白色至米黄色，中部带褐色，具纵条纹，顶端具细小、白色粉末状颗粒，中实。担孢子 8~10×5~6μm，杏仁形，顶部稍锐，黄褐色，少数具亮黄色、油滴状物质。

【生境及基物】桦木科植物组成的阔叶林地上。

【地理分布】东北地区。

【发生时间】7~9月。

【毒性】主要毒性成分为毒蕈碱（李赛男，2023），导致外周胆碱能神经型中毒。

假异形丝盖伞 *Inocybe pseudoteraturgus* Vauras & Kokkonen

【形态特征】菌盖直径约 2.5cm，幼时锥形至凸透镜形，后扁平至凸透镜形，无明显突起，中央深褐色，向外变浅至褐色或黄褐色，被细小锥形鳞片，常有细小上翘鳞片，边缘短绒毛至辐射纤维丝状。菌褶直生，中等密度，不等长，宽约 4mm，米黄色，褶缘细小流苏状，颜色稍浅。菌柄约 3.5×0.5cm，圆柱形，基部不膨大，与菌盖同色，被褐色羊毛状纤维丝，虫蛀中空。菌盖菌肉浅黄褐色，菌柄菌肉浅黄褐色至淡褐色，伤不变色，清新味带臭屁虫味。担孢子 9~10×6~8μm，具 5~8 个小疣突或弱角轮廓，黄褐色带绿色色调。

【生境及基物】以栎属植物为主的高山苔原地上。

【地理分布】西南地区。

【发生时间】7~9月。

【毒性】主要毒性成分为毒蕈碱（李赛男，2023），导致外周胆碱能神经型中毒。

棕糠丝盖伞 *Inocybe rufotacta* Schwöbel & Stangl

【形态特征】菌盖直径0.5~1.2cm，凸透镜形至钝锥形，中部有小突起，土棕色、红棕色至深红棕色，中部突起色深，幼时密被糠麸状小鳞片，渐裂开成块状鳞片，向边缘近纤丝状至细裂缝。菌肉浅黄棕色带红棕色色调，伤不变色。菌褶直生，中等密度，不等长，宽约5mm，浅棕色至浅黄褐色，或带酒红色，褶缘色浅。菌柄1.5~3.0×0.2~0.4cm，圆柱形，基部稍膨大，浅红棕色至浅黄棕色，有时上端带酒红色，上端被白霜状鳞片，向下光滑，中实。担孢子8.0~10.5×5.0~6.5μm，光滑，杏仁形至椭圆形，小尖明显，黄褐色，具亮黄绿色、油滴状物质。

【生境及基物】杉科植物组成的针叶林地上。

【地理分布】东北地区。

【发生时间】7~9月。

【毒性】主要毒性成分为毒蕈碱（李赛男，2023），导致外周胆碱能神经型中毒。

拟华美丝盖伞 *Inocybe splendentoides* Bon

【形态特征】菌盖直径2.3~4.5cm，幼时半球形至钟形，成熟后逐渐平展，盖中央有明显钝圆突起，深褐色至棕褐色，突起米黄色至赭黄色，幼时边缘强烈内卷，成熟后渐平展。菌肉幼时雪白色，成熟后带米黄色。菌褶直生，幼时白色至灰白色，成熟后带褐色。菌柄4.2~9.0×0.7~1.0cm，圆柱形，白色至带肉褐色，中下部白色，基部明显膨大，具白色霜状颗粒。担孢子8.5~14.5×5~7μm，黄褐色，近杏仁形。

【生境及基物】杨树林地上。

【地理分布】东北、华北、西北地区。

【发生时间】8~9月。

【毒性】主要毒性成分为毒蕈碱（李赛男，2023），导致外周胆碱能神经型中毒。2020年在北京发生1起1人中毒事件（Li *et al.*，2021a）。

神经精神型毒蘑菇

翘鳞黄棕丝盖伞 *Inocybe squarrosofulva* S.N. Li et al.

【形态特征】菌盖直径 2.5~5.5cm，幼时球形至钟形，渐平展至凸透镜形，中央无突起，边缘内卷，有明显黄棕色纤维状丝膜，黄棕色至橘棕色，中央颜色稍深，中央被直立锥状赭色鳞片，边缘具平伏纤丝至细裂。菌肉浅黄色，伤不变色，气味似马铃薯。菌褶直生，密，宽 3~5mm，近等长，淡姜黄色至黄褐色，褶缘近平滑。菌柄 4.0~8.0×0.5~0.8cm，圆柱形，基部稍膨大，姜黄色至黄褐色，有丝膜状赭色菌环，顶部被白色粉霜，上部被少量赭色糠皮状鳞片，菌环以下被纤维丝状赭色鳞片。担孢子 5~7×4~6μm，具 6 个弱疣突，黄褐色。

【生境及基物】阔叶林地上。

【地理分布】华中地区。

【发生时间】7~9 月。

【毒性】主要毒性成分为毒蕈碱（Li *et al.*, 2021b；李赛男, 2023），导致外周胆碱能神经型中毒。

翘鳞蛋黄丝盖伞 *Inocybe squarrosolutea* (Corner & E. Horak) Garrido

【形态特征】菌盖直径 3.2~4.0cm，幼时钟形，成熟后渐平展，具钝突起，亮黄色至橘黄色，中部橘黄色至暗褐色，幼时边缘内卷，成熟后下弯至渐平展。菌肉淡橙色或淡黄色。菌褶直生，幼时黄色至橘黄色，成熟后褐色。菌柄 3.5~5.5×0.3~0.5cm，圆柱形，基部明显膨大，顶端有白色粉末状颗粒，具橘黄色环带状鳞片。担孢子 7.5~9.0×6~7μm，多角形且具弱疣突，黄色至黄褐色。囊状体厚壁，具结晶体，纺锤形，壁黄色。

【生境及基物】壳斗科植物与松树混交林地上。

【地理分布】华东、华中地区。

【发生时间】6~9 月。

【毒性】主要毒性成分为毒蕈碱（Li *et al.*, 2021b；李赛男, 2023），导致外周胆碱能神经型中毒。2017~2019 年在湖南永州发生 2 起 13 人中毒事件（陈作红等, 2022）。

青脚丝盖伞 *Inocybe subaeruginascens* Y.G. Fan *et al.*

【形态特征】菌盖直径1~3cm，幼时锥形，后呈钟形至平展，中央具明显突起，老后边缘上翻，米黄色至土黄色，平滑，纤维丝状，有时具细小纤毛状鳞片，有时边缘开裂。菌褶幼时近白色，密，后带灰色至黄褐色，褶缘非平滑。菌柄3.0~7.5×0.4~0.7cm，圆柱形，中实，近平滑，米色至白色。菌盖菌肉白色，肉质；菌柄菌肉纤维质。担孢子7.0~9.5×4~7μm，椭圆形至近杏仁形，光滑，黄褐色。囊状体长颈花瓶形至不规则，厚壁，被结晶体。

【生境及基物】国槐或杨树下地上。

【地理分布】东北、华北地区。

【发生时间】7~8月。

【毒性】主要毒性成分为毒蕈碱，导致外周胆碱能神经型中毒。

荫生丝盖伞 *Inocybe umbratica* Quél.

【形态特征】菌盖直径1.8~2.2cm，幼时钟形，后渐平展，盖中央具明显突起，白色至乳白色，边缘细缝裂至锯齿状，无丝膜状残留。菌肉白色、肉质，湿时水浸状。菌褶弯生，密，初期灰白色，后变灰褐色至黄褐色。菌柄5.5~6.5×0.3~0.5cm，圆柱形，等粗，乳白色，中实，基部球形膨大，具有完整的边缘，全部被白霜状颗粒。担孢子7~8×5.0~6.6μm，多角形至具疣状突起，淡褐色。

【生境及基物】针叶林地上。

【地理分布】东北地区。

【发生时间】8~9月。

【毒性】主要毒性成分为毒蕈碱，导致外周胆碱能神经型中毒。

神经精神型毒蘑菇

棉毛丝盖伞 *Inocybe lanuginosa* (Bull.) Kalchbr.

【别名/俗名】棉绒毛锈伞。

【形态特征】菌盖直径 0.8~1.5cm，半球形至斗笠形，被深褐色刺毛鳞，中部无明显突起，靠近盖中央部分鳞片直立，向盖边缘鳞片渐为平伏放射状。菌肉乳白色稍带褐色色调。菌褶直生，幼时灰白色，后逐渐为淡褐色。菌柄 2.0~3.2×0.3~0.4cm，圆柱形，被烟褐色纤毛状鳞片，顶部具少许白色粉状颗粒。担孢子 8.0~9.5×4.5~6.5μm，光滑，具 10~12 个小疣突，淡褐色。囊状体厚壁，顶部被结晶体，宽纺锤形，基部具小柄。

【生境及基物】深度腐烂的针叶树腐木上。

【地理分布】东北、华中、华南、西南地区。

【发生时间】8~9月。

【毒性】主要毒性成分为毒蕈碱，导致外周胆碱能神经型中毒。

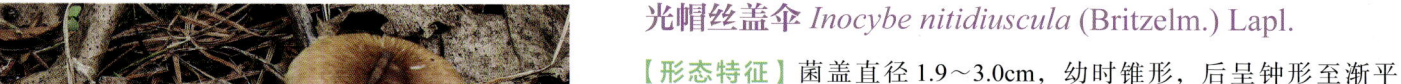

光帽丝盖伞 *Inocybe nitidiuscula* (Britzelm.) Lapl.

【形态特征】菌盖直径 1.9~3.0cm，幼时锥形，后呈钟形至渐平展，中央深褐色、具小突起，向边缘渐淡，老后边缘开裂，幼时菌盖边缘具灰白色菌幕残余。菌肉白色或半透明。菌褶直生，幼时灰白色，成熟后带褐色，老后近延生。菌柄 30~60×2.0~3.5mm，圆柱形，上部粉褐色，下部灰白色，等粗，基部膨大，中空。担孢子 8.5~12.0×5~6μm，淡褐色，光滑，椭圆形至近胡桃形。囊状体厚壁，被结晶体，长颈花瓶形。

【生境及基物】阔叶林地上。

【地理分布】东北、西南、西北地区。

【发生时间】7~9月。

【毒性】主要毒性成分为毒蕈碱，导致外周胆碱能神经型中毒。

神经精神型毒蘑菇

晚生丝盖伞 *Inocybe serotina* Peck

【形态特征】菌盖直径1.5～2.3cm，幼时半球形、近圆锥状至近伞状，成熟后近平展，中央污白色，周围浅褐色至褐色，边缘幼时下弯或稍内卷，后平展或稍上翻。菌褶直生，较密，初灰白色，后黄白色至黄褐色。菌柄1.5～2.0×0.6～0.8cm，圆柱形，幼时白色至奶白色，后肉色至带土黄色。担孢子11.0～13.5×6.5～7.5μm，黄褐色，光滑，杏仁状。囊状体厚壁，被结晶体，宽纺锤形。

【生境及基物】公园林地上。

【地理分布】华东、西北地区。

【发生时间】9月。

【毒性】主要毒性成分为毒蕈碱（Xu *et al.*, 2020a），导致外周胆碱能神经型中毒。2019年和2023年在宁夏发生2起3人中毒事件（Li *et al.*, 2020, 2024）。

长白歧盖伞 *Inosperma changbaiense* (T. Bau & Y.G. Fan) Matheny & Esteve-Rav.

【形态特征】菌盖直径2.0～3.5cm，幼时锥形，后呈斗笠形至平展，中央具明显突起，老后边缘稍翘起，黄色至赭黄色，向边缘色渐淡，纤维丝状，有时边缘开裂。菌褶幼时近白色，密，成熟后带橄榄色或近灰色，褶缘非平滑。菌柄50～65×3.5～6.5mm，圆柱形，向下渐粗，基部膨大，无边缘，中实，平滑，顶部和基部近白色，中部与菌盖同色。菌肉具明显土腥味，白色，肉质；菌柄菌肉纤维质，致密。担孢子8.5～10.5×5～6μm，椭圆形至近豆形，黄褐色，光滑。

【生境及基物】土质肥沃的针阔混交林地上。

【地理分布】东北地区。

【发生时间】7～9月。

【毒性】主要毒性成分为毒蕈碱（李赛男，2023），导致外周胆碱能神经型中毒。

第四章 我国毒蘑菇的种类

神经精神型毒蘑菇

变红歧盖伞 *Inosperma erubescens* (A. Blytt) Matheny & Esteve-Rav.

【形态特征】菌盖直径 3.0～6.5cm，幼时锥形至钟形，成熟后斗笠形至平展，盖中央具较锐突起，草黄色至赭黄色，老后变为砖红色，边缘内卷，幼时有菌幕残余。菌肉薄，白色带粉红色或橙红色，最厚处宽达 10mm。菌褶直生，密，污白色至灰白色，伤后带粉色。菌柄 6.5～9.0×0.6～1.2cm，圆柱形，白色或污白色，伤后或老后带砖红色，中实，圆柱形，基部球形膨大，顶部被粗纤维状或呈头屑状鳞片。担孢子 11.0～13.5×6.5～7.5μm，黄褐色，光滑，椭圆形至长椭圆形。

【生境及基物】土质肥沃的壳斗科植物林下。

【地理分布】华北、西南、西北地区。

【发生时间】8～9 月。

【毒性】主要毒性成分为毒蕈碱，导致外周胆碱能神经型中毒。

海南歧盖伞 *Inosperma hainanense* Y.G. Fan *et al.*

【形态特征】菌盖直径 2.5～5.3cm，幼时呈圆锥形到凸状，随着成熟而扁平到隆起，黄褐色至暗褐色，边缘呈波浪状。菌肉肉质，白色至灰白色，中心突起褐色，最厚处宽达 5mm。菌褶弯生，密，象牙白色至灰白色，褶缘具绒毛，锯齿状，不等长。菌柄 4.0～7.2×0.3～0.5cm，圆柱形，黄褐色，顶端和基部稍膨大，光滑。担孢子 8～9×5～7μm，褐色至黄褐色，光滑，椭圆形至卵形，两端钝圆。褶缘囊状体薄壁，无色，梨形至倒卵形。

【生境及基物】壳斗科植物林地上。

【地理分布】华南、西南地区。

【发生时间】5～10 月。

【毒性】主要毒性成分为毒蕈碱（Deng *et al.*，2021），导致外周胆碱能神经型中毒。2022 年在云南和广西发生 2 起 7 人中毒事件（Li *et al.*，2023）。

神经精神型毒蘑菇

长孢歧盖伞 *Inosperma longisporum* S.N. Li *et al.*

【形态特征】菌盖直径1.7～3.6cm，幼时近球形，渐呈半球形至平凸透镜形，中央无突起，栎褐色至咖啡色，中央被块状鳞片，边缘呈羊毛状至粗糙纤维丝状。菌褶直生，密，宽约3mm，不等长，黄褐色至褐色，褶缘细齿状，颜色稍浅。菌柄5.0～8.5×0.4～0.6cm，圆柱形，基部稍膨大，与菌盖同色，有时基部颜色稍浅，顶部有头屑状小鳞片，向下被松散纤维丝状鳞片，中实。菌肉奶白色至浅黄褐色，伤变红褐色，气味清香，老后带土腥味。担孢子12～17×5.5～7.0μm，光滑，米粒形至圆柱形，有时长杏仁形，浅黄绿色。

【生境及基物】云冷杉林地上。

【地理分布】西南地区。

【发生时间】7～9月。

【毒性】主要毒性成分为毒蕈碱，导致外周胆碱能神经型中毒。

第四章　我国毒蘑菇的种类

神经精神型毒蘑菇

毒蝇歧盖伞 *Inosperma muscarium* Y.G. Fan *et al.*

【形态特征】菌盖直径 2.5～6.0cm，圆锥形至钝圆锥形，黄褐色，边缘弯曲，具白色菌幕残余。菌肉肉质，初白色至象牙色，后白褐色，最厚处宽达 4.5mm。菌褶弯生，密，白色至灰白色，褶缘波浪状到锯齿状，不等长。菌柄 3.5～7.2×0.3～0.8cm，近圆柱形，白色至奶白色，成熟后带黄褐色，顶端和基部稍膨大，基部具白色毛状菌丝体。担孢子 8～10×5～6μm，椭圆形至长椭圆形，光滑，浅黄色。褶缘囊状体薄壁，无色，棒状。

【生境及基物】壳斗科植物林地上。

【地理分布】华南地区。

【发生时间】4～10 月。

【毒性】主要毒性成分为毒蕈碱（Deng *et al.*, 2021），导致外周胆碱能神经型中毒。2021 年在广东和福建导致 2 起 7 人中毒事件（Li *et al.*, 2022a）。

白褶歧盖伞 *Inosperma nivalellum* S.N. Li *et al.*

【形态特征】菌盖直径 4.0～9.1cm，幼时圆锥形，成熟后渐平展呈斗笠状至平展，边缘下弯，中央具乳头状突起，浅黄褐色，中间色深，向边缘颜色渐淡，中间不开裂，向边缘被平伏纤维丝状至细缝裂，成熟后开裂。菌肉白色，伤不变色。菌褶近直生，密，不等长，多卷曲呈波浪形，宽 2～5mm，白色。菌柄 6.8～10.0×0.5～1.1cm，圆柱形，顶端稍细，向下渐粗，顶端和基部白色，中段浅黄褐色，近光滑，中实。担孢子 7.0～10.5×4.0～5.5μm，长豆形至长椭圆形，光滑，黄绿色。

【生境及基物】壳斗科植物组成的阔叶林地上。

【地理分布】华中地区。

【发生时间】8～10 月。

【毒性】主要毒性成分为毒蕈碱（李赛男，2023），导致外周胆碱能神经型中毒。

粉柄歧盖伞 *Inosperma rosellicaulare* (Grund & D.E. Stuntz) Matheny & Esteve-Rav.

【形态特征】菌盖直径 2.4～5.5cm，幼时锥形，后呈斗笠形至开伞状，中央具明显突起，老后边缘开裂或稍翘起，灰褐色至红褐色，向边缘渐浅，中间突起被白色菌幕残余，光滑纤维丝状至细裂缝。菌肉淡灰褐色，伤不变色，气味清香。菌褶直生至近离生，密，不等长，灰黄色，成熟后带橄榄色，褶缘近平滑。菌柄 4.0～9.7× 0.4～0.8cm，圆柱形，基部稍膨大，中部与菌盖同色，顶部和基部近白色，近光滑至具纵条纹，有时中下部被白色丝状绒毛，幼时中实，后易被虫蛀空。担孢子 8～9×4.5～5.5μm，豆形至椭圆形，光滑，黄绿色。

【生境及基物】针阔混交林地上。

【地理分布】东北、华中地区。

【发生时间】8～10 月。

【毒性】主要毒性成分为毒蕈碱（李赛男，2023），导致外周胆碱能神经型中毒。

神经精神型毒蘑菇

细褐鳞歧盖伞 *Inosperma squamulosobrunneum* S.N. Li *et al.*

【形态特征】菌盖直径 0.5~2.1cm，幼时球形至锥形，边缘有丝膜状菌幕残余，渐呈半球形或锥钟形，中央无明显突起，栎棕色至棕色，中央具细密直立圆锥状鳞片，向外有上翘的纤丝状小鳞片。菌肉苍白色，菌柄菌肉浅灰棕色，伤变红棕色，有青草或玉米叶气味。菌褶近直生，稍密，宽约 5mm，黄白色至陶棕色，褶缘小流苏状，颜色稍浅。菌柄 24~50×1.5~3.0mm，圆柱形，基部稍膨大，陶棕色至棕色，基部带蓝绿色，顶端具糠皮状小鳞片，向下被直立或下弯的小鳞片，中实。担孢子 8~11×5~7μm，长椭圆形，光滑，黄褐色。

【生境及基物】松属植物组成的针叶林地上。

【地理分布】西南地区。

【发生时间】7~9 月。

【毒性】主要毒性成分为毒蕈碱，导致外周胆碱能神经型中毒。

细鹿褐鳞歧盖伞 *Inosperma squamulosohinnuleum* S.N. Li *et al.*

【形态特征】菌盖直径 1~3cm，幼时锥形或钝锥形，渐为宽锥形至半球形，中央无突起，红褐色至焦糖色，有时中部色深，被细密褐色鳞片，中部鳞片颗粒状，边缘鳞片渐上翘。菌肉黄白色至灰褐色，菌柄基部菌肉橄榄灰色，伤变红褐色，具青草香味。菌褶直生，中等密度，宽 1.5~3.0mm，不等长，幼时浅黄白色，渐变褐色至黑褐色，褶缘小流苏状，颜色较浅。菌柄 35~70×2.5~4.0mm，圆柱形，灰橘色，基部橄榄灰色，被松散纤维丝和细小鳞片，中实。担孢子 8.0~11.5×5~7μm，光滑，长豆形至长椭圆形，有时杏仁形，浅黄褐色。

【生境及基物】松属植物组成的针叶林地上。

【地理分布】西南地区。

【发生时间】7~9 月。

【毒性】主要毒性成分为毒蕈碱，导致外周胆碱能神经型中毒。

神经精神型毒蘑菇

五指山歧盖伞 *Inosperma wuzhishanense* Y.G. Fan *et al.*

【形态特征】菌盖直径 2.0～4.6cm，凸状至平凸状，中心红褐色，周围黄褐色，边缘弯曲，幼时具菌幕残余，成熟后只出现在中心。菌肉肉质，白色至白褐色，最厚处宽达 5mm。菌褶弯生，密，白色至灰白色，褶缘具绒毛，波浪状或锯齿状，不等长。菌柄 3.5～6.5×0.4～0.5mm，圆柱形，中实，顶部稍膨大，具凸起的白色纤维，白色至淡黄白色，基部具白色菌丝体。担孢子 8～9×5～6μm，椭圆形或卵圆形，光滑，黄绿色至黄褐色。褶缘囊状体薄壁，无色，棒状。

【生境及基物】壳斗科树下黏土上。

【地理分布】华南地区。

【发生时间】6～10 月。

【毒性】主要毒性成分为毒蕈碱，导致外周胆碱能神经型中毒。

环暮歧盖伞 *Inosperma zonativeliferum* Y.G. Fan *et al.*

【形态特征】菌盖直径 2～7cm，钝圆锥状，白褐色，边缘弯曲，具象牙白色菌幕残余。菌肉肉质，开始白色至微黄白色，伤变黄褐色，最厚处宽达 2mm。菌褶弯生，密，幼时白色至黄白色、具淡粉色色调，成熟后为黄褐色至暗褐色，褶缘具绒毛，波浪状到锯齿状。菌柄 2.0～9.5×0.5～0.6cm，圆柱形，白色至黄白色，伤变黄褐色，顶端和基部稍膨大，顶端具有一些白色糠状物。担孢子 8～10×5.0～6.5μm，光滑，椭圆形至近椭圆形。

【生境及基物】壳斗科植物林地上。

【地理分布】华南地区。

【发生时间】5～7 月。

【毒性】主要毒性成分为毒蕈碱（Deng *et al.*，2022），导致外周胆碱能神经型中毒。2020 年在海南万宁导致 1 起 10 人中毒事件（Deng *et al.*，2022）。

第四章　我国毒蘑菇的种类

哀牢山炮孔菌 *Laetiporus ailaoshanensis* B.K. Cui & J. Song

【形态特征】菌盖扇形、扁平至平展，覆瓦状叠生，新鲜时黄褐色至红色，无环纹或环纹不明显，光滑，边缘波浪状，较钝，奶白色至白色，成熟时淡黄色。孔口新鲜时奶白色至淡黄色，成熟时黄褐色，不规则形，每毫米3~5个，边缘薄，全缘至撕裂。不育边缘窄，暗黄色。菌肉乳白色，肉质。菌管与孔口同色，易碎。无柄或具短柄。担孢子4.5~6.0×4~5μm，宽卵圆形至椭圆形，无色，薄壁，透明，光滑，非淀粉质，不嗜蓝。二型菌丝系统，生殖菌丝薄壁，具横隔，无锁状联合；骨架菌丝厚壁。

【生境及基物】阔叶树干上。

【地理分布】西南地区。

【发生时间】7~9月。

【毒性】毒性成分不明，可导致神经精神型中毒。

神经精神型毒蘑菇

奶油炮孔菌 *Laetiporus cremeiporus* Y. Ota & T. Hatt.

【别名/俗名】硫黄菌。

【形态特征】一年生，叠生。菌盖半圆形至扇形，扁平，长约20cm，宽约15cm，橙黄色至橙红色，干后呈浅褐色、易碎，边缘薄，波状或撕裂状，具径向沟纹。孔口黄白色至乳白色，近圆形至多角形。菌肉白色至乳白色，厚，味道温和。担孢子$5\sim7\times3.5\sim5.0\mu m$，卵圆形至椭圆形，无色，薄壁，光滑，非淀粉质。囊状体未见。三型菌丝系统：生殖菌丝薄壁，透明，具隔膜，具分枝；联络菌丝厚壁，透明，无隔膜，具分枝；骨架菌丝厚壁，质坚，不分枝。

【生境及基物】阔叶树活立木或倒木上。

【地理分布】东北、华中、西南、西北地区。

【发生时间】7~9月。

【毒性】毒性成分不明，可导致神经精神型中毒。

神经精神型毒蘑菇

环带炮孔菌 *Laetiporus zonatus* B.K. Cui & J. Song

【形态特征】菌盖扁平至平展，覆瓦状叠生，白色至奶油色，具同心环纹，边缘钝，黄色至橙黄色。孔口新鲜时奶白色至土黄色，多角形，每毫米2～5个，边缘薄，全缘至撕裂。不育边缘窄，暗黄色。菌肉米白色至浅黄色，肉质。无柄或具侧生短柄。菌管与菌孔同色，易碎。担孢子6～7×4.5～5.5μm，椭圆形，无色，薄壁，光滑，非淀粉质，不嗜蓝。二型菌丝系统，生殖菌丝薄壁，透明，偶有分枝，具分隔；骨架菌丝厚壁。

【生境及基物】阔叶林腐木上。

【地理分布】华中、西南地区。

【发生时间】9月。

【毒性】毒性成分不明，可导致神经精神型中毒。

神经精神型毒蘑菇

变孢硫磺菌 *Laetiporus versisporus* (Lloyd) Imazeki

【形态特征】菌体一年生，单生，偶尔覆瓦状叠生。菌盖半圆形到扇形，宽约21cm，新鲜时黄色或鲑红橙色至橙色，极少部分近乎白色，老或干后渐变浅褐色或近白色，光滑，有辐射状沟纹。菌孔表面鲜时常为黄色，有时浅黄色至近白色，干后变为浅褐色；菌孔不规则，宽3～6mm；孔壁较薄，常撕裂。菌肉厚约3cm，鲜时白色，无环纹，易碎多汁的，鲜时肉质，干后脆或白垩质。担孢子5.2～6.8×4.0～5.5μm，椭圆形，透明，光滑，非淀粉质。

【生境及基物】栲属或栎属植物活树或死树枯倒木及树桩上。

【地理分布】华北、华东、华中、华南、西南地区。

【发生时间】3～10月。

【毒性】毒性成分不明，可导致神经精神型中毒。2022年6月在云南玉溪发生1人舔了一下生的变孢硫磺菌引起2次一过性心悸的中毒事件（Li *et al.*, 2023）。

兰茂牛肝菌 *Lanmaoa asiatica* G. Wu & Zhu L. Yang

【别名/俗名】红葱、红见手、见手青。

【形态特征】菌盖直径5～11cm，扁平，粉红色、红色至暗红色，伤变褐色至暗褐色。菌肉淡黄色，伤渐变淡蓝色，有葱味。子实层体淡黄色，伤后速变淡蓝色至蓝色。菌管淡黄色，伤后速变淡蓝色至蓝色。菌柄8～11×1～3cm，圆柱形至倒棒形，顶端淡黄色至鸡油黄色，有时上半部具网纹。担孢子9.0～11.5×4.0～5.5μm，近纺锤形，孢子壁光滑。

【生境及基物】亚热带针叶林或针阔混交林地上。

【地理分布】西南地区。

【发生时间】6～10月。

【毒性】毒性成分不明。可食，但加工不当会导致致幻性神经型中毒。2020～2021年，仅云南大学附属医院急诊科就收治了398例中毒患者（李娅等，2023）。

神 经 精 神 型 毒 蘑 菇

疣孢褐盘菌 *Legaliana badia* (Pers.) van Vooren

【别名/俗名】疣孢褐地碗。
【形态特征】子囊盘直径3~7cm，浅碟状、杯状，不规则起伏，无柄。子实层表面深黄褐色。子层托红褐色，拟糠状，边缘粗糙更明显。菌肉薄，易碎，红褐色，无特殊的气味或味道。子囊圆柱形，基部渐细，具囊盖，内含8个子囊孢子。子囊孢子17~20×9~11μm，椭圆形，透明，有不规则网状纹饰，内含2个油滴，在子囊中单行排列。侧丝圆柱形，顶端略膨大，具隔，分枝。
【生境及基物】针叶林或针阔混交林伴有苔藓的腐殖质层上。
【地理分布】东北、西北地区。
【发生时间】7~9月。
【毒性】毒性成分不明，可导致神经精神型中毒。

小白杯伞 *Leucocybe candicans* (Pers.) Vizzini *et al.*

【别名/俗名】变白杯伞。
【形态特征】菌盖直径2~3cm，初扁凸透镜形，后漏斗形至平展，中央凹陷，白色或奶油色，中央色深，污白色至淡褐色，具同心环纹，光滑，具丝质感，潮湿时有光泽。菌肉白色，薄。菌褶延生，奶白色，极薄，密，褶幅窄。菌柄2~4×0.2~0.5cm，圆柱形，上下等粗，污白色、淡褐色至茶褐色，光滑，有光泽，中空，基部菌丝体白色，绒毛状。担孢子4~6×3.5~4.0μm，椭圆形至卵圆形，光滑，无色透明，薄壁。囊状体缺失。具锁状联合。
【生境及基物】针叶林腐殖质层上。
【地理分布】东北、华北、华东、华南、西南、西北地区。
【发生时间】7~9月。
【毒性】毒性成分不明，可导致神经精神型中毒。

神经精神型毒蘑菇

血红小菇 Mycena haematopus (Pers.) P. Kumm.

【别名/俗名】红汁小菇。

【形态特征】菌盖半球形或钟形，后稍平展，酒红色至红褐色，表面粉末状至光滑，具透明状条纹，常开裂呈锯齿状，伤后流出血红色乳汁。菌肉白色，薄。菌褶直生至稍弯生，白色。菌柄2.5~7.2×0.1~0.3cm，圆柱形，中空，脆骨质，褐色至红褐色，被白色细粉状颗粒或细小绒毛，伤后流出血红色乳汁，基部具白色绒毛。担孢子7.7~11.1×5.8~6.9μm，椭圆形至长椭圆形，无色，光滑。缘生囊状体纺锤形或细颈瓶形，光滑。侧生囊状体缺失。锁状联合未见。

【生境及基物】针叶林或阔叶林腐木上。

【地理分布】东北、华北、华东、华南、西南、西北地区。

【发生时间】7~9月。

【毒性】毒性成分不明，可导致神经精神型中毒。

暗花纹小菇 Mycena pelianthina (Fr.) Quél.

【形态特征】菌盖直径1.5~5.0cm，初半球形至钟形，后凸透镜形，顶部浅粉色、粉褐色、浅紫褐色，具不明显辐射状细条纹。菌肉与菌盖同色，伤不变色。菌褶弯生至近直生，粉褐色，边缘具深粉褐色或紫褐色斑点，密，不等长。菌柄2.4~6.9×0.2~0.8cm，光滑，等粗，与菌盖同色。担孢子6~9×3~5μm，椭圆形至近圆柱形，光滑，无色，淀粉质。

【生境及基物】阔叶林或针叶林腐殖质层上。

【地理分布】各地区均有分布。

【发生时间】8~9月。

【毒性】毒性成分不明，可导致神经精神型中毒。

神经精神型毒蘑菇

洁小菇 *Mycena pura* (Pers.) P. Kumm

【别名/俗名】粉紫小菇、紫菇。

【形态特征】菌盖直径2～6cm，初圆锥形至钟形，后期渐平展，顶部浅粉色、淡紫色、浅紫褐色，边缘渐浅，具不明显辐射状细条纹。菌肉白色，伤不变色。菌褶弯生至近直生，白色，密，不等长。菌柄4～10×0.2～0.5cm，光滑，等粗，白色或稍浅于菌盖颜色。担孢子6～10×3～4μm，长椭圆形至近圆柱形，光滑，无色，非淀粉质。

【生境及基物】阔叶林或针叶林腐殖质层上。

【地理分布】东北、华北、华东、华中、西南、西北地区。

【发生时间】8～9月。

【毒性】毒性成分为毒蕈碱，导致外周胆碱能神经型中毒。

华丽新牛肝菌 *Neoboletus magnificus* (W.F. Chiu) G. Wu & Zhu L. Yang

【形态特征】菌盖直径5～8cm，凸透镜形至平展，边缘幼时内卷，干，微绒质，玫瑰红色、浅红色至咖啡褐色或暗褐色，伤后速变暗蓝色。菌肉浅黄色，伤后速变暗蓝色。子实层体直生至弯生，稀近离生，浅黄色至玉米黄色，后橄榄黄色，伤后速变暗蓝色。管口直径0.3～0.5mm，近圆形。菌柄7.5～10×1.5～5.0cm，倒棒状，基部有时近球形，顶部锌黄色至玉米黄色，向下渐变为鸡冠红色至暗红色，有时带暗黄色，被红色颗粒状鳞片，伤后速变蓝色。菌柄基部菌丝体淡黄色至浅黄色。担孢子10～13×4～5μm，近梭形至近圆柱形，光滑，浅褐黄色。

【生境及基物】针阔混交林地上。

【地理分布】西南地区。

【发生时间】6～8月。

【毒性】毒性成分不明。可食，但加工不当会导致致幻性神经型中毒。

神经精神型毒蘑菇

小蝉草 *Ophiocordyceps sobolifera* (Hill ex Watson) G.H. Sung, J.M. Sung

【别名/俗名】小蝉线虫草。

【形态特征】子座 0.2~0.8×0.2~0.6cm，从宿主蝉若虫头部长出，棒形，不分枝或偶在基部分枝；可育部分 1.5~2.0×0.5~0.6cm，近圆柱形，中部略膨大，淡橙红色、淡红褐色、土黄色至淡褐色；不育菌柄 2.5~4.5×0.3~0.4cm，圆柱形，基本与可育部分同色，基部常缢缩。子囊壳埋生，烧瓶形至柱形。子囊 300~470×5.6~6.5μm，细柱形或粗线形，基部变狭，具半球形子囊帽。子囊孢子 6~13×1.0~1.5μm，线形，多隔，成熟后断裂形成分孢子。分生孢子 6.0~7.2×1.2~1.5μm。

【生境及基物】常绿阔叶林地面蝉若虫上。

【地理分布】华东、华南、西南地区。

【发生时间】5~9 月。

【毒性】毒性成分不明。2023 年在重庆发生 1 起 1 人神经精神型中毒事件（Li *et al.*, 2024）。

第四章　我国毒蘑菇的种类　179

神经精神型毒蘑菇

锐顶斑褶菇 *Panaeolus acuminatus* (P. Kumm.) Quél.

【形态特征】菌盖直径1~3cm，初圆锥形至钟形，淡橙色，后稍平展至抛物面形，浅褐色至红褐色，边缘常有深色环带。菌肉淡褐色。菌褶弯生至直生，初期灰褐色，成熟时黑褐色至黑色，具烟灰色斑点或斑驳。菌柄3~8×0.2~0.3cm，细长，近圆柱形，常被近白色粉末状绒毛，基本与菌盖同色，上部略浅色，中空。担孢子12~15×7~10μm，柠檬形至近六角形，有芽孔，光滑，棕褐色至灰黑色。缘生囊状体长颈瓶形，稍波状弯曲。侧生囊状体未见。

【生境及基物】食草动物粪便或肥土上。

【地理分布】东北、华南、西北地区。

【发生时间】6~9月。

【毒性】可能含有裸盖菇素，会导致致幻性神经型中毒。

黄褐疣孢斑褶菇 *Panaeolina foenisecii* (Pers.) Maire

【别名/俗名】黄褐花褶伞。

【形态特征】菌盖直径1.5~3.5cm，初半球形、近钟形，浅褐色，近边缘有深色环纹，后渐平展至凸透镜形，浅褐色至黄褐色，老熟或干时表皮开裂。菌肉近白色至浅褐色。菌褶直生至弯生，初期浅褐色，成熟时红褐色至黑褐色，具斑点或斑纹，褶缘近白色，细齿状。菌柄3~10×1.5~4.5cm，近圆柱形，向下变细，初白色，后稍褐色，中空。担孢子12~18×7.5~11.0μm，椭圆形至近六角形，具小疣，褐色至灰黑色。缘生囊状体烧瓶形、腹鼓状或近圆柱形，多弯曲。侧生囊状体未见。

【生境及基物】草原、草坪或草地上。

【地理分布】东北、华中、西南地区。

【发生时间】4月、7~8月。

【毒性】可能含有裸盖菇素，会导致致幻性神经型中毒。

小型斑褶菇 *Panaeolus alcis* M.M. Moser

【形态特征】菌盖直径 0.5～1.0cm，初近卵形或钟形，后钟形或圆锥形，浅灰色，顶部稍褐赭黄色，干时银灰色，具金属光泽。菌褶直生至弯生，稍稀，初期深灰色，成熟时深灰色至黑色，具烟灰色斑点或斑驳。菌柄 20～90×1.0～1.5mm，近圆柱形，幼时被近白色粉末状绒毛，细长，淡褐色至暗褐色，上部略浅色，中空。担孢子 16～20×9～11μm，椭圆形，光滑，褐黑色，芽孔偏生。缘生囊状体长颈瓶形，稍波状弯曲。侧生囊状体未见。

【生境及基物】草原或草地牛粪、马粪上。

【地理分布】东北、西南地区。

【发生时间】7～8月。

【毒性】可能含有裸盖菇素，会导致致幻性神经型中毒。

安蒂拉斑褶菇 *Panaeolus antillarum* (Fr.) Dennis

【别名/俗名】白斑褶菇、无环斑褶菇。

【形态特征】菌盖直径 2～5cm，初近球形至半球形，褐黄色，近白色，黏；后半球形、钟形、纯白色，银灰色，干时有裂纹，烟黑色。菌肉白色。菌褶直生至弯生，初期浅灰色，逐渐发展为斑驳的烟灰色，最终为黑色。菌柄 6～12×0.4～0.8cm，近圆柱形，细长，与菌盖同色，内部坚实。担孢子 15～19×8～11μm，椭圆形或近六边形，有芽孔，光滑，黑色。缘生囊状体近纺锤形或长颈瓶形。侧生囊状体为黄囊体，内含物具折射力，薄壁。

【生境及基物】马粪或牛粪上。

【地理分布】东北、华北、华东、华南、西南、西北地区。

【发生时间】6～8月。

【毒性】可能含有裸盖菇素，会导致致幻性神经型中毒。

双孢斑褶菇 *Panaeolus bisporus* (Malençon & Bertault) Ew. Gerhardt

【形态特征】菌盖直径 1.5～3.5cm，初近钟形，灰白色或米褐色，后平展至浅斗笠形，有的带蓝黑色色调，顶部常黄褐色，干时具金属光泽，边缘或具深色环带，老时或有龟裂。菌肉近白色至浅褐色。菌褶直生至弯生，初浅灰褐色，后灰黑色至黑色。菌柄 4.5～11.0×0.1～0.3cm，近圆柱形，细长，稍有细绒毛，颜色略比菌盖浅，中空。担孢子 11～14×6～9μm，柠檬形至近菱形，有芽孔，光滑，深褐色。缘生囊状体烧瓶形或近柱形。侧生囊状体灰黄色，厚壁，腹鼓状至酒瓶形，顶部呈喙状，常被结晶体。

【生境及基物】草地或林地牛粪上。

【地理分布】华东、西南地区。

【发生时间】7～8月。

【毒性】可能含有裸盖菇素，会导致致幻性神经型中毒。2021 年在山东发生 1 起 2 人中毒事件（Li *et al.*，2022a）。

绿囊斑褶菇 *Panaeolus chlorocystis* (Singer & R.A. Weeks) Ew. Gerhardt

【形态特征】菌盖直径1～3cm，半球形至凸透镜形，中部淡肉桂色或浅褐色，边缘灰白色，近边缘水浸状，具斑纹。菌肉薄，伤变暗蓝色。菌褶直生或附生，中等密度，深棕黄色至黑色。菌柄3～5×0.2～0.3cm，近圆柱形，中生。担孢子11～12×7.5～9.0μm，厚壁，光滑，棕褐色，具萌发孔。缘生囊状体烧瓶形、棍棒状，侧生囊状体为黄囊体。

【生境及基物】草地上。

【地理分布】东北地区。

【发生时间】8月。

【毒性】可能含有裸盖菇素，会导致致幻性神经型中毒。

环带斑褶菇 *Panaeolus cinctulus* (Bolton) Sacc.

【别名/俗名】环斑褶菇。

【形态特征】菌盖直径1.5～5.0cm，初近钟形、近半球形，浅褐色至暗红褐色，后平展至斗笠形、凸透镜形，湿时水浸状，具深色环带，干时米黄色至米褐色，表皮或有龟裂。菌肉浅褐色至肉褐色。菌褶直生，初期浅灰褐色，有斑纹，后期灰黑色至黑色。菌柄4.5～11.0×0.1～0.3cm，近圆柱形，细长，有细绒毛，与菌盖颜色接近，中空。担孢子11～13×6～9μm，柠檬形或椭圆形，有芽孔，光滑，深褐色。缘生囊状体烧瓶形、近柱形、纺锤形或腹鼓状。侧生囊状体未见。

【生境及基物】草地，田地的肥土，腐殖土或牛粪、马粪上。

【地理分布】西南地区。

【发生时间】7～9月。

【毒性】可能含有裸盖菇素，会导致致幻性神经型中毒。

神经精神型毒蘑菇

变蓝斑褶菇 *Panaeolus cyanescens* Sacc.

【别名/俗名】暗蓝斑褶菇。

【形态特征】菌盖直径 1~4cm，初近球形至钟形，近白色、米黄色，后平展至半球形、凸透镜形，奶油色至灰褐色。菌肉白色至浅黄色，伤变蓝色。菌褶直生，初浅灰褐色，有斑纹，后近黑色。菌柄 40~100×1.0~2.5mm，近圆柱形，细长，与菌盖颜色接近，伤变蓝色，中空。担孢子 11~14×7~10μm，近卵形至椭圆形，光滑，深褐色至黑色。缘生囊状体近柱形、烧瓶形、近纺锤形。侧生囊状体明黄色，厚壁，纺锤形至棒状，顶部呈喙状，常被结晶体。

【生境及基物】粪堆、草地或草坪肥土上。

【地理分布】华北、华东、华南、西南、西北地区。

【发生时间】4~10 月。

【毒性】可能含有裸盖菇素，会导致致幻性神经型中毒。2022~2023 年在广西、贵州和山东发生 3 起 5 人中毒事件（Li *et al.*，2023，2024）。

粪生斑褶菇 *Panaeolus fimicola* (Pers.) Gillet

【别名/俗名】马粪菌、粪生花褶伞。

【形态特征】菌盖直径 1.5~4.0cm，初圆锥形至钟形，米黄色，后平展至半球形，中部钝或稍凸起，灰褐色至茶褐色，边缘有暗色环带。菌肉灰白色。菌褶直生，稍稀，初期灰褐色，有黑灰相间斑纹，后黑色。菌柄 2.5~10.0×0.1~0.2cm，近圆柱形，细长，与菌盖同色或略浅色，中空。担孢子 12~14×6~9μm，椭圆形或近六角形，光滑，褐黑色。缘生囊状体烧瓶形，棍棒状，呈波状弯曲。侧生囊状体未见。

【生境及基物】草地或林地、牛粪上。

【地理分布】东北、华北、华东、华南、西南、西北地区。

【发生时间】7~9 月。

【毒性】可能含有裸盖菇素，会导致致幻性神经型中毒。2020 年在山东发生 1 起 2 人中毒事件（Li *et al.*，2021a）。

神经精神型毒蘑菇

橄榄斑褶菇 *Panaeolus olivaceus* F.H. Møller

【形态特征】菌盖直径 1~3cm，初钝圆锥形，浅橄榄绿色，后平展或浅斗笠形，密布细小坑纹，湿时橄榄绿色、近蓝色，干时略有金属光泽。菌肉浅青灰色。菌褶直生，初青褐色，后灰黑色，有烟灰色斑纹。菌柄 3~6×0.1~0.3cm，近圆柱形，细长，幼时稍有细绒毛，常比菌盖色略浅，中空。担孢子 12~17×7~9μm，椭圆形至柠檬形，光滑，褐黑色。缘生囊状体烧瓶形、棍棒状，近基部稍膨大。侧生囊状体未见。

【生境及基物】田地或林地的肥土上。

【地理分布】华南地区。

【发生时间】4月。

【毒性】可能含有裸盖菇素，会导致致幻性神经型中毒。

第四章　我国毒蘑菇的种类　185

神经精神型毒蘑菇

钟形斑褶菇 *Panaeolus papilionaceus* (Bull.) Quél.

【别名/俗名】大孢斑褶菇。

【形态特征】菌盖直径 1.5～3.0cm，初近卵形，灰橄榄绿色至橄榄黄色，后平展至钟形，灰褐色，湿时深褐色，干时表皮或开裂，边缘常悬白色角锥状菌幕残余。菌肉近白色至浅褐色。菌褶直生，初浅橄榄黄色，后灰褐色至灰黑色，有烟灰色斑纹。菌柄 5～12×0.2～0.4cm，近圆柱形，细长，稍有小绒毛，与菌盖颜色接近，中空。担孢子 14～17×7～10μm，椭圆形，柠檬形，光滑，深褐色。缘生囊状体多棍棒状，上端呈波状弯曲，近基部稍膨大。侧生囊状体未见。

【生境及基物】草地或林地牛粪、马粪上。

【地理分布】东北、华北、华南、西南、西北地区。

【发生时间】7～9月。

【毒性】可能含有裸盖菇素，会导致致幻性神经型中毒。

旁遮普斑褶菇 *Panaeolus punjabensis* Asif *et al.*

【形态特征】菌盖直径1~2cm，圆锥形至半球形，中部浅棕色，边缘灰白色，干时常龟裂，有时表皮脱落。菌肉薄，擦伤变暗绿色。菌褶直生，中等密度，深灰色至灰黑色，褶缘近白色。菌柄4~6×0.2~0.3cm，圆柱形，中生，中空。担孢子13.5~15.5×8.0~9.5μm，柠檬形，厚壁，光滑，具萌发孔，黑色。缘生囊状体腹鼓状，烧瓶形或近纺锤形。

【生境及基物】草地或牛粪上。

【地理分布】东北地区。

【发生时间】7月。

【毒性】可能含有裸盖菇素，会导致致幻性神经型中毒。

里肯斑褶菇 *Panaeolus rickenii* Hora

【形态特征】菌盖直径1~3cm，初近锥形，橄榄黄色，后稍平展至圆锥形或近钟形，湿时深褐色，干时浅褐色，但边缘为深色水浸状环带，常悬挂白色角锥状菌幕残余。菌肉淡褐色。菌褶直生至弯生，初灰黄褐色，后灰黑色，有灰黑色相间花斑。菌柄11~14×0.1~0.2cm，近圆柱形，细长，有小绒毛，与菌盖颜色接近，中空。担孢子9~12×7.0~9.5μm，柠檬形，光滑，黄褐色至黑褐色。缘生囊状体棍棒状或近圆柱形，近基部稍膨大。侧生囊状体未见。

【生境及基物】有放牧的混交林地上。

【地理分布】西南地区。

【发生时间】7月。

【毒性】可能含有裸盖菇素，会导致致幻性神经型中毒。

神经精神型毒蘑菇

红柄斑褶菇 *Panaeolus rubricaulis* Petch

【形态特征】菌盖直径1~3cm，初半球形，米黄色，后近钟形，浅灰褐色、灰褐色至茶褐色，湿时水浸状，褐色，顶部钝或稍尖，边缘常具近白色齿状菌幕残余。菌肉浅褐色至褐色。菌褶直生，初灰褐色，后灰黑色至黑色，有灰黑色相间斑纹。菌柄5~15×0.1~0.2cm，近圆柱形，中空，细长，上端浅褐色，下端至近基部渐深至红褐色。担孢子10.5~14.5×7.5~11.0μm，柠檬形或近六边形，光滑，深褐色至黑褐色。缘生囊状体棍棒状，呈波状弯曲。侧生囊状体未见。

【生境及基物】牛粪、马粪上，或有放牧的草地或有牛、马经过的沙地上。

【地理分布】西南地区。

【发生时间】7~9月。

【毒性】可能含有裸盖菇素，会导致致幻性神经型中毒。

半卵形斑褶菇 *Panaeolus semiovatus* (Sowerby) S. Lundell & Nannf.

【别名/俗名】大花褶伞、牛屎菌、半卵形小环菇、大斑褶菇、黏盖花褶伞、黏盖斑褶菇。

【形态特征】菌盖直径2.0~4.5cm，初近卵形或半球形，米黄色或近白色，后近钟形、抛物面形或钟形，污白色至浅褐色，干时常有光泽，表皮或龟裂。菌肉近白色至褐色。菌褶直生，初浅灰色，后灰褐色至黑色，有深浅不一的斑纹。菌柄8.0~16.5×0.3~0.7cm，近圆柱形，细长，向下渐粗，中空。具菌环，膜质，有的脱落或消失。担孢子18~22×10.0~13.5μm，椭圆形，光滑，深褐色。缘生囊状体长颈瓶形、近柱形，近基部稍膨大。侧生囊状体为黄囊体，具折光内含物，薄壁。

【生境及基物】草地或高山草甸的牛粪、马粪上。

【地理分布】东北、西南、西北地区。

【发生时间】7~9月。

【毒性】可能含有裸盖菇素，会导致致幻性神经型中毒。

红褐斑褶菇 *Panaeolus subbalteatus* (Berk. & Broome) Sacc.

【别名/俗名】暗缘斑褶菇、褐红花褶伞、红褐花褶伞。

【形态特征】菌盖直径 2.0～4.5cm，初近钟形至半球形，浅褐色或米黄色，后稍平展，中部凸起，湿时暗红褐色，边缘常有深色环带，干时黏土褐色，环带消失。菌肉污白色。菌褶直生，初灰褐色，有黑灰色花斑，后灰黑色至黑色。菌柄 45～70×2.5～5.0mm，近圆柱形，细长，中空。担孢子 11～13×8～10μm，椭圆形至柠檬形，光滑，褐黑色。缘生囊状体棍棒状、腹鼓状、葫芦状，葫芦状顶部有时稍头状。侧生囊状体未见。

【生境及基物】腐烂的玉米秸秆或肥土上。

【地理分布】东北、西南、西北地区。

【发生时间】7～9月。

【毒性】含裸盖菇素，导致致幻性神经型中毒。2022 年在宁夏发生 1 起 1 人中毒事件（Li *et al.*，2023）。

赭鹿花菌 *Paragyromitra infula* (Schaeff.) X.C. Wang & W.Y. Zhuang

【形态特征】菌体高 4~12cm。子囊盘直径 4.6~8.0cm，马鞍形，具皱褶，但不形成脑状，光滑，颜色多变，黄褐色至红褐色，成熟后多为暗褐色；下表面近白色至带褐色，被粉霜。菌肉薄，脆。菌柄 4~10×2~3cm，近圆柱形，近地处增粗或不增粗，无凸起棱纹，后期常部分纵向下陷，苍白色至灰色，被粉霜，中空。子囊圆柱形，内含 8 个子囊孢子。子囊孢子 17~24×7~11μm，长椭圆形，光滑，无色。侧丝浅褐色，顶端稍膨大至头状。

【生境及基物】阔叶树或针叶树腐木上，或苔藓丛中。

【地理分布】东北、华北、西南、西北地区。

【发生时间】7~9 月。

【毒性】主要毒性成分为鹿花菌素，导致癫痫性神经型中毒。

蓝柄小鳞伞 *Pholiotina cyanopus* (G.F. Atk.) Singer

【别名/俗名】靛蓝锥盖伞。

【形态特征】菌盖直径 0.5～1.5cm，初锥形，后平展，水浸状，中部深赭红色、赭橙色，边缘淡赭褐色、淡黄褐色，有辐射状条纹，后条纹消失。菌肉较薄，颜色与菌盖相同。菌褶近弯生，较密，初淡黄褐色，后赭褐色。菌柄 45～60×0.5～1.0mm，圆柱形，中空，淡黄白色、淡赭白色，基部膨大至圆头状，具白色粉霜，伤变蓝色。担孢子 7.5～10.0×4～5μm，长椭圆形至圆柱形，黄褐色至赭褐色，薄壁。缘生囊状体不规则烧瓶形、囊形至棒状。侧生囊状体缺失。具锁状联合。

【生境及基物】混交林枯枝落叶层上。

【地理分布】东北地区。

【发生时间】6～9月。

【毒性】毒性成分不明，可导致神经精神型中毒。

柳生光柄菇 *Pluteus salicinus* (Pers.) P. Kumm.

【别名/俗名】柳木光柄菇。

【形态特征】菌盖直径 2～7cm，初期半球形至扁半球形，后期平展，中部稍凸起，银灰色至灰绿色，稍带蓝灰色，光滑，中部暗灰色，具绒毛或细小鳞片。菌肉白色，稍淡灰绿色，伤变蓝色。菌褶离生，初苍白色至奶白色，成熟时粉红色，不等长，较密。菌柄 3～11×0.2～0.5cm，圆柱形，基部稍膨大，灰白色，具光泽，伤变蓝色，实心。担孢子 6.5～9.0×5～7μm，宽椭圆形至椭圆形。侧生囊状体厚壁，纺锤形或烧瓶形，顶端具 2 或 3 个钝角。缘生囊状体梨形、宽棒状、圆筒状。

【生境及基物】阔叶林腐木、倒木上。

【地理分布】东北、华北、西南、西北地区。

【发生时间】9月。

【毒性】毒性成分不明，可导致神经精神型中毒。

神经精神型毒蘑菇

半球原球盖菇 *Protostropharia semiglobata* (Batsch) Redhead *et al.*

【别名/俗名】半球盖菌、半球盖菇、半球假鬼伞。
【形态特征】菌盖直径1.5~5.0cm，半球形，浅黄色至黄白色，通常中部颜色稍深，湿时黏至胶黏，干时光滑，有光泽，边缘无条纹。菌肉白色，具有淡土香味。菌褶直生至弯生，不等长，浅绿黑色至黑紫褐色，褶缘白色。菌柄4~12×0.3~0.8cm，细长圆柱形，基部稍膨大。菌环上位，薄，易脱落。担孢子17~20×9~10μm，长椭圆形，光滑。侧生囊状体为黄囊体，腹鼓状至拟纺锤形或具短尖的棍棒状。缘生囊状体窄葫芦形至拟纺锤形，顶端较钝至稍头状，基部膨大。具锁状联合。
【生境及基物】草原上，牛粪或马粪堆肥处。
【地理分布】各地区均有分布。
【发生时间】7~9月。
【毒性】毒性成分不明，可导致神经精神型中毒。

沙地裂盖伞 *Pseudosperma arenarium* Y.G. Fan *et al.*

【形态特征】菌盖直径3.5~6.5cm，幼时球形至近球形，后平展呈凸透镜形，浅黄色至赭黄色，向边缘色浅，呈象牙白色，近光滑至微具小鳞片。菌褶直生，密，幅宽8mm，初白色至奶油色，后浅黄色、浅褐色至浅肉桂色。菌柄4~10×0.7~2.0cm，圆柱形，基部偶尔稍膨胀，白色至象牙白色并略带浅粉色色调，具纵向排列小鳞片。担孢子14~20×7.0~9.2μm，圆柱形至长椭圆形，光滑，黄褐色。缘生囊状体30~77×12~23μm，宽棒状至纺锤形。侧生囊状体和柄生囊状体缺失。盖皮菌丝宽4~15μm，橘褐色至浅褐色，薄壁。具锁状联合。

【生境及基物】杨树或松树林下的沙土地上。

【地理分布】华北、西北地区。

【发生时间】8~10月。

【毒性】主要毒性成分为毒蕈碱，导致外周胆碱能神经型中毒。2020~2023年在宁夏和陕西发生4起8人中毒事件（Li *et al.*, 2021a，2022a，2024）。

黄柄裂盖伞 *Pseudosperma citrinostipes* Y.G. Fan & W.J. Yu

【形态特征】菌盖直径2.5~6.0cm，幼时钝圆锥状或球状，后钟状至平展，中央具突起，黄色至金黄色，纤维丝状至细缝裂，边缘开裂。菌肉白色至乳白色。菌褶直生，幼时白色至乳白色，后灰色至黄褐色。菌柄3.5~10.0×0.3~0.6cm，圆柱形，象牙白色至米色，顶端附着黄色或金黄色的纤维丝。担孢子10~15×7~9μm，椭圆形至长椭圆形，黄色至黄褐色。褶缘囊状体丰富，薄壁，棒状至近纺锤形。

【生境及基物】油杉林下。

【地理分布】西南地区。

【发生时间】7~10月。

【毒性】主要毒性成分为毒蕈碱，导致外周胆碱能神经型中毒。

神经精神型毒蘑菇

姜黄裂盖伞 *Pseudosperma conviviale* Cervini *et al.*

【形态特征】菌盖直径 3～6cm，幼时近圆锥形，后渐平展，中部具突起，边缘向上翘起，干，光滑至稍纤维状，辐射方向有裂缝或开裂，姜黄色至赭黄色。菌褶弯生，初纯白色，后赭色。菌柄 5～11×0.8～1.2cm，近圆柱形，具纤维状鳞片，赭色，向上端渐浅至近白色。担孢子 10～13×6.5～8.0μm，椭圆形至长椭圆形，光滑，褐黄色。缘生囊状体棒状或宽棒状。侧生囊状体未见。

【生境及基物】阔叶林边缘地上。

【地理分布】华东地区。

【发生时间】8月。

【毒性】主要毒性成分为毒蕈碱，导致外周胆碱能神经型中毒。

褐顶裂盖伞 *Pseudosperma fulvidiscum* Y.G. Fan *et al.*

【形态特征】菌盖直径 0.5～2.0cm，球形至半球形，黄褐色至深褐色，边缘幼时下弯，后平展，具平伏的放射纤维状鳞片，成熟后明显开裂。菌肉白色至黄白色。菌褶直生，幼时白色至乳白色，后变淡黄色至黄褐色，过熟后红褐色，不等长。菌柄 7～41×1.3～3.0mm，圆柱形，等粗，中实，顶端稍膨大，褐色，中上部附着白色纤维丝。担孢子 7～13×4～8μm，宽椭球形，光滑，黄色至黄褐色。褶缘囊状体丰富，薄壁，棒状至纺锤形。

【生境及基物】鹅耳枥林地上。

【地理分布】华南地区。

【发生时间】5～9月。

【毒性】主要毒性成分为毒蕈碱，导致外周胆碱能神经型中毒。

落叶松裂盖伞 *Pseudosperma laricis* L. Fan & N. Mao

【形态特征】菌盖直径 2.0~3.5cm，幼时凸透镜形至平展，中部具突起，边缘初内卷，后渐平直或稍波状弯曲，不开裂，干，中部突起光滑，辐射方向浓密纤维丝状，黄橙色至橙褐色。菌褶直生，初灰白色，后黄褐色至褐色。菌柄 5.0~6.5×0.4~0.6cm，近圆柱形，纵向具纤维状鳞片，褐黄色，向上端渐浅至近白色。担孢子 11~14×5.5~7μm，长椭圆形至圆柱形，光滑，黄褐色至红褐色。缘生囊状体圆柱形，棒状至宽棒状，少数卵形或梭形。侧生囊状体未见。

【生境及基物】针叶林地上。

【地理分布】华北地区。

【发生时间】8 月。

【毒性】主要毒性成分为毒蕈碱，导致外周胆碱能神经型中毒。

蜜黄裂盖伞 *Pseudosperma melleum* Cervini *et al.*

【形态特征】菌盖直径 3~8cm，幼时近圆锥形或钟状，后渐平展至凸透镜形，中部具突起，边缘初期下弯，有少许白色菌幕残余，后平展至向上翘起，开裂，干，纤维丝状，辐射方向有裂缝或开裂，蜜黄色或铜褐色。菌褶弯生，初近白色，后赭色。菌柄 0.5~10.0×0.9~1.3cm，近圆柱形，具纤维状鳞片，近上端稍絮状，赭黄色，向上端渐浅至近白色。具类似蜂蜜的香甜气味。担孢子 9.5~11.5×5.5~6.5μm，长椭圆形或豆形，光滑，厚壁，褐黄色至红褐色，内含油滴。缘生囊状体棒状或卵形。侧生囊状体未见。

【生境及基物】阔叶林地上。

【地理分布】东北、华北地区。

【发生时间】7~8 月。

【毒性】主要毒性成分为毒蕈碱，导致外周胆碱能神经型中毒。

神经精神型毒蘑菇

新茶褐裂盖伞 *Pseudosperma neoumbrinellum* (T. Bau & Y.G. Fan) Matheny & Esteve-Rav.

【形态特征】菌盖直径 2.2~3.0cm，幼时锥形，后渐平展，中央有较尖的突起，粗纤维丝状，质地粗糙，棕褐色至茶褐色，突起赭黄色；边缘近开裂，幼时具淡褐色菌幕残余。菌肉薄，褐色至淡褐色，水浸状，厚约 1mm。菌褶直生，密，不等长，褐色带橄榄色，褶缘非平滑。菌柄 2.8~4.7×0.2~0.3cm，圆柱形，中下部渐粗，被一层白色至污白色鳞状平伏的菌幕残余，顶部呈白霜状至头屑状，中实，基部具白色菌丝体。担孢子 9~12×5.5~6.5μm，椭圆形或近豆形，光滑，褐色。褶缘囊状体丰富，薄壁，棒状至近纺锤形。

【生境及基物】柳、栎或杨树下，沙质地上。

【地理分布】东北地区。

【发生时间】7~8 月。

【毒性】主要毒性成分为毒蕈碱，导致外周胆碱能神经型中毒。

裂盖伞 *Pseudosperma rimosum* (Bull.) Matheny & Esteve-Rav.

【别名/俗名】裂丝盖伞。

【形态特征】菌盖直径 3~5cm，幼时近圆锥形至钟形，后平展至斗笠形，中部具突起，密被纤毛状或丝状条纹，干时龟裂，边缘多放射状开裂，淡乳黄色至黄褐色。菌褶弯生至离生，近乳白色或褐黄色。菌柄 2.5~6.0×0.5~1.5cm，近圆柱形，上部白色，有小颗粒，下部污白色至浅褐色并有纤毛状鳞片，常常扭曲和纵裂。担孢子 10.0~12.5×5.0~7.5μm，椭圆形或近肾形，光滑，锈黄色。褶侧囊状体瓶状，顶端有结晶体。

【生境及基物】林地、路旁。

【地理分布】东北、华北、华东、西南、西北地区。

【发生时间】7~9 月。

【毒性】主要毒性成分为毒蕈碱，导致外周胆碱能神经型中毒。

神经精神型毒蘑菇

褐色，内部紧实。担孢子 8～10×5.0～7.8μm，椭圆形至近卵圆形，光滑，金黄色到黄褐色。褶缘囊状体薄壁，无色，纺锤形。

【生境及基物】鹅耳枥等林中黏土上。

【地理分布】华南地区。

【发生时间】5～8月。

【毒性】主要毒性成分为毒蕈碱，导致外周胆碱能神经型中毒。

三针松裂盖伞 *Pseudosperma triaciculare* Saba & Khalid

【形态特征】菌盖直径 1.2～3.0cm，幼时圆锥形，后平展至扁凸透镜形，中部具尖突，边缘平直至向上翘起，干，纤维丝状，辐射方向有裂隙或开裂，褐橙色至黄褐色，菌盖被苍白色菌幕残余。菌褶弯生至直生，淡橙色。菌柄 0.2～0.6×0.3～0.5cm，近圆柱形，纤维状，近白色至淡黄色。担孢子 9.0～12.5×6～8μm，椭圆形，光滑，薄壁，褐黄色，内含油滴。缘生囊状体圆柱形或棒状。侧生囊状体未见。

【生境及基物】阔叶林地上。

【地理分布】华北地区。

【发生时间】7～9月。

【毒性】主要毒性成分为毒蕈碱，导致外周胆碱能神经型中毒。2023年在北京发生1起2人中毒事件（Li *et al.*, 2024）。

单生裂盖伞 *Pseudosperma singulare* Y.G. Fan *et al.*

【形态特征】菌盖直径 0.6～1.0cm，幼时球形至近球形，后钟形至凸透镜形，边缘内弯，干，纤维状，具鳞片，通常在边缘开裂，中心褐色至暗褐色，边缘褐色至浅褐色，过度成熟时颜色均匀，褐色至深褐色。菌肉肉质，白色至乳白色，最厚处宽达 1.2mm。菌褶弯生，较密，灰白色至黄褐色，边缘色淡，不等长。菌柄 18～22×1.0～1.5mm，圆柱形，顶端和基部稍膨大，白色至奶白色，基部浅

神经精神型毒蘑菇

茶褐裂盖伞 *Pseudosperma umbrinellum* (Bres.) Matheny & Esteve-Rav.

【别名/俗名】茶褐丝盖伞。

【形态特征】菌盖直径2.0～5.5cm，幼时锥形至钟形，成熟后斗笠形至平展，盖中央具较锐突起，褐色、暗褐色至红褐色，纤维丝状至细缝裂，成熟后边缘常开裂。菌肉薄，白色或带褐色。菌褶直生，密，幼时污白色至灰白色，后黄褐色至褐色。菌柄3.0～6.5×0.3～0.6cm，圆柱形，等粗、基部稍膨大或不明显，顶部被糠皮状细小鳞片，白色或污白色，老后变褐色，中实。担孢子11～14×6.5～8.0μm，椭圆形至长椭圆形，光滑，黄褐色。褶缘囊状体棒状至纺锤形，薄壁，无色。

【生境及基物】沙粉土或土质肥沃的杨树林地上。

【地理分布】东北、西北地区。

【发生时间】8～9月。

【毒性】主要毒性成分为毒蕈碱，还含有低浓度的二羟鬼笔毒肽（phalloidin），导致外周胆碱能神经型中毒。2022年在宁夏发生3起4人中毒事件（Li *et al*., 2023）。

乌莎裂盖伞 *Pseudosperma ushae* Bandini & B. Oertel

【形态特征】菌盖直径2～4cm，幼时钟形或圆锥形，后渐平展至宽圆锥形或钟形，中部具钝突，边缘平直，开裂，干，光滑至纤维丝状，辐射方向有裂隙，橙黄色至红褐色。菌褶弯生至直生，近白色至淡橙色。菌柄0.3～0.6×0.2～0.5cm，近圆柱形，纤维状，白色或淡黄色。担孢子8.5～10.6×5.0～6.5μm，长椭圆形，光滑，薄壁，褐黄色，内含油滴。缘生囊状体棒状或宽棒状。侧生囊状体未见。

【生境及基物】柳树下湿润沙质地上。

【地理分布】东北地区。

【发生时间】10月。

【毒性】主要毒性成分为毒蕈碱，导致外周胆碱能神经型中毒。

云南裂盖伞 *Pseudosperma yunnanense* (T. Bau & Y.G. Fan) Matheny & Esteve-Rav.

【形态特征】菌盖直径2~6cm，半球形至宽半球形，盖中央无明显突起，土黄色至赭黄色，被浓密灰白色毡毛状菌幕，边缘内卷，形态完整。菌肉淡橄榄黄色，最厚处宽达6mm。菌褶直生，密，乳白色至带橄榄色，褶缘色淡，非平滑，不等长。菌柄5.5~10.0×0.5~1.5cm，基部稍细，中实，被浓密绵毛状鳞片。担孢子9.0~10.5×5~6μm，椭圆形至豆形，光滑，金黄色至黄褐色。

【生境及基物】阔叶林或针阔混交林地上。

【地理分布】西南地区。

【发生时间】7~9月。

【毒性】主要毒性成分为毒蕈碱，导致外周胆碱能神经型中毒。2020年在云南发生1起1人中毒事件（Li *et al.*，2021a）。

楚雄裸盖菇 *Psilocybe chuxiongensis* T. Ma & K.D. Hyde

【形态特征】菌盖直径2.5~4.0cm，初斗笠形或半球形，边缘内卷，中部或具乳突，湿时稍黏，后平展至半球形或扁半球形，暗黄褐色至黄褐色，向边缘渐浅至近白色，边缘或具白色菌幕残余。干时或伤后变蓝色。菌肉淡黄色。菌褶直生至弯生，初蜡白色、淡黄色至紫褐色，有明显的斑纹，后深褐色。菌柄50~70×3.5~4.5mm，近圆柱形，中空。担孢子13~16×8.0~10.5μm，椭圆形至近六角形，光滑，暗黄色。缘生囊状体窄棒状、棒状，近烧瓶形或纺锤形。侧生囊状体腹鼓状、宽棒状至梭状，顶部渐细，呈喙状。

【生境及基物】草地或牛粪上。

【地理分布】西南地区。

【发生时间】8~9月。

【毒性】主要毒性成分为裸盖菇素，导致致幻性神经型中毒。

神经精神型毒蘑菇

喜粪生裸盖菇 *Psilocybe coprophila* (Bull.) P. Kumm.

【别名/俗名】喜粪生光盖伞、粪生裸盖伞、粪生光盖伞。

【形态特征】菌盖直径 1.0～2.5cm，半球形，稍黏至黏，光滑，灰褐色至暗褐色。菌肉薄，白色。菌褶直生，灰褐色至紫褐色。菌柄 2～6 × 0.1～0.3cm，近圆柱形，中空。担孢子 10.5～13.0 × 7.5～8.5μm，宽椭圆形，光滑，褐色至黑褐色，芽孔明显。缘生囊状体长棒状，上部细长，近基部膨大。侧生囊状体宽棒状、腹鼓状。

【生境及基物】草地或牛粪上。

【地理分布】东北、华中、华南、西南、西北地区。

【发生时间】5～9 月。

【毒性】主要毒性成分为裸盖菇素，导致致幻性神经型中毒。

古巴裸盖菇 *Psilocybe cubensis* (Earle) Singer

【别名/俗名】古巴光盖伞、古巴裸盖伞、裸头草、裸头菌。

【形态特征】菌盖直径 1.5～5.0cm，初圆锥形或钟形，近白色，中部带黄褐色，黏，后逐渐平展，但中部稍凸起，少数中部不具脐突，黄褐色，边缘或具白色菌幕残余。伤后或触碰时变蓝色。菌肉白色。菌褶直生至弯生，初暗灰色，后紫褐色至黑色。菌柄 4～13 × 0.4～1.3cm，近圆柱形，具膜质菌环，内部松软或中空。担孢子 12.0～14.5 × 8～10μm，宽椭圆形或稍呈六角形，光滑，暗黄色。缘生囊状体近纺锤形或腹鼓状，具短粗的颈。侧生囊状体腹鼓状，向上渐细呈喙状。

【生境及基物】粪堆、牛粪上。

【地理分布】华中、华南、西南地区。

【发生时间】2～11 月。

【毒性】主要毒性成分为裸盖菇素，导致致幻性神经型中毒。2018～2023 年在湖南、广西、贵州等地至少发生 10 起 26 人中毒事件（陈作红等，2022；Li *et al.*，2024）。

暗蓝裸盖菇 *Psilocybe cyanescens* Wakef.

【形态特征】菌盖直径1.5～6.0cm，幼时钟形，后渐平展至宽圆锥形或钟形，中部具钝突，成熟时凹陷，突起不明显，边缘强烈起伏弯曲，红褐色至赭红色，湿时水浸状，稍黏，具白色菌幕残余。菌褶直生至延生，淡黄色至紫褐色，伤变蓝色。菌柄40～90×2.5～10.0mm，近圆柱形，密被白色纤维，底色为黄褐色。担孢子9.5～14.0×5.5～7.0μm，椭圆形至长椭圆形，具芽孔，光滑，厚壁，褐黄色。缘生囊状体长颈瓶形，颈部常叉状。侧生囊状体稀疏，棒状具长颈。

【生境及基物】腐木或肥土上。
【地理分布】华北、西北地区。
【发生时间】7～9月。
【毒性】主要毒性成分为裸盖菇素，导致致幻性神经性中毒。

黄裸盖菇 *Psilocybe fasciata* Hongo

【别名/俗名】黄褐光盖伞、黄光盖伞、黄褐裸盖伞。
【形态特征】菌盖直径1～6cm，初圆锥形至半球形，浅黄褐色，黏，后平展至扁半球形，中部凸起，灰褐色或黄褐色，向边缘处颜色渐浅，湿时边缘有细条纹，干时灰白黄色，初期边缘有菌幕残余。伤后或触碰时变蓝色。菌肉污白色。菌褶直生至稍延生，初灰白色，后灰褐色至暗紫褐色。菌柄4～8×0.2～0.6cm，近圆柱形，具膜质菌环，内部松软或中空。担孢子12.0～14.5×8～10μm，椭圆形至近卵圆形，光滑，褐色。缘生囊状体近纺锤形，向上渐细呈喙状，有时呈叉状。

【生境及基物】林地、草地上。
【地理分布】华南、西南地区。
【发生时间】1～7月。
【毒性】主要毒性成分为裸盖菇素，导致致幻性神经型中毒。

神经精神型毒蘑菇

卡拉拉裸盖菇 *Psilocybe keralensis* K.A. Thomas *et al.*

【形态特征】菌盖直径 0.6～3.0cm，圆锥形至近钟形，中部具尖突，金褐色至浅褐色，向边缘颜色渐浅至淡橙色或白色，湿时边缘有条纹，边缘内卷。伤后或触碰时变蓝色。菌肉淡黄色或淡橘色。菌褶直生，灰褐色或褐灰色。菌柄 3～9×0.2～0.5cm，近圆柱形，具膜质菌环，内部松软或中空。担孢子 7～8×5.5～6.0μm，椭圆形至近卵圆形，光滑，深褐色至紫褐色。缘生囊状体腹鼓状、近烧瓶形、近纺锤形或棒状，上端渐细，有时叉状。侧生囊状体少见，棒状或近纺锤形。

【生境及基物】牛粪上，有放牧的草地或林地上。

【地理分布】华南、西南地区。

【发生时间】5～10 月。

【毒性】主要毒性成分为裸盖菇素，导致致幻性神经型中毒。2018 年、2022 年在贵州和福建共引起 2 起 4 人中毒事件（Li *et al.*，2023）。

线形裸盖菇 *Psilocybe liniformans* Guzmán & Bas

【形态特征】菌盖直径 0.5～2.2cm，近扁球形至凸透镜形或平展，灰褐色或近肉桂色，水浸状，黏，有不明显条纹，边缘常具有菌幕残余。菌肉白色，薄。菌褶直生，土黄色至黄褐色、紫褐色，稀疏。菌柄 1.2～3.5×0.1～0.2cm，基部膨大呈圆头状，白色或淡褐色，中空，伤变蓝绿色。担孢子 12.5～15.0×8～10μm，椭圆形，光滑，厚壁，黄褐色至褐色，具芽孔。缘生囊状体长颈瓶状，具有细长的颈部。侧生囊状体未见。

【生境及基物】草地、沙地或马粪上。

【地理分布】东北地区。

【发生时间】7～8 月。

【毒性】主要毒性成分为裸盖菇素，导致致幻性神经型中毒。

卵囊裸盖菇 *Psilocybe ovoideocystidiata* Guzmán & Gaines

【形态特征】菌盖直径1.0~4.5cm，凸透镜形，中部具脐状突起，滑至稍黏，边缘具半透明条纹，橙褐色至黄褐色，干时或白色。菌肉白色至淡赭色，伤变蓝色。菌褶直生，初浅褐色，后紫褐色。菌柄1.5~9.0×0.1~0.7cm，近圆柱形，具膜质菌环，中空。担孢子8~9×6~7μm，菱形或近菱形，椭圆形，光滑，褐黄色。缘生囊状体球形、倒卵形、腹鼓状，顶部常凸起或延伸呈喙状。侧生囊状体棒状、卵形，少数顶部常凸起或延伸呈喙状。

【生境及基物】草地上。

【地理分布】华中、西南地区。

【发生时间】3~5月。

【毒性】主要毒性成分为裸盖菇素，导致致幻性神经型中毒。2021~2022年在贵州和湖北发生2起7人中毒事件（Li *et al.*，2022a，2023）。

神经精神型毒蘑菇

瑞丽裸盖菇 *Psilocybe ruiliensis* T. Ma *et al.*

【形态特征】菌盖直径1～2cm，初半球形、近斗笠形或近钟形，橙褐色至褐色或暗褐色，后半球形、扁半球形至近平展，中部或具尖乳突，土黄色至污黄色，边缘常见条纹，具白色菌幕残余。菌肉淡黄色，伤变蓝色。菌褶直生至弯生，初米黄色或土黄色，后紫褐色。菌柄30～60×1.5～3.5mm，近圆柱形，中空。担孢子9～11×6.0～7.5μm，椭圆形，光滑，暗黄色。缘生囊状体纺锤形至瓶形，棒状。侧生囊状体近纺锤形或瓶形，有时棒状，顶部常凸起或延伸呈喙状。

【生境及基物】草地上。

【地理分布】西南地区。

【发生时间】9月。

【毒性】主要毒性成分为裸盖菇素，导致致幻性神经型中毒。

苏梅岛裸盖菇 *Psilocybe samuiensis* Guzmán *et al.*

【别名/俗名】苏梅岛光盖伞。

【形态特征】菌盖直径1～3cm，半球形至圆锥形，黏，中部常有小乳突，栗色或红褐色，向边缘渐浅至稻草色，近边缘处有沟纹，干时浅稻草色或黏土褐色。菌褶直生至弯生，浅土黄色至紫褐色。菌柄4.0～6.5×0.1～0.2cm，近圆柱形，中空。担孢子10～13×6.5～8.0μm，宽椭圆形至椭圆形，光滑，暗黄色。缘生囊状体烧瓶形、近纺锤形，顶部钝或尖呈喙状。侧生囊状体近烧瓶形、近纺锤形，或弯曲，向上渐细呈长颈状，有时叉状。

【生境及基物】草地上。

【地理分布】华东、华中地区。

【发生时间】6～11月。

【毒性】主要毒性成分为裸盖菇素，导致致幻性神经型中毒。2017～2019年在湖南发生3起10人中毒事件（陈作红等，2022）。

神经精神型毒蘑菇

亚粪生裸盖菇 *Psilocybe subcoprophila* (Britzelm.) Sacc.

【形态特征】菌盖直径 0.5～2.0cm，初近球形，后凸透镜形至平展，水浸状，湿润时或多或少具有半透明的条纹，光滑，稍黏，有时中央具突起，褐色至红褐色，干时浅褐色，边缘常具有白色菌幕残余。菌肉淡黄色，伤变蓝色。菌褶直生至稍延生，赭色至灰褐色，密。菌柄 2～3×0.2～0.3cm，近圆柱形，中空。担孢子 13～20×8.5～11.0μm，宽椭圆形至长椭圆形，光滑，厚壁，灰锈褐色。缘生囊状体近圆柱形、棍棒状、烧瓶形或梭形，顶部呈长颈状或喙状。侧生囊状体未见。

【生境及基物】草地或沙地的牛粪、马粪上。

【地理分布】东北地区。

【发生时间】8月。

【毒性】主要毒性成分为裸盖菇素，导致致幻性神经型中毒。

台湾裸盖菇 *Psilocybe taiwanensis* Zhu L. Yang & Guzmán

【别名/俗名】台湾光盖伞。

【形态特征】菌盖直径 2～3cm，近锥形至平展，中央圆钝并常有小乳头状突起，褐色至茶褐色，边缘色较浅，常有白色菌幕残余。菌褶灰褐色、暗红色至紫罗兰色。菌柄 6～12×0.5～1.0cm，近圆柱形，中空。担孢子 6～7×4.0～4.5μm，椭圆形、近菱形，暗黄色，具芽孔。缘生囊状体棍棒状，顶部长颈状或喙状，有时叉状。侧生囊状体长棍棒状，顶部呈喙状，有时中部稍收缩。

【生境及基物】林地腐殖质层上。

【地理分布】华南地区。

【发生时间】4月。

【毒性】主要毒性成分为裸盖菇素，导致致幻性神经型中毒。

神经精神型毒蘑菇

泰国绿斑裸盖菇 *Psilocybe thaiaerugineomaculans* Guzmán *et al.*

【形态特征】菌盖直径1～2cm，初圆锥形至中部凸起，暗红褐色，向边缘渐浅，淡黄褐色至近白色，边缘发蓝，湿时水浸状，后凸透镜形，干时黑巧克力色，边缘有沟纹。菌褶直生至狭生，紫褐色至巧克力褐色。菌柄2.5～4.5×0.2～0.4cm，近圆柱形，具膜质菌环，中空。担孢子9～12×7～8×5.5～7.0μm，近菱形或近六边形，光滑，黄褐色。缘生囊状体腹鼓状，具喙状突起，近烧瓶形、梭形，或近卵形，上端偶见叉状。侧生囊状体腹鼓状，具喙状突起，梭形、球形或倒卵形。

【生境及基物】热带山地森林腐木上。

【地理分布】西南地区。

【发生时间】11月。

【毒性】主要毒性成分为裸盖菇素，导致致幻性神经型中毒。2019年在云南发生1起4名缅甸人中毒事件（Li *et al.*，2020）。

脐凹灰盖杯伞 *Spodocybe umbilicata* Z.M. He *et al.*

【形态特征】菌盖直径1～3cm，中央明显下凹或脐凹，微绒质，灰褐色，中央色较深，盖缘有时近灰白色，非水浸状，边缘无条纹。菌肉白色，薄。菌褶延生，较稀疏，不等长，白色。菌柄1～3×0.2～0.5cm，圆柱形，等粗，中生，被细小纵向纤毛状小鳞片，与菌盖同色，基部具白色绒毛和少量菌丝束。担孢子6～9×3～4μm，长椭圆形至圆柱形，少数滴泪状，光滑，薄壁，无色，非淀粉质。

【生境及基物】针阔混交林落叶层上。

【地理分布】华中、西南地区。

【发生时间】9～10月。

【毒性】毒性成分为毒蕈碱，导致外周胆碱能神经型中毒。

铜绿球盖菇 *Stropharia aeruginosa* (Curtis) Quél.

【别名/俗名】黄铜绿球盖菇。
【形态特征】菌盖直径 3～7cm，钟形至半球形，后渐平展，中部丘形，有时平或微陷，铜绿色至绿色。菌肉白色。菌褶直生至弯生，灰紫褐色，稍密，白色。菌柄 4.5～7.5×0.4～0.8cm，圆柱形，等粗或向上渐细，菌环以上光滑，白色，菌环以下淡绿色，具有易脱落、白色绵毛状鳞片，基部具有白色菌索。菌环上位或中位。担孢子 8.0～9.5×5～6μm，椭圆形至长椭圆形，光滑。缘生囊状体棍棒状。侧生囊状体为黄囊体，薄壁。
【生境及基物】针叶林或混交林腐木上。
【地理分布】东北、华东、华中、华南、西南、西北地区。
【发生时间】7～9月。
【毒性】毒性成分不明，可导致神经精神型中毒。

冠状球盖菇 *Stropharia coronilla* (Bull.) Quél.

【别名/俗名】齿环球盖菇。
【形态特征】菌盖直径 2.0～5.5cm，半球形至平凸形，冠状，稍黏，浅黄色或灰黄色，内卷。菌肉白色，伤不变色，盖肉较厚。菌褶弯生至直生，中等至稍密，浅灰色、紫罗兰色至紫褐色，边缘白色。菌柄 2.2～4.7×0.4～0.8cm，圆柱状至近球根状，中生，白色至浅黄色，具纵向浅条纹。菌环肉质。担孢子 6.5～10.0×5～6μm，椭圆形至稍长椭圆形，光滑，厚壁。缘生囊状体近棍棒状至梨形或纺锤状，与侧生囊状体相近。侧生囊状体为黄囊体，棍棒状至腹鼓状，具短尖。
【生境及基物】林地或牛粪上。
【地理分布】各地区均有分布。
【发生时间】6～8月。
【毒性】毒性成分不明，可导致神经精神型中毒。

神经精神型毒蘑菇

大蝉草 *Tolypocladium dujiaolongae* Y.P. Cao & C.R. Li.

【别名/俗名】独角龙虫草、独角弯颈霉、独角龙。

【形态特征】子座产蝉若虫的头部，黑褐色至黑紫色，肉质，多数单生，偶有分枝，直立或弯曲，长2.5～7.0cm，棒状或倒棒状，牛角状或稍扁，顶部钝或稍细尖，具小瘤和小凹槽；可育部分棍棒状，4.0～5.5×0.4～1.2cm；不育部分的菌柄1～4×0.5～1.5cm，圆柱形，褐色或黄色。子囊壳240～780×250～350μm，埋生。子囊380～500×8～11μm，圆柱形，透明，有盖，内含8个子囊孢子。子囊孢子240～310×2～3μm，丝状，光滑，多隔，透明；可断裂成3～5×2～3μm的次生孢子。

【生境及基物】林地上。

【地理分布】华东、华中、华南地区。

【发生时间】6～9月。

【毒性】毒性成分不明。2019年在广东和湖南发生3起9人神经精神型中毒事件（Li *et al.*，2020）。

毒蝇口蘑 *Tricholoma muscarium* Kawam. ex Hongo

【形态特征】菌盖直径3.5～6.0cm，近斗笠形，中央凸起，灰色带绿色，中部色深，具有似放射状细条纹，边缘开裂。菌肉白色。菌褶弯生，白色至污白色，密，不等长。菌柄3.5×0.8～1.0cm，圆柱形，污白色并有纵条纹，内部松软。担孢子6～8×3.5～5.0μm，椭圆形，光滑，无色。缘生囊状体30～45×8～10μm，近棒状。

【生境及基物】阔叶林地上。

【地理分布】东北、华中、西南地区。

【发生时间】7～9月。

【毒性】毒性成分不明，可导致神经精神型中毒。

神 经 精 神 型 毒 蘑 菇

皱盖钟菌 *Verpa bohemica* (Krombh.) J. Schröt.

【别名/俗名】波地钟菌。

【形态特征】子囊盘高 1.6～3.9cm、宽 1.2～3.0cm，锥形或钟形。子实层表面具褶皱形成的纵向脊状突起，可交织形成不典型的脉状网络，浅灰褐色、深灰色至灰褐色。子层托奶白色。菌柄 4～8×0.4～0.9cm，圆柱形，中生，幼时内部松软，逐渐中空，较脆，有时基部稍膨大且具微沟痕，有细小鳞片，奶白色。子囊圆柱形，具囊盖，顶端不膨大，内含 2 个子囊孢子，非淀粉质，无色。子囊孢子 55～83×15～20μm，长椭圆形，光滑，略弯曲，有折光内含物，无色至微黄绿色，在子囊中单行排列。侧丝线形，顶端不膨大，具隔，分枝。

【生境及基物】蒙古栎等阔叶林腐殖质层上。

【地理分布】东北、华东、西南、西北地区。

【发生时间】4～5 月。

【毒性】主要毒性成分为鹿花菌素，导致癫痫性神经型中毒。

钟菌 *Verpa digitaliformis* Pers.

【别名/俗名】指状钟菌。

【形态特征】子囊盘高 1.7～2.0cm、宽 2.0～3.5cm，钟形或半球形，内折形成较深的纵向褶皱。子实层表面具稀疏的小凹点，边缘为不规则波状，幼时稍内卷，成熟后逐渐向下展开，褐色至深褐色。子层托奶白色至污白色。菌柄 5～11×0.7～2.0cm，近圆柱形，奶白色稍带黄色，伤变后颜色从浅黄变为淡橙黄色，具横排细小鳞片，基部稍膨大且具微凹痕，脆骨质。子囊孢子 20～25×10～14μm，长椭圆形，光滑，内含物具折射性，无色至略带绿色，在子囊中单行排列。侧丝线形，顶端稍膨大，具隔，分枝。

【生境及基物】杨、梨等阔叶林腐殖质层上。

【地理分布】东北、华东、西南、西北地区。

【发生时间】5 月。

【毒性】主要毒性成分为鹿花菌素，导致癫痫性神经型中毒。

第四章　我国毒蘑菇的种类

第四节 胃肠炎型毒蘑菇

球基蘑菇 *Agaricus abruptibulbus* Peck

【别名/俗名】紫红蘑菇。
【形态特征】菌盖直径3~7cm，斗笠状至平展，中部凸起，白色至浅黄色，中部具黄色纤维状鳞片，边缘具菌幕残余。菌肉白色，伤不变色，无特殊气味或杏仁气味。菌褶离生，初粉灰白色，后红褐色至黑褐色，密，不等长。菌柄3.2~10.5×0.8~2.5cm，圆柱形，基部膨大至近球形，空心，菌环以上黄白色、灰褐色，光滑，菌环以下灰白色至浅棕褐色，具纤维状鳞片；菌环中上位，单层，膜质，不易脱落，白色至灰褐色。担孢子6~8×4~5μm，椭圆形至长椭圆形，光滑，褐色。
【生境及基物】阔叶林、竹林或针叶林地上。
【地理分布】东北、华北、华南、西南、西北地区。
【发生时间】6~10月。
【毒性】毒性成分不明，可导致胃肠炎型中毒。

暗顶蘑菇 *Agaricus atrodiscus* Linda J. Chen *et al.*

【形态特征】菌盖直径 9～12cm，初半球形，后平展，中部钝凸，淡灰色，中部暗灰褐色，具纤毛，中部密，有时有丛毛状鳞片，边缘具菌幕残余。菌肉白色，伤变黄色，具酚类气味。菌褶近离生，初白色，后粉红色、粉褐色至深褐色，密，不等长。菌柄 16～18×1.6～2.2cm，圆柱形，基部渐细，光滑，白色；菌环上位，双层，膜质，幕状下垂，白色至浅褐色。担孢子 4～6×2.5～3.5μm，椭圆形，光滑，褐色。

【生境及基物】针阔混交林或竹林地上。

【地理分布】华南、西南地区。

【发生时间】6～10 月。

【毒性】毒性成分不明。2021 年和 2023 年在我国云南、四川、贵州至少造成 4 起 15 人胃肠炎型中毒（Li *et al.*，2022a，2024）。

胃肠炎型毒蘑菇

大理蘑菇 *Agaricus daliensis* H.Y. Su & R.L. Zhao

【形态特征】菌盖直径 8.5～12.0cm，凸透镜形至平凸，中部钝突，边缘具不规则沟纹，有同心排列的点状小鳞片，褐色至烟黑色；底部白色；边缘下弯到内卷，有菌幕残余。菌肉白色。菌褶离生、窄直生至近弯生，密，淡赭色、淡黄褐色。菌柄 5～20×1.5～2.5cm，圆柱形或长棒状，白色，触摸后变红褐色，干，光滑，中空，基部膨大，基部剖面变黄色；菌环双层，膜质，上位，总体白色，上层光滑，下层被微绒毛或淡褐色颗粒。担孢子 4.5～5.5×2.5～3.5μm，椭圆形，光滑，褐色。

【生境及基物】混交林林间草地上。

【地理分布】西南地区。

【发生时间】5～9月。

【毒性】毒性成分不明，可导致胃肠炎型中毒。

喀斯特蘑菇 *Agaricus karstomyces* R.L. Zhao

【形态特征】菌盖直径 9～12cm，平凸形至平展，白色，具暗褐色至暗褐灰色的平伏细小鳞片，小鳞片由中央至边缘逐渐变稀。菌肉厚，白色，近菌盖中央处略带灰色。菌褶离生，密，短菌褶多，幼时粉色，成熟后变褐色至暗褐色。菌柄 10～14×0.8～1.5cm，白色，较光滑，有时中下部具纤丝形鳞毛，触碰后不变色，切开后伤口处略变黄色；菌环近顶生，白色，膜质，下表面有卷丛毛。担孢子 5～6×3.0～3.5μm，长椭圆形，光滑，褐色。

【生境及基物】草地或林地上。

【地理分布】西南地区。

【发生时间】7～9月。

【毒性】毒性成分不明，可导致胃肠炎型中毒。

胃肠炎型毒蘑菇

马六甲蘑菇 *Agaricus malangelus* Kerrigan

【形态特征】菌盖直径 2.5～7.0cm，半球形至平展，白色至浅褐色、深褐色，光滑至具纤维状褐色鳞片，常龟裂，常呈放射状排列，边缘具菌幕残余。菌肉白色，伤不变色或基部稍变黄色，具苯酚气味。菌褶离生，初白色、粉红色，后褐色至黑褐色，密，不等长。菌柄 4.5～12.0×0.7～2.5cm，圆柱形，基部膨大，具白色细假根，空心，有丝光；菌环上位，单层，膜质，白色至褐色。担孢子 6～7×4.5～5.5μm，近球形至椭圆形，光滑，褐色。

【生境及基物】针叶林、阔叶林或草地上。

【地理分布】东北、西南地区。

【发生时间】6～8月。

【毒性】毒性成分不明，可导致胃肠炎型中毒。

深褐顶蘑菇 *Agaricus melanocapus* R.L. Zhao

【形态特征】菌盖直径 4～6cm，初半球形，后渐平展，中央略凸起，边缘灰白色，中部近黑色，具点状纤维质鳞片。菌肉白色，基部伤变黄色。菌褶离生，粉红色至红褐色，密，不等长。菌柄 8～10×0.5～1.3cm，近圆柱形，基部膨大，白色，菌环以下具纤毛；菌环上位，双层，白色，膜质。担孢子 4.0～5.5×2.5～3.5μm，椭圆形至长椭圆形，光滑，褐色。

【生境及基物】阔叶林地上。

【地理分布】华东地区。

【发生时间】9月。

【毒性】毒性成分不明，可导致胃肠炎型中毒。

胃肠炎型毒蘑菇

细褐鳞蘑菇 *Agaricus moelleri* Wasser

【别名/俗名】丛毛蘑菇。

【形态特征】菌盖直径6～8cm，初扁斗笠状，后渐平展，中部钝突，干，污白色、灰白色、灰褐色，中部近黑色，具灰色、深灰色鳞片。菌肉白色，具类似苯酚气味，伤后变黄色。菌褶离生，初粉红色，后粉褐色，密，不等长。菌柄6～8×0.6～1.0cm，近圆柱形，基部膨大，近球形，白色、浅褐色，切开伤变黄色；菌环上位，膜质，污白色，幕状下垂。担孢子4.5～5.5×3.0～3.5μm，椭圆形，光滑，褐色。

【生境及基物】阔叶林地上。

【地理分布】东北、华南、西南地区。

【发生时间】7～9月。

【毒性】毒性成分不明，可导致胃肠炎型中毒。

暗鳞蘑菇 *Agaricus phaeolepidotus* F.H. Møller

【形态特征】菌盖直径3.5~8.0cm，半球形至平展，中部钝突，淡白色、淡褐色，具黄褐色纤维质鳞片，中部密，边缘具白色菌幕残余。菌肉白色，伤不变色，无特殊气味。菌褶离生，初粉红色，后红褐色至棕褐色，密，不等长。菌柄6.5~10×0.7~2.0cm，近圆柱形，基部膨大，具白色短假根，空心，白色至淡褐色，近光滑或菌环以下具绒毛；菌环上位，双层，膜质，下表面具齿轮状鳞片，有时幕状下垂，白色至褐色。担孢子5.3~5.5×3.5~4.0μm，椭圆形，光滑，黑褐色。

【生境及基物】阔叶林地上。

【地理分布】东北、华北地区。

【发生时间】7~8月。

【毒性】毒性成分不明，可导致胃肠炎型中毒。

小红褐蘑菇 *Agaricus semotus* Fr.

【别名/俗名】小褐鳞蘑。

【形态特征】菌盖直径2~6cm，初半球形，后平展，中央具钝突，干，污白色至棕褐色，中央颜色深，具褐色鳞片，向边缘逐渐变薄，边缘具菌幕残余。菌肉白色，具茴香或杏仁气味，伤变黄色。菌褶离生，粉红色至深褐色，密，不等长。菌柄2~7×0.3~1.0cm，近圆柱形，基部膨大，近球形，菌环以上白色，菌环以下淡黄色；菌环中上位，膜质，污白色，易脱落。担孢子4.5~5.5×3.0~3.5μm，椭圆形，光滑，厚壁，褐色。

【生境及基物】针叶林地上。

【地理分布】东北、西南地区。

【发生时间】7~8月。

【毒性】毒性成分不明，可导致胃肠炎型中毒。

> 胃肠炎型毒蘑菇

中国双环林地蘑菇 *Agaricus sinoplacomyces* P. Callac & R.L. Zhao

【形态特征】菌盖直径2.5～7.5cm，斗笠形至平展，通常幼时顶端平截，白色至棕褐色，中心颜色深，边缘浅，具褐色纤维状鳞片，边缘具白色菌幕残余。菌肉白色，伤不变色，具特殊气味。菌褶离生，初粉红色，后浅褐色至黑褐色，密，不等长。菌柄2～10×0.5～1.0cm，近圆柱形，基部膨大，具假根，空心，光滑，白色至浅褐色，表面摩擦后黄色，切开后伤变黄色；菌环上位，单层，膜质，幕状，有时下垂，白色至褐色，下表面有絮状鳞片。担孢子6～7×4.5～5.5μm，宽椭圆形至椭圆形，光滑，褐色。

【生境及基物】阔叶林或针阔混交林地上。

【地理分布】东北、华北、华南、西南地区。

【发生时间】7～8月。

【毒性】毒性成分不明，可导致胃肠炎型中毒。

西藏蘑菇 *Agaricus tibetensis* J.L. Zhou & R.L. Zhao

【形态特征】菌盖直径2～6cm，初扁斗笠形，后渐平展，中央略凸起，灰色、深褐色，中部颜色深，具纤维质鳞片，边缘具菌幕残余。菌肉白色，菌柄基部伤变黄色。菌褶离生，粉红色至红褐色，密，不等长。菌柄8.0～11.5×0.6～1.3cm，近圆柱形，基部稍膨大，白色、浅褐色，近光滑；菌环中上位，单层，膜质，下表面齿轮状。担孢子5.3～7.5×3.3～5.5μm，椭圆形，光滑，褐色。

【生境及基物】针阔混交林地或草地上。

【地理分布】华北、西南地区。

【发生时间】7～10月。

【毒性】毒性成分不明。2024年7月在四川绵阳发生1起5人胃肠炎型中毒事件。

胃肠炎型毒蘑菇

小果蘑菇 *Agaricus tytthocarpus* R.L. Zhao

【别名/俗名】小盖鳞蘑。

【形态特征】菌盖直径1~2cm，初斗笠形，后渐平展，白色、灰褐色，中部颜色深，具纤毛或丛毛状鳞片，边缘具菌幕残余。菌肉白色，伤不变色。菌褶离生，红褐色至黑褐色，密，不等长。菌柄3~5×0.2~0.5cm，近圆柱形，白色，近光滑，中空；菌环上位，膜质，白色，下表面具纤毛。担孢子4.5~6.5×3.0~4.5μm，长椭圆形，光滑，褐色。

【生境及基物】针阔混交林地上。

【地理分布】华南、西南地区。

【发生时间】8~9月。

【毒性】毒性成分不明，可导致胃肠炎型中毒。

黄斑蘑菇 *Agaricus xanthodermus* Genev.

【别名/俗名】黄斑伞、黄斑黑伞。

【形态特征】菌盖直径4.7~6.2cm，幼时半球形，后渐平展，近光滑，初白色、污白色，后变淡黄色，边缘具菌幕残余。菌肉白色，伤变淡黄色。菌褶离生，幼时肉粉色，后变褐色至黑褐色，密，不等长。菌柄5.5~8.2×0.8~1.3cm，近圆柱形，基部膨大，污白色，下部颜色较深，光滑，中空；菌环中位，单层，膜质，污白色，不易脱落。担孢子5.0~5.5×3.5~4.3μm，宽椭圆形至椭圆形，光滑，浅褐色至红褐色。

【生境及基物】针阔混交林地上或草地上。

【地理分布】东北、华北、华东、华南、西南地区。

【发生时间】4~9月。

【毒性】毒性成分不明。2021年在湖南发生1起1人胃肠炎型中毒事件（Li *et al.*，2022a）。

第四章 我国毒蘑菇的种类 217

胃肠炎型毒蘑菇

奇丝地花孔菌 *Albatrellus dispansus* (Lloyd) Canf. & Gilb.

【形态特征】菌体高5～15cm、宽5～20cm，具有多个侧生或中生且分枝的菌柄及菌盖，新鲜时肉质，无特殊气味，干后脆。菌盖近扇形，表面新鲜时粉黄色，干后黄褐色，粗糙，无环带。孔口表面新鲜时乳白色至奶油色，干后浅黄色。孔口圆形，每毫米4或5个。担孢子3～4×2.5～3.5μm，宽椭圆形至近球形，近光滑，无色，非淀粉质，不嗜蓝。

【生境及基物】针叶林或针阔混交林地上。

【地理分布】西南地区。

【发生时间】7～9月。

【毒性】毒性成分不明，可导致胃肠炎型中毒。

褐云斑鹅膏 *Amanita porphyria* Alb. & Schwein.

【形态特征】菌盖直径5～8cm；表面浅灰色、灰色至灰褐色，有时被灰色块状鳞片，有辐射状至交错的暗纹；边缘平滑，无絮状物。菌肉白色，伤不变色。菌褶离生，白色至奶油色，小菌褶近菌柄端逐渐变窄。菌柄8～12×1.0～2.5cm，近圆柱形，污白色至浅灰色，被灰色鳞片；菌环上位，膜质，白色；基部膨大呈近球状，上半部被污白色、浅灰色至深灰色鳞片。担孢子9～11×8.5～10.5μm，球形至近球形，淀粉质。

【生境及基物】针叶林或针阔混交林地上。

【地理分布】东北地区。

【发生时间】6～9月。

【毒性】毒性成分不明，可能会导致部分人群胃肠炎型中毒。

胃肠炎型毒蘑菇

糠鳞杵柄鹅膏 *Amanita franzii* Zhu L. Yang *et al.*

【形态特征】菌盖直径5～9cm；半球形至平展，污白色至淡黄褐色，至菌盖边缘颜色逐渐变淡；边缘有棱纹，无絮状物。菌肉白色，伤不变色。菌褶离生，白色至奶油色，小菌褶近菌柄端平截至近平截。菌柄7～10×0.5～1.8cm，圆柱形，向上稍变细，白色至污白色，被灰褐色鳞片，基部膨大呈杵状至浅杯状；菌环上位，上表层白色，下表层浅灰色，膜质；菌托领口状，污白色至浅灰色。担孢子8.5～10.5×6.5～7.5μm，宽椭圆形至椭圆形，少数近球形，光滑，无色，弱淀粉质。

【生境及基物】壳斗科和松科植物组成的阔叶林或混交林地上。

【地理分布】华南、西南地区。

【发生时间】3～9月。

【毒性】毒性成分不明。2023年5月在广东惠州发生1起16人胃肠炎型中毒事件（胡贝等，2024）。

胃肠炎型毒蘑菇

中华鹅膏 *Amanita sinensis* Zhu L. Yang

【形态特征】菌盖直径7～12cm；表面浅灰色、灰色至深灰色，有灰色、易脱落的粉末状或粉粒状鳞片；边缘有棱纹，无絮状物。菌肉白色，伤不变色。菌褶离生，白色至奶油色，小菌褶近菌柄端近平截。菌柄10～15×1.0～2.5cm，近圆柱形，浅灰色至灰白色，被浅灰色、灰色至深灰色粉末状至絮状鳞片；菌环近顶生，膜质，白色，易碎；基部膨大呈梭形至棒状，常有与菌柄近等粗的假根深入地下。担孢子9.0～12.5×7.0～8.5μm，宽椭圆形，非淀粉质。

【生境及基物】针叶林或针阔混交林地上。

【地理分布】华中、华南、西南地区。

【发生时间】6～9月。

【毒性】毒性成分不明，可导致部分人群胃肠炎型中毒。2024年8月在云南砚山有人食后中毒，出现心悸和恶心。

大白桩菇 *Aspropaxillus giganteus* (Sowerby) Kühner & Maire

【别名/俗名】青腿子、大青蘑、雷蘑。

【形态特征】菌盖直径9～40cm，幼时钟形，后近平展，中间部分多下凹，成熟后多呈浅漏斗状，污白色、青白色或带灰黄色，光滑，成熟后或具环纹，幼时边缘内卷，后逐渐伸展至稍上翻。菌肉白色，较厚。菌褶延生，白色至乳白色，老后为米黄色，密，窄，不等长。菌柄4～8×2～3cm，光滑，白色至乳白色，肉质。担孢子6.3～8.0×4～5μm，宽椭圆形，近光滑，无色，淀粉质。

【生境及基物】草地、路边或林缘地上。

【地理分布】东北、华北、西南、西北地区。

【发生时间】7～9月。

【毒性】毒性成分不明，可导致胃肠炎型中毒。

胃肠炎型毒蘑菇

大果薄瓢牛肝菌 *Baorangia major* Raspé & Vadthanarat

【形态特征】菌盖直径14～20cm，半球形至平展，干，被微绒毛，灰红色至灰红宝石色，老后变淡，边缘内卷至稍下延。菌肉米色至淡黄色。子实层体延生至直生，老后暗黄色。菌管淡黄色；管口直径约2mm，多角形至近圆形。菌柄5～11×1.5～4.0cm，近圆柱形至倒棒状，近光滑或密被暗红色细颗粒状鳞片，暗红色与黄色间杂，顶端常淡黄色至黄色，基部菌丝体近白色，菌肉浅黄色至黄色。菌肉、菌管、菌孔表面、菌柄外表及其菌肉等伤后速变浅蓝色至暗蓝色。担孢子7～9×4.5～5.0μm，近卵形、近杏仁形至近椭圆形，光滑，浅黄色。

【生境及基物】松科、壳斗科植物林地上。

【地理分布】华南、西南地区。

【发生时间】5～8月。

【毒性】毒性成分不明。2020～2023年在我国发生5起25人胃肠炎型中毒事件（Li *et al.*, 2021a，2022a，2024）。

薄瓢牛肝菌
Baorangia pseudocalopus (Hongo) G. Wu & Zhu L. Yang

【形态特征】菌盖直径5～13cm，半球形至平展，干，被微绒毛，灰红色至灰红宝石色，幼时边缘内卷。菌肉淡黄色至黄色，伤后缓慢变蓝色。子实层体延生至直生，淡黄色至黄色，伤后速变青蓝色。菌管淡黄色，伤后速变淡蓝色至青蓝色，管口直径0.5～1.0mm，多角形至近圆形。菌柄6～9×1.5～2.5cm，近圆柱形至倒棒状，上部或顶端常被网纹，灰红色与淡黄色间杂，顶端淡黄色至黄色，基部菌丝体白色，菌肉浅黄色至黄色，伤后缓慢变淡蓝色。担孢子9.0～12.5×4～5μm，近梭形，光滑，浅褐黄色。

【生境及基物】壳斗科和松科植物混交林地上。

【地理分布】华中、西南地区。

【发生时间】7～9月。

【毒性】毒性成分不明，可导致胃肠炎型中毒。

第四章 我国毒蘑菇的种类

胃肠炎型毒蘑菇

黄肉条孢牛肝菌 *Boletellus aurocontextus* Hirot. Sato

【形态特征】菌盖直径6～12cm，初凸，后平凸，覆盖细小鳞片到疣状鳞片，成熟时通常具针形糙毛。鳞片玫瑰红色至紫红色，边缘有附属物。菌柄6～16×0.8～1.6cm，粗细几乎相等，酒红色至紫红色，顶部通常淡黄色。菌管可达15mm，黄色至芥末黄色，伤变蓝色。担孢子18.5～24.5×7.5～10.0μm，椭圆形至近圆柱形，有纵条纹，深褐色至橄榄褐色。

【生境及基物】密松和锯栎混交林地上、树桩或腐木上。

【地理分布】华东、华南地区。

【发生时间】3～9月。

【毒性】毒性成分不明，可导致胃肠炎型中毒。

隐纹条孢牛肝菌 *Boletellus indistinctus* G. Wu *et al.*

【形态特征】菌盖直径3.5～8.0cm，半球形至扁平，蓝红色至玫瑰红色，幼时被细绒毛，老时几乎无毛，干。菌肉乳白色至淡黄色，厚达15mm，伤变浅蓝色至深蓝色。菌柄7.5～9.0×1.2～2.5cm，近圆筒状，顶端橙红色至鲜红色、樱桃红至暗红色，有时有微弱的同色网状结构，特别是在上部，有同色的绒毛鳞片。担孢子10～13×5～6μm，梭形，不等边，有弱纵条纹，褐黄色。

【生境及基物】以壳斗科植物为主的亚热带森林地上。

【地理分布】华东、华南地区。

【发生时间】5～9月。

【毒性】毒性成分不明，可导致胃肠炎型中毒。

毡盖美牛肝菌 *Caloboletus panniformis* (Taneyama & Har. Takah.) Vizzini

【形态特征】菌盖直径 6~12cm，半球形至扁半球形，密被灰褐色、褐色至红褐色的毡状至绒状鳞片，边缘稍延生。菌肉黄色至淡黄色，渐变淡蓝色，味苦。菌管及孔口初期米色，成熟后黄色至污黄色，伤后速变蓝色。菌柄 7~12×2~3cm，向下变粗，中下部红色，顶部污黄色，密被红褐色至红色细鳞，上部有时被网纹。担孢子 11~16×4~6μm，近梭形，光滑，淡黄色。
【生境及基物】针叶林或针阔混交林地上。
【地理分布】西南地区。
【发生时间】5~9月。
【毒性】毒性成分不明，可导致胃肠炎型中毒。

鹿胶角菌 *Calocera viscosa* (Pers.) Bory

【别名/俗名】黏胶角菌。
【形态特征】菌体高 6cm，湿时黏滑，菌柄圆柱状，上部多次二叉分枝，鹿角状，顶部钝圆或渐尖，整体亮黄色至橙黄色。子实层表面光滑。不育部分位于白色根状基部，基部融合。干时坚韧，顶部分枝颜色不变，菌柄颜色变浅，扁平，具纵向沟，稍中空，覆水后不能完全复原。担孢子 9~11×4.5~5.5μm，弯圆柱形，光滑，透明，内含油滴，具明显脐突，成熟后分 1 隔，萌发产生分生孢子。
【生境及基物】落叶松等具苔藓层针叶树腐木上。
【地理分布】东北、华北、华中、华南、西南、西北地区。
【发生时间】7~9月。
【毒性】毒性成分不明，可导致胃肠炎型中毒。

胃肠炎型毒蘑菇

脐突假鸡油菌 *Cantharellula umbonata* (J.F. Gmel.) Singer

【形态特征】菌盖直径 1.5～4cm，幼时平展形，后平凹至近漏斗形，常中部具细尖锐小脐突，浅灰色、灰褐色、浅灰紫色至灰紫褐色，光滑或被细小绒毛，有一不明显环带，偶具白色斑点；边缘初内卷，后上翘至波浪形。菌肉污白色至淡灰褐色。菌褶延生，密，初近白色，后具红色或黄色斑点。菌柄 2.2～9.3 × 0.4～0.6cm，近圆柱形，污白色至浅灰色，内部松软，常弯曲。担孢子 8.0～9.5 × 2.5～3.5μm，长椭圆形至近圆柱形，光滑，无色。

【生境及基物】云杉林苔藓地上。

【地理分布】东北、西北地区。

【发生时间】7～9月。

【毒性】毒性成分不明，可导致胃肠炎型中毒。

绿盖裘氏牛肝菌 *Chiua virens* (W.F. Chiu) Y.C. Li & Zhu L. Yang

【形态特征】菌盖直径 3～8cm，扁半球形、凸透镜形至平展，暗绿色、草绿色至芥黄色，中部常稍暗，具纤维状至绒毛状鳞片。菌肉黄色至淡黄色，伤不变色。子实层体近菌柄处凹陷，菌管与菌孔初白色，后淡粉色至粉红色，伤不变色。菌柄 3～7 × 0.5～1.5cm，近圆柱形至棒形，黄色至淡黄色，基部亮黄色。担孢子 11.5～13.5 × 5.0～5.5μm，近纺锤形至腹鼓状，光滑，淡粉红色。

【生境及基物】针叶林或针阔混交林地上。

【地理分布】华东、华中、华南、西南地区。

【发生时间】4～9月。

【毒性】毒性成分不明，可导致胃肠炎型中毒。

胃肠炎型毒蘑菇

细柄青褶伞 *Chlorophyllum demangei* (Pat.) Z.W. Ge & Zhu L. Yang

【形态特征】菌盖直径 2.5～8.5cm，平凸形至平展，具脐突，白色至奶油色，上有淡黄褐色至赭黄色鳞片，边缘具细条纹。菌肉白色，受伤后变浅红色、浅粉色至橘红色。菌褶离生，密集，白色至奶油色。菌柄 5～6×0.2～0.5cm，中空，白色，近光滑，受伤后变淡黄色至浅褐色；菌环近顶生，白色，膜质，宿存。担孢子 8～10×5.5～7.0μm，椭圆形至杏仁形，无色，无芽孔。

【生境及基物】阔叶林或针阔混交林地上或路边地上。

【地理分布】西南地区。

【发生时间】6～10月。

【毒性】毒性成分不明。2020年在四川发生1起2人胃肠炎型中毒事件（Li *et al.*，2021a）。

球盖青褶伞 *Chlorophyllum globosum* (Mossebo) Vellinga

【形态特征】菌盖直径 6～13cm，幼时卵形至近球形，后球形至近半球形，成熟后菌盖近平展，近白色，被褐色鳞片，边缘具短的辐射状条纹。菌肉白色，伤后变粉色至红褐色。菌褶离生，近白色，密。菌柄 10～25×1.0～2.5cm，近圆柱形，近白色，内部中空，基部稍膨大；菌环上位，膜质。担孢子 11～12×8～9μm，宽杏仁形至近卵形，光滑，具平截芽孔，厚壁，浅橄榄色，拟糊精质。

【生境及基物】灌木丛下或腐殖质层上。

【地理分布】华中、华南、西南地区。

【发生时间】4～9月。

【毒性】毒性成分不明。2020～2023年在我国发生12起42人胃肠炎型中毒事件（Li *et al.*，2023，2024）。

第四章　我国毒蘑菇的种类　225

胃肠炎型毒蘑菇

变红青褶伞 *Chlorophyllum hortense* (Murrill) Vellinga

【形态特征】菌盖直径3~7cm，幼时近卵圆柱形，渐变锥形，后近平展至平展中凸形，成熟时中部有显著的钝圆形突起，被淡黄色至黄褐色裂片，中部颜色较深，边缘变淡。菌肉白色，伤变淡红色至红褐色。菌褶离生，白色至淡黄白色，密，不等长。菌柄5~8×0.5~1.2cm，浅白色至淡褐色，近基部颜色加深，基部稍膨大；菌环上位，乳白色至淡赭色，膜质。担孢子8.0~10.5×5.5~7.0μm，宽椭圆形至卵圆形，光滑，近无色，拟糊精质。

【生境及基物】林缘地或草地上。

【地理分布】华北、华东、华中、华南、西南地区。

【发生时间】4~9月。

【毒性】毒性成分不明。2017~2023年在湖南、四川、浙江、湖北、广西等地发生14起32人胃肠炎型中毒事件（Li *et al.*，2020，2021a，2022a，2023，2024；陈作红等，2022）。

铅绿青褶伞 *Chlorophyllum molybdites* (G. Mey.) Massee

【别名/俗名】大青褶伞、青褶伞、绿褶菇。

【形态特征】菌盖直径5~10cm，幼时卵球形，后平展，白色至污白色，被褐色鳞片，鳞片随个体成熟而撕裂成反卷的小鳞片，向边缘渐小、渐稀疏。菌肉近白色，伤变红色色调。菌褶离生，幼时近白色，后浅绿色至橄榄绿色。菌柄7~15×0.7~1.5cm，近圆柱形，白色至污白色，中空，纤维质；菌环上位，厚，白色至污白色。担孢子9~10×6.5~8.0μm，宽椭圆形至椭圆形，稍厚壁，光滑，浅橄榄绿色，具平截芽孔，拟糊精质。

【生境及基物】林中草地、草坪或菜地上。

【地理分布】东北、华北、华东、华中、华南、西南地区。

【发生时间】3~12月，集中出现在5~10月。

【毒性】毒性成分为一种名为青褶伞素（molybdophyllysin）的蛋白，导致胃肠炎型中毒。2016~2021年在湖南发生177起518人中毒事件（陈作红等，2022）。该种在我国广泛分布，2019~2023年我国共报道534起1107人中毒事件（Li *et al.*，2020，2021a，2022a，2023，2024）。

胃肠炎型毒蘑菇

球孢青褶伞 *Chlorophyllum sphaerosporum* Z.W. Ge & Zhu L. Yang

【形态特征】菌盖直径3.0~6.5cm，幼时近钟形至扁凸透镜形，后平凸至平展，白色至污白色，被黄褐色至淡红褐色鳞片，随个体成熟而撕裂成反卷的小鳞片，向边缘渐小、渐稀疏，中部鳞片密集，常完整，边缘具短条纹。菌肉白色至奶油色。菌褶离生，污白色至奶油色，密，不等长。菌柄5~7×0.3~0.7cm，近圆柱形，向下渐粗，基部稍膨大，白色至浅褐色，中空；菌环上位，膜质，污白色。担孢子8.0~10.5×6.5~9.5μm，近球形，光滑，无色，拟糊精质。

【生境及基物】林中草地、草坪上。

【地理分布】东北、华北地区。

【发生时间】7~9月。

【毒性】毒性成分不明，可导致胃肠炎型中毒。

拟乳头状青褶伞 *Chlorophyllum neomastoideum* (Hongo) Vellinga

【别名/俗名】拟乳头状大环柄菇。

【形态特征】菌盖直径5~10cm，幼时卵球形，后平凸，白色至污白色，被褐色鳞片，随个体成熟而撕裂成反卷的小鳞片，向边缘渐小、渐稀疏，中部鳞片密集，常完整，边缘老时具短条纹。菌肉白色，伤变红褐色。菌褶离生，白色至奶油色，伤变红褐色。菌柄6~14×0.5~1.1cm，近圆柱形，基部膨大，初白色，后淡褐色至褐色，中空；菌环上位，膜质。担孢子7~9×5~6μm，椭圆形，光滑，稍厚壁，无色，具平截芽孔，拟糊精质。

【生境及基物】林地上。

【地理分布】华东地区。

【发生时间】8~11月。

【毒性】毒性成分不明。2014年在浙江发生1起5人胃肠炎型中毒事件（陈作红等，2016）。

第四章　我国毒蘑菇的种类

阿切尔笼头菌 *Clathrus archeri* (Berk.) Dring

【别名/俗名】阿切氏笼头菌、红佛手菌、章鱼臭角、恶魔手指。
【形态特征】菌蕾卵球形，白色，被褐色斑点，后稍粉褐色。成熟后菌蕾开裂，伸展出4～7根弯曲分枝，顶部相连接，后分裂。分枝长3～10cm，向顶端渐细，内表面红色，具暗褐色至暗橄榄绿色黏液状孢体，具恶臭味；外表面色淡，后粉红色，具细密凹坑，海绵质。分枝基部具一共同短柄，长1～3cm，上部粉红色至红色，下部白色，包围于菌蕾中。菌托囊状，白色，具褐色斑点。担孢子4.5～6.0×1.5～2.5μm，近圆柱形，光滑。
【生境及基物】林中腐殖质层上。
【地理分布】华东、西南地区。
【发生时间】1～2月。
【毒性】毒性成分不明，可导致胃肠炎型中毒。

红笼头菌 *Clathrus ruber* P. Micheli ex Pers.

【形态特征】菌蕾球形，直径3～7cm，白色，以菌丝束结构固定于地上；成熟时外包被裂开形成菌托，内部长出孢托。孢托6～18×5～20cm，卵圆形至近球形，笼头状，红色、海绵质，网格五角形等；外侧平滑至有皱；内侧不平整，具带臭味的暗橄榄褐色黏液状孢体。菌托囊状，包裹着孢托基部，膜质，白色，初明显，后渐萎缩。担孢子5.0～6.5×2.5～3.0mm，椭圆形至杆形，光滑，无色。
【生境及基物】林地、草地、沙地上。
【地理分布】东北、华北、华中、西南、西北地区。
【发生时间】6～8月。
【毒性】毒性成分不明，可导致胃肠炎型中毒。

辐射状条纹，被白色至奶油色或褐黄色的丛毛小鳞片，鳞片成熟后易脱落。菌肉薄，白色，伤不变色。菌褶直生，密，不等长，初白色，后黑褐色，老后自溶。菌柄3～5×0.3～0.5cm，圆柱形，上部渐细，白色，脆，近光滑，中下部有时具似菌托脊状隆起；基部被稀疏黄褐色绒毛，常有成片的黄褐色至金褐色、粗毛状菌丝体垫长到基物上。担孢子8～10×4～5μm，椭圆形至豆形，光滑，暗褐色。

【生境及基物】阔叶树的树桩或枯木上。
【地理分布】东北、华北、华东、华中、华南、西北地区。
【发生时间】5～10月。
【毒性】含有鬼伞素，与酒同食就可引起中毒，导致双硫仑样反应，主要表现为面颈潮红、肢体麻木、心悸、头痛、恶心、呕吐。

云南棒瑚菌 *Clavariadelphus yunnanensis* Methven

【形态特征】子实体高约20cm，头部直径约2cm，圆柱形或近圆柱形至狭棒形，初乳白色至淡黄色，后淡赭黄色至赭黄色，最后肉桂黄色。菌肉紧实，成熟后柔软，白色至淡黄色，气味淡，味略带苦味。菌柄2～4×0.5～0.8cm，近白色或米色。担孢子8.5～11.0×5～6μm，椭圆形至卵形，光滑，无色，非淀粉质。
【生境及基物】落叶针阔混交林地上。
【地理分布】西南地区。
【发生时间】7～10月。
【毒性】毒性成分不明，可导致胃肠炎型中毒。

家园小鬼伞 *Coprinellus domesticus* (Bolton) Vilgalys *et al.*

【别名/俗名】家园鬼伞。
【形态特征】菌盖直径1～2cm，初钟形或圆锥形，渐变宽圆锥形至完全平展，边缘浅褐黄色，顶部深黄褐色，幼时颜色稍浅，具明显

胃肠炎型毒蘑菇

晶粒小鬼伞 *Coprinellus micaceus* (Bull.) Vilgalys *et al.*

【别名/俗名】晶粒鬼伞、晶鬼伞、狗尿苔。
【形态特征】菌盖直径1.5～3.2cm，初钟形或圆锥形，黄褐色，后半球形至完全平展，较幼时颜色稍浅或自边缘黑化，具明显辐射状细条纹，覆盖白色颗粒状鳞片，成熟后易脱落。菌肉白色，伤不变色。菌褶弯生或近离生，初白色，后黑褐色，密，不等长，老后自溶。菌柄5～8×0.3～0.5cm，近圆柱形，上部渐细，白色，近光滑，中下部有时具似菌托脊状隆起。担孢子7～10×5～7μm，钟形或杏仁形，光滑，深红褐色。
【生境及基物】阔叶树的树桩、枯木及周围地上。
【地理分布】各地区均有分布。
【发生时间】3～11月。
【毒性】含有鬼伞素，与酒同食就可引起中毒，导致双硫仑样反应，主要表现为面颈潮红、肢体麻木、心悸、头痛、恶心、呕吐。

疣孢拟鬼伞 *Coprinopsis alopecia* (Lasch) La Chiusa & Boffelli

【别名/俗名】疣孢鬼伞。
【形态特征】菌盖直径3.3～5.4cm，初近球形、椭圆形或钝圆锥形，渐展开成宽圆锥形，顶部褐或灰褐色，边缘灰白色至浅褐灰色，常具金属光泽，具明显辐射状细条纹，老时撕裂，覆盖不明显奶油色至褐色的纤维状菌幕。菌肉薄，白色，伤不变色。菌褶离生，密，不等长，初灰白色，后褐灰色至黑色，老后自溶。菌柄8～15×0.6～0.9cm，近圆柱形，上部渐细，白色，脆，近光滑，基部柱状，有时稍膨大。担孢子11～14×7～9μm，杏仁形，被疣突，暗褐色。
【生境及基物】阔叶林中泥土或腐殖质层上。
【地理分布】东北、西南、西北地区。
【发生时间】7～9月。
【毒性】含有鬼伞素，与酒同食就可引起中毒，导致双硫仑样反应，主要表现为面颈潮红、肢体麻木、心悸、头痛、恶心、呕吐。

胃肠炎型毒蘑菇

墨汁拟鬼伞 *Coprinopsis atramentaria* (Bull.) Redhead *et al.*

【别名/俗名】墨汁鬼伞、柳树钻、柳树菇、狗尿苔、鸡腿菇。

【形态特征】菌盖直径 1.2~6.2cm，初卵圆形或圆锥形，银灰色或褐灰色，顶部有时褐色，后半球形至宽圆锥形，自边缘黑化，无辐射状细条纹，光滑或具细小的浅褐色丛毛鳞片。菌肉白色，伤不变色。菌褶弯生或近离生，初白色，后黑褐色，密，不等长，老后自溶。菌柄 5~12×0.7~1.2cm，近圆柱形，上部渐细，白色，近光滑，中下部有时具似菌托脊状隆起，基部有时根状。担孢子 10~12×5~7μm，椭圆形或杏仁形，光滑，深红褐色。

【生境及基物】阔叶树树桩、枯木及周围地上。

【地理分布】东北、华北、华东、西南、西北地区。

【发生时间】3~11月。

【毒性】含有鬼伞素，可引起部分人群胃肠炎型中毒，食用后有时出现腹痛、腹泻、呕吐和恶心的症状。此外，与酒同食就可引起中毒，导致双硫仑样反应，主要表现为面颈潮红、肢体麻木、心悸、头痛、恶心、呕吐。

灰盖拟鬼伞 *Coprinopsis cinerea* (Schaeff.) Redhead *et al.*

【别名/俗名】灰盖鬼伞。

【形态特征】菌盖直径 1.4~3.3cm，初椭圆形至圆柱形，边缘白色至灰白色，顶部浅褐色或浅褐灰色，后宽圆锥形至完全平展，中央略凸起，边缘褐灰色或深灰色，顶部深褐灰色，具不明显辐射状细条纹，覆盖白色至奶油色的纤维状菌幕。菌肉白色，伤不变色。菌褶离生，初白色，后黑色，密，不等长，老后自溶。菌柄 4~13×0.2~0.6cm，近圆柱形，上部渐细，白色，近光滑，基部膨大，具假根。担孢子 8~12×6~8μm，椭圆形或卵圆形，光滑，深红褐色。

【生境及基物】食草动物粪便、粪草混合物或堆肥上。

【地理分布】东北、华东、西南地区。

【发生时间】7~9月。

【毒性】含有鬼伞素，与酒同食就可引起中毒，导致双硫仑样反应，主要表现为面颈潮红、肢体麻木、心悸、头痛、恶心、呕吐。

胃肠炎型毒蘑菇

白绒拟鬼伞 *Coprinopsis lagopus* (Fr.) Redhead *et al.*

【别名/俗名】白绒鬼伞。

【形态特征】菌盖直径 0.5~2.0cm，初钟形，后渐平展，顶部褐色或浅褐灰色，边缘灰色或褐灰色至灰白色，具明显辐射状细条纹，被白色至奶油色的丛毛鳞片，易脱落；老后边缘上翘，易撕裂。菌肉极薄，脆，白色，伤不变色。菌褶离生，密，不等长，初白色，后黑色，老后自溶。菌柄 4~9×0.2~0.4cm，近圆柱形，上部渐细，白色，脆，被白色绒毛，基部膨大，有时具假根。担孢子 8~10×5~6μm，椭圆形或卵圆形，光滑，暗褐色。

【生境及基物】草地、粪草混合物或堆肥上。

【地理分布】东北、华东、西南、西北地区。

【发生时间】6~9月。

【毒性】含有鬼伞素，与酒同食就可引起中毒，导致双硫仑样反应，主要表现为面颈潮红、肢体麻木、心悸、头痛、恶心、呕吐。

雪白拟鬼伞 *Coprinopsis nivea* (Pers.) Redhead *et al.*

【别名/俗名】雪白鬼伞。

【形态特征】菌盖直径 1~2.5cm，初椭圆形、卵圆形至钟形，白色；后近圆锥形至抛物面形，边缘有时上翘，白色，后从边缘开始渐呈灰白色，具不明显辐射状细条纹，被白色粉末状鳞片。菌肉薄，白色，伤不变色。菌褶离生，密，不等长，初白色，后黑色，老后自溶。菌柄 4~11×0.3~0.5cm，近圆柱形，等粗或略向上渐细，白色，脆，有时被白色绒毛，基部膨大，有时具假根。担孢子 12~19×11~16×7~9μm，柠檬形至圆角六边形，光滑，暗褐色。

【生境及基物】食草动物粪便上。

【地理分布】东北、西北和西南亚高山地区。

【发生时间】6~9月。

【毒性】含有鬼伞素，与酒同食就可引起中毒，导致双硫仑样反应，主要表现为面颈潮红、肢体麻木、心悸、头痛、恶心、呕吐。

斑拟鬼伞 *Coprinopsis picacea* (Bull.) Redhead *et al.*

【别名/俗名】鹊拟鬼伞。

【形态特征】菌盖直径2.0~5.1cm，初椭圆形或卵圆形，灰褐色，后钟形、圆锥形，边缘有时上翘，深灰褐色至近黑色，具不明显辐射状细条纹，覆盖白色至浅褐色的块状鳞片。菌肉白色，伤不变色。菌褶离生，初白色，后黑色，密，不等长，老后自溶。菌柄7~13×0.4~1.0cm，近圆柱形，等粗或向上渐细，白色，常被白色绒毛，基部膨大。担孢子14~19×10~13μm，凸透镜形、椭圆形或卵圆形，光滑，深红褐色。

【生境及基物】石灰性土壤或砂质土壤上。

【地理分布】西南地区。

【发生时间】6~9月。

【毒性】含有鬼伞素，与酒同食就可引起中毒，导致双硫仑样反应，主要表现为面颈潮红、肢体麻木、心悸、头痛、恶心、呕吐。

斯氏拟鬼伞 *Coprinopsis strossmayeri* (Schulzer) Redhead *et al.*

【形态特征】菌盖直径2.0~4.5cm，初椭圆形或卵圆形，浅灰色、浅褐灰色，后钝圆锥形，边缘有时上翘，灰褐色，具不明显辐射状细条纹，覆盖白色至浅灰色的块状鳞片。菌肉白色，伤不变色。菌褶离生，初白色，后深褐色，密，不等长，老后自溶。菌柄3~7×0.3~0.6cm，近圆柱形，等粗或向上渐细，上部白色，近基部浅褐色，基部假根状。担孢子7~9×5~6μm，椭圆形或卵圆形，光滑，深红褐色。

【生境及基物】阔叶树的腐木或树桩上。

【地理分布】东北、华东地区。

【发生时间】5~10月。

【毒性】含有鬼伞素，可引起部分人群胃肠炎型中毒，食用后有时出现腹痛、腹泻、呕吐和恶心的症状。此外，与酒同食就可引起中毒，导致双硫仑样反应，主要表现为面颈潮红、肢体麻木、心悸、头痛、恶心、呕吐。

毛头鬼伞 *Coprinus comatus* (O.F. Müll.) Pers.

【别名/俗名】鸡腿菇、毛鬼伞、小孢鬼伞、卵状鬼伞。

【形态特征】菌盖直径 2.5～7.0cm，初椭圆形、卵圆形或近圆柱形，顶部浅褐色、边缘白色、奶油色、灰白色，后钝圆锥形，边缘有时上翘，具不明显辐射状细条纹，覆盖白色至浅褐色块状或丛毛鳞片。菌肉初白色，近成熟时自菌盖边缘变为浅粉色或浅粉紫色，伤不变色。菌褶离生，初白色，后黑色，密，不等长，老后自溶。菌柄 6～28×0.8～1.6cm，近圆柱形，等粗，白色，基部膨大，具假根。担孢子 9～13×7～9μm，卵圆形，光滑，深红褐色。

【生境及基物】草地或稀疏的阔叶林地上。

【地理分布】各地区均有分布。

【发生时间】3～11 月。

【毒性】幼嫩时可食，老时有毒。主要毒性成分为鬼伞素，具有胃肠炎型毒性，食用后有时出现腹痛、腹泻、呕吐和恶心的症状。此外，与酒同食就可引起中毒，导致双硫仑样反应，表现为面颈潮红、肢体麻木、心悸、头痛、恶心、呕吐。

胃肠炎型毒蘑菇

金盖囊皮伞 *Cystoderma aureum* (Bull.) Kühner & Romagn.

【别名/俗名】金褐伞、金盖褐环柄菇。

【形态特征】菌盖直径 5～15cm，扁平至平展，密被金黄色、橘黄色的粉粒形颗粒。菌肉白色带黄色。菌褶初白色，后变黄褐色，密。菌柄 10～20×1.5～4.0cm，细长，圆柱形，密被橘黄色至黄褐色颗粒形鳞片；菌环膜质，大，污白色。担孢子 9～14×4～6μm，长纺锤形或长椭圆形，光滑至有不明显的小疣，淡褐黄色。

【生境及基物】针叶林或针阔混交林地上。

【地理分布】西南地区。

【发生时间】7～9 月。

【毒性】毒性成分不明，可导致胃肠炎型中毒。

胃肠炎型毒蘑菇

假蜜环菌 *Desarmillaria tabescens* (Scop.) R.A. Koch & Aime

【别名/俗名】假小蜜环菌。

【形态特征】菌盖直径1.5～5.0cm，初近半球形、扁凸透镜形，后渐平展，黄褐色，被褐色毛状鳞片，中部较密，边缘具条纹，水浸状。菌肉厚，近白色。菌褶直生至延生，白色、黄褐色。菌柄4.5～8.0×0.3～0.6cm，近圆柱形，白色或黄褐色，具纵纹；无菌环。担孢子7.5～10.0×5.3～7.5μm，宽椭圆形至近卵圆形，光滑，无色，非淀粉质。

【生境及基物】阔叶林枯桩上或活立木基部。

【地理分布】各地区均有分布。

【发生时间】7～9月。

【毒性】毒性成分不明，可导致胃肠炎型中毒。

珠亮平盘菌 *Discina ancilis* (Pers.) Sacc.

【别名/俗名】宽亚盘菌。

【形态特征】子囊盘宽3～9cm，初杯状，后平展为盘状或浅杯状，边缘波状。子实层表面具不规则纹路，茶色至红褐色。子层托浅粉色至浅褐色。柄白色，短、粗壮，具凹槽。子囊300～360×15～17μm，近圆柱形，具囊盖，内含8个子囊孢子。子囊孢子25～30×12～15μm，椭圆形，具细疣，内含1个大油滴，两端各有1个小尖突，在子囊中单行排列。侧丝线形，顶端膨大，浅褐色，具隔，分枝。

【生境及基物】针叶林倒木、腐木上或伴有苔藓的腐殖质层上。

【地理分布】东北、西南、西北地区。

【发生时间】6～10月。

【毒性】毒性成分不明，可导致胃肠炎型中毒。

胃 肠 炎 型 毒 蘑 菇

锐鳞环柄菇 *Echinoderma asperum* (Pers.) Bon

【别名/俗名】刺皮菇、灰鳞伞、尖鳞环柄菇。

【形态特征】菌盖直径 4～10cm，幼时半球形，后平凸至平展，污白色、黄褐色，被褐色至深褐色的刺状或锥状鳞片。菌肉白色，肉质。菌褶离生，白色至奶油色，密，不等长。菌柄 5～12 × 0.5～2.0cm，圆柱形，基部膨大呈球状，菌环以上污白色、近光滑，菌环以下被浅褐色、锥状、易脱落的鳞片；菌环上位，白色，膜质，裙状。担孢子 5.5～7.5 × 2～3μm，椭圆形至近圆柱形，光滑，无色，拟糊精质。

【生境及基物】混交林或杉木林下。

【地理分布】东北、华北、华中西南地区。

【发生时间】7～8 月。

【毒性】毒性成分不明，可导致胃肠炎型中毒。

斜盖粉褶菌 *Entoloma abortivum* (Berk. & M.A. Curtis) Donk

【别名/俗名】败育粉褶菌。

【形态特征】菌盖直径 6.7～8.1cm，幼时凸透镜形，后中央下凹，污白色至浅灰褐色，光滑，边缘反卷，无条纹。菌肉白色，无明显气味与味道。菌褶稍延生，浅粉色，密，褶幅宽 0.2～0.3mm，边缘微缺。菌柄 3.1～4.5 × 0.8～1.2cm，圆柱形，偏生，内实至中空，脆骨质，污白色，基部膨大，被白色菌丝。担孢子 8～10 × 6～7μm，具 4～6 个角状突起，异径，淡粉红色。

【生境及基物】针阔混交林腐木上。

【地理分布】东北、华北、西南、西北地区。

【发生时间】8～10 月。

【毒性】毒性成分不明，可导致胃肠炎型中毒。

白黄粉褶蕈 *Entoloma album* Hiroë

【别名/俗名】白方孢粉褶菌。

【形态特征】菌盖直径 2~4cm，初圆锥形至斗笠形，顶部具一明显尖状突起，白色、污白色至淡黄白色，光滑或具纤毛，稍黏，湿时具条纹或浅沟纹，边缘整齐，近白色至黄白色，常带淡青黄色。菌肉薄，白色。菌褶直生，淡肉红色至粉红色。菌柄 4~8×0.2~0.4cm，中生，圆柱形，白色至黄白色，光滑至具纤毛，具丝状细条纹，空心，基部稍膨大。担孢子直径 9~11μm，四角形，光滑，淡粉红色。

【生境及基物】阔叶林或针阔混交林地上。

【地理分布】华南、西南地区。

【发生时间】7~9 月。

【毒性】毒性成分不明，可导致胃肠炎型中毒。

蓝黄粉褶菌 *Entoloma caeruleoflavum* T.H. Li et al.

【形态特征】菌盖直径 3~6cm，半球形至平展，中央稍凸起，蓝黑色至近黑色，往外颜色变淡，兼有绿色、黄色、粉色或褐色色调，稍被细小鳞片，边缘波浪形，具沟纹。菌肉薄，近白色。菌褶亮黄色，成熟时带粉色，伤变粉色或淡红褐色。菌柄 5~10×0.4~1.0cm，近圆柱形，中生，蓝色至暗蓝色，具纵向纤丝条纹和绒毛，基部稍膨大。担孢子 6.5~7.5×6.3~7.3μm，等粗，5~7 个角状突起，淡粉红色。

【生境及基物】针阔混交林地上。

【地理分布】西南地区。

【发生时间】6~9 月。

【毒性】毒性成分不明，可导致部分人群胃肠炎型中毒。

胃肠炎型毒蘑菇

长，稍密，初白色，后粉红色，边缘平滑。菌柄3~8×0.2~0.6cm，圆柱形，常弯曲，略向下增粗，白色至近白色，空心，脆骨质，基部具白色菌丝体。担孢子7.5~11.5×5.0~7.5μm，6~8个角状突起，光滑，淡粉红色。

【生境及基物】阔叶林地上。

【地理分布】华南、西南地区。

【发生时间】7~10月。

【毒性】毒性成分不明。2023年在云南发生1起2人胃肠炎型中毒事件（Li et al., 2024）。

盾状粉褶菌 Entoloma clypeatum (L.) P. Kumm.

【别名/俗名】盾形赤褶菇、红盾赤褶菇、盾状红褶伞、晶蓝粉褶菌、晶盖粉褶菌、红质赤褶菇。

【形态特征】菌盖直径4~8cm，初凸透镜形，后中部凸起，未见条纹，光滑，湿时深褐色，干时褐黄色至棕褐色，边缘内卷，波浪状，菌肉薄，白色。菌褶弯生，幼时白色，后淡粉色，密，边缘锯齿状。菌柄5~10×1.0~1.5cm，圆柱形，中空，脆骨质，白色，光滑，向下渐粗。担孢子9~11×8~10μm，具5或6个角状突起，等粗至近等粗，光滑，淡粉红色。

【生境及基物】阔叶林地上或腐殖质层上。

【地理分布】各地区均有分布。

【发生时间】6~7月。

【毒性】毒性成分不明，可导致胃肠炎型中毒。

丛生粉褶菌 Entoloma caespitosum W.M. Zhang

【形态特征】菌盖直径3~5cm，斗笠状，平凸，淡粉肉色、淡紫红色至淡红褐色或肉褐色，中央具尖突或钝脐突，光滑，边缘整齐，无条纹。菌肉粉肉色至浅紫红色，无气味。菌褶弯生至直生，不等

胃肠炎型毒蘑菇

海南粉褶菌 *Entoloma hainanense* T.H. Li & Xiao Lan He

【形态特征】菌盖直径4～6cm，扁半球形至凸透镜形，有时中央稍凹，深灰褐色至淡褐色，常带点紫罗兰色，有时可褪至淡褐色，近光滑或被粉霜，有皱纹；边缘波状，常略内卷，无条纹。菌肉厚约4.5mm，白色。菌褶直生至稍弯生，稍密，不等长，宽约5mm，淡黄色，成熟后带粉色，褶缘弱齿状至波浪状。菌柄8～10×0.8～0.9cm，近圆柱形，中生，近白色，顶端被纤丝或皮屑形鳞片，中部光滑，基部稍膨大。担孢子9.5～11.0×8.5～10.0μm，等粗或非等粗，侧面具5或6个角状突起，带粉红色。锁状联合较多。

【生境及基物】热带至亚热带阔叶林地上。

【地理分布】华中、华南、西南地区。

【发生时间】7～9月。

【毒性】毒性成分不明，可导致胃肠炎型中毒。

变绿粉褶菌 *Entoloma incanum* (Fr.) Hesler

【别名/俗名】绿变粉褶蕈。

【形态特征】菌盖直径1.0～2.5cm，凸透镜形或近钟形，中部具脐凹，黄绿色、绿褐色至浅黄褐色，带绿色色调，具放射状条纹，光滑或具细微鳞片。菌肉薄，白色。菌褶直生，较稀至较密，初白色，成熟后粉色或污粉色。菌柄3～6×0.2～0.3cm，圆柱形，中生，中空，黄绿色，伤变蓝绿色，基部具白色菌丝。担孢子11～14×8～10μm，不规则多角形，异径，具6～8个角状突起，近光滑，淡粉红色。

【生境及基物】阔叶林地上。

【地理分布】华东、华中、西南、西北地区。

【发生时间】7～9月。

【毒性】毒性成分不明，可导致胃肠炎型中毒。

穆雷粉褶菌 *Entoloma murrayi* (Berk. & M.A. Curtis) Sacc. & P. Syd.

【别名/俗名】方孢粉褶菌。

【形态特征】菌盖直径2~4cm，斗笠形至圆锥形，顶部具乳突，浅黄色至黄色或鲜黄色，光滑或具纤毛，具条纹或浅沟纹。菌肉薄，黄白色。菌褶弯生至离生，浅黄色至亮黄色，较稀，具小菌褶。菌柄2~8×0.2~0.4cm，圆柱形，光滑，黄白色至浅黄色，具细条纹，纤维质，空心，向下稍膨大。担孢子直径7.0~9.5μm，方形，淡粉红色。

【生境及基物】阔叶林腐殖质层上。

【地理分布】东北、华东、华中、华南、西南地区。

【发生时间】7~9月。

【毒性】毒性成分不明，可导致胃肠炎型中毒。

近江粉褶菌 *Entoloma omiense* (Hongo) E. Horak

【别名/俗名】黄条纹粉褶菌、奥米粉褶菌。

【形态特征】菌盖直径2.5~4.0cm，初圆锥形，后斗笠形至近平展，中部常具稍尖或稍钝的突起，灰黄色、浅灰褐色至浅黄褐色，有时带粉红色，具条纹，光滑。菌肉薄，白色。菌褶直生，较密，薄，幼时白色，成熟后粉红色至淡粉黄色，具2或3行小菌褶。菌柄5~14×0.3~0.4cm，圆柱形，近白色至与盖色接近，光滑，基部具白色菌丝团。担孢子9.5~12.5×9.0~11.5μm，等粗至近等粗，具5或6个角状突起，淡粉红色。

【生境及基物】阔叶林或竹林地上。

【地理分布】华东、华中、华南、西南地区。

【发生时间】6~10月。

【毒性】毒性成分不明。2019~2023年在我国发生68起199人胃肠炎型中毒事件（Li *et al.*, 2020, 2021a, 2022a, 2023, 2024）。

胃肠炎型毒蘑菇

0.2～0.4cm，圆柱形，中空，脆骨质，污白色，基部膨大。担孢子 9.5～11.5×10.5～13.0μm，方形，等粗至近等粗，尖突可达 2.5μm，淡粉红色。

【生境及基物】阔叶林地上。

【地理分布】东北、华东、华南地区。

【发生时间】8～9 月。

【毒性】毒性成分不明，可导致胃肠炎型中毒。

臭粉褶菌 *Entoloma rhodopolium* (Fr.) P. Kumm.

【别名/俗名】红角孢菌、红灰色粉褶菌、臭赤褶菇、褐盖粉褶菌、突顶粉褶菌。

【形态特征】菌盖直径 3.0～4.6cm，幼时半球形，后平展，中部微凹，肉桂色至褐灰色，平滑，中央偏灰，轻微水浸状，边缘具放射状条纹。菌肉薄，白色，臭味明显。菌褶乳白色至浅粉色，稀，直生，褶幅宽 0.1～0.4mm，褶缘波浪状，不等长。菌柄 6.0～8.5×0.3～0.5cm，圆柱形，偏生，中空，脆骨质，灰白色至淡褐色，具丝光，基部膨大。担孢子 7.5～9.5×7.0～8.5μm，具 5～7 个角状突起，等粗至近等粗，淡粉红色。

【生境及基物】针阔混交林地上。

【地理分布】东北、华北、华中、西南地区。

【发生时间】7～9 月。

【毒性】毒性成分不明，可导致胃肠炎型中毒。

方孢粉褶菌 *Entoloma quadratum* (Berk. & M.A. Curtis) E. Horak

【别名/俗名】肉红方孢粉褶菌、方形粉褶菌。

【形态特征】菌盖直径 5～6cm，初圆锥形至钟状，后平展，中央尖突明显，淡黄色至橙红色，具明显条纹。菌肉薄，橙褐色。菌褶弯生或直生，浅橙红色，稀，褶幅宽 0.1～0.3cm。菌柄 7.2～12.0×

胃 肠 炎 型 毒 蘑 菇

毒粉褶菌 *Entoloma sinuatum* (Bull.) P. Kumm.

【别名/俗名】毒粉褶蕈、毒赤褶菇、土生红褶菇、内缘菌。

【形态特征】菌盖直径 5~20cm，初扁半球形，后近平展，中部稍凸起，有光泽，污白色至黄白色，有时带黄褐色，边缘波状，常开裂。菌肉白色，稍厚。菌褶直生至近弯生，稍稀，边缘近波状，初污白色，老后粉色或粉肉色。菌柄 4~12×0.5~1.5cm，圆柱形，白色至黄白色，上部被粉末，具纵条纹，肉质至纤维质，基部偶膨大。担孢子 8~11×6.0~8.5μm，多角形，薄壁至厚壁，淡粉红色。

【生境及基物】针阔混交林地上。

【地理分布】各地区均有分布。

【发生时间】6~10 月。

【毒性】毒性成分不明，可导致胃肠炎型中毒。

直柄粉褶菌 *Entoloma strictius* (Peck) Sacc.

【形态特征】菌盖直径 3~9cm，初圆锥形，后宽圆锥形至钟形，中部凸起，奶油褐色、灰褐色至黄褐色，稍水浸状，光滑，微细丝状，湿润时边缘具浅条纹。菌肉薄，白色至褐色，气味温和，稍甜或味道不明显。菌褶弯生至离生，稍密，初白色至浅褐色，后粉红色至褐色。菌柄 5~10×0.4~1.0cm，圆柱形，中生，颜色与菌盖相同或稍淡，具纵向纤维状条纹，向基部逐渐加粗，具白色菌丝。担孢子 8~12×6~8μm，具 5 或 6 个角状突起，光滑，淡粉红色。

【生境及基物】阔叶林中草地或腐殖质层上。

【地理分布】东北、华中、西南地区。

【发生时间】4~9 月。

【毒性】毒性成分不明。2021 年在湖南发生 1 起 3 人胃肠炎型中毒事件（Li *et al.*，2022a）。

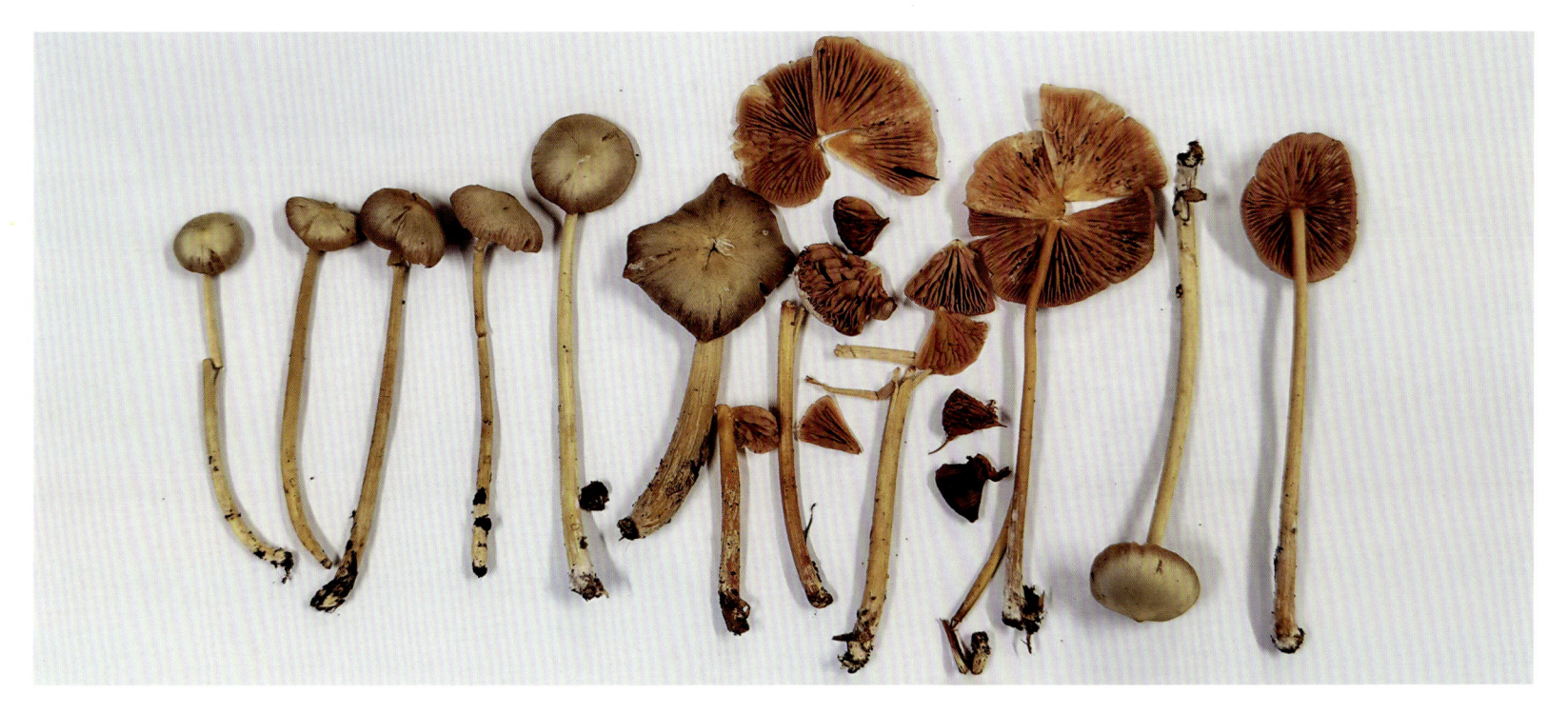

胃肠炎型毒蘑菇

黑耳 *Exidia glandulosa* (Bull.) Fr.

【别名/俗名】黑胶耳、胶黑耳。

【形态特征】个体新鲜时软胶质，初脓疱状，成熟时脑状或皱褶状，黑色至黑褐色，初期单独生长，成熟时融合长达5cm，不具柄。子实层位于外表面，具黑色疣突。不育面位于贴近基物面，具黑色块状斑点。干时薄，紧贴寄主，边缘不翻卷。担孢子 9.5～12.5×3.5～5.0μm，腊肠形，光滑，无色，萌发产生萌发管。

【生境及基物】阔叶树落枝、树桩或倒木上。

【地理分布】各地区均有分布。

【发生时间】5～11月。

【毒性】毒性成分不明，可导致胃肠炎型中毒。

桤生火菇 *Flammula alnicola* (Fr.) P. Kumm.

【别名/俗名】桤生鳞伞。

【形态特征】菌盖直径3～7cm，初扁半球形，成熟后平展，中部稍凸起，湿润时稍黏，褐色或深肉桂色，边缘被鳞片，易脱落。菌肉黄色，伤不变色。菌褶直生或稍弯生，初灰白色或浅黄色，成熟后锈褐色。菌柄 3～5×0.5～1.1cm，顶部稍粗，向下渐细，黄褐色至深褐色，基部常弯曲或扭曲，幼时内实，成熟后中空；菌环白色，易脱落。担孢子 8.0～10.5×5～6μm，卵圆形至椭圆形，光滑，黄褐色。

【生境及基物】混交林朽木上。

【地理分布】东北、华中、西南、西北地区。

【发生时间】7～9月。

【毒性】毒性成分不明，可导致胃肠炎型中毒。

黑龙江盖尔盘菌 *Galiella amurensis* (Lj.N. Vassiljeva) Raitv.

【形态特征】子囊盘直径3～5cm，半球形至陀螺形。子实层表面淡黄色、黄色至黄褐色，平滑。囊盘被表面褐色至暗褐色，密被褐色绒毛。菌肉白色至透明状，强烈胶质。菌柄缺失。子囊400～450×15～20μm，近圆柱形，具囊盖，近无色，非淀粉质，内含8个子囊孢子。子囊孢子25～35×11～17μm，椭圆形，两端稍尖，具小疣，无色。侧丝线形，直径2～3μm，具隔。

【生境及基物】针叶树腐木上。

【地理分布】东北、西南、西北地区。

【发生时间】7～9月。

【毒性】毒性成分不明，可导致胃肠炎型中毒。

中华格氏菇 *Gerhardtia sinensis* T.H. Li *et al.*

【形态特征】菌盖直径3.5～6.5cm，初凸透镜形，成熟时平展，中部稍凹陷，幼时边缘内卷，成熟时伸展，有时弯曲及浅裂，白色、污白色至黄白色，干，光滑，有弱条纹。菌肉白色，伤不变色。菌褶直生，稀，不等长，白色至黄白色。菌柄3～6×0.5～1.2cm，中生或稍偏生，圆柱形到近圆柱形，通常弯曲，白色至乳白色。担孢子5.0～6.5×3～4μm，长椭圆形，光滑，无色。

【生境及基物】阔叶林或针阔混交林地上。

【地理分布】华中、华南地区。

【发生时间】6～10月。

【毒性】毒性成分不明。2019～2021年在湖南、浙江造成6起21人胃肠炎型中毒事件（Li *et al.*, 2020, 2021a, 2022a）。

东方钉菇 *Gomphus orientalis* R.H. Petersen & M. Zang

【形态特征】菌盖直径4～13cm，不规则扇形或浅漏斗形，黄褐色或紫褐色，被短毛或暗色小斑块，边缘圆齿形或波形。菌肉灰紫色，伤不变色。子实层体延生，棱脊形至脉纹形，灰紫色。菌柄3～5×2～4cm，实心，污白色至灰紫色。担孢子15～18×7～9μm，椭圆形至长椭圆形，有不规则排列的脊和疣突，淡黄色。

【生境及基物】针叶林地上。

【地理分布】西南地区。

【发生时间】7～9月。

【毒性】毒性成分不明，可导致胃肠炎型中毒。

> 胃肠炎型毒蘑菇

紫罗兰钉菇 *Gomphus violaceus* Xue Ping Fan & Zhu L. Yang

【形态特征】菌盖直径2～8cm，扇形或近漏斗形，紫罗兰色，被紫色鳞片，边缘波形。菌肉紫罗兰色，伤不变色。子实层体延生，密，棱脊形至脉纹形，灰紫色至紫罗兰色。菌柄3～5×1～3cm，偏生，实心，紫罗兰色。担孢子12～15×6.0～8.5μm，椭圆形至长椭圆形，具小疣突，淡黄色。
【生境及基物】亚热带阔叶林或针阔混交林地上。
【地理分布】西南地区。
【发生时间】7～10月。
【毒性】毒性成分不明，可导致胃肠炎型中毒。

密褶裸脚伞 *Gymnopus densilamellatus* Antonín *et al.*

【形态特征】菌盖直径1.5～4.0cm，半球形、扁半球形至平展，幼时边缘内卷，成熟后平展，褐色至淡红褐色，有时中央淡橘褐色，边缘白色。菌肉白色，薄。菌褶白色或黄色。菌柄3～11×0.2～0.5cm，白色至淡黄色，近光滑，基部多有白色至淡黄色菌索。担孢子5～7×2.5～3.5μm，椭圆形，光滑，无色，非淀粉质。
【生境及基物】草地或林地上。
【地理分布】东北、华北、华中地区。
【发生时间】5～9月。
【毒性】毒性成分不明。2020～2022年在贵州、河北、云南发生3起14人胃肠炎型中毒事件（Li *et al.*, 2021a, 2022a, 2023）。

拟栎裸脚伞 *Gymnopus dryophiloides* Antonín *et al.*

【形态特征】 菌盖直径 1～6cm，初凸形至锥凸形、边缘内卷，成熟后近平展至边缘稍向上卷，近光滑或稍粗糙，潮湿时白色至浅黄色或橙色，干时浅黄色至黄白色，中部颜色较深，边缘颜色较淡。菌褶直生，白色至米黄色，密，不等长。菌肉白色，伤不变色。菌柄 30～100×1.5～9.0mm，圆柱状或扁平，大多被扭曲的条纹，白色至浅黄色或暗橙色，顶端颜色较浅，基部颜色较深，内部中空。担孢子 4.5～6.0×2.5～3.5mm，椭圆形，光滑，无色，非淀粉质。

【生境及基物】 针阔混交林腐殖质层上。

【地理分布】 东北、华北、西南地区。

【发生时间】 6～10月。

【毒性】 毒性成分不明，可导致胃肠炎型中毒。

胃肠炎型毒蘑菇

栎裸脚伞 *Gymnopus dryophilus* (Bull.) Murrill

【形态特征】菌盖直径 3~8cm，初钟形，后平展，光滑，赭黄色至浅褐色，中部色深，边缘颜色较淡，平整至近波状，膜质，无条纹。菌褶离生，污白色至淡黄色，密，不等长。菌肉白色，伤不变色。菌柄 2~7×0.2~4.8cm，黄褐色，脆，光滑。担孢子 4~6×2.5~3.0mm，椭圆形，光滑，无色，非淀粉质。

【生境及基物】林地上。

【地理分布】东北、西北地区。

【发生时间】6~10 月。

【毒性】毒性成分不明，可导致胃肠炎型中毒。

相似裸脚伞 *Gymnopus similis* Antonín *et al.*

【形态特征】菌盖直径 2.1~3.5cm，凸透镜形至平展，中部扁平或凹陷，具浅沟纹、细绒毛，赭灰色、褐橙色至褐红色。菌褶弯生，稀，边缘齿状，具横脉，白色至浅肉色、浅褐色。菌肉白色，具似大蒜气味。菌柄 2.5~7.5×0.1~0.3cm，有时具凹槽，基部被白色绒毛。担孢子 6.5~8.5×2.5~4.0μm，椭圆形，光滑，无色。

【生境及基物】针阔混交林地上。

【地理分布】东北、华中地区。

【发生时间】4~9 月。

【毒性】毒性成分不明。2023 年在湖南发生 2 起 3 人胃肠炎型中毒事件（Li *et al.*，2024）。

褐色圆孔牛肝菌 *Gyroporus paramjitii* K. Das *et al.*

【形态特征】菌盖直径3～6cm，肉桂色至暗肉桂色，微绒质，成熟后表皮龟裂。菌肉白色，伤不变色。子实层体幼时米色至淡黄色，成熟后污黄色，伤不变色。菌柄3～9×0.5～1.5cm，脆，与盖表同色，被细小鳞片，内部松软至中空。担孢子8.5～11.5×5.5～6.5μm，椭圆形，光滑。

【生境及基物】针叶林或针阔混交林地上。

【地理分布】西南地区。

【发生时间】6～10月。

【毒性】毒性成分不明，可导致胃肠炎型中毒。

大毒滑锈伞 *Hebeloma crustuliniforme* (Bull.) Quél.

【别名/俗名】大毒黏滑菇。

【形态特征】菌盖直径3.0～7.5cm，初半球形至凸透镜形，后平展且有时下凹，中部有圆钝突起，平滑，非水渍状，幼时淡赭色，中部浅黄色，盖缘乳白色、灰白色或白色，后变深色至灰米黄色，湿时黏滑。菌肉乳白色至白色，厚，有强烈的萝卜味，味微苦。菌褶近直生至直生，密，幼时乳白色，后浅土黄色至深灰黄色，具白色不规则齿状褶缘。菌柄2.5～7.2×0.5～1.2cm，圆柱形，基部膨大，具纤维状小鳞片，污白色，后下部渐渐变成淡黄色或淡黄褐色。担孢子10～13×6～7μm，杏仁形，具小疣，淡黄色，无芽孔，非拟糊精质。

【生境及基物】阔叶林地上。

【地理分布】东北、华北、华南、西南、西北地区。

【发生时间】7～9月。

【毒性】毒性成分不明，可导致胃肠炎型中毒。

胃肠炎型毒蘑菇

小孢黏滑菇 *Hebeloma parvisporum* Sparre Pedersen *et al.*

【形态特征】菌盖直径 5～8cm，扁平至平展，褐色至红褐色，表皮常开裂为鳞片。菌肉白色，味稍苦。菌褶直生，初近白色，成熟时黄褐色至锈褐色。菌柄 7～10×1～2cm，圆柱形或向上变细，污白色或米色，下部被褐色鳞片；菌环上位，膜质，大，宿存。担孢子 6.5～8.0×4.5～6.0μm，杏仁形至近椭圆形，表面有小疣，淡褐色。

【生境及基物】热带至南亚热带林地上。

【地理分布】西南地区。

【发生时间】6～9月。

【毒性】毒性成分不明，可导致胃肠炎型中毒。偶见市场上有售，黏滑菇属的物种一般都有毒，不要食用。

长根滑锈伞 *Hebeloma radicosum* (Bull.) Ricken

【别名/俗名】长根黏滑伞。

【形态特征】菌盖直径 3～6cm，初半球形，后平展，中部略微凸起，边缘内卷或微上翘，被丛毛状小鳞片，湿时黏滑，非水浸状，浅黄褐色，中部暗褐色，向外颜色渐浅，边缘具菌幕残片。菌肉淡黄色，中部厚，具苦杏仁气味，味微苦。菌褶弯生，较密，浅黄色至灰赭色。菌柄 6～8×0.9～1.8cm，圆柱形，中生，内实，基部膨大并延伸成根状，浅黄色至黄褐色，上部具白色粉霜，下部具条纹；菌环上位，易脱落。担孢子 7.5～10.0×5～6μm，椭圆形至长扁桃状，近光滑，微具疣突，淡黄色，有时内含油滴，无芽孔。

【生境及基物】阔叶林地上。

【地理分布】东北、华东地区。

【发生时间】7～8月。

【毒性】毒性成分不明，可导致胃肠炎型中毒。

大孢滑锈伞 *Hebeloma sacchariolens* Quél.

【别名/俗名】大孢黏滑菇、笑菌。

【形态特征】菌盖直径 2.0～6.5cm，初半球形至凸透镜形，后渐平展，有时中部具圆钝突起，胶黏或黏滑，水渍状，幼时乳白色且中部浅土黄色，后灰黄色，成熟后中部土黄色至黄褐色。菌肉乳白色至白色，薄，味微苦，有萝卜味。菌褶近直生至稍离生，稀，幼时淡米黄色至淡黄褐色，后暗褐色，具白色不规则齿状的褶缘。菌柄 3.5～5.2×0.3～0.7cm，圆柱形，有时基部膨大，幼时实心，后中空，幼时菌柄褐色，具白色纤维状小鳞片，向下渐变成黄褐色，具白色粉霜。担孢子 10～14×6～8μm，纺锤形至杏仁形，具小疣，淡黄色，无芽孔，弱拟糊精质。

【生境及基物】阔叶林地上。

【地理分布】东北、华北、华东、西南、西北地区。

【发生时间】7～8 月。

【毒性】毒性成分不明，可导致胃肠炎型中毒。

芥味滑锈伞 *Hebeloma sinapizans* (Fr.) Sacc.

【别名/俗名】大黏滑菇。

【形态特征】菌盖直径 3.0～6.5cm，幼时半球形，后凸透镜形至平展，盖缘通常下弯，稍黏至黏滑，后变干，菌盖中部浅黄色、淡赭色至深蛋壳色、深肉桂色，盖缘与中部同色或颜色渐浅。菌肉白色，厚，有强烈的芥菜味或萝卜味。菌褶弯生，密，淡锈色或淡咖啡色至灰褐色，具颜色稍浅的褶缘。菌柄 3.0～10.5×0.6～1.2cm，圆柱形，中生，基部略呈球茎状膨大，白色至乳白色，具白色纤维状鳞片，尤其是菌柄中上部。担孢子杏仁形至宽柠檬形，9.5～13.0×6～8μm，具小疣，淡锈色，无芽孔。

【生境及基物】针阔混交林地上。

【地理分布】西南、西北地区。

【发生时间】8～9 月。

【毒性】毒性成分不明，可导致胃肠炎型中毒。

胃肠炎型毒蘑菇

酒红褶滑锈伞 *Hebeloma vinosophyllum* Hongo

【别名/俗名】酒红滑锈伞。

【形态特征】菌盖直径 3.0～4.5cm，初扁半球形，后近平展，平滑，胶黏或黏滑，幼时中部淡黄色或淡褐色，成熟后近白色至污白色，边缘稍内卷。菌肉白色，稍厚，味微苦。菌褶直生至近弯生，稍密，幼时乳白色，成熟时淡酒红色，具白色褶缘。菌柄 5～7×0.3～0.7cm，圆柱形，基部稍膨大，表面污白色，上部被粉末状鳞片，近白色至淡黄色，幼时实心，成熟后中空。担孢子 9.0～12.0×5.5～7.5μm，纺锤形至杏仁形，具小疣，淡黄褐色，无芽孔。

【生境及基物】针阔混交林地上。

【地理分布】西南地区。

【发生时间】7～8 月。

【毒性】毒性成分不明，可导致胃肠炎型中毒。

日本网孢牛肝菌 *Heimioporus japonicus* (Hongo) E. Horak

【形态特征】菌盖直径 3～10cm，半球形至平展，紫红色至暗红色，光滑或有微细绒毛。菌肉近柄处厚 5～8mm，白色至淡黄色，伤不变色或微变蓝色。菌管长 3～5mm，在菌柄周围稍下陷，黄色至黄绿色，伤不变色或微变蓝色。孔口小，多角形。菌柄 6.0～14.5×0.8～1.5cm，圆柱形，与菌盖同色，但顶端靠近菌管处与菌管颜色相同，有明显的红色网纹状疣突，实心，基部有白色菌丝体。担孢子 11～14×7～8μm，椭圆形，壁上具有明显的网格状纹，淡黄色。

【生境及基物】针叶林或针阔混交林地上。

【地理分布】华东、华中、华南、西南地区。

【发生时间】5～9 月。

【毒性】毒性成分不明，可导致胃肠炎型中毒。

胃肠炎型毒蘑菇

长柄网孢牛肝菌 *Heimioporus gaojiaocong* N.K. Zeng & Zhu L. Yang

【别名/俗名】高脚葱。

【形态特征】菌盖直径 5~10cm，初凸，后扩展到宽凸至近平伏状，有时边缘稍隆起，幼时紫红色至淡红色，逐渐变成浅灰品红色至深品红色，有时在某些区域开裂，被细而均匀的绒毛。菌柄黄白色，几乎不变，伤变粉黄色。菌柄 60~100×0.1~1.5mm，直至弯曲，近棍棒状，近等长或向上变细，在离基部 1~3cm 的部分略膨大，干，基部淡黄色。担孢子 14~19×8~11μm，椭圆形，壁上具有明显的网格状纹。

【生境及基物】以阔叶乔木为主的亚热带针阔混交林地上。

【地理分布】西南地区。

【发生时间】4~9 月。

【毒性】毒性成分不明，可导致胃肠炎型中毒。

【胃肠炎型毒蘑菇】

皱柄白马鞍菌 *Helvella crispa* (Scop.) Fr.

【形态特征】菌盖直径 1.5～6.0cm，马鞍形，肉质，脆，成熟后具不规则的瓣片，白色、乳白色、淡黄色、灰色，平或卷曲，边缘与柄分离。子实层表面常有褶皱，生于菌盖上表面，光滑，下表面颜色较浅。菌柄有深槽，3～9×1～3cm，白色或与盖同色。子囊棒状、圆柱形，内含 8 个单行排列的子囊孢子。子囊孢子 14～20×9～15μm，宽椭圆形，光滑至粗糙，无色。侧丝无色，弯曲，顶端膨大。

【生境及基物】阔叶林地上、林缘、路旁。

【地理分布】各地区均有分布。

【发生时间】7～9 月。

【毒性】毒性成分不明，可导致胃肠炎型中毒。

马鞍菌 *Helvella elastica* Bull.

【形态特征】菌盖直径 2.5～4.0cm，马鞍形，灰褐色或近黑色。子实层表面平滑，常卷曲，边缘与菌柄分离，下表面颜色较浅。菌柄 5～10×0.6～1cm，圆柱形，白色至灰白色、灰色。子囊圆柱形，内含 8 个单行排列的子囊孢子。子囊孢子 18～22×9～15μm，椭圆形，无色，内含 1 个大油滴，光滑至稍粗糙。侧丝细长，顶端膨大。

【生境及基物】混交林地上。

【地理分布】各地区均有分布。

【发生时间】7～9 月。

【毒性】毒性成分不明，可导致胃肠炎型中毒。

假卷盖马鞍菌 *Helvella pseudoreflexa* Q. Zhao *et al.*

【形态特征】子囊盘高约5cm、宽1～3cm，不规则马鞍形或不规则叶状，边缘幼时内卷，成熟后张开。子实层表面奶油色至灰色，干后浅黄色，有皱纹。子层托奶油色，干后浅灰色。菌柄5～13×1～3cm，圆柱形，具深纵沟条和横脉，表面白色至奶油色，干后奶油色，易碎。子囊250～350×15～18μm，长筒形，非淀粉质，内含8个子囊孢子。子囊孢子15～19×10～12μm，近椭圆形，光镜下光滑，电镜下有弱皱纹。侧丝具隔，顶端膨大。

【生境及基物】阔叶林或针阔混交林地上。

【地理分布】西南地区。

【发生时间】7～9月。

【毒性】毒性成分不明，可能导致部分人群胃肠炎型中毒。

酒红庭院牛肝菌 *Hortiboletus subpaludosus* (W.F. Chiu) Xue T. Zhu & Zhu L. Yang

【形态特征】菌盖直径2～7cm，近半球形、凸透镜形至平展；表面干，酒红色、红褐色至橄榄褐色，密覆微绒毛。菌肉淡黄色至黄色，伤后迅速变蓝色。子实层体黄色至土黄色，后呈赭色，伤后迅速变蓝色；菌管与子实层体同色，伤变蓝色；管口复孔式。菌柄4～7×0.2～1.0cm，近棒形，中生，表面淡黄褐色至黄褐色；菌肉淡褐色，伤变蓝色。担孢子10.0～13.4×4.0～5.5μm，近纺锤形，孢子壁光滑，遇KOH溶液呈淡黄棕色。

【生境及基物】壳斗科和松属植物混交林地上。

【地理分布】西南地区。

【发生时间】6～9月。

【毒性】文献记载有毒，但毒性成分不明，可导致胃肠炎型中毒。

厚瓤牛肝菌 *Hourangia cheoi* (W.F. Chiu) Xue T. Zhu & Zhu L. Yang

【形态特征】菌盖直径 1.5～6.0cm，扁半球形至平展，密被褐色至暗褐色点形鳞片。菌肉淡黄色至污白色，伤后先变成蓝色，后变成淡红褐色，最后变为淡褐色至淡黑色。子实层体鲜黄色至暗黄色；菌管细长，黄色，伤变蓝色。菌柄 3.5～5.5×0.3～0.6cm，近圆柱形，褐色至淡红褐色。担孢子 10～12×4.0～4.5μm，近纺锤形，光滑，淡黄褐色，非淀粉质。

【生境及基物】针叶林或针阔混交林地上。

【地理分布】华东、西南地区。

【发生时间】7～9 月。

【毒性】毒性成分不明，可导致胃肠炎型中毒。

芝麻厚瓤牛肝菌 *Hourangia nigropunctata* (W.F. Chiu) Xue T. Zhu & Zhu L. Yang

【形态特征】菌盖直径 2～7cm，扁平至平展，密被黄褐色、红褐色至暗褐色小鳞片。菌肉污白色至淡黄色，伤初变淡蓝色或几乎不变蓝，后变为淡红色、淡红褐色、淡褐色至淡黑色。子实层体鲜黄色，伤后迅速变蓝色，后变暗褐色；菌管细长，黄色，伤变蓝色。菌柄 2～8×0.3～1.2cm，棒形，淡褐黄色至淡褐色，有时具红色色调。菌柄菌肉颜色与伤变色同菌盖菌肉。担孢子 7.5～9.0×3.5～4.0μm，近纺锤形，光滑，非淀粉质。

【生境及基物】针叶林或针阔混交林地上。

【地理分布】华东、华中、西南地区。

【发生时间】7～9 月。

【毒性】毒性成分不明，可导致胃肠炎型中毒。

马达加斯加湿伞（参照种）*Hygrocybe* cf. *astatogala* R. Heim ex Heinem.

【形态特征】菌盖直径1.5~3.0cm，宽圆锥形，中央钝圆，黄色、橙色至暗红色，有时带青灰黄色，被成簇的黑绒毛，伤或老时强烈变黑，边缘常撕裂。菌肉薄，与菌盖同色或较浅色，伤变深黑色。菌褶离生，宽约9mm，白色至橙色或橙红色，伤或老时变黑，蜡质，易碎，两片菌褶间有1~4片小菌褶，褶缘齿状。菌柄2.5~8.0×0.3~0.5cm，圆柱状，中生，基部渐粗，与菌盖同色或稍深色，被伤变黑色的簇状绒毛，易纵裂，基物之下部分近白色。担孢子9.5~11.5×8~10μm，近球形或宽椭圆形，光滑，无色。

【生境及基物】亚热带混交林地上。

【地理分布】华东、华南地区。

【发生时间】5~9月。

【毒性】因与有毒的变黑湿伞（锥形湿伞）*H. conica* 关系密切，可能有毒，但其毒性成分有待进一步研究。

脆柄湿伞 *Hygrocybe debilipes* C.Q. Wang & T.H. Li

【形态特征】菌盖直径0.5~1.2cm，初圆锥形，具锐尖，后凸透镜形至近半球形，红色至鲜红色，伤或老后变黑，潮湿时黏，吸水状。菌褶离生，稍稀，宽约4mm，不等长，成熟时淡黄色至淡橙色，伤或老时变浅黑色至黑色，蜡质，边缘颜色较浅。菌柄22~45×2~5mm，中生，圆柱形，顶端等粗或稍细，中空，通常太脆弱而难以采集到基部，浅黄色至浅橙色，基部白色，伤或老时变浅黑色至黑色，无毛至被纤毛，湿润。担孢子8.0~11.5×5~7μm，椭圆形至长圆形，光滑，薄壁，无色透明。

【生境及基物】草地上。

【地理分布】华南地区。

【发生时间】7月。

【毒性】因与有毒的变黑湿伞（锥形湿伞）*H. conica* 关系密切，可能有毒，但其毒性成分有待进一步研究。

胃肠炎型毒蘑菇

变灰黑湿伞 *Hygrocybe griseonigricans* C.Q. Wang & T.H. Li

【形态特征】菌盖直径 2.5~7.0cm，幼时宽圆锥形，中部有脐突，渐平展呈脐突形，成熟时近平展，白色、淡黄色至暗黄色，密被辐射状黑毛，伤或老时变灰黑色至深黑色；边缘幼时稍内弯，后伸展。菌褶离生，初白色，伤或老后变深黑色，宽约 7mm，蜡质，脆。菌柄 5~15×0.5~1.2cm，圆柱形，中生，有时稍弯曲，常基部较粗，中空，上部白色至黄色，基部白色，伤或成熟时变灰黑色至深黑色，被黑色纤丝毛。担孢子 9.0~10.5×6.5~9.5μm，近球形至宽卵形，光滑，薄壁，无色。

【生境及基物】阔叶林地上。

【地理分布】华南地区。

【发生时间】4~9 月。

【毒性】因与有毒的变黑湿伞（锥形湿伞）*H. conica* 关系密切，可能有毒，但其毒性成分有待进一步研究。

红锥形湿伞 *Hygrocybe rubroconica* C.Q. Wang & T.H. Li

【形态特征】菌盖直径 0.5~2.5cm，幼时圆锥形至宽圆锥形，成熟时半球形至凸透镜形，有时中部具脐突，红色至鲜红色，通常中部较深色，从盖缘约到半径的一半处具半透明辐射条纹，伤或成熟时变黑色；边缘弯曲，白色或淡黄色至红黄色。菌褶离生，腹臌状，白色至黄白色，伤或成熟时变黑色，宽约 4mm，蜡质，易碎，不等长。菌柄 2~4×0.1~0.4cm，圆柱形，中生，向下略增粗，中空，淡黄色至褐黄色，伤或老后变黑色至有点蓝黑色，幼时通常被白色纵向小纤维。担孢子 8.0~10.5×7.0~8.5μm，近球形至宽椭圆形，光滑，薄壁，无色。

【生境及基物】林间湿润的地上。

【地理分布】华南地区。

【发生时间】5 月。

【毒性】因与有毒的变黑湿伞（锥形湿伞）*H. conica* 关系密切，可能有毒，但其毒性成分有待进一步研究。

胃 肠 炎 型 毒 蘑 菇

浅黄湿伞 *Hygrocybe flavescens* (Kauffman) Singer

【别名/俗名】黄湿伞、金黄湿伞、淡黄湿伞、淡黑湿伞。
【形态特征】菌盖直径 2.8~4.5mm，初半球形，后不规则平展，浅黄色至金黄色，具不明显辐射状细条纹，湿时稍黏，干后蜡质。菌肉白色，伤后无明显变化。菌褶弯生，白色至浅黄色，密，不等长。菌柄 2~3×0.2~0.3cm，稍黏，光滑，向基部渐粗，菌柄顶部浅黄色至黄色，向下渐变金黄色至白色。担孢子 8~10×6~7μm，椭圆形至长椭圆形，光滑，无色，非淀粉质，嗜蓝。
【生境及基物】蒙古栎、红松林地上。
【地理分布】东北地区。
【发生时间】8~9 月。
【毒性】毒性成分不明，可导致胃肠炎型中毒。

裂盖湿伞 *Hygrocybe rimosa* C.Q. Wang & T.H. Li

【形态特征】菌盖直径 2~5cm，幼时圆锥形，后平展稍凸，蜡质，浅黄色至橙黄色，橙色至深橙色，红色或鲜红色，中心较深，边缘通常或多或少柠檬黄色，通常从半径的一半处有条纹状放射状纤维，从边缘向圆盘径向分裂或撕裂。菌肉白色，伤不变色。菌褶离生，白色，不等长。菌柄 3~7×0.4~0.6cm，中生至略偏生，圆柱形，成熟时白色、淡黄色至黄色，有不明显的纵条纹，中空。担孢子 7.5~11.0×5~8μm，近球形、宽椭圆形至椭圆形，透明，光滑，薄壁。
【生境及基物】半自然草原或撂荒地上。
【地理分布】华南、西南地区。
【发生时间】5~9 月。
【毒性】毒性成分不明。2021 年在贵州发生 1 起 2 人胃肠炎型中毒事件（Li *et al.*，2022a）。

胃肠炎型毒蘑菇

橙黄拟蜡伞 *Hygrophoropsis aurantiaca* (Wulfen) Maire ex Martin-Sans

【形态特征】菌盖直径2~7cm，扁平至平展，中央常下凹，橘色、褐橘色至褐黄色，边缘颜色较淡，初期内卷，被同色绒形鳞片。菌肉厚4~8mm，淡黄色，伤后不变色。菌褶延生，二叉状，淡黄色至淡橘色。菌柄2~6×0.3~0.8cm，近圆柱形，基本与菌盖同色，近光滑。担孢子6~8×4.0~5.5μm，椭圆形至长椭圆形，光滑，拟糊精质。

【生境及基物】林地或倒木上。

【地理分布】东北、华北、西南地区。

【发生时间】7~9月。

【毒性】毒性成分不明，可导致胃肠炎型中毒。

烟色垂暮菇 *Hypholoma capnoides* (Fr.) P. Kumm.

【别名/俗名】烟色沿丝伞。

【形态特征】菌盖直径1~7.5cm，初圆头形、稍凸面半球形，后宽钝突面至平展，红褐色至赭褐色或浅橙褐色；边缘初内卷，后稍展开至有时上卷，具丝膜状白色菌幕残余，易消失，潮湿时近水渍状。菌肉白色至灰色。菌褶直生至弯生，白色至烟紫褐色，最后深葡萄紫褐色。菌柄3~8×0.2~0.7cm，初期上部白色至黄白色，成熟后从基部向上逐渐变为棕褐色至锈褐色，具菌环痕迹。担孢子7~8×4.5~5.0μm，椭圆形至近椭圆形，光滑，暗黄褐色。侧生囊状体为黄囊体，倒卵形具短尖至拟棍棒状。

【生境及基物】混交林腐木上。

【地理分布】东北、华北、华中、华东、西南、西北地区。

【发生时间】7~11月。

【毒性】毒性成分不明，可导致胃肠炎型中毒。

丛生垂暮菇 *Hypholoma fasciculare* (Huds.) P. Kumm.

【别名/俗名】丛生沿丝伞、簇生黄韧伞、簇生沿丝伞。

【形态特征】菌盖直径 0.3~6.0cm，初圆锥形至钟形，硫黄色至盖顶稍红褐至橙褐色，光滑，边缘硫黄色至灰硫黄色，稍水渍状，干后黑褐至暗红褐色，初期覆有黄色丝膜状菌幕残余。菌肉浅黄色至柠檬黄色。菌褶弯生，初硫黄色，后橄榄绿色、橄榄紫褐色。菌柄 1~5×0.1~0.8cm，硫黄色、橙黄色至暗红褐色。担孢子 5.5~6.5×4.0~4.5μm，椭圆形至长椭圆形，光滑，淡褐色。

【生境及基物】林地腐木上。

【地理分布】各地区均有分布。

【发生时间】6~11月。

【毒性】毒性成分不明，可导致胃肠炎型中毒。

胃肠炎型毒蘑菇

砖红垂幕菇 *Hypholoma lateritium* (Schaeff.) P. Kumm.

【别名/俗名】亚砖红沿丝伞、砖红韧伞、砖红韧黑伞。

【形态特征】菌盖直径4～9cm，初半球形至凸透镜形，后渐变为扁凸透镜形至平展，浅茶褐色或红褐色至砖红色，边缘颜色浅，初期白色、黄白色、灰黄色至淡黄色，附着菌幕残余，易脱落，成熟后稍内卷。菌褶弯生至稍直生，初期白色至黄白色，密集，橄榄绿色后转变为暗灰色，最后浅紫褐至深紫褐色、橄榄绿褐色或橄榄黄色。菌柄3～10×4～8cm，上部白色至黄白色，水渍状白色，下部褐色至锈褐色，无菌环。担孢子6～7×4～5μm，宽椭圆形至椭圆形，光滑，淡褐色。

【生境及基物】林地、庭院腐木上。

【地理分布】各地区均有分布。

【发生时间】7～11月。

【毒性】毒性成分不明，可导致胃肠炎型中毒。

鼠尾草垂暮菇 *Hypholoma myosotis* (Fr.) M. Lange

【形态特征】菌盖直径1.0～3.5cm，幼时半球形或钟形，成熟后圆锥形或渐平展，中部具突起，光滑，暗褐色至红褐色，中部加深，边缘水浸状，幼时内卷，成熟时下弯至平展，具浓密纤维状菌幕，淡黄色至褐色。菌褶延生，中等密度，不等长，初奶油白色或淡黄色，后褐色至红褐色。菌柄5～10×0.2～0.4cm，圆柱形，中生，近顶端色浅，下端浅褐色至褐色，粗糙纤维状；菌环上位，纤维质。担孢子13.5～18.5×8.0～10.5μm，椭圆形至长椭圆形，光滑，厚壁，褐色至红褐色，具芽孔。

【生境及基物】木屑和腐殖质层上。

【地理分布】东北地区。

【发生时间】7～8月。

【毒性】毒性成分不明，可导致胃肠炎型中毒。

深凹漏斗伞 *Infundibulicybe gibba* (Pers.) Harmaja

【形态特征】菌盖直径3～10cm，中凹形至浅漏斗状，淡黄褐色至橙褐色，边缘颜色略浅。菌肉薄，白色。菌褶延生，白色，不等长，密。菌柄3～7×0.5～1.2cm，圆柱形，常略向下增粗，幼时近白色至淡黄色，后淡黄褐色，中生，中空，纤维状，基部不膨大至略膨大，具白色菌丝体或长绒毛。担孢子5～7×3.5～4.5μm，椭圆形，光滑，具油滴，无色。

【生境及基物】腐枝落叶层上。

【地理分布】各地区均有分布。

【发生时间】7～9月。

【毒性】毒性成分不明，可导致胃肠炎型中毒。

毡毛小脆柄菇 *Lacrymaria lacrymabunda* (Bull.) Pat.

【别名/俗名】疣孢花边伞。

【形态特征】菌盖直径4～10cm，初钟形，后斗笠形，土褐色至红褐色，具浅黄褐色毛状鳞片，边缘挂有白色菌幕。菌肉薄，浅褐色。菌褶离生，初黄褐色，边缘白色，后深褐色。菌柄5～10×0.5～1.0cm，等粗或向下稍粗，浅褐色，具黑色的环状区域。担孢子8～11×5～7μm，椭圆形，黑褐色。

【生境及基物】林地或草坪上。

【地理分布】东北、华北、华中、西南、西北地区。

【发生时间】8～9月。

【毒性】毒性成分不明，可导致胃肠炎型中毒。

胃肠炎型毒蘑菇

高山毛脚乳菇 *Lactarius alpinihirtipes* X.H. Wang

【形态特征】菌盖直径 2～6cm，中央具突起或乳突，成熟后边缘褶皱，具不规则条纹，中央褐橙色，边缘灰橘色，近水浸状。菌肉薄，具谷粉味，颜色较菌褶浅。菌褶延生，幼时浅橘色，成熟后灰橘色，较密。菌柄 3～9×0.3～1.0cm，圆柱形，基部较粗，中空，光滑，顶部红褐色，基部浅褐橘色，具长毛。乳汁白色，不变色。担孢子 7.5～10.0×6.5～8.0μm，宽椭圆形至椭圆形，纹饰高 0.5～0.7μm，由中等锐的脊连成不完整或近完整的网纹，可有部分孤立的疣突，淀粉质。

【生境及基物】高山栎林地上。

【地理分布】西南地区。

【发生时间】8～9月。

【毒性】毒性成分不明，可导致胃肠炎型中毒。

水环乳菇 *Lactarius aquizonatus* Kytöv.

【形态特征】菌盖直径 9～11cm，黏，淡黄色、浅黄色，具微弱环纹或几不具环纹，边缘具明显的淡色长毛。菌肉厚，黄白色。乳汁较少，白色，很快变黄色，味苦涩。菌褶延生，宽，密，奶油色，近菌柄处具叉分。菌柄 3～4×2.0～3.5cm，圆柱状，向基部细，实心至稍中空，近光滑，具窝斑，黄白色，成熟时稍具褐色色调。担孢子 6.0～7.5×4.5～5.5μm，椭圆形至长椭圆形，纹饰高 0.3～0.6μm，由淀粉质突脊构成不完整至完整网纹，常有游离的突脊末端，近无色，上脐部非淀粉质。

【生境及基物】亚高山云杉、高山松和壳斗科植物林地上。

【地理分布】东北、西南地区。

【发生时间】8～9月。

【毒性】毒性成分不明，可导致胃肠炎型中毒。

胃肠炎型毒蘑菇

暗褐乳菇 Lactarius atrobrunneus Wisitr. & K.D. Hyde

【形态特征】菌盖直径 0.6～3.0cm，幼时宽凸透镜形，中央无或具小突起，后平展至近漏斗状，菌盖干，幼时浅黑色至深褐色，后为不均一的深褐色、红褐色至浅黑色，具皱纹，中部褶皱明显；边缘常有沟纹槽或条纹，偶具裂纹，内卷。菌肉薄，味臭，浅粉色至土黄色。菌褶近延生至延生，米色、灰米色至烟色，稀疏。菌柄 1.4～3.7×0.1～0.4cm，圆柱形，与菌盖同色。乳汁稍多，白色，不变色。担孢子 7.0～9.5×6.0～8.5μm，近球形至椭圆形，纹饰高约 1.5μm，脊多刺且不规则，宽，连成不完整或近完整的网纹，少有孤立疣突，近无色，淀粉质。

【生境及基物】热带壳斗科植物林地上。

【地理分布】西南地区。

【发生时间】7～8月。

【毒性】毒性成分不明，可导致胃肠炎型中毒。

暗缘乳菇 Lactarius atromarginatus Verbeken & E. Horak

【形态特征】菌盖直径 3～7cm，浅漏斗形，中心凸起，边缘平展，深黄褐色、黑褐色，有皱纹。菌肉厚 2～3mm，近白色。菌褶较密，淡黄色，褶缘黑褐色。菌柄 5～7×0.4～0.8cm，圆柱形，黄褐色至黑褐色，常较菌盖色稍淡。乳汁丰富，白色，后变水样液。担孢子 8.5～10.0×7.5～9.5μm，球形至近球形，有淀粉质的近完整至完整的网纹，封闭网眼常见，纹饰高 0.8～1.3μm。

【生境及基物】亚热带至热带阔叶林地上。

【地理分布】华中、西南地区。

【发生时间】7～9月。

【毒性】毒性成分不明，可导致胃肠炎型中毒。

胃肠炎型毒蘑菇

鸡足山乳菇 *Lactarius chichuensis* W.F. Chiu

【形态特征】菌盖直径 2～9cm，平展中凹，中心常凸起，红褐色，较皱。菌肉稍苦涩至苦涩。菌褶较密至密，与菌盖同色或稍深，常具较深的色斑。菌柄 2.0～5.5×0.4～1.3cm，中生或偏生，光滑，与菌盖同色或稍淡，基部具糙伏毛或近无毛。乳汁丰富，白色，后变为水样液，有苦味。担孢子 5.5～8.5×5～8μm，近球形至宽椭圆形，有淀粉质的脊和疣，排列为斑马纹形，纹饰高 0.6～1μm。

【生境及基物】阔叶林或针阔混交林地上。

【地理分布】华南、西南地区。

【发生时间】6～9 月。

【毒性】毒性成分不明，可导致胃肠炎型中毒。

纤细乳菇 *Lactarius gracilis* Hongo

【别名/俗名】细弱乳菇。

【形态特征】菌盖直径 1～3cm，扁半球形至平展，褐色、红褐色至肉桂色，中央具突起，边缘具明显的流苏状毛。菌肉淡褐色，不辣。菌褶淡褐色，乳汁少，白色，不变色，不辣。菌柄 4～5×0.2～0.4cm，近圆柱形，与菌盖同色或稍淡，基部有硬毛。担孢子 7.5～8.5×6.5～7.5μm，宽椭圆形，有淀粉质的完整至不完整的网纹，纹饰高 1.0～1.3μm。

【生境及基物】阔叶林或针阔混交林地上。

【地理分布】华南、西南地区。

【发生时间】7～9 月。

【毒性】毒性成分不明，可导致胃肠炎型中毒。

毛脚乳菇 Lactarius hirtipes J.Z. Ying

【形态特征】菌盖直径 2.5~5.0cm，平展或中部凹陷，具乳突或无，具放射状皱纹，橙黄色、肉桂红色或红褐色，干，偶黏，有时边缘具半透明沟纹。菌肉近白色，无味或辛辣，乳汁奶白色。菌褶直生至近延生，新鲜时白色，具肉桂色斑点，干后全部变为淡肉桂粉色，密。菌柄 2~8×0.3~1.0cm，圆柱形，基部稍粗，与菌盖同色，基部被淡肉桂色长硬纤毛。担孢子 6~8×6~7μm，近球形或宽椭圆形，具较粗壮条脊相连形成的不完整至近完整的网纹，具孤立的疣，无色，淀粉质。

【生境及基物】阔叶林或针阔混交林苔藓层上。

【地理分布】华南、西南地区。

【发生时间】6~8 月。

【毒性】毒性成分不明。2022 年在四川发生 1 起 2 人胃肠炎型中毒事件（Li et al., 2023）。

印度黄汁乳菇 Lactarius indochrysorrheus K. Das & Verbeken

【形态特征】菌盖直径 5.0~6.5cm，中心凹陷有棘突，褐橙色，具弱环纹，胶黏。菌肉较菌褶色淡。菌褶宽 1.5~2mm，密，稀分叉，淡黄色。菌柄 3.0~5.5×0.9~1.1cm，圆柱形，空心，淡橙色至肉粉色，顶部较浅色。乳汁白色，快速变为黄色水乳样，苦。担孢子 7~8×6~7μm，宽椭圆形至椭圆形，被长脊和细线纹饰。侧生大囊状体纺锤形至近披针形，顶端尖。

【生境及基物】亚热带针叶林或针阔混交林地上。

【地理分布】西南地区。

【发生时间】6~9 月。

【毒性】毒性成分不明，可导致胃肠炎型中毒。

> 胃肠炎型毒蘑菇

菌柄 5~14×0.3~2.0cm，圆柱状，向上渐细，顶端具沟状纹路，基部近白色。担孢子 8.0~9.5×7.5~9.0μm，近球形至宽椭圆形，具较粗壮的条脊相连形成的不完整至近完整的网纹，条脊间具明显的透明的翼，具少量孤立的疣，无色，上脐部全淀粉质。

【生境及基物】针阔混交林地上。
【地理分布】东北、华东、华中、华南、西南地区。
【发生时间】8~9 月。
【毒性】毒性成分不明，可导致胃肠炎型中毒。

蜡蘑状乳菇 *Lactarius laccarioides* Wisitr. & Verbeken

【形态特征】菌盖直径 3~7cm，初平展至凸透镜形，后浅漏斗形，中心具棘突，橙褐色、黄褐色、红褐色，具明显的放射形沟纹。菌肉极薄，厚约 1mm。菌褶高，稀疏，淡橙色至近橙褐色。乳汁水样液，丰富，不辣。菌柄 3~6×0.4~0.6cm，光滑，中下部具长刺毛。担孢子 6.5~8.5×6.0~7.5μm，近球形至宽椭圆形，有部分相连的条状纹饰。

【生境及基物】热带和南亚热带阔叶林地上。
【地理分布】西南地区。
【发生时间】6~9 月。
【毒性】毒性成分不明。2022 年在云南发生 1 起 1 人胃肠炎型中毒事件（Li *et al.*，2023）。

黑褐乳菇 *Lactarius lignyotus* Fr.

【别名/俗名】黑褐色乳菇、黑乳菇。
【形态特征】菌盖直径 2.5~8.0cm，初半球形，后平展至中部稍凹陷，具乳突，近黑色、黑色，干，绒质感，具辐射皱状纹路。菌肉近白色，伤后缓慢变暗红褐色，乳汁水样液，干后或缓慢变淡粉色至暗红褐色。菌褶延生，奶油白色至黄褐色，边缘黑色或否，稀至近密。

橄榄褶乳菇 *Lactarius necator* (Bull.) Pers.

【别名/俗名】茶绿乳菇。

【形态特征】菌盖直径6~8cm，平展至中部稍凹陷，边缘稍内卷，茶褐色带橄榄色色调，中央色深至近黑色，黏，具环纹或否。菌肉黄白色，乳汁白色，干后变灰白色颗粒状，味极苦、辣。菌褶短，延生，黄白色，伤变黑褐色，密。菌柄4~6×1.5~2.0cm，圆柱状，具窝斑，颜色同菌盖或稍浅。担孢子6~8×5~6μm，椭圆形至长椭圆形，具条脊，相连不形成网纹或在局部形成不完整的网纹，具封闭的网眼和孤立的疣，无色，上脐部非淀粉质。

【生境及基物】针阔混交林地上。

【地理分布】东北、西南地区。

【发生时间】8~9月。

【毒性】毒性成分不明，可导致胃肠炎型中毒。

欧姆斯乳菇 *Lactarius oomsisiensis* Verbeken & Halling

【形态特征】菌盖直径5~10cm，中心浅凹，稍干，近光滑，稍水浸状，黄褐色、灰白色至浅灰褐色，个别斑块近白色；边缘常具圆齿状缺刻，具放射状沟纹。菌肉淡黄色，伤后缓慢变淡红褐色。菌褶弯生、短延生至延生，幼时灰橙色、褐橙色，成熟时浅黄褐色，被乳汁染为淡红、黄褐色。乳汁白色，缓慢变淡砖红色，味苦辣，染菌褶为淡红色。菌柄3.5~6.0×0.7~1.3cm，圆柱形，向下渐细，有白霜粉质，淡黄色。担孢子7~9×7.0~8.5μm，球形至近球形，纹饰高1.5~2.0μm，由条脊形成近完整至完整的网纹，弱淀粉质。

【生境及基物】热带阔叶林地上。

【地理分布】华东、华南、西南地区。

【发生时间】7~9月。

【毒性】毒性成分不明，可导致胃肠炎型中毒。

胃肠炎型毒蘑菇

绒边乳菇 *Lactarius pubescens* Fr.

【形态特征】菌盖直径2~5cm，中部凹陷，边缘内卷，近白色、浅黄褐色，具刺毛，中心色深，有时稍具微弱环纹。菌肉近白色，乳汁白色，不变色，味辛辣。菌褶短延生，奶油色，密。菌柄2~5×0.5~1.0cm，圆柱状，向下渐细，粉色调奶油色、污白色。担孢子6.5~8.0×5~6μm，椭圆形至长椭圆形，具细弱的条脊，相连形成不完整的网纹或只在局部形成封闭网眼，具孤立的疣，无色，上脐部中心淀粉质或非淀粉质。

【生境及基物】针阔混交林地上。

【地理分布】东北、西南、西北地区。

【发生时间】8~9月。

【毒性】毒性成分不明，可导致胃肠炎型中毒。

红褐乳菇 *Lactarius rubrobrunneus* H.T. Le & Nuytinck

【形态特征】菌盖直径2~5cm，浅漏斗形，中心具突起，暗红色至深褐色。菌肉近白色或与菌褶同色。菌褶密，幼时近白色，后灰橙色、红褐色，常具褐色斑点。菌柄2~8×0.3~0.8cm，圆柱形，光滑；基部深褐色，具糙伏毛。乳汁丰富，白色，不变色，味稍苦涩，后柔和。担孢子6~7×5.5~6.5μm，球形至近球形，有不完整或完整网纹，网纹高0.8~1.0μm，淀粉质。

【生境及基物】阔叶林地上。

【地理分布】西南地区。

【发生时间】7~9月。

【毒性】毒性成分不明。2023年在云南发生1起1人胃肠炎型中毒事件（Li *et al.*, 2024）。

红皱乳菇 *Lactarius rubrocorrugatus* Wisitr. & Nuytinck

【形态特征】菌盖直径0.7~4.4cm，平展至近漏斗状，幼时中央凸起，后下凹，干，幼时光滑，后有褶皱，水浸状，红色至红褐色或深褐色；边缘老时有弱条纹，常具圆齿状缺刻。菌肉浅黄色至奶油色，伤不变色。菌褶延生，密，偶尔分叉，黄白色至奶油色，伤变褐色。乳汁白色，渐变淡砖红色，味苦辣，染菌褶为淡粉红色。菌柄1.1~4.2×0.2~0.8cm，圆柱形，中空，干，光滑至微皱，褐橙色至深褐色，基部被白色粉末。乳汁水状，不变色。担孢子5.5~8.0×5~7μm，近球形，纹饰弱，脊高约0.7μm，形成不完整网纹，有单生疣，弱淀粉质。

【生境及基物】松属和壳斗科植物组成的针阔混交林地上。

【地理分布】西南地区。

【发生时间】7~9月。

【毒性】毒性成分不明。2021~2022年在云南和四川发生3起8人胃肠炎型中毒事件（Li *et al.*, 2022a, 2023）。

红乳菇 *Lactarius rufus* (Scop.) Fr.

【别名/俗名】红褐乳菇。

【形态特征】菌盖直径4~9cm，初扁半球形，后平展，中央凹陷，中心具乳突，红褐色、红色至暗红带褐色，干，边缘具小锯齿状缺刻，具粉霜。菌肉近白色至奶油色，带红色色调，乳汁白色、奶油色，不变色，味辛辣。菌褶短延生，奶油色至奶油粉色，带黄褐色色调，密。菌柄4~11×0.5~1.3cm，圆柱状，等粗或向上渐细，土红色至红褐色，具粉霜，基部近白色。担孢子7~9×5.5~7.0μm，椭圆形，具较粗壮的条脊，相连形成不完整至近完整的网纹，具少量孤立的疣，无色，上脐部非淀粉质，偶有远脐端淀粉质。

【生境及基物】针叶林或针阔混交林地上。

【地理分布】东北、西南地区。

【发生时间】8~9月。

【毒性】毒性成分不明，可导致胃肠炎型中毒。

胃肠炎型毒蘑菇

似白乳菇 *Lactarius scoticus* Berk. & Broome

【形态特征】菌盖直径3.6～6.0cm，半球形，中部下凹，白色或污白色，中央色深，赭黄色至金黄色，光滑，边缘内卷并有绒毛。菌肉白色，伤变淡黄色，厚，味微辣。菌褶延生，白色，密，等长。乳汁白色，不变色。菌柄2.0～2.4×0.6～0.9cm，圆柱形，白色，实心。担孢子6～7×5～6μm，椭圆形，无色，具小刺。

【生境及基物】东北和西南亚高山桦树林地上。

【地理分布】东北、西南地区。

【发生时间】7～9月。

【毒性】毒性成分不明，可导致胃肠炎型中毒。

窝柄黄乳菇 *Lactarius scrobiculatus* (Scop.) Fr.

【形态特征】菌盖直径10～15cm，深漏斗形，边缘幼时强烈内卷，成熟后下垂，黏滑，黄褐色、赤褐色、谷黄色，具水浸状环纹。菌肉近白色。菌褶延生，近密至密，奶油黄色。菌柄5～12×2～4cm，圆柱形，等粗或向下渐细，赤褐色、淡黄色，光滑，具明显窝斑。乳汁水样液白色，少，味稍辣。担孢子7.5～9.0×6～7μm，椭圆形至长椭圆形，纹饰高0.3～0.8μm，部分脊间相连，孤立的疣突常见，不形成封闭的网眼及网纹，上脐部非淀粉质，偶轻微上部淀粉质。

【生境及基物】亚高山冷杉、云杉等林地上。

【地理分布】东北、西南地区。

【发生时间】6～9月。

【毒性】毒性成分不明，可导致胃肠炎型中毒。

胃肠炎型毒蘑菇

近毛脚乳菇 *Lactarius subhirtipes* X.H. Wang

【形态特征】菌盖直径2~5cm；平展，中央具圆锥形乳头，有时具细皱纹，湿润。幼时褐黄色，成熟时灰橙色至褐黄色，中部较暗。菌肉厚约1mm，淡褐色。菌褶延生，密，淡黄褐色、灰橙色，成熟时变成红褐色。菌柄3~6×0.3~1.0cm，圆柱形，中空，干，光滑，浅褐色至褐色；基部通常具糙伏毛，有较长的白毛。担孢子5.5~7.0×5.5~6.5μm，近球形至球形，被较密集的圆锥状疣或棘突和部分相连的网纹。

【生境及基物】壳斗科植物林地上。

【地理分布】华东、华中、华南、西南、西北地区。

【发生时间】6~10月。

【毒性】毒性成分不明。2020~2022年在湖南、贵州、安徽、重庆发生4起10人胃肠炎型中毒事件（Li *et al*., 2021a，2023）。

变紫乳菇 *Lactarius uvidus* (Fr.) Fr.

【别名/俗名】潮湿乳菇、堇紫乳菇。

【形态特征】菌盖直径1.7~7.5cm，平展或中部下凹，漏斗状，菌盖边缘常具黄色小斑点，无环纹或具微弱的环纹，灰白色、灰色，略带紫色色调，中心色深，灰褐色，湿时黏。菌肉厚，白色，伤后速变淡紫色。菌褶延生，白色，伤变紫色，密，不等长。菌柄3.5~6.5×0.7~1.8cm，圆柱形或向下渐粗，黏，近白色，伤后或触后变淡紫色。乳汁白色，染菌褶为淡紫色。担孢子8.5~10.5×6.5~8.0μm，近球形至椭圆形，具纹饰，由离散的条脊相连，条脊偶呈斑马纹状排列，具孤立的疣，上脐部非淀粉质或远脐端淀粉质。

【生境及基物】阔叶林或混交林地上。

【地理分布】东北、华中、华南、西南地区。

【发生时间】8~9月。

【毒性】毒性成分不明，可导致胃肠炎型中毒。

第四章 我国毒蘑菇的种类

轮纹乳菇 Lactarius zonarius (Bull.) Fr.

【别名/俗名】劣味乳菇、环轮苦乳菇、环纹苦乳菇。

【形态特征】菌盖直径 3.6~10.0cm。初扁半球形，平展后中部具凹陷，漏斗形，边缘稍内卷，乳白色至米黄色，具淡黄色至橙黄色同心环纹，革质，被细毛状鳞片。菌肉厚，脆。菌褶延生，密，薄，淡黄色或米黄色。菌柄 1.5~3.2×0.9~1.1cm，近圆柱形，与菌盖颜色相近，白色至浅黄褐色，内部松软或中空。乳汁近奶白色。担孢子 7~9×6~8μm，宽椭圆形，具明显的脊和疣。

【生境及基物】阔叶林地上。

【地理分布】华中地区。

【发生时间】8~9 月。

【毒性】毒性成分不明，可导致胃肠炎型中毒。

迷惑多汁乳菇 Lactifluus deceptivus (Peck) Kuntze

【形态特征】菌盖直径 7~13cm，幼时边缘内卷，具白色绵毛状鳞片，具纤毛，成熟时常具同心状开裂，中央淡橙色或稍褐色，边缘黄白色或白色，老时黄褐色。菌肉白色。菌褶直生至短延生，近密至近稀，常在近柄处分叉，幼时黄白色，成熟时淡橙色至橙白色。菌柄 4~8×1.5~3.5cm，圆柱形，等粗或向下渐细，具密集长绒毛，白色，基部具白色绒毛。乳汁丰富，白色，染菌褶为粉红色后稍褐色，味极辣。担孢子 7.5~10.5×6.0~8.5μm，宽椭圆形，纹饰高约 2μm，具孤立不规则刺疣，个别刺疣顶端平截，上脐部中心淀粉质。

【生境及基物】亚热带、热带壳斗科植物林地上。

【地理分布】西南地区。

【发生时间】7~9 月。

【毒性】毒性成分不明，可导致胃肠炎型中毒。

胃 肠 炎 型 毒 蘑 菇

【生境及基物】云南松林地或亚热带、热带常绿阔叶林地上。
【地理分布】华南、西南地区。
【发生时间】7~9月。
【毒性】毒性成分不明，可导致胃肠炎型中毒。

长绒多汁乳菇 Lactifluus pilosus (Verbeken et al.) Verbeken

【别名/俗名】毛绒多汁乳菇。
【形态特征】菌盖直径4.0~6.5cm，幼时边缘内卷，后平展，中部凹陷，密被绒毛，污白色、浅黄褐色。菌肉厚0.3~0.5cm，近白色。菌褶短延生，宽0.3~0.5cm，稀，常分叉，黄白色、奶油黄色，老后具黄褐色色调。菌柄1.6~3.5×1~2cm，圆柱形或向下渐细，密被绒毛，近白色、污白色。乳汁白色，不变色或变浅黄色。担孢子6.5~8.0×5.5~7.0μm，近球形至椭圆形，具离散的条脊和孤立的疣，条脊常不相连，上脐部非淀粉质。
【生境及基物】橡树林地上。
【地理分布】华中、西南地区。
【发生时间】8~9月。
【毒性】毒性成分不明。2020年在湖南发生1起4人胃肠炎型中毒事件（Li et al., 2021a）。

灰绿多汁乳菇 Lactifluus glaucescens (Crossl.) Verbeken

【形态特征】菌盖直径4~8cm，边缘平展，中心稍凹陷，干，白色，具淡绿色或淡黄色色调，伤后稍发淡褐色。菌肉白色，虫蛀处淡黄绿色。菌褶直生，极密，白色稍具淡绿色色调。菌柄3.5~4.0×1.2~1.5cm，圆柱形，干，近光滑，白色稍具淡绿色色调。乳汁丰富，缓慢变淡绿色，味极辣。担孢子7.0~9.5×6~8μm，宽椭圆形、椭圆形至长椭圆形，纹饰高0.1~0.2μm，由细弱的条脊和疣相连为不完整网纹。上脐部非淀粉质。

胃肠炎型毒蘑菇

辣味多汁乳菇 *Lactifluus piperatus* (L.) Roussel

【别名/俗名】辣味乳菇、白奶浆菌、白乳菇。

【形态特征】菌盖直径 4.5～7.1cm，初半球形，边缘内卷，后平展至中部稍凹陷，稍具绒质感，白色、污白色至浅黄色。菌肉白色，味辣。菌褶稍延生，白色稍带淡黄色色调，极密，常分叉。菌柄 3.5～7.0×0.5～1.3cm，圆柱形，向下渐细，干，白色。乳汁丰富，白色，不变色或干后变浅蓝绿色，味极辣。担孢子 6～8×5.0～6.5μm，宽椭圆形至椭圆形，由细弱的条脊相连不形成网纹或形成不完整的网纹，具孤立的疣，上脐部非淀粉质。侧生大囊状体丰富，棒状，具较浓稠颗粒状至针状内含物。

【生境及基物】阔叶林、针叶林或混交林地上。

【地理分布】东北、西南地区。

【发生时间】8月。

【毒性】毒性成分不明，可导致胃肠炎型中毒。

拟黄脚多汁乳菇 *Lactifluus pseudoluteopus* (X.H. Wang & Verbeken) X.H. Wang

【形态特征】菌盖直径5～10cm，平展，中凹，边缘幼时内卷，具同心皱纹及放射状皱纹，粉绒质至绒质，淡黄色。菌肉白色。菌褶延生，宽而稀，黄白色至黄色，边缘常较两侧色深。菌柄3～7×1～2cm，圆柱形，等粗或向基部渐细，具明显黄色绒毛，基部具亮黄色绒毛。乳汁丰富，白色，不变色，轻微染菌褶为褐色，味稍苦涩，后柔和。担孢子7～9×6.0～7.5μm，椭圆形，纹饰高0.5～0.8μm，由脊和疣突构成不完整的网纹，网眼大或小，上脐部非淀粉质或中部淀粉质。

【生境及基物】常绿阔叶林地上。

【地理分布】西南地区。

【发生时间】7～9月。

【毒性】毒性成分不明。2020年在云南发生1起5人胃肠炎型中毒事件（Li *et al*.，2021a）。

复生乳菇 *Lactarius repraesentaneus* Britzelm.

【形态特征】菌盖直径7～9cm，枯叶色或赭褐色，具环纹，被丛毛状鳞片，水浸状。菌肉浅赭色。菌褶近直生、延生，密，奶油色，常在菌柄处分叉。菌柄6.5～9.0×2.0～2.5cm，圆柱形，等粗或向下渐细，赭黄色，具深色窝斑。乳汁白色，变紫色，染菌褶菌肉为紫色。担孢子7.0～10.8×6.0～8.5μm，近球形至长椭圆形；纹饰条脊相连，但不形成网纹，或排列形成近似斑马纹状，具孤立的疣。侧生大囊状体近纺锤形至近披针形，顶端尖或呈串珠状，具颗粒状至针状内含物。褶缘大囊状体丰富，纺锤形，顶端渐细，具颗粒状至小球状内含物。

【生境及基物】针阔混交林地上。

【地理分布】东北、西南、西北地区。

【发生时间】9月。

【毒性】毒性成分不明，可导致胃肠炎型中毒。

亚辣味多汁乳菇 Lactifluus subpiperatus (Hongo) Verbeken

【形态特征】菌盖直径6~7cm，浅漏斗形，幼时边缘内卷，中心稍皱，中心具放射状皱纹，有时表皮皱缩为小网格状，干，光滑，白色。菌肉白色。菌褶延生，稀疏。菌柄5~6×1.5~2.0cm，圆柱形，中生至偏生，向下渐细，有霜粉，白色。乳汁丰富，不辣，起初白色或奶油色，染菌褶为褐色，不变色或缓慢变黄色。担孢子7.0~8.5×6~7μm，宽椭圆形至椭圆形，纹饰高0.1~0.3μm，由较稀疏的条脊和疣构成，各成分间不同程度相连，偶形成不完整网纹，上脐部非淀粉质。

【生境及基物】壳斗科植物林地上。

【地理分布】西南地区。

【发生时间】8~10月。

【毒性】毒性成分不明，可导致胃肠炎型中毒。

亚绒多汁乳菇 Lactifluus subvellereus (Peck) Nuytinck

【形态特征】菌盖直径5~8cm，中心凹陷，边缘内卷，具密集长毛，干，白色。菌肉白色，味辣。菌褶延生，密至极密，很少分叉。菌柄2~5×1~2cm，圆柱形，等粗或向下渐细，实心，具密集绒毛，干，白色。乳汁多，变色或不变色，偶变为淡黄色，干后在菌褶表面形成白色颗粒，味极辣。担孢子7.5~9.5×5.5~7.5μm，宽椭圆形、椭圆形至长椭圆形，纹饰高0.1~0.2μm，具细弱的条脊，脐片区非淀粉质或中心淀粉质。

【生境及基物】松属植物或云杉林地上。

【地理分布】西南地区。

【发生时间】7~9月。

【毒性】毒性成分不明，可导致胃肠炎型中毒。

薄囊体多汁乳菇 *Lactifluus tenuicystidiatus* (X.H. Wang & Verbeken) X.H. Wang

【形态特征】菌盖直径6.0~12.5cm，平展，中间凹形，幼时边缘内卷，有时中部具棘突及放射状皱纹，干，稍有绒毛，黄白色、淡黄色、红黄色、灰黄色、淡橙色、灰橙色、橙色至灰红色，中部色较深。菌肉白色，味柔和。菌褶直生至短延生，稀至近稀，淡橙色至淡黄色。菌柄3~9×1~3cm，圆柱形，实心，坚硬，干，淡橙色至白色，基部具白色菌丝体。乳汁丰富，白色，不变色，染菌褶为褐色，味柔和或稍涩。担孢子6.5~8.0×5.5~7.0μm，椭圆形，纹饰高约0.2μm，具细弱疣突及细连线，形成不完整或近完整网纹，弱淀粉质。

【生境及基物】松属植物林地上。

【地理分布】华南、西南地区。

【发生时间】7~9月。

【毒性】毒性成分不明。2020年福建发生1起1人胃肠炎型中毒事件（Li *et al.*，2022a）。

毛头乳菇 *Lactarius torminosus* (Schaeff.) Gray

【形态特征】菌盖直径4~10cm，边缘强烈内卷，中部凹陷呈漏斗状，具明显环纹，湿时黏，边缘具明显刺毛，肉粉色、深粉红色，偶具赭色色调，中心色深；老后子实体偏黄褐色，中部深褐色。菌肉近白色。菌褶近直生至延生，密至极密，近白色、淡粉红色。菌柄3.0~7.5×0.5~1.8cm，圆柱形，等粗或向上渐细，淡黄褐色、粉红色，底部近白色；基部有时具淡黄色糙伏毛。乳汁白色，不变色，味极辣。担孢子7.3~9.3×6~7μm，近球形至椭圆形，纹饰较细密或粗细不一的条脊相连，不形成网纹或形成不完整的网纹。侧生大囊状体披针形至近纺锤形，顶端常缢缩，有时具二叉分枝，具颗粒状至不规则内含物。褶缘大囊状体形状同侧生大囊状体。

【生境及基物】混交林地上。

【地理分布】东北、华北、西南地区。

【发生时间】8~9月。

【毒性】毒性成分不明，可导致胃肠炎型中毒。

绒白多汁乳菇 Lactifluus vellereus (Fr.) Kuntze

【别名/俗名】绒盖乳菇。

【形态特征】菌盖直径 4.0~6.5cm，初期边缘内卷，后平展，中部凹陷，具密集绒毛，污白色、浅黄褐色。菌肉白色。菌褶延生，极稀，常分叉，黄白色、奶油黄色，老后黄褐色。菌柄 1.6~3.5×1~2cm，圆柱形，等粗或向下渐细，具密集绒毛，白色或污白色。乳汁丰富，白色，不变色或变浅黄色。担孢子 9.0~10.5×7~8μm，椭圆形，条脊间由细线相连，形成近完整的网纹。

【生境及基物】阔叶林、针叶林或混交林地上。

【地理分布】各地区均有分布。

【发生时间】7~9月。

【毒性】毒性成分不明，可导致胃肠炎型中毒。

红硫黄菌 Laetiporus montanus Černý ex Tomšovský & Jankovský

【别名/俗名】朱红硫黄菌、高山硫黄菌。

【形态特征】菌体一年生，无柄或具短柄，覆瓦状叠生。菌盖椭圆形至扇形，外伸约 40cm，橘黄色、橙红色至朱红色，被细绒毛，有放射状条棱，具环纹；边缘薄，钝或稍锐，波浪状，近全缘至瓣状撕裂，常渐较淡色。菌肉肉质，干后干酪质，脆，白色至黄白色。菌孔米白色至金黄色；孔口初黄色，干后褪色，圆形至多角形。担孢子 6.1~8.2×3.9~5.5μm，椭圆形，无色，光滑。二型菌丝系统：生殖菌丝薄壁，具分隔，少分枝，透明；骨架菌丝厚壁。

【生境及基物】落叶松活立木、倒木或树桩上。

【地理分布】东北、华北地区。

【发生时间】7~9月。

【毒性】毒性成分不明，可导致胃肠炎型中毒。

褐疣柄牛肝菌 *Leccinum scabrum* (Bull.) Gray

【形态特征】菌盖直径4～15cm，初半球形，后稍平展，橙黄色、黄褐色至棕褐色，近光滑，湿时稍黏。菌肉较厚，白色至浅褐色，伤不变色或变浅粉色。菌管直生或离生，乳白色、黄白色至淡黄褐色，伤变橄榄绿色，管口圆形、椭圆形，非放射状。菌柄5～12×1.1～2.5cm，向下渐粗，基部膨大、白色，密被黑色疣状鳞片。担孢子17～22×6.0～7.5μm，长椭圆形、近梭形，光滑，淡黄色，内含油滴。

【生境及基物】白桦、落叶松混交林地上。

【地理分布】各地区均有分布。

【发生时间】7～9月。

【毒性】毒性成分不明，可导致胃肠炎型中毒。

冠状环柄菇 *Lepiota cristata* (Bolton) P. Kumm.

【别名/俗名】小环柄菇。

【形态特征】菌盖直径2～6cm，幼时半球形，后平展，中部具褐色钝突起，背景色为污白色，具红褐色至深褐色鳞片，向盖缘方向鳞片渐变小，鳞片常呈同心环排列，边缘波状至偶撕裂，有时反卷。菌肉薄，白色。菌褶离生，白色，密，不等长。菌柄2～8×0.3～1.0cm，初近白色，后渐浅红褐色，中空；菌环上位，膜质，近白色，易消失。担孢子5～8×2.5～4.0mm，炮弹形，光滑，无色，厚壁。

【生境及基物】草地上。

【地理分布】东北、华北、西南、西北地区。

【发生时间】7～9月。

【毒性】毒性成分不明，可导致胃肠炎型中毒。

胃肠炎型毒蘑菇

美洲白柄蘑 *Leucoagaricus americanus* (Peck) Vellinga

【别名/俗名】美洲环柄菇、暗鳞白鬼伞、变红环柄菇。

【形态特征】菌盖直径3～11cm，近白色，具有红褐色至紫褐色小鳞片，边缘有不明显的细条纹。菌肉白色，较薄，伤变红褐色。菌褶离生，白色，密，干后色变暗或带褐色。菌柄5～12×1.0～1.5cm，近下部膨大而基部较细似纺锤形。菌环白色，后期色变深，褐色至近黑色，上位至中位，膜质，多宿存。担孢子8.5～10.5×6～8μm，椭圆形，光滑，厚壁，无色，具明显的芽孔。

【生境及基物】林中、路边、粪草堆或木屑堆上。

【地理分布】东北、华北、西南、西北地区。

【发生时间】4～10月。

【毒性】毒性成分不明，可导致胃肠炎型中毒。

多鳞勒氏菌 *Leratiomyces squamosus* (Pers.) Bridge & Spooner

【形态特征】菌盖直径2～6cm，半球形至扁半球形，中央稍凸至平展，圆头状或具乳头状突起，湿时黏至胶黏，暗黄褐色至橘褐色，中央颜色深，初期盖缘具三角状、分散、易脱落、紧贴盖缘的鳞片，内卷。菌肉薄，灰色至转变为锈褐色至红褐色。菌褶直生至稍延生。不等长，褶缘稍齿状，稍稀疏，褶幅稍宽，灰硫黄色至赭黄色、暗褐色，褶缘带黄色毛。菌柄4～9×0.3～0.6cm，等粗或基部稍膨大，有时基部球根状，通常扭曲，菌环以上白色至白霜状，菌环以下具有浅黄色纤毛状鳞片，向基部或多或少转变为浅褐色，中空。菌环膜质，带黄色，不易脱落。担孢子11～15×6.0～7.5μm，长椭圆形，具萌发孔，光滑，黄褐色。缘生囊状体丰富，细棒状，透明。侧生囊状体未见。具锁状联合。

【生境及基物】落叶松林地上。

【地理分布】西南、西北地区。

【发生时间】9～11月。

【毒性】毒性成分不明，可导致胃肠炎型中毒。

粉褶白环蘑 *Leucoagaricus leucothites* (Vittad.) Wasser

【别名/俗名】粉褶环柄菇、白环蘑。
【形态特征】菌盖直径 4.2～8.0cm，幼时扁半球形，后平凸至平展，污白色，密被粉褐色至灰褐色鳞片，中部颜色深，干，边缘具菌幕残余。菌肉白色。菌褶离生，奶油色至淡粉色，密。菌柄近圆柱状，向下渐粗，基部稍膨大，污白色至灰褐色。菌环上位，膜质，污白色至奶油色。担孢子 7.5～8.5×5～6μm，椭圆形，光滑，拟糊精质。
【生境及基物】森林或庭院中，草地上。
【地理分布】东北、华北、华东、西南、西北地区。
【发生时间】8～11 月。
【毒性】毒性成分不明。2022 年在宁夏和安徽发生 2 起 6 人胃肠炎型中毒事件（Li *et al.*，2023）。

珠鸡白环蘑 *Leucoagaricus meleagris* (Gray) Singer

【别名/俗名】西方平盖白环蘑。
【形态特征】菌盖直径 2.0～3.5cm，幼时近半球形，后平凸至平展，污白色，密被浅褐色至暗褐色鳞片，中部鳞片密集，色深。菌肉白色，伤变暗褐色。菌褶离生，奶油色，后淡柠檬黄色，伤变淡紫红色，密，不等长。菌柄 2.5～5.5×0.3～0.5cm，近圆柱形，向下渐粗，奶油色，被淡褐色至褐色鳞片。菌环中上位，上表面污白色，下表面暗褐色。菌盖及菌柄的菌肉近白色，伤后亮黄色，后变淡紫红色至葡萄酒紫红色，后褪色。担孢子 8～10×6～7μm，椭圆形，具无盖芽孔，光滑，无色，拟糊精质。
【生境及基物】肥堆上。
【地理分布】东北、西南地区。
【发生时间】7～8 月。
【毒性】毒性成分不明，可导致胃肠炎型中毒。

丁香紫白环蘑 *Leucoagaricus purpureolilacinus* Huijsman

【形态特征】菌盖直径 1.2～7.5cm，幼时卵球形，后平展，中部凸起，白色，被淡黄褐色至淡红褐色、近辐射状排列的蚕丝状至纤丝状鳞片，中部鳞片密集，完整，色深，边缘具菌幕残余，与菌盖同色。菌肉薄，奶白色。菌褶离生，白色至奶油色，密，不等长。菌柄 3.5～5.5×0.8～1.5cm，近圆柱形，向下稍粗，白色。菌环中上位，白色至奶油色，膜质，易脱落。担孢子 5.5～6.5×3.5～4.5mm，椭圆形至近柠檬形，光滑，弱糊精质。

【生境及基物】林地或草坪上。

【地理分布】西南地区。

【发生时间】9 月。

【毒性】毒性成分不明，可导致胃肠炎型中毒。

纯黄白鬼伞 *Leucocoprinus birnbaumii* (Corda) Singer

【别名/俗名】黄环柄菇。

【形态特征】菌盖直径 3～8cm，幼时长卵形，渐变近钟形、钝圆锥形至近平展，中央常凸起且颜色较深，淡黄色至黄色，被黄色、硫黄色至黄褐色鳞片，边缘具细密的辐射状条纹。菌肉乳白色至黄色，厚约 0.3cm。菌褶离生，乳黄色，密。菌柄 4～11×0.2～0.8cm，近圆柱状，向下变粗，乳黄色至黄色，基部明显膨大。菌环上位，上表面乳黄色至黄色，下表面淡黄色，易脱落。担孢子 9.0～10.5×6.0～7.5μm，卵圆形、杏仁形至椭圆形，具明显芽孔。

【生境及基物】林中、路边、粪草堆、木屑堆上或花盆中。

【地理分布】各地区均有分布。

【发生时间】4～11 月。

【毒性】毒性成分不明，可导致胃肠炎型中毒。

胃肠炎型毒蘑菇

肥脚白鬼伞 *Leucocoprinus cepistipes* (Sowerby) Pat.

【形态特征】菌盖直径4～7cm，初卵形，后近钝圆锥形，成熟后近钟形至平展，幼时白色，后近奶油色，中央灰褐色至近褐色，上被灰褐色至褐色的绒毛状细鳞，菌盖边缘具辐射状条纹。菌肉很薄，白色，味苦。菌褶离生，白色，稍密，不等长。菌柄3～8×0.2～0.4cm，圆柱形至棍棒状，内部空心，白色至淡黄色，基部膨大成球形、杵状。菌环上位。担孢子9.5～10.5×6.5～7.0μm，卵状椭圆形至椭圆形，光滑，无色，拟糊精质。

【生境及基物】林地、路边或菜地上。

【地理分布】华北、华南地区。

【发生时间】7～9月。

【毒性】毒性成分不明，可导致胃肠炎型中毒。

浅鳞白鬼伞 *Leucocoprinus cretaceus* (Bull.) Locq.

【形态特征】菌盖直径3～8cm，幼时近半球形至短圆锥形，成熟后近斗笠形，最后近平展，中央白色至奶油色，密被白色至奶油色的羊绒状至纤毛状细粒，边缘具细密的辐射状条纹。菌肉很薄，白色，质软。菌褶离生，白色至乳白色，密，不等长。菌柄9～13×0.3～0.9cm，近圆柱形，内部空心，白色，被白色鳞片，成熟后有时略呈乳黄色，基部明显膨大呈近纺锤形。担孢子9～11×6.0～7.5μm，卵圆形至椭圆形，光滑，无色，糊精质。

【生境及基物】林地上。

【地理分布】华东、华中、华南、西南地区。

【发生时间】5～9月。

【毒性】毒性成分不明。2023年在江苏发生1起1人胃肠炎型中毒事件（Li *et al.*，2024）。

第四章　我国毒蘑菇的种类

胃肠炎型毒蘑菇

银白离褶伞 *Leucocybe connata* (Schumach.) Vizzini *et al.*

【别名/俗名】丛生离褶伞、白色离褶、丛生杯伞。
【形态特征】菌盖直径 3～8cm，扁平球形至近平展，中部稍凸或平，白色、灰白色，光滑或有棉絮状绒毛；边缘有皱状条纹，后内卷呈不规则波状。菌肉白色，厚。菌褶直生至近弯生，稠密，不等长，后期似带粉黄色。菌柄 4～8×0.8～1.5cm，下部弯曲，内部实心至松软。担孢子 5～7×2.5～4.0mm，宽椭圆形至椭圆形，无色，近光滑。
【生境及基物】阔叶林地上。
【地理分布】东北、华北、西北地区。
【发生时间】7～9 月。
【毒性】毒性成分不明，可导致胃肠炎型中毒。

白褐离褶伞 *Lyophyllum leucophaeatum* (P. Karst.) P. Karst.

【形态特征】菌盖直径 3.0～8.5cm，初近锥形至扁半球形，后近扁平，中部稍凸起，近光滑，污白色至灰褐色或污褐色，边缘薄，内卷。菌肉厚，边缘薄，污白色，伤变暗色，具香气。菌褶直生至近弯生，较稀，窄，幼时污白色，后灰褐色至深褐色，伤变暗色。菌柄 5～8×0.5～2.3cm，基部稍膨大，污白色至灰白色，实心。担孢子 5.5～8.0×3.0～4.5mm，长椭圆形或柱状椭圆形，无色，具小疣。
【生境及基物】混交林地上。
【地理分布】东北、华北、西北地区。
【发生时间】7～8 月。
【毒性】毒性成分不明，可导致胃肠炎型中毒。

大盖小皮伞 *Marasmius maximus* Hongo

【形态特征】菌盖直径3～8cm，钟形、近半球形至钝宽圆锥形，后平展，中部有褐色突起，水渍状，有辐射状沟纹，淡黄色、淡黄褐色至皮革色，中部褐色，干后常褪色发白。菌肉薄，革质至膜革质。菌褶凹生至离生，稀，不等长，近白色、污白色至淡黄色。菌柄50～100×2.0～3.5mm，细圆柱形，硬，纤维质，淡黄色、淡褐色至褐色，常有淡褐色至褐色的小粒状附属物，顶端淡黄色，基部颜色常较深；基部菌丝体淡褐色。担孢子7～9×3～4μm，纺锤形至椭圆形，光滑，非淀粉质。

【生境及基物】林地或草地上。

【地理分布】东北、华北、华中、华南、西南地区。

【发生时间】5～9月。

【毒性】毒性成分不明。近年在华南地区发生多起胃肠炎型中毒事件。

杯伞状大金钱菌 *Megacollybia clitocyboidea* R.H. Petersen *et al.*

【别名/俗名】宽褶拟口蘑、宽褶奥德蘑、宽褶菇。

【形态特征】菌盖直径3.1～7.3cm，扁凸透镜形至平展，中部成熟后稍凹陷，干，黑褐色至灰褐色，丝光质，边缘稍内卷，具辐射状条纹。菌肉白色，无特殊气味。菌褶弯生至直生或短延生，中等密度，宽，不等长，白色，褶缘平滑。菌柄中生，长5～10小粒状等的0.3～0.8cm，近圆柱状，白色，等粗或向基部渐粗，脆骨质，中空。担孢子5.5～8.5×5.0～7.5μm，椭圆形至杏仁形，光滑，非淀粉质。

【生境及基物】阔叶林地上。

【地理分布】各地区均有分布。

【发生时间】7～8月。

【毒性】毒性成分不明，可导致胃肠炎型中毒。

胃肠炎型毒蘑菇

波纹尿囊菌 *Meiorganum curtisii* (Berk.) Singer *et al.*

【形态特征】菌体常无柄,由菌盖一侧附着于基物上。菌盖直径5~11cm,半圆形至圆扇形,黄色、青黄色、锈黄色至灰黄色,光滑至被绒毛,边缘内卷,渐伸展。菌肉厚,肉质至海绵质,水渍状,浅黄色至淡褐色,味苦,有浓烈臭气味。菌褶波纹状弯曲,粗厚,多从着生点处往四周辐射,具横脉,交织,黄色、橙黄色至锈黄色。菌柄极短,侧生或无。担孢子 3.0~3.5×1.5~$2.0 \mu m$,近圆柱形至短杆状,光滑,淡黄色至浅褐色。

【生境及基物】松树等针叶树腐木上。

【地理分布】东北、华中、华南、西南地区。

【发生时间】7~8月。

【毒性】毒性成分不明,可导致胃肠炎型中毒。

江西绿僵菌 *Metarhizium jiangxiense* (Z.Q. Liang *et al.*) H. Yu *et al.* ex T.C. Wen *et al.*

【别名/俗名】江西虫草、江西线虫草、草木王。

【形态特征】子座多数从地下寄主的头部长出,或通过根状菌丝索与寄主相连,单根或丛生长出后分枝,高3~8cm,基部粗3~5mm,最粗处4~10mm,可重复分枝,分枝常形成多指状、鸡爪状或珊瑚状,淡褐色,有时红褐色、紫红褐色、暗紫色、紫黑色或黑色,末端常近白色,有时基部蓝色至蓝绿色;部分常有绿色分生孢子。子囊壳埋生,400~850×230~$450 \mu m$,长卵形到梨形。子囊 250~350×6~$8 \mu m$,长柱形。子囊孢子 220~300×1.5~$1.8 \mu m$,线形,无色,每5~10μm有一分隔,不断裂。分生孢子 5.5~9.0×2.5~$3.5 \mu m$,短杆形,近无色。

【生境及基物】寄生于林间地下的丽叩甲(*Campsosternus* spp.)的幼虫上。

【地理分布】华中、华东、华南、西南等地区。

【发生时间】6~11月。

【毒性】毒性成分不明。以胃肠炎型毒性为主,或有过敏反应症状。据《全国中草药汇编》(1975年)记载,它"有大毒,不能内服"。

糠鳞小蘑菇 *Micropsalliota furfuracea* R.L. Zhao *et al.*

【形态特征】菌盖直径 2.5~5.5cm，钝圆锥形至平展，淡褐色，密被大片状平伏褐色鳞片。菌肉厚 1~2mm，白色。菌褶离生，较密，黄褐色至褐黄橙色。菌柄 6~12×0.3~0.5cm，圆柱形，弯曲，光滑至有丝毛，白色至奶油色，中空。菌环上位，下垂，具条纹，白色。担孢子 6~7×3.5~4.0μm，椭圆形，光滑，褐色。

【生境及基物】针叶林地上。

【地理分布】华南、西南地区。

【发生时间】5~9月。

【毒性】毒性成分不明，可导致胃肠炎型中毒。

棕红新牛肝菌 *Neoboletus brunneorubrocarpus* G. Wu *et al.*

【形态特征】菌盖直径约 8cm，半球形、凸透镜形至平展，光滑，红褐色、深褐色、灰橙至浅红黄色。菌肉浅黄色至黄色。子实层体直生至弯生，红褐色至褐红色，红橘色至灰橘色，伤变暗蓝色。菌管玉米黄色至灰黄色，管口直径约 0.5mm，不规则至多角形。菌柄长约 7.0cm，粗约 1.5cm，中生，近圆柱形，向下稍粗，浅黄色至浅橘色，密被与菌盖同色的点状鳞片，有时具纵条纹；基部菌丝体浅褐色至褐黄色。菌体各部位通常伤后速变暗蓝色。担孢子 11.5~14.0×4.5~5.5μm，近梭形，光滑，浅褐黄色。

【生境及基物】以壳斗科植物为主的林地上。

【地理分布】华中、西南地区。

【发生时间】7~9月。

【毒性】毒性成分不明，可导致胃肠炎型中毒。

胃肠炎型毒蘑菇

黄孔新牛肝菌 *Neoboletus flavidus* (G. Wu & Zhu L. Yang) N.K. Zeng *et al.*

【形态特征】菌盖直径 3～8cm，凸透镜形至平展，干，被微绒毛，橄榄褐色、黄褐色、红褐色、浅红色至褐红色。菌肉浅黄色至黄色。子实层体直生至弯生，幼时鲜黄色，成熟后褐红色。管口直径约 0.5mm，近圆形至圆形。菌柄 2～9×1.0～1.5cm，棒状，近圆柱形至倒棒状，顶部鲜黄色，其余部分红褐色至紫褐色，幼时具不明显纵向条纹或细颗粒状鳞片；内部菌肉黄色，基部颜色稍深；基部菌丝体污白色至奶油色。菌体各部位通常伤后速变暗蓝色。担孢子 10～13×4.5～5.5μm，近梭形至近圆柱形，光滑，浅褐黄色。

【生境及基物】亚热带针阔混交林地上。

【地理分布】东北、华南、西南地区。

【发生时间】8～9 月。

【毒性】毒性成分不明，可导致胃肠炎型中毒。

毒新牛肝菌 *Neoboletus venenatus* (Nagas.) G. Wu & Zhu L. Yang

【别名/俗名】毒牛肝。

【形态特征】菌盖直径 7～26cm，半球形至凸透镜形，幼时边缘内卷，干，被微绒毛，灰黄色、黄褐色或橄榄褐色。菌肉淡黄色至浅黄色，伤渐变浅蓝色。子实层体弯生，浅黄色至黄褐色，伤速变蓝色。菌管幼时浅黄色，老后黄褐色至橄榄黄色，伤渐变浅蓝色至暗蓝色。孔口直径 0.5～1.0mm，近圆形。菌柄 10～15×2.0～4.5cm，近圆柱形至倒棒状，顶部奶黄色至浅黄色，向下变黄褐色至褐色，被麸状鳞片，有时顶端具网纹；菌肉颜色及伤变色与菌盖菌肉相同；基部菌丝体奶油色至淡黄色。担孢子 12.5～17.0×5.0～6.5μm，近梭形，不等边，光滑，浅褐黄色。

【生境及基物】亚高山暗针叶林地上。

【地理分布】西南地区。

【发生时间】6～9 月。

【毒性】毒素为牛肝菌毒素（bolevenine），导致胃肠炎型中毒。中毒后一般 6h 内出现剧烈的胃肠道症状，包含恶心、呕吐、腹痛、腹泻等，严重时会致命。该种是我国市售牛肝菌干片中毒事件中最常遇到的物种（Li *et al.*, 2020, 2021a, 2022a, 2023, 2024）。

新假革耳 *Neonothopanus nambi* (Speg.) R.H. Petersen & Krisai

【形态特征】菌盖直径 3~6cm，半圆形、扇形、贝壳形或圆形，边缘初内卷、后平展，中部凹陷，成熟时边缘开裂成瓣状，白色或灰白色，平滑，各部位会发荧光（右图）。菌肉肉质，较硬，复性强，白色至乳白色。菌褶短延生至菌柄顶端，在菌柄处交织，中等密度或稍密，不等长。菌柄较短，0.8~2.5×7~12cm，偏生或侧生，实心，基部被绒毛。担孢子 4.0~5.5×2.5~3.5μm，椭圆形，光滑，无色，非淀粉质。

【生境及基物】腐烂的树桩上或硬木树的根部。

【地理分布】华东、华中、华南地区。

【发生时间】4~9 月。

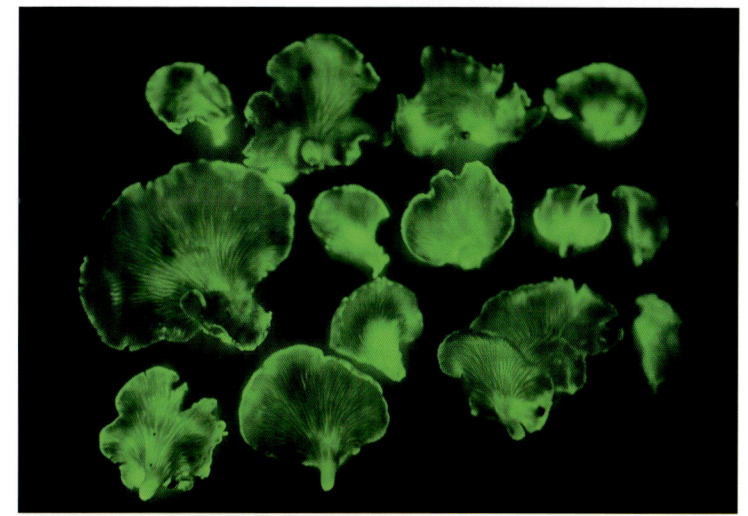

【毒性】毒性成分不明，可导致胃肠炎型中毒。

鞭囊类脐菇 *Omphalotus flagelliformis* Zhu L. Yang & B. Feng

【形态特征】菌盖直径4～8cm，成熟后漏斗形，中央常具小突，红褐色、褐色至褐黄色。菌肉橘黄色，有不明显的鱼腥味。菌褶延生，淡橘色至橘黄色。菌柄5～12×1～2cm，淡橘色至橘黄色。担孢子4.0～5.5×3.5～4.5μm，球形、近球形至宽椭圆形，光滑，无色。缘生囊状体丰富，顶端鞭状至喙状。

【生境及基物】亚热带林中腐木上或根际。

【地理分布】西南地区。

【发生时间】6～9月。

【毒性】毒性成分不明，可导致胃肠炎型中毒。

发光类脐菇 Omphalotus olearius (DC.) Singer

【形态特征】菌盖直径 4～12cm，初凸透镜形，成熟后中央下凹，漏斗形，浅黄色、黄色、亮黄色至橘黄色。菌肉浅黄色至黄色。菌褶延生，黄色、亮黄色，在黑暗条件下或夜晚发出荧光。菌柄 3.5～9.0×0.4～1.0cm，圆柱形至基部稍细，黄色或亮黄色，基部有时深黄褐色至近黑色。担孢子 5～7×4～6μm，近滴泪状至近球形，光滑，无色至浅黄色。

【生境及基物】阔叶树树桩或倒木上。

【地理分布】西南地区。

【发生时间】7～11月。

【毒性】毒性成分不明。2020～2022 年在云南发生 5 起 23 人胃肠炎型中毒事件（Li et al., 2021a，2022a，2023）。

日本类脐菇 Omphalotus guepiniiformis (Berk.) Neda

【别名/俗名】月夜菌、毒侧耳、日本侧耳、发光菌、月光菌、亮菌。

【形态特征】菌盖直径 6～20cm，初圆球状，后平展成扇形、肾形、半圆形，边缘稍内卷，橙黄色、肉桂色，近中央处有鳞片散生，中央暗紫色，组成不规则的斑纹，有棉絮状鳞片相间，有裂纹。盖表丝棒状，分支，直立。菌肉淡黄色，有令人不悦的气味。菌褶弯曲，近柄处下延，奶油色，密，黑暗时发荧光。菌柄长约 2cm、粗 1～2cm，脆，纤维质，切面有深褐色污点。担孢子直径 13～18μm，圆形，光滑，近无色至浅黄色，非淀粉质。

【生境及基物】阔叶树干上。

【地理分布】东北、华中、华南、西南地区。

【发生时间】3～12月。

【毒性】毒性成分不明。2020～2023 年在贵州、广西、福建和湖南发生 10 起 46 人胃肠炎型中毒事件（Li et al., 2021a，2022a，2023，2024）。

胃肠炎型毒蘑菇

耳侧盘菌 *Otidea cochleata* (L.) Fuckel

【别名/俗名】褐侧盘菌、褐地耳。

【形态特征】菌体漏斗状或杯状，具纵向深裂，上端平截，具短柄。子实层表面黄褐色、浅褐色或红褐色，耳状，光滑，边缘内卷，幼时完整，成熟后易破裂。子层托表面褐色、黄褐色至深褐色，稍粗糙，密布黑点。菌柄 1～2×0.5～0.8cm，侧生，肉色、暗褐色至棕褐色。子囊长圆柱形，具囊盖，内含 8 个单行排列的子囊孢子。子囊孢子 17～20×9～11μm，卵圆形或椭圆形，光滑，无色，内含 2 个油滴。侧丝线形，具分隔，上部分叉，顶部膨大稍弯曲。

【生境及基物】林地枯枝落叶层上。

【地理分布】东北、华北、华东、西北地区。

【发生时间】7～8 月。

【毒性】毒性成分不明，可导致胃肠炎型中毒。

鳞皮扇菇 *Panellus stipticus* (Bull.) P. Karst.

【形态特征】菌盖直径 1～3cm，扇形，边缘稍内卷，有时撕裂或波状，浅土黄色、黄褐色至褐色，肉质、革质，具细绒毛，成熟时具褶皱、龟裂纹或麸皮状小鳞片。菌褶直生，窄，密，常分叉形成横脉，白色至淡黄褐色。菌肉白色、淡黄色或稍褐色。菌柄 0.5～1.0×0.3～1.0cm，侧生，乳白色，具白色至褐色绒毛。担孢子 3.5～6.0×1.5～2.5μm，椭圆形、梨形至近胶囊形，光滑，无色，淀粉质。

【生境及基物】阔叶树树桩、树干或枯枝上。

【地理分布】各地区均有分布。

【发生时间】7～9 月。

【毒性】毒性成分不明，可导致胃肠炎型中毒。

胃 肠 炎 型 毒 蘑 菇

林地盘菌 *Peziza arvernensis* Roze & Boud.

【别名/俗名】森林盘菌、林地碗。
【形态特征】子囊盘直径3~10cm，平盘形或浅杯状，边缘不规整褶皱，无柄。子实层表面光滑，榛子褐色至栗褐色。子层托颜色稍浅，边缘渐浅色，多光滑，少数糠状。菌肉薄，浅褐色，易碎。子囊圆柱形，基部渐细，具囊盖，内含8个单行排列的子囊孢子。子囊孢子14~17×8~9μm，宽椭圆形，单细胞，具细疣，无色，内含1个大油滴。侧丝线形，顶端稍膨大，具隔，分枝。
【生境及基物】林地上。
【地理分布】各地区均有分布。
【发生时间】7~9月。
【毒性】毒性成分不明，可导致胃肠炎型中毒。

波缘盘菌 *Peziza repanda* Wahlenb. ex Fr.

【形态特征】子囊盘初期杯状，近白色，后平展为浅盘状或盘状，边缘不规则分裂。子实层表面棕褐色或褐色，光滑，中部具皱纹。子层托白色或奶白色，光滑。具短柄。子囊圆柱形或近圆柱形，基部渐细，具囊盖，内含8个子囊孢子。子囊孢子14.0~16.5×7.5~11.0μm，椭圆形，无色，光滑，无油滴。侧丝线形，顶端膨大，浅黄色或浅褐色。
【生境及基物】腐殖质层或腐木上。
【地理分布】各地区均有分布。
【发生时间】6~7月。
【毒性】毒性成分不明，可导致胃肠炎型中毒。

第四章　我国毒蘑菇的种类

胃肠炎型毒蘑菇

泡质盘菌 *Peziza vesiculosa* Bull.

【别名/俗名】粪碗。

【形态特征】子囊盘直径 1.8～6.5cm 或更大，幼时近球形至不规则碗形，后伸展成近碗形至近盘形，通常在簇生时扭曲，边缘弯曲，有时侵蚀或开裂。子实层表面灰白色，渐变为淡褐色。子层托米白色至灰白色，有粉状物。菌肉厚，质脆，淡黄褐色。无菌柄。子囊圆柱形，基部渐细，具囊盖，淀粉质，内含 8 个单行排列的子囊孢子。子囊孢子 16～25×8～16μm，椭圆形，光滑，无油滴，无色。侧丝线形，顶端稍膨大，无色，具隔，分枝。

【生境及基物】极度腐朽的木材或肥土、粪堆上。

【地理分布】东北、华北、华东、西南地区。

【发生时间】6～9 月。

【毒性】毒性成分不明，可导致胃肠炎型中毒。

詹尼暗金钱菌 *Phaeocollybia jennyae* (P. Karst.) Romagn.

【形态特征】菌盖直径 2～4cm，圆锥形至平展呈脐突形或扁锥形，橙褐色或红褐色，有贴生绒毛或光滑，边缘稍内卷。菌肉薄，淡褐色。菌褶直生，密，初近白色，后锈色，不等长。菌柄 4～5×0.3～0.4cm，中生至偏生，圆柱形，基部稍膨大，向下收缩成假根状，红褐色，光滑，纤维质，空心。担孢子 4.5～6.0×3.0～4.5μm，卵圆形，有麻点，无芽孔，锈红褐色。

【生境及基物】混交林或阔叶林地上。

【地理分布】华南地区。

【发生时间】5～9 月。

【毒性】毒性成分不明，可导致胃肠炎型中毒。

金毛鳞伞 *Pholiota aurivella* (Batsch) P. Kumm.

【形态特征】菌盖直径 5～15cm，初扁半球形至凸透镜形，后展开，中部具钝突，湿时黏，锈黄色，具平伏的鳞片，易脱落，边缘初期内卷，有菌幕残余。菌肉纤维状肉质，淡褐色、柠檬黄色至红褐色。菌褶直生或延生，密，锈褐色。菌柄 6～12×0.6～1.4cm，具假根，黏，锈褐色，被鳞片，中实。菌环膜状，易消失。担孢子 7～10×4.5～6.5μm，椭圆形，光滑，黄褐色，拟淀粉质。

【生境及基物】柳树干或腐木上。

【地理分布】东北、华北、华东、华中、西南、西北地区。

【发生时间】7～9 月。

【毒性】毒性成分不明，可导致胃肠炎型中毒。

胃肠炎型毒蘑菇

烧地鳞伞 *Pholiota carbonaria* (Fr.) Singer

【别名/俗名】高地鳞伞、烧地环锈伞、烧迹环锈伞。
【形态特征】菌盖直径 2~5cm，初凸透镜形，后渐平展，黏，水渍状，黄褐色或红褐色，边缘色浅。菌肉薄，黄色或与菌盖同色。菌褶直生或弯生，初灰白色至浅黄色，渐变为肉桂褐色，密。菌柄 2~4×0.3~0.6cm，顶端初为白色至黄白色，后变为污褐色，下部灰白色，后变为深褐色。菌环浅黄色至浅肉桂色，纤丝状，易脱落。担孢子 6~8×4.0~4.5μm，椭圆形至卵圆形，光滑，芽孔不明显，深锈褐色，非淀粉质。
【生境及基物】火烧地上。
【地理分布】华中、华南、西南地区。
【发生时间】7~8 月。
【毒性】毒性成分不明，可导致胃肠炎型中毒。

黄鳞伞 *Pholiota flammans* (Batsch) P. Kumm.

【别名/俗名】黄鳞环锈伞。
【形态特征】菌盖直径 3~8cm，初扁半球形，后平展，中部稍凸起，黏，柠檬黄色至橙黄色，具硫黄色反卷鳞片，后期大部分鳞片脱落，边缘具菌幕残片。菌肉稍厚，边缘薄，柔韧，致密，硫黄色，味略苦。菌褶直生，密，硫黄色、锈色。菌柄 4~11×0.5~0.8cm，上下等粗或基部略膨大，干，柠檬黄色，具反卷的绵毛状鳞片，中实，后期变中空。菌环上位，黄色，膜质，棉絮状，易消失。担孢子 4~5×2.5~3.0μm，椭圆形，光滑，顶端不平截，浅锈色，非淀粉质。
【生境及基物】针叶树树桩、枯枝上。
【地理分布】东北、华中、华南、西南地区。
【发生时间】7~9 月。
【毒性】毒性成分不明，可导致胃肠炎型中毒。

黏皮鳞伞 *Pholiota lubrica* (Pers.) Singer

【别名/俗名】黏盖环锈伞、橘黄环锈伞、黏皮伞。

【形态特征】菌盖直径4~7cm，初扁半球形至半球形，后平展，中部凸起，湿润时胶黏，中部红褐色，向边缘土黄色，具黄色软毛鳞片，边缘淡色，具条纹。菌肉灰白色。菌褶弯生、直生至稍延生，密，赭色。菌柄5~8×0.4~0.6cm，上下等粗或向上稍细，基部球茎稍膨大，初灰白色，后期下部褐色，干，具纤毛，基部具软毛，纤维质，中实；菌环污白色，上位，丝膜状，易脱落。担孢子6.0~7.5×3~4μm，椭圆形，光滑，赭色至浅黄褐色。

【生境及基物】针阔混交林腐木上。

【地理分布】东北、华南、西南、西北地区。

【发生时间】6~11月。

【毒性】毒性成分不明。2023年在云南发生1起3人胃肠炎型中毒事件（Li et al., 2024）。

多瓣鳞伞 *Pholiota multicingulata* E. Horak

【形态特征】菌盖直径1.7~3.5cm，初凸透镜形，成熟后近平展，湿时黏，幼时橙红色，成熟后砖红色，中央橙红色，具同心环状鳞片，边缘波浪状。菌褶直生，灰白色至灰色，不等长。菌柄20~32×0.3~0.4mm，圆柱形，中空，基部有根状茎。菌环纤维网状。担孢子6.2~8.5×4.5~6.0μm，椭圆形，光滑，芽孔小、不明显。

【生境及基物】腐木上。

【地理分布】华东、华中、西南地区。

【发生时间】7~9月。

【毒性】毒性成分不明。2020~2021年在湖南和重庆发生3起13人胃肠炎型中毒事件（Li et al., 2022a）。

翘鳞伞 *Pholiota squarrosa* (Vahl) P. Kumm.

【别名/俗名】 翘鳞鳞伞、鳞环锈伞。

【形态特征】 菌盖直径3～9cm，初钟形至扁半球形，后平展，中部稍凸起，边缘内卷，锈黄色至黄褐色，具反卷鳞片，边缘初期常挂有菌幕残片。菌肉柔韧，淡黄色。菌褶直生、密，初淡黄色、污黄色或青黄色，后污锈色或锈褐色。菌柄4～12×0.4～1.5cm，干，上下等粗，菌环以上黄色，光滑，菌环以下与菌盖近同色，具反卷纤毛状鳞片，中实。菌环上位，纤维质，暗褐色。担孢子6～9×4～5μm，椭圆形，光滑，锈褐色，芽孔明显。

【生境及基物】 针阔混交林树桩基部。

【地理分布】 东北、华北、华中、西南、西北地区。

【发生时间】 8～10月。

【毒性】 毒性成分不明，可导致胃肠炎型中毒。

尖鳞伞 *Pholiota squarrosoides* (Peck) Sacc.

【别名/俗名】尖鳞黄伞、尖鳞环锈伞、刺儿蘑。

【形态特征】菌盖直径3~8cm，初扁半球形，后平展至凸透镜形，边缘下弯，湿润时黏，浅土黄色至黄褐色，具肉桂色至栗褐色直立尖头的鳞片，中部密，向边缘渐稀，边缘初内卷，往往附着菌幕残片。菌肉厚，白色稍带黄色，味道和气味不明显。菌褶直生，初淡色，后肉桂色，密，边缘细锯齿状。菌柄5~12×0.5~1.2cm，干，等粗或向上渐细，与菌盖同色，菌环以上白色，近光滑，菌环以下具栗褐色或浅朽叶色纤毛鳞片，内实。菌环上位，淡褐色，绵毛状，膜质，易脱落。担孢子4~5×2.0~3.5μm，椭圆形，光滑，淡锈色。

【生境及基物】阔叶林倒木上。

【地理分布】东北、华北、华东、华南、西南地区。

【发生时间】7~9月。

【毒性】毒性成分不明，可导致胃肠炎型中毒。

地鳞伞 *Pholiota terrestris* Overh.

【别名/俗名】土生鳞伞、鳞环锈伞、土生环锈伞、金囊环锈伞。

【形态特征】菌盖直径2~8cm，钝凸形至稍平展，淡黄褐色、褐色至近褐色，具近褐色纤维状鳞片。菌肉厚，鲜黄褐色至褐色。菌褶直生，密，初淡色，后肉桂色至赭褐色。菌柄3~8×0.5~0.8cm，上下等粗或向下渐细，灰色、黄色至近褐色，菌环以上具白色粉末，菌环以下具反卷的暗色鳞片，中实后变中空。菌环上位。担孢子4.5~7.0×3.5~5.0μm，椭圆形至卵圆形，光滑，浅赭褐色，非淀粉质。

【生境及基物】林地树根基部。

【地理分布】东北、西南、西北地区。

【发生时间】8~9月。

【毒性】毒性成分不明，可导致胃肠炎型中毒。

胃肠炎型毒蘑菇

美丽褶孔牛肝菌 *Phylloporus bellus* (Massee) Corner

【形态特征】菌盖直径4~6cm，扁平至平展，被黄褐色至红褐色绒状鳞片。菌肉米色至淡黄色，近表皮处带菌盖的颜色，伤不变色或稍变蓝色。菌褶长延生，稍稀，不等长，黄色，伤变蓝色。菌柄3~7×0.5~0.7cm，圆柱形，常弯曲，被绒毛，黄褐色至红褐色；基部菌丝体白色。担孢子9~12×4~5μm，长椭圆形至近梭形，光滑，青黄色。

【生境及基物】针阔混交林地上。

【地理分布】华南地区。

【发生时间】7~9月。

【毒性】毒性成分不明，可导致胃肠炎型中毒。

褐点粉末牛肝菌 *Pulveroboletus brunneopunctatus* G. Wu & Zhu L. Yang

【形态特征】菌盖直径2~5cm，半球形、凸透镜形至平展，幼时边缘具棉絮状菌幕，覆盖菌孔表面，浅黄色，被粉末，有橄榄褐色、褐黄色至黄褐色且顶部带红褐色的斑块状鳞片。菌肉白色至奶油色，伤后渐变浅蓝色。子实层体弯生，菌管与菌孔同色，浅黄色至琥珀黄色，伤后速变暗蓝色。管口直径0.3~1.0mm，圆形至近圆形。菌柄4~9×0.3~0.7cm，中生，近圆柱形或向下渐细，与菌盖同色，被粉末状鳞片，菌柄菌肉浅黄色，有时杂有浅褐色色调，伤不变色；基部菌丝体白色。担孢子8~10×5.0~5.5μm，卵圆形，褐黄色，光滑。

【生境及基物】以壳斗科植物为主的林地上，壳斗科植物与云南松混交林地上。

【地理分布】华南、西南地区。

【发生时间】7~9月。

【毒性】毒性成分不明，可导致胃肠炎型中毒。

褐鳞粉末牛肝菌 *Pulveroboletus brunneoscabrosus* Har. Takah

【别名/俗名】褐糙粉末牛肝菌。

【形态特征】菌盖直径2～5cm，初半球形，后平展，干，湿时稍黏，附有柠檬黄色、黄褐色至褐色的粉末状物质，常开裂形成不规则的鳞片状，初期有丝状菌幕，成熟后菌盖边线有黄色菌幕残余。菌肉厚3～5mm，淡黄色，伤变蓝色。菌管长4～6mm，近菌柄处下凹，初青黄色，成熟后淡黄褐色，伤不变色或微变蓝色。孔口与菌管同色。菌柄6～10×1.5～2.0cm，圆柱形，向基部稍膨大，附有与菌盖同色的粉末状物质，基部菌丝体白色。担孢子7～10×4～5μm，宽椭圆形，光滑，淡黄色。

【生境及基物】阔叶林或混交林地上。

【地理分布】华南地区。

【发生时间】4～9月。

【毒性】毒性成分不明，可导致胃肠炎型中毒。

疸黄粉末牛肝菌 *Pulveroboletus icterinus* (Pat. & C.F. Baker) Watling

【别名/俗名】黄疸粉末牛肝菌。

【形态特征】菌盖直径2.0～5.5cm，扁半球形至凸透镜形，覆有一层厚的硫黄色粉末，有时带灰硫黄色，可裂成块状，粉末脱落后淡紫红色至红褐色。菌幕从盖缘延伸至菌柄，硫黄色，粉末状，破裂后残余物部分挂在盖缘，部分附着菌柄形成粉末状菌环。菌肉黄白色，伤变浅蓝色，无味道，有硫黄气味。菌管短延生或弯生，橙黄色、粉黄色至淡肉褐色，伤变青绿色至色蓝绿色。孔口多角形。菌柄2.0～7.5×0.6～0.8cm，圆柱形，上粗下细，有硫黄色粉末，伤变灰蓝色至蓝色。菌环上位，硫黄色，易脱落。担孢子8～10×3.5～6.0μm，椭圆形，光滑，浅黄色。

【生境及基物】针阔混交林地上。

【地理分布】华东、华中、华南地区。

【发生时间】4～9月。

【毒性】毒性成分不明，可导致胃肠炎型中毒。

胃肠炎型毒蘑菇

大孢粉末牛肝菌 *Pulveroboletus macrosporus* G. Wu & Zhu L. Yang

【形态特征】菌盖直径10~25cm；初球形，渐展开呈平凸形，后平展，成熟时有放射状或纤维状鳞片，初期白色，很快呈浅赭色和黄色。菌肉白色，伤变黄色。菌褶近离生，幼时淡灰粉红色，致密，成熟时深褐色或紫褐色。菌柄7~13×2~4cm，梭形至圆柱形，基部略棒状，具下垂的膜状环，下侧有齿轮状图案，菌环之上光滑，菌环之下被白色至褐色的鳞片，不规则蛇皮状。担孢子8.5~12.5×5~7μm，椭圆状，光滑，褐色。

【生境及基物】混交林或阔叶林地上。

【地理分布】西南地区。

【发生时间】4~9月。

【毒性】毒性成分不明，可导致胃肠炎型中毒。

金黄枝瑚菌 *Ramaria aurea* (Schaeff.) Quél.

【形态特征】子实体高10~20cm、宽5~10cm，纺锤形，具密集多分枝，金黄色、卵黄色。基部倒三角形，颜色稍浅，或白色，向上多分枝，分枝圆筒状，分枝间隙窄，顶端为多叉分枝的小枝，尖端齿状。菌肉白色，肉质，韧，具微弱芳香气味。担孢子8~13×4~6μm，长椭圆形，具细小疣突，含油滴，浅黄色，非淀粉质。

【生境及基物】针阔混交林地上。

【地理分布】东北、华南、西南地区。

【发生时间】9~10月。

【毒性】毒性成分不明，可导致胃肠炎型中毒。

胃肠炎型毒蘑菇

疣孢枝瑚菌 *Ramaria flava* (Schaeff.) Quél.

【别名/俗名】疣孢黄枝瑚菌、黄枝瑚菌。

【形态特征】子实体高 10～15cm、宽约 10cm，珊瑚形，具密集多分枝，柠檬黄色至硫黄色，干后淡褐色至黄褐色。菌肉无明显气味和味道。主枝基部颜色稍浅，白色至污黄色，寻状，略粗，节间距较长，分枝向上渐细，分枝间隙渐狭，顶端二叉分枝或多叉分枝，分枝末端顶部时有淤伤。担孢子 7.5～9.5×6～7μm，椭圆形至长椭圆形或近纺锤形，具细小疣突，含油滴，浅黄色，非淀粉质。

【生境及基物】阔叶林地上。

【地理分布】各地区均有分布。

【发生时间】7～9 月。

【毒性】毒性成分不明，可导致胃肠炎型中毒。

粉红枝瑚菌 *Ramaria formosa* (Pers.) Quél.

【别名/俗名】粉红丛枝菌、美丽枝瑚菌。

【形态特征】子实体高 10～15cm、宽 5～10cm，宽纺锤形至近球形，分枝密集，淡粉色、粉色至肉色，顶端乳黄色、淡黄色，擦伤后红褐色，有时具皱纹，干后浅粉灰色。主枝粗壮，白色，向上多叉分枝，柱状，顶端分枝尖端钝圆或略尖。菌柄粗壮，白色至米色。菌肉肉质，实心。担孢子 9～13×5～6μm，长椭圆形，具疣状纹饰，浅黄色，非淀粉质。

【生境及基物】阔叶林地上。

【地理分布】各地区均有分布。

【发生时间】8～9 月。

【毒性】毒性成分不明，可导致胃肠炎型中毒。

第四章　我国毒蘑菇的种类

胃肠炎型毒蘑菇

纤细枝瑚菌 *Ramaria gracilis* (Pers.) Quél.

【别名/俗名】细顶枝瑚菌。

【形态特征】子实体高 3.0~7.5cm、宽 1.5~6.0cm，帚状，不规则多叉分枝，白色、米黄色。菌柄短，近柱状，被污白色绒毛，直立向上，具大量不规则多叉分枝，顶端分枝密，无分枝或为二叉分枝小枝，纤细且尖，颜色稍浅。菌肉肉质，韧，实心，具大茴香气味。担孢子 5.5~7.0×3.0~4.5μm，椭圆形，粗糙，淡黄色，内含小油滴。

【生境及基物】针叶林地上。

【地理分布】东北、华东、西南、西北地区。

【发生时间】7~9 月。

【毒性】毒性成分不明。2021 年在云南发生 1 起 2 人胃肠炎型中毒事件（Li *et al.*，2022a）。

黑网柄牛肝菌 *Retiboletus nigerrimus* (R. Heim) Manfr. Binder & Bresinsky

【形态特征】菌盖直径 5~14cm，扁球形、凸透镜形至近平展，光滑至被细微绒毛，暗灰色、灰褐色至灰黑色。菌肉污白色至浅灰绿色，伤变浅灰色、暗灰色至蓝灰色或黑色。菌管弯生至离生，灰白色、淡灰绿色至浅褐色带粉红色，伤变蓝灰色至灰黑色，近柄处稍下凹。孔口小，近多角形，近白色、灰白色至与菌管同色，伤变蓝灰色至灰黑色。菌柄 4.0~18.5×1.0~2.5cm，圆柱形，基部常稍膨大，向下延伸呈假根状，初近白色至黄白色，渐变浅绿褐色至淡灰绿色，被粉末状绒毛，具粗网纹，伤变黑色。担孢子 8.5~11.5×3.5~4.5μm，长椭圆形至近梭形，光滑，淡黄色。

【生境及基物】阔叶树或针阔混交林地上。

【地理分布】华中、华南、西南地区。

【发生时间】7~9 月。

【毒性】毒性成分不明，可导致胃肠炎型中毒。

波状根盘菌 *Rhizina undulata* Fr.

【形态特征】子囊盘直径 3～9cm，盘状，一般平展在基物上，边缘瓣状，黄白色。子实层表面红褐色，凹凸不平，波状。子层托浅土黄色，有菌丝固着在基物上。菌肉浅红褐色。子囊近圆柱形，基部渐细，具囊盖，内含 8 个单行排列的子囊孢子。子囊孢子 30～40×8～13μm，近梭形，两端突尖，无色，内含 2 个小油滴。侧丝线形，顶端膨大，具隔，分枝，浅褐色。

【生境及基物】针叶林火烧地腐殖质层上。

【地理分布】东北、西南、西北地区。

【发生时间】9～10 月。

【毒性】毒性成分不明，可导致胃肠炎型中毒。

胃肠炎型毒蘑菇

【生境及基物】阔叶林地上。

【地理分布】东北地区。

【发生时间】8月。

【毒性】毒性成分未知，可导致胃肠炎型中毒。中毒症状为急性恶心、呕吐、腹泻、腹痛，或伴有头昏、头痛、全身无力。重者偶有吐血、脱水、休克、昏迷。

斑盖红金钱菌 *Rhodocollybia maculata* (Alb. & Schwein.) Singer

【别名/俗名】斑粉金钱菌、褐斑金钱菌。

【形态特征】菌盖直径 5～12cm，初半球形至凸透镜形，后边缘上翻呈不规则碟状，边缘波浪状，乳白色或略带粉红色，有棕褐色斑点或斑块。菌肉稍厚，与菌盖同色，无特殊气味和味道。菌褶直生，近弯生至近离生，与柄相连处微凹，密，不等长，白色，后有锈红褐色斑点。菌柄 5～10×5～10mm，圆柱状，白色，具红褐色斑点，基部稍粗。孢子印奶油色至带淡粉红色。担孢子 3.9～4.6×2.5～2.9μm，宽椭圆形，光滑，无色。

【生境及基物】针叶林地上。

【地理分布】东北、华中、西南地区。

【发生时间】6～11月。

【毒性】毒性成分不明，可导致部分人群胃肠炎型中毒。

毛缘菇 *Ripartites tricholoma* (Alb. & Schwein.) P. Karst.

【形态特征】菌盖直径 2～5cm，凸透镜形至渐平展，中心处向下凹陷，边缘微波状，具条纹，有睫毛状刚毛，菌盖表面具绒毛，白色，稍湿至干。菌褶直生，密，白色至渐变成淡肉桂色。菌柄中空，脆，白色至污棕色。担孢子 4.5～6.0×4～5μm，孢子椭圆形至近圆形，稍带淡棕色，表面具疣。担子棒形，头部内常含颗粒状物质或油滴。菌褶、菌髓、菌丝无色透明，薄壁至稍厚壁，锁状联合常因菌丝膨大而不明显。盖皮层菌丝匍匐状排列，厚壁，表面光滑，无色，锁状联合常见。菌柄皮层菌丝平行排列，稍带淡棕色，菌丝末端常伸出柄皮层外，形成绒毛状。柄髓菌丝平行排列，无色，锁状联合常见。

黄孔红孔牛肝菌 *Rubroboletus flavus* G. Wu & Zhu L. Yang

【形态特征】菌盖直径约12cm，半球形至凸透镜形，被微绒毛，成熟后裂成小块状，白桦树皮色至橄榄褐色，边缘有时有紫色色调。菌肉淡黄色至浅黄色，伤后迅速变为暗蓝色。子实层体直生至弯生，菌管与菌孔同色，淡黄色至灰黄色，伤后速变为暗蓝色。管口直径约0.5mm，圆形。菌柄长约12cm、粗2～4cm，中生，倒棒状，浅黄色至淡黄色，被同色网纹，有时有近黑色点，伤变蓝色，菌柄菌肉与菌盖菌肉同色和伤变色。菌柄基部菌丝体白色。担孢子12.0～16.5×5.5～6.5μm，近梭形，褐黄色，光滑。

【生境及基物】针叶林地上。

【地理分布】西南、西北地区。

【发生时间】7～9月。

【毒性】毒性成分不明，可导致胃肠炎型中毒。

宽孢红孔牛肝菌 *Rubroboletus latisporus* Kuan Zhao et Zhu L. Yang

【别名/俗名】阔孢灰暗红牛肝菌。

【形态特征】菌盖直径7～10cm，扁平至平展，血红色，湿时胶黏。菌肉淡黄色，伤后迅速变蓝色，之后缓慢恢复至淡黄色。菌管黄色，伤后变蓝色。孔口橘红色至黄色，伤后迅速变蓝色。菌柄8～10×2.0～2.5cm，近圆柱形，上部黄色，下部红褐色，有暗红色点状物。担孢子11～13×6.0～6.5μm，卵形至椭圆形，光滑，近无色至带粉红色。

【生境及基物】针叶林或针阔混交林地上。

【地理分布】华中、西南、西北地区。

【发生时间】4～9月。

【毒性】毒性成分不明，可导致胃肠炎型中毒。

胃肠炎型毒蘑菇

蛇皮盖红孔牛肝菌 *Rubroboletus serpentiformis* G. Wu et al.

【形态特征】菌盖直径5～8cm，半球形至凸透镜形，被绒毛，成熟后龟裂成蛇皮状，浅红色至红白色，被灰红色至红色鳞片。菌肉淡黄色至浅黄色，伤后速变暗蓝色。子实层体直生至弯生，蜜橘色至灰橘色，伤后速变暗蓝色。管口直径0.3～0.7mm，圆形。菌柄长约10.5cm、粗约2cm，近圆柱形，偶尔基部稍膨大，浅红色至红白色，或浅黄色带红色色调，有网纹，下部具红色点状鳞片，菌柄菌肉较菌盖菌肉色深，伤后速变深蓝色；基部菌丝体白色。担孢子8.5～11.0×4.5～5.0μm，椭圆形、卵圆形至近梭形，光滑，浅黄色。

【生境及基物】以壳斗科植物为主的林地上。

【地理分布】西南地区。

【发生时间】6～8月。

【毒性】毒性成分不明，可导致胃肠炎型中毒。

中华红孔牛肝菌 *Rubroboletus sinicus* (W.F. Chiu) Kuan Zhao & Zhu L. Yang

【别名/俗名】见手青。

【形态特征】菌盖直径6～11cm，初半球状，后近平展，粉红色、玫红色至褐红色，不黏。菌肉近白色，伤变墨蓝色。子实层表面橘红色至血红色，伤变墨蓝色。菌管柠檬黄色至淡绿黄色，伤变蓝色。菌柄6～9×1～3cm，坚实，近圆柱状，橘黄色至金黄色，被玫红色、鲜红色至暗红色明显网纹；菌肉白色或略发黄，伤后速变蓝色。担孢子9.0～10.5×3.5～5.0μm，梭形至近卵形，不等边，上脐部有时下陷，近卵形。

【生境及基物】针叶林或针阔混交林地上。

【地理分布】西南地区。

【发生时间】7～10月。

【毒性】毒性成分不明，可导致胃肠炎型中毒。

大红菇 *Russula alutacea* (Fr.) Fr.

【别名/俗名】革质红菇。

【形态特征】菌盖直径7～11cm，初半球形至凸透镜形，成熟后近平展，土黄色、浅褐色至棕褐色，湿时有光泽，边缘具浅条纹，表皮易剥离。菌肉白色，有轻微甜味。菌褶直生至稍延生，密，白色、米白色至黄白色，具分叉。菌柄4～8×1.5～3.5cm，圆柱形，基部稍细，白色至乳白色，有时具纵向细条纹或条斑。担孢子7.5～10.0×6～7μm，近球形至椭圆形，具疣突，多数疣突由脊相连形成网状。

【生境及基物】阔叶林地上。

【地理分布】各地区均有分布。

【发生时间】7～9月。

【毒性】毒性成分不明，可导致胃肠炎型中毒。

短孢红菇 *Russula brevispora* Y.L. Chen & J.F. Liang

【形态特征】菌盖直径6～12cm，幼时半球形，成熟时平展，中央凹陷，干，光滑，白色或污白色；边缘不裂，无条纹。菌肉白色。菌褶直生或稍下延，白色至奶油色，密，不等长。菌柄1.5～4.5×2.0～3.5cm，圆柱形，向基部略微变细，光滑，白色，实心。担孢子5.5～6.5×5.0～5.5μm，多为近球形，有时宽椭圆形和球形，纹饰较密集，近网状，淀粉质。

【生境及基物】针阔混交林地上。

【地理分布】华中、华南地区。

【发生时间】5～9月。

【毒性】毒性成分不明。2023年在宁夏发生2起3人胃肠炎型中毒事件（Li *et al.*, 2024）。

毒红菇 *Russula emetica* (Schaeff.) Pers.

【别名/俗名】小红脸菌、呕吐红菇。

【形态特征】菌盖直径 5～8cm，初扁半球形，成熟后近平展，中部下凹，湿时黏，光滑，粉红色至红色，易褪色至乳白色，边缘色浅，白色至淡粉白色，具明显棱纹，表皮易剥离。菌肉薄，白色，味苦，有淡椰子味。菌褶弯生，等长，白色，稀，菌褶间有横脉。菌柄 4.0～7.5×1～2cm，圆柱形，上下等粗或基部稍粗，幼时白色或粉红色，具细的纵脉，内部松软。担孢子 8.0～10.5×7.5～9.5μm，近球形，具小刺，无色，淀粉质。

【生境及基物】阔叶林地上。

【地理分布】各地区均有分布。

【发生时间】7～9 月。

【毒性】毒性成分不明，可导致胃肠炎型中毒。

淡黄红菇 *Russula flavida* Frost ex Peck

【形态特征】菌盖直径 3～8cm，幼时扁半球形，中部下凹，后漏斗状，光滑，鲜亮的金黄色或姜黄色，湿时黏，渐现粗糙似粉状，边缘有时有条纹。菌肉白色，有辣味及不愉快气味。菌褶直生，近离生，污白色，等长，密至稀，褶间有横脉或分叉。菌柄 3～8× 0.8～2.3cm，近圆柱形，中生，粗糙，金黄色或深姜黄色。菌环中上位，膜质。担孢子 7.5～9.5×6～8μm，近球形，有刺棱及网纹。

【生境及基物】混交林地上。

【地理分布】东北地区。

【发生时间】7 月。

【毒性】毒性成分不明，可导致胃肠炎型中毒。

胃 肠 炎 型 毒 蘑 菇

非凡红菇 *Russula insignis* Quél.

【形态特征】菌盖直径3.3～6.8cm，初扁半球形至中央凸起，成熟后近平展，湿时稍黏，边缘有较明显的条纹，污褐色色调，常呈现黑褐色、灰褐色、黄褐色，中央近黑灰色，边缘颜色较浅，呈污白色至污灰色。菌肉白色，老后微带浅奶油色，伤变黄褐色至灰褐色，有水果香味。菌褶直生，部分中部至盖缘处分叉，奶油色，伤不变色或缓慢地变为浅赭色至深黄褐色。菌柄3.6～7.3×1.2～2.4cm，圆柱形，近基部稍粗或稍细，近菌盖处稍粗，表面污白色，基部浅黄色至浅黄褐色，伤变浅黄色，遇KOH溶液迅速变红色。担孢子6.9～8.5×5.4～7.0μm，近球形至宽椭球形，少数球形和椭球形，无色至微黄色，表面疣刺近圆柱形，疣刺间无连线，或少有连线，不形成网纹。

【生境及基物】阔叶林或混交林地上。

【地理分布】东北地区。

【发生时间】7月。

【毒性】毒性成分不明，可导致胃肠炎型中毒。

小毒红菇 *Russula fragilis* Fr.

【别名/俗名】小红盖子、脆红菇、脆弱红菇。

【形态特征】菌盖直径1.5～3.5cm，初扁半球形，成熟后近平展，中部下凹，光滑且具光泽，深粉色至紫黑色，向边缘渐浅至灰粉色，边缘具棱纹，表皮易剥离。菌肉薄，白色，具水果香味，味辛辣、微苦。菌褶弯生，较密，奶白色，等长。菌柄2.5～6.0×0.5～2.0cm，上下等粗，实心，后变松软至空心，白色，老后变黄色。担孢子6.5～9.0×5.5～8.0μm，近球形，具小疣，小疣间有连线形成网纹，近无色，淀粉质。

【生境及基物】阔叶林地上。

【地理分布】各地区均有分布。

【发生时间】7月。

【毒性】毒性成分不明，可导致胃肠炎型中毒。

第四章 我国毒蘑菇的种类 313

胃肠炎型毒蘑菇

日本红菇 *Russula japonica* Hongo

【别名/俗名】背土菌。

【形态特征】菌盖直径7～12cm，初扁半球形，后平展，中部下凹或漏斗状，边缘内卷，后伸展，亮白色、污白色至污黄色，中央颜色较深，黄褐色、赭黄色至污褐色，有时带粉色，平滑，稍有粉状物，盖缘无条纹。菌肉厚实，白色至淡奶油色，伤不变色，无味或稍苦，有时略有水果味。菌褶直生至离生，密集，小菌褶多，乳白色，略有横脉。菌柄3～6×1.5～3.0cm，中生，短圆柱形，近基部处略膨大，白色，伤变污黄色，光滑，略有皱纹。担孢子6.5～8.0×6～7μm，近球形，淡黄色，小疣高0.3～0.5μm，有连线，部分形成不完整网纹，淀粉质。

【生境及基物】阔叶林地上。

【地理分布】各地区均有分布。

【发生时间】7～9月。

【毒性】毒性成分不明。2019～2023年在我国发生170起474人胃肠炎型中毒事件（Li *et al.*，2020，2021a，2022a，2023，2024）。

红黄红菇 *Russula luteotacta* Rea

【别名/俗名】触黄红菇。

【形态特征】菌盖直径3～7cm，初半球形至扁半球形，渐平展至中凹，边缘有短棱纹，粉红色、大红色至血红色，中央略暗，部分褪至奶油色至近白色，甚至全白色，不黏，被粉霜至极短绒毛，表皮不易剥离。菌肉白色，老后变黄色，较坚实，苦而辣，带酸甜酒味。菌褶直生，白色，后变黄色，近等长，有横脉和小量分叉，褶缘平滑。菌柄3～7×0.8～1.3cm，近圆柱形，白色带浅红色，干或伤后变淡黄色至黄色，初内实，后中空。担孢子7.0～8.5×6.5～7.5μm，近球形，无色，小疣刺高0.7～1.2μm，疣刺间连线形成近完整的网纹，弱淀粉质。

【生境及基物】混交林或灌木丛林地上。

【地理分布】西南地区。

【发生时间】8月。

【毒性】毒性成分不明，可导致胃肠炎型中毒。

胃肠炎型毒蘑菇

假日本红菇 *Russula pseudojaponica* Y.L. Chen et J.F. Liang

【形态特征】菌盖直径3.5～10.0cm，初扁凸透镜形，后平展，中部下凹，整体白色至奶油色，中央带浅黄色至灰橙色，干，平滑，无条纹。菌肉坚实，白色，伤不变色，无味道，略有臭味。菌褶直生至近延生，密，不等长，白色至乳白色，伤不变色，褶间无横脉，小菌褶多。菌柄1.5～5.0×1～2cm，中生，圆柱形，粗短，近基部处稍细，白色，稍带浅黄色至灰橘色，光滑，中实。担孢子6～7×6.0～6.5μm，球形至近球形，透明，淡黄色，有微细小疣，高一般小于0.5μm，疣间连线不形成网纹或形成不完整的网纹，淀粉质。

【生境及基物】松属或壳斗科树木混交林地上。

【地理分布】华东、华南、西南地区。

【发生时间】6～9月。

【毒性】毒性成分不明。该种是2023年底描述于我国四川的毒蘑菇，与日本红菇、短孢红菇、变黄红菇等几个白色的有毒物种同属于日本红菇复合群，是我国中毒事件中最常见的物种之一。2023年在我国发生11起45人胃肠炎型中毒事件（Li *et al.*，2024）。

点柄黄红菇 *Russula punctipes* Singer

【形态特征】菌盖直径4～8cm，初扁半球形，后凸透镜形至平展，中部下凹，黏，赭褐色至黄褐色，中部色深，边缘有颗粒状条纹，老时表皮易开裂。菌肉厚3～5mm，近白色至淡黄色，伤不变色，味辣，臭味明显。菌褶近直生，密，初近白色，后黄色，有横脉，褶缘颜色稍暗。菌柄4～7×1～2cm，比菌盖色浅，有明显褐色斑点，松软至中空。担孢子8～10×7～9μm，近球形至宽椭圆形，无色至微黄色，纹饰高2.0～2.5μm，有分散疣刺和板状、翼状或崤状纹饰，纹饰部分相连，淀粉质。

【生境及基物】针叶林、阔叶林或混交林地上。

【地理分布】华北、华东、华中、华南、西南地区。

【发生时间】5～9月。

【毒性】毒性成分不明，可导致胃肠炎型中毒。

胃肠炎型毒蘑菇

红脚红菇 *Russula rufobasalis* Y. Song & L.H. Qiu

【形态特征】菌盖直径 3~6cm，初扁半球形，渐平展中凹，后近漏斗状，干，光滑，幼时红褐色，成熟后赭色，中央色深，边缘有钝瘤状条纹。菌肉淡黄色，结实。菌褶直生至近延生，较稀疏，不等长，近菌柄处具分叉，白色，带锈色色调，伤不变色，小菌褶多，褶间多横脉。菌柄 2.2~3.5×0.6~1.5cm，中生，圆柱形，干，具纵皱，白色，基部带红褐色至红色色调，初内实，后松软。担孢子 6.0~7.5×5~6μm，近球形至宽椭圆形，无色，纹饰疣状至近圆柱形，纹饰高 0.3~0.8μm，部分形成不完整的网纹，淀粉质。

【生境及基物】阔叶林或针阔混交林地上。

【地理分布】华中、华南地区。

【发生时间】5~9 月。

【毒性】毒性成分不明。2022 年在湖南发生 1 起 3 人胃肠炎型中毒事件（Li *et al.*，2023）。

西方肉杯菌 *Sarcoscypha occidentalis* (Schwein.) Sacc.

【形态特征】子囊盘盘状，宽 0.4~2.5cm，具柄或近无柄，革质，近肉质。子实层表面新鲜时腥红色，干后肉粉色或橘红色，子层托颜色较子实层表面浅。子囊 242~265×10.5~11.9μm，近圆柱形，基部渐细，内含 8 个单行排列的子囊孢子。子囊孢子 14.3~23.8×8.0~11.2μm，矩椭圆形至椭圆形，多具 2 个油滴，无色。侧丝线形，下部分枝，分隔。

【生境及基物】阔叶林腐木或枯枝上。

【地理分布】东北、华北、华南、西南、西北地区。

【发生时间】6~9 月。

【毒性】毒性成分不明，可导致胃肠炎型中毒。主要症状为恶心、呕吐、腹泻、腹痛，或伴有头昏、头痛、全身无力。

肉杯菌 *Sarcoscypha coccinea* (Jacq.) Lambotte

【形态特征】子囊盘直径 3～6cm，碗状，近无柄，子实层表面鲜红色至绯红色。子囊盘外表面淡红色至接近或与子实层表面同色，但较浅，有少量白色绒毛，基部颜色较浅至近白色。菌肉淡红色。子囊内含 8 个单行排列的子囊孢子。子囊孢子 20～28×10.0～12.5μm，椭圆形至近柱形，无色，光滑。侧丝线形，细长，无横隔，粗 2～4μm。

【生境及基物】落枝上。

【地理分布】华南、西南地区。

【发生时间】6～9 月。

【毒性】毒性成分不明，可导致胃肠炎型中毒。

紫星裂盘菌 *Sarcosphaera coronaria* (Jacq.) J. Schröt.

【别名/俗名】紫星菌、冠裂球肉盘菌。

【形态特征】子囊盘常多个聚在一起，单个直径 3～10cm、厚 0.2～0.4cm，初不规则球形，空心，成熟后顶部开裂，变成不规则碗形或杯形，边缘开裂明显时呈星形或花瓣形，基部有根状菌索。外表面（囊盘被表面）略粗糙，污白色或淡茶褐色，内表面（子实层表面）淡紫色至淡灰紫色。菌柄缺或不发达。子囊 300～350×10～13μm，近圆柱形，透明，顶端淀粉质，内含 8 个子囊孢子。子囊孢子 16～18×7～9μm，长椭圆形，近光滑。侧丝线形，直径 5～6μm，具隔。

【生境及基物】亚高山针叶林地上。

【地理分布】西南、西北地区。

【发生时间】7～10 月。

【毒性】毒性成分不明，可导致胃肠炎型中毒。

网状硬皮马勃 *Scleroderma areolatum* Ehrenb.

【形态特征】菌体直径 3～5cm，球形至扁球形，下部缩成柄状基部，其下形成许多根状菌索，浅土黄色。包被表面土黄色，被网状龟裂形的褐色鳞片，成熟时顶端不规则开裂。孢体初灰紫色，后灰色至暗灰色，成熟后粉末状。担孢子直径 9～11μm，球形至近球形，褐色至浅褐色，密被小刺。孢丝褐色，厚壁，顶端膨大为粗棒形。

【生境及基物】阔叶林地上。

【地理分布】东北、华北、华东、华南西南地区。

【发生时间】7～9 月。

【毒性】毒性成分不明。2020 年在北京发生 1 起 12 人胃肠炎型中毒事件（Li *et al.*，2021a）。

光硬皮马勃 *Scleroderma cepa* Pers.

【形态特征】菌体直径 2.5～10cm，近球形至扁球形、梨形或不规则压扁，无柄或由一团黄色菌索缢缩成柄状，基部固定于地面上，下部有小的不育部分。包被厚 0.5～1.5mm，杏黄色，坚硬，韧，木质，表皮被褐色鳞片，成熟后不规则开裂，外包被外卷或星状外卷。孢体早期白色，松软，后变为紫褐色，最后稍带紫罗兰褐色，粉末状。担孢子直径 9～12μm，球形，褐色，具长刺状突起，刺长 1～2μm，挺直。

【生境及基物】以壳斗科植物为主的林地上。

【地理分布】华北、华东、华中、华南、西南地区。

【发生时间】6～11 月。

【毒性】毒性成分不明，具有胃肠炎毒性和神经精神毒性。该种是我国马勃类蘑菇中毒中最常见的物种，近年来在我国多地造成几十起中毒事件。表现为以恶心、呕吐、腹痛、腹泻等为主的胃肠道症状，大多数患者还伴有头晕、出汗至大汗淋漓等神经精神症状，也曾导致中毒者迅速昏迷。

橙黄硬皮马勃 *Scleroderma citrinum* Pers.

【形态特征】菌体直径 2～8cm，近球形至扁球形，着生部位为紧缩而成的柄状基部，以一菌索固定于地面上。包被新鲜时厚约 2mm、干后厚约 0.5mm，黄色、赭色至亮褐色，平滑或顶部具龟裂网纹，有时网纹具中心疣点。成熟后顶部不规则开裂。孢体巧克力褐色、橄榄褐色或紫罗兰灰色。菌髓片白色，后黄色或带灰色。担孢子直径 11～14μm，球形，具网纹和小刺，暗褐色。

【生境及基物】松属或壳斗科植物林地上。

【地理分布】华南、西南地区。

【发生时间】7～9月。

【毒性】毒性成分不明，但记载有毒，可导致胃肠炎型中毒。

毒硬皮马勃 *Scleroderma venenatum* Y.Z. Zhang *et al.*

【形态特征】菌体直径 0.8～3.5cm，近球形至球形，无柄，基部菌索白色至奶油色。包被厚 0.4～0.7mm，黄褐色，坚硬，韧，革质，表皮密被褐色至灰褐色小鳞片，成熟后顶部不规则开裂。孢体深灰褐色、深灰色至褐色，成熟后粉末状。担孢子直径 9～13μm，多球形，少数近球形，褐色，具长刺状突起，刺长 1.0～2.5μm。

【生境及基物】阔叶林地上。

【地理分布】华北、西南地区。

【发生时间】5～8月。

【毒性】毒性成分不明，具有胃肠炎毒性和神经精神毒性。可造成以恶心、呕吐、腹痛、腹泻等为主的胃肠道症状，还伴有头晕、出汗等神经精神症状。

胃肠炎型毒蘑菇

黄孔小乳牛肝菌 *Suillellus flaviporus* G. Wu *et al.*

【形态特征】菌盖直径5～11cm，凸透镜形至宽凸透镜形，干，微绒质，肉桂色、橘红色、红褐色至橘褐色。菌肉浅黄色，伤后速变暗蓝色。子实层体直生至弯生，菌管和管口同色，浅黄色、蜡黄色至芥黄色，伤后速变暗蓝色。管口直径约0.7mm，不规则至多角形。菌柄长约11.0cm、粗约1.5cm，近圆柱形，中生，有时基部稍膨大，奶黄色至琥珀色，密被灰红色、橘红色至褐红色网纹，伤后速变暗蓝色，菌柄菌肉米黄色、橘色至金黄色，伤后速变暗蓝色至蓝黑色；基部菌丝体污黄白色至浅褐色。担孢子11.0～13.5×6～7μm，宽梭形至椭圆形，光滑，褐黄色。

【生境及基物】松属或壳斗科植物林地上。

【地理分布】华中、西南地区。

【发生时间】6～7月。

【毒性】毒性成分不明，可导致胃肠炎型中毒。

松小乳牛肝菌 *Suillellus pinophilus* G. Wu *et al.*

【形态特征】菌盖直径约9cm，凸透镜形至宽凸透镜形，干，微绒质，橘褐色至浅褐色。菌肉浅黄色，伤后速变暗蓝色。子实层体直生至弯生，橘褐色至浅褐色，伤后速变暗蓝色。菌管浅黄色，伤后速变暗蓝色。管口直径约0.5mm，圆形。菌柄长约8.0cm、粗约1.5cm，近圆柱形至近棒状，中生，浅紫褐色，杂有浅橘色色调，被同色网纹，伤后速变暗蓝色，菌柄菌肉黄褐色杂有浅黄色，顶部伤变蓝色，其他部分几乎不变色。菌柄基部菌丝体褐色。担孢子9～12×5～6μm，宽梭形、卵圆形至椭圆形，褐黄色，光滑。

【生境及基物】云南松林地上。

【地理分布】西南地区。

【发生时间】7月。

【毒性】毒性成分不明，可导致胃肠炎型中毒。

云南小乳牛肝菌 *Suillellus yunnanensis* G. Wu & Zhu L. Yang

【形态特征】菌盖直径3～7cm，半球形、凸透镜形至扁凸透镜形，干，微绒质，浅褐色至褐色，伤变蓝黑色。菌肉浅黄色，伤后速变暗蓝色。子实层体弯生，褐红色至红褐色，伤后速变蓝黑色。菌管浅黄色至灰黄色，伤后速变蓝黑色。管口直径约0.3mm，不规则多角形。菌柄6～7×0.9～1.5cm，近圆柱形，中生，砖红色至赭色，杂有粉色色调，有砖红色至赭色网纹，有时下部被点状鳞片，伤后速变蓝黑色；菌肉颜色及伤变色与菌盖菌肉相同；基部菌丝体污白色。担孢子12～14×5.0～6.5μm，椭圆形至近梭形，光滑，褐黄色。

【生境及基物】以壳斗科植物为主的林地上。

【地理分布】西南地区。

【发生时间】7～9月。

【毒性】毒性成分不明，可导致胃肠炎型中毒。

美洲乳牛肝菌 *Suillus americanus* (Peck) Snell

【别名/俗名】美洲黏盖牛肝。

【形态特征】菌盖直径 3～10cm，平展，中部具脐突，黄白色至黄褐色，具褐色鳞片，黏。菌肉厚，黄白色至淡黄色，伤后微变蓝或不变色。菌管直生，淡黄色至黄油色，管孔小而密集，多角形，放射状。菌柄 3～7×1～2cm，圆柱形，黄白色至淡黄色，有明显黄褐色腺点，基部具白色菌丝体。菌环上位，膜质。担孢子 9.5～10.5×4～5μm，圆柱形，光滑，淡黄色至黄褐色。

【生境及基物】针叶林地上。

【地理分布】东北、华南、西南地区。

【发生时间】8～9 月。

【毒性】毒性成分不明，可导致胃肠炎型中毒。

胃肠炎型毒蘑菇

点柄乳牛肝菌 *Suillus granulatus* (L.) Roussel

【别名/俗名】点柄黏盖牛肝菌、乳黄黏盖牛肝菌、栗壳牛肝菌、黏团子。

【形态特征】菌盖直径3~8cm，半球形至平展，幼时乳白色，成熟后黄褐色至深褐色，较黏。菌肉厚，白色、黄白色、淡黄色，伤不变色。菌管直生，黄油色，多角形，管口常分泌白色乳汁。菌柄5~8×1.2~4.0cm，圆柱形，奶白色至黄褐色，具腺点，基部具白色菌丝体。担孢子8~11×3~4μm，圆柱形至杆状，光滑，淡黄色至黄褐色。

【生境及基物】松林地上。

【地理分布】各地区均有分布。

【发生时间】8~9月。

【毒性】毒性成分不明，可导致胃肠炎型中毒。

胃肠炎型毒蘑菇

滑皮乳牛肝菌 *Suillus huapi* N.K. Zeng *et al.*

【形态特征】菌盖直径2~7cm，幼时近半球形至凸透镜形，成熟后有时在中心稍凹陷，边缘渐展开，老时上翘，黏稠，幼时黄白色至灰黄色，成熟时褐色、深褐色，偶有黄白色。菌柄2.5~6.0×0.6~1.1cm，近圆柱形，浅黄色，覆盖硫黄色、褐色至红褐色鳞片，幼嫩时通常有白色乳胶，黄白色，伤不变色；基部菌丝体白色。担孢子6.5~9.0×3.0~4.5μm，近梭形至椭圆形，光滑，浅黄色。

【生境及基物】松林或马尾松林地上。

【地理分布】华东、华南地区。

【发生时间】4~9月。

【毒性】毒性成分不明，可导致胃肠炎型中毒。

褐环黏盖牛肝菌 *Suillus luteus* (L.) Roussel

【别名/俗名】土色牛肝菌、褐环乳牛肝菌、黄浮牛肝菌。

【形态特征】菌盖直径2~10cm，扁半球形至平展，黄褐色至深褐色，黏，边缘具菌幕残余，膜质。菌肉厚，黄白色，伤不变色。菌柄3~8×1~2cm，黄褐色，具明显黄褐色腺点，基部具白色菌丝体。菌环上位，膜质。担孢子8~12×3.5~5.0μm，光滑，无色至淡黄色、黄褐色。

【生境及基物】落叶松林地上。

【地理分布】东北、华北、华东、华中、华南、西南地区。

【发生时间】8~9月。

【毒性】毒性成分不明，可导致胃肠炎型中毒。

拟虎皮乳牛肝菌 Suillus phylopictus Rui Zhang et al.

【别名/俗名】虎皮小牛肝菌。
【形态特征】菌盖直径4.5~11.0cm，半球形至扁平，淡黄褐色或酒红色。菌肉厚，淡黄色或土黄色，伤后微变红。菌管直生至延生，黄褐色。菌柄3.0~7.5×0.8~1.2cm，具深褐色绒毛状鳞片，菌柄上部有残存菌环，乳白色或淡粉色。担孢子8~10×3.5~4.5μm，长椭圆形，淡黄褐色。
【生境及基物】五针松林地上。
【地理分布】西南地区。
【发生时间】5~9月。
【毒性】毒性成分不明，可导致胃肠炎型中毒。

松林乳牛肝菌 Suillus pinetorum (W.F. Chiu) H. Engel & Klofac

【别名/俗名】松林小牛肝菌。
【形态特征】菌盖直径3~8cm，红褐色至淡褐色，光滑，湿时胶黏。菌肉奶油色至淡黄色，伤不变色。子实层体延生，淡黄色，受伤后不变色；管口较大，辐射状排列。菌柄2~5×0.5~1.5cm，与菌盖同色或稍淡，被褐色细小鳞片。菌环缺失。担孢子7~10×3~4μm，光滑。
【生境及基物】二针松和三针松林地上。
【地理分布】西南地区。
【发生时间】7~10月。
【毒性】毒性成分不明，可导致胃肠炎型中毒。

胃肠炎型毒蘑菇

黏乳牛肝菌 *Suillus viscidus* (L.) Roussel

【别名/俗名】灰乳牛肝菌。

【形态特征】菌盖直径6~12cm，扁半球形至扁平，中央稍凸起，污白色、淡黄褐色、褐色、灰绿色，湿时黏，具光泽。菌肉厚，淡白色、污白色、暗黄白色，伤不变色或轻微变蓝。菌管直生至近延生，污白色，管孔多角形，伤后轻微变蓝色。菌柄6.5~8.0×1.6~2.0cm，与菌盖同色，顶端具网纹。菌环上位，膜质。担孢子9~13×4.5~5.0μm，椭圆形、长椭圆形、纺锤形，光滑，淡黄色。

【生境及基物】落叶松林地上。

【地理分布】东北、华北、西南地区。

【发生时间】9~10月。

【毒性】毒性成分不明，可导致胃肠炎型中毒。

黄白黏盖牛肝菌 *Suillus placidus* (Bonorder) Singer

【形态特征】菌盖直径6~10cm，初扁半球形，后近平展，湿时黏滑，干后有光泽，初黄白色至鹅毛黄色，成熟后变污黄褐色。菌肉白色至黄白色，伤不变色。菌管直生至延生。孔口黄色至污黄色，多角形，直径0.5~1.0mm。菌柄3~5×0.7~1.4cm，中生，近圆柱形，实心，散布乳白色至淡黄色小腺点，后变暗褐色小点。担孢子7.5~11.0×3.5~5.0μm，长椭圆形，光滑。

【生境及基物】松属植物或针阔混交林地上。

【地理分布】东北、华南、西南、西北地区。

【发生时间】6~9月。

【毒性】毒性成分不明，可导致胃肠炎型中毒。

铅紫异色牛肝菌 *Sutorius eximius* (Peck) Halling *et al.*

【形态特征】菌盖直径5~10cm，半球形至凸透镜形，紫褐色、红褐色至暗褐色。菌肉灰白色，伤变不明显的红褐色。子实层体直生或在菌柄顶端下陷，表面红褐色、紫褐色至暗灰紫褐色，伤变褐红色。菌管灰粉色，伤变红褐色。菌柄6~12×0.8~3.0cm，粗圆柱形，灰粉红色至粉褐色，伤变红褐色，被暗紫色至近黑色鳞片。基部菌丝体淡灰色至灰白色。担孢子12~16×4.0~5.5μm，近梭形，光滑，淡褐色。

【生境及基物】亚热带至温带针阔混交林或针叶林地上。

【地理分布】东北、华中地区。

【发生时间】7~9月。

【毒性】毒性成分不明，可导致部分人群胃肠炎型中毒。

黑毛小塔式菌 *Tapinella atrotomentosa* (Batsch) Fr.

【形态特征】菌盖直径5~30cm，肾形或近侧耳形，很厚，边缘突然卷起、褐色。菌肉厚，海绵状，白色，角质层下淡柠檬色，有些地方变成紫灰色。菌柄3~6×2.5~3.5cm，最初宽而长，肥胖和畸形，通常在最底部，完全被天鹅绒般的黑色毛毡覆盖，与菌盖形成强烈的对比。菌托在底部中间聚集，奶油色或黄色，经常有紫色膜。担孢子5~7×3~4μm，短椭圆形，光滑，淡黄色。

【生境及基物】老树桩上或针叶树下。

【地理分布】华东、华中、华南、西南地区。

【发生时间】6~11月。

【毒性】毒性成分不明，可导致胃肠炎型中毒。

胃肠炎型毒蘑菇

耳状小塔氏菌 Tapinella panuoides (Fr.) E.-J. Gilbert

【别名/俗名】耳状网褶菌、耳状桩菇。

【形态特征】菌盖直径3.5~8.0cm，半圆形、贝壳状、耳状、扇形，浅黄褐色、黄褐色，中部色深，光滑或被小绒毛，边缘波浪状，偶开裂。菌肉白色至淡污黄色，薄。菌褶延生，不等长，淡黄色、橙黄色，密，多具横脉，靠近基部近交织。无菌柄。担孢子4.5~5.0×3~4μm，宽椭圆形、椭圆形，淡黄色，带褐色色调，光滑。

【生境及基物】针叶林腐木或倒木上。

【地理分布】东北、华北、华南、西南地区。

【发生时间】8~9月。

【毒性】毒性成分不明，可导致胃肠炎型中毒。

狭孢胶陀盘菌 Trichaleurina tenuispora M. Carbone et al.

【形态特征】子囊盘4~6×3~5cm，陀螺形，无柄。子实层体灰黄色、灰褐色至深褐色。囊盘被褐色至暗褐色，被褐色至烟褐色绒毛，绒毛被细小颗粒。菌肉（盘下层）强烈胶质。子囊400~500×14~17μm，近圆柱形，内含8个子囊孢子。子囊孢子26~34×9~12μm，椭圆形至近椭圆形，外表具疣状纹。

【生境及基物】腐木上。

【地理分布】华南、西南地区。

【发生时间】7~9月。

【毒性】毒性成分不明，可导致胃肠炎型中毒。

白棕口蘑 *Tricholoma albobrunneum* (Pers.) P. Kumm.

【形态特征】菌盖直径5~11cm，半球形至扁半球形或扁平，中部稍凸起，浅红褐色、黄褐色至淡白褐色，具隐生纤毛，边缘平滑、由内卷至平展。菌肉污白色，光滑。菌褶弯生，初白色，后红褐色，稍密，不等长。菌柄4~7×0.8~1.5cm，白色或较盖色浅，上部具白色粉末，下部具红色条纹，干，实心。担孢子4~6×3~4μm，近球形至卵圆形，光滑。

【生境及基物】针阔混交林地上。

【地理分布】东北、西南地区。

【发生时间】7~9月。

【毒性】毒性成分不明，可导致胃肠炎型中毒。

红橙口蘑 *Tricholoma aurantium* (Schaeff.) Ricken

【形态特征】菌盖直径5~8cm，扁半球形至平展，常有平缓的中突，橙红色、橙褐色至黄褐色，有时带橄榄绿色色调，胶黏，边缘内卷。菌肉白色至奶油色，伤不变色。菌褶弯生，密，不等长，近白色、污白色至奶油色，老时带褐色。菌柄5~8×1~2cm，圆柱形，上部污白色，中部和下部淡褐色且密被黄褐色至褐色鳞片。担孢子5.0~6.5×3.5~4.0μm，椭圆形，光滑，无色，非淀粉质。

【生境及基物】针叶林地上。

【地理分布】东北、西南地区。

【发生时间】7~9月。

【毒性】毒性成分不明，可导致部分人群胃肠炎型中毒。

黄褐口蘑 *Tricholoma fulvum* (DC.) Bigeard & H. Guill.

【别名/俗名】黏黄口蘑

【形态特征】菌盖直径 3~12cm，钟形至凸透镜形，渐平展，橙褐色至褐土色，边缘渐浅至土黄色、赭色或浅黄褐色，具小鳞片，湿时稍黏，边缘内卷，具条纹。菌肉奶油色至黄色，味稍苦。菌褶直生至弯生，密，不等长，奶油色至淡硫黄色、硫黄色，具暗色斑点。菌柄 4~12×0.4~2.0cm，黄褐色至褐土色。担孢子 5.0~7.5×3.5~6.0μm，宽椭圆形至椭圆形，光滑，非淀粉质。

【生境及基物】桦树或松树林地上。

【地理分布】东北、华东、西南、西北地区。

【发生时间】8 月。

【毒性】毒性成分不明，可导致胃肠炎型中毒。

高地口蘑 *Tricholoma highlandense* Zhu L. Yang et al.

【形态特征】菌盖直径 5~10cm，凸透镜形至平展，干，白色、污白色或浅褐色，被褐色至暗褐色的纤毛状鳞片。菌肉白色，厚实，不变色。菌褶直生至弯生，白色、污白色或乳白色，较密。菌柄 3~9×1~3cm，向上渐细，白色或污白色，被浅褐色纤毛状鳞片。担孢子 6.5~8.0×5~6μm，光滑，非淀粉质。

【生境及基物】针叶林或针阔混交林地上。

【地理分布】西南地区。

【发生时间】6~10 月。

【毒性】有毒，但毒性成分不明，误食导致胃肠炎型中毒（Li et al., 2021a, 2022a, 2023；杨祝良等，2021，2022；李海蛟等，2022）。

胃肠炎型毒蘑菇

橘红褐色口蘑 *Tricholoma focale* (Fr.) Ricken

【形态特征】菌盖直径5~7cm，扁半球形至平展，橙红褐色，被同色鳞片，湿时黏；边缘色较浅，内卷。菌肉白色至淡褐色，伤不变色。菌褶弯生，密，不等长，污白色，多有淡褐色斑。菌柄8~11×1.5~2.5cm，圆柱形，顶部污白色，中部和下部密被橘红褐色鳞片。菌环上位，外表橘红褐色，厚，边缘撕裂状，宿存。担孢子4~6×3.0~4.5μm，椭圆形，光滑，无色，非淀粉质。

【生境及基物】针叶林或针阔混交林地上。

【地理分布】西南地区。

【发生时间】7~9月。

【毒性】毒性成分不明，可导致部分人群胃肠炎型中毒。

草黄口蘑 *Tricholoma lascivum* (Fr.) Gillet

【别名/俗名】茂状蘑。

【形态特征】菌盖直径4~9cm，初期扁半球形，后期近平展，浅赭黄色至浅褐色，光滑，干，中部色淡，边缘内卷，污白色。菌肉稍厚，白色，具香气味。菌褶直生至弯生，近白色，密，不等长。菌柄7.5~11.0×1.0~1.5cm，近圆柱形，向下渐膨大，污白色至浅褐色，顶部白色，具粉末，具纤毛。担孢子5.5~7.0×3.5~5.0μm，椭圆形，光滑。

【生境及基物】赤松、樟子松林地上。

【地理分布】东北、西南、西北地区。

【发生时间】7~9月。

【毒性】毒性成分不明，可导致胃肠炎型中毒。主要症状为恶心、呕吐、腹痛、腹泻等。

胃肠炎型毒蘑菇

拟毒蝇口蘑 *Tricholoma muscarioides* Reschke et al.

【形态特征】菌盖直径5~9cm，扁半球形至平展，中央明显凸起并呈近黑色至暗褐色，其余部分黄色至蜜黄色，被同色鳞片，湿时稍黏，边缘反卷。菌肉白色，伤不变色。菌褶弯生，不等长，污白色至奶油色。菌柄7~12×1~2cm，圆柱形，污白色，被同色鳞片。担孢子6.5~7.5×4~5μm，椭圆形，光滑，无色，非淀粉质。

【生境及基物】亚热带常绿阔叶林或针阔混交林地上。

【地理分布】西南地区。

【发生时间】7~9月。

【毒性】毒性成分不明，可导致胃肠炎型中毒。

橄榄口蘑 *Tricholoma olivaceum* Reschke et al.

【形态特征】菌盖直径4~7cm，扁半球形至平展，有时中央有突起，表面灰褐色至黄褐色，带绿色色调。菌肉白色，厚实，伤不变色。菌褶直生至弯生，白色至黄绿色，密至较稀。菌柄5~10×0.5~1.5cm，棒状至近圆柱形，灰褐色至淡褐色，有时有绿色色调。担孢子5.0~6.5×3.5~5.0μm，光滑，非淀粉质。

【生境及基物】亚高山针叶林或针阔混交林地上。

【地理分布】西南地区。

【发生时间】8~9月。

【毒性】毒性成分不明。2022~2023年在云南发生3起5人胃肠炎型中毒事件（Li *et al.*，2023，2024）。

东方褐盖口蘑 *Tricholoma orientifulvum* X. Xu *et al.*

【形态特征】菌盖直径 4~10cm，半球形至平展，中央有时凸起，湿时黏，中部红褐色至暗褐色，边缘淡红褐色、黄褐色至淡黄色，常具棱纹。菌肉白色。菌褶弯生，黄褐色，老后有褐色斑点。菌柄 8~10 × 0.8~1.2cm，中空，淡黄褐色、淡红褐色至淡褐色。担孢子 5~6 × 4.0~4.5μm，宽椭圆形至椭圆形，无色，非淀粉质。

【生境及基物】针阔混交林地上。

【地理分布】西南地区。

【发生时间】7~10 月。

【毒性】毒性成分不明，可导致胃肠炎型中毒。

锈口蘑 *Tricholoma pessundatum* (Fr.) Quél.

【别名/俗名】蕨草菇、土香菌。

【形态特征】菌盖直径 5~14cm，褐色至棕褐色，中部色深，湿时黏。菌肉厚，白色。菌褶弯生，白色带土褐色，密，不等长，褶缘粗糙，褐色至暗色。菌柄 4.5~8.0 × 0.4~0.8cm，圆柱形，上部具颗粒状小点，中部以下有锈褐色纤毛状鳞片，实心至空心，基部稍膨大，内部松软至空心。担孢子 6.0~6.5 × 4.0~4.5μm，椭圆形，光滑。

【生境及基物】阔叶林或针阔混交林地上。

【地理分布】东北、华东、华中、华南、西南、西北地区。

【发生时间】7~9 月。

【毒性】毒性成分不明，可导致胃肠炎型中毒。

胃肠炎型毒蘑菇

皂味口蘑 *Tricholoma saponaceum* (Fr.) P. Kumm.

【别名/俗名】皂腻口蘑。

【形态特征】菌盖直径 3.3~5.8cm，初抛物面形，后渐平展，不黏，中部黄褐色至灰褐色，向边缘渐浅，为灰白色或污白色，带浅灰绿色色调，光滑或中部具褐色纤维丝，干时边缘下卷。菌肉白色。菌褶弯生，密，污白色，褶缘平整或波浪状。菌柄 2.1~6.5×0.8~1.0cm，中生，圆柱形，污白色，无菌环，基部杵状或膨大，肉质，实心。担孢子 4.5~6.0×3.5~5.0μm，透明，光滑，近球形至椭圆形，具油滴，非淀粉质。

【生境及基物】阔叶林或针阔混交林地上。

【地理分布】东北、华北、华中、华南、西南、西北地区。

【发生时间】8~9月。

【毒性】毒性成分不明，可导致胃肠炎型中毒。

雕纹口蘑 *Tricholoma scalpturatum* (Fr.) Quél.

【形态特征】菌盖直径 2.5~3.1cm，初凸透镜形，后渐近平展，干，灰乳白色至浅灰褐色，具褐黑色至褐色的丛毛状鳞片。菌肉白色。菌褶密，白色至乳白色，伤变黄色，弯生。菌柄 1.9~3.1×0.5~0.7cm，中生，圆柱形，上部具褐黑色细小鳞片，向下具浅黄褐色至褐色纤维状鳞片，菌柄白色，肉质，实心。担孢子 4.5~5.5×3~4μm，宽椭圆形至长椭圆形，光滑，具油滴，非淀粉质。

【生境及基物】杨树林地上。

【地理分布】东北、华北、西南、西北地区。

【发生时间】9~10月。

【毒性】毒性成分不明，可导致胃肠炎型中毒。

中华苦口蘑 *Tricholoma sinoacerbum* T.H. Li *et al.*

【形态特征】菌盖直径5～12cm，半球形、凸透镜形至平展，边缘稍内弯，无明显条纹，米色、淡黄色或褐黄色，干到湿润时略黏，常黏附枯叶杂物，有时表皮易脱落，留下淡黄白色菌肉，光滑，边缘具宽沟纹，常内卷，后稍伸展。菌肉厚6～10mm，白色，伤不变色，甚苦。菌褶直生，密，白色至黄白色，不等长。菌柄7～12×1～2cm，圆柱形，基部有时增粗，淡白色或褐白色；基部菌丝体白色。担孢子4～5×3.5～4.0μm，椭圆形，光滑，无色，非淀粉质。

【生境及基物】阔叶林或针阔混交林地上。
【地理分布】东北、华东、华中、华南、西南地区。
【发生时间】4～9月。
【毒性】毒性成分不明，可导致部分人群胃肠炎型中毒。

中华灰褐纹口蘑 *Tricholoma sinoportentosum* Zhu L. Yang *et al.*

【形态特征】菌盖直径5～10cm，凸透镜形，中央凸起，暗褐色、暗灰色或近黑色，向边缘渐变为淡黄色，湿时黏，具隐生辐射状纤丝花纹。菌肉白色或淡灰色。菌褶弯生，白色或米色，老后变黄色。菌柄8～14×1.0～2.5cm，近圆柱形，白色，纤丝状，老后变黄色，伤变浅褐色。担孢子5.5～7.0×5.0～5.5μm，光滑，非淀粉质。

【生境及基物】亚热带阔叶林或针阔混交林地上。
【地理分布】西南、西北地区。
【发生时间】7～10月。
【毒性】毒性成分不明。2023年在四川发生1起2人胃肠炎型中毒事件（Li *et al.*，2024）。

胃肠炎型毒蘑菇

硫色口蘑 *Tricholoma sulphureum* (Bull.) P. Kumm.

【形态特征】菌盖直径4～7cm，扁半球形至平展，中央稍凸起，狐褐色并带典型的硫黄色，不黏。菌肉淡黄色，具浓重的煤气味。菌褶弯生，黄色，较密。菌柄8～10×0.6～1.0cm，黄色，下半部带有绿色色调。担孢子8.5～10.0×5～6μm，椭圆形至近杏仁形，光滑，无色，非淀粉质。

【生境及基物】针阔混交林地上。

【地理分布】西南、西北地区。

【发生时间】7～9月。

【毒性】毒性成分不明，可导致胃肠炎型中毒。

褐黑口蘑 *Tricholoma ustale* (Fr.) P. Kumm.

【别名/俗名】絮柄白蘑、黑褐口蘑。

【形态特征】菌盖直径4～10cm，初扁半球形，后平展，顶部钝或凸起，红褐色、棕褐色或暗栗褐色，湿时黏，光滑，边缘内卷，色淡，老时色渐深。菌肉白色，偶带红色，中部稍厚，味苦。菌褶直生至弯生，初白色，后带红色，伤变红褐色，密，渐具锈色斑点，边缘随年龄渐变黑。菌柄4～8×0.8～2.0cm，圆柱形，上部白色至污白色，下部带红色，具纤毛，上部色淡，基部常膨大，内部实心变空心，但膨大处常变中空。担孢子5～7×4～5μm，椭圆形至卵形，光滑，无色。

【生境及基物】阔叶林地上。

【地理分布】东北、华北、华中、华南、西南、西北地区。

【发生时间】7～8月。

【毒性】毒性成分不明，可导致胃肠炎型中毒。

突顶口蘑 *Tricholoma virgatum* (Fr.) P. Kumm.

【形态特征】菌盖直径4~6cm，初圆锥形，后平展，成熟时斗笠状，中央具突起，灰色至灰褐色，中部色较深，具放射状条纹或鳞片，边缘内卷。菌肉近白色，无特殊气味，味苦。菌褶弯生，白色至灰白色，密，初期边缘具黑点。菌柄7~15×0.9~1.2cm，圆柱形，基部膨大，近白色至灰白色，有纵条纹。担孢子6~7×5~6μm，宽椭圆形至近球形，光滑，无色。

【生境及基物】落叶松等林地上。

【地理分布】东北、华北、华中、华南、西南、西北地区。

【发生时间】7~9月。

【毒性】毒性成分不明，可导致胃肠炎型中毒。

竹林拟口蘑 *Tricholomopsis bambusina* Hongo

【形态特征】菌盖直径3~5cm，扁半球形至近平展，不黏，暗褐色，被暗红褐色鳞片。菌肉黄白色至白色。菌褶黄色，近直生，不等长。菌柄5~7×0.5~1.0cm，圆柱形，基部稍膨大，浅黄色带紫色色调，被纤毛状鳞片，有的鳞片似腺点，内部松软至空心。担孢子5.5~6.5×3~4μm，椭圆形，光滑，无色，非淀粉质。

【生境及基物】竹林下的腐木上。

【地理分布】华东地区。

【发生时间】7~9月。

【毒性】毒性成分不明，可导致胃肠炎型中毒。但也有人处理后食用，可能有弱毒性，建议不要食用。

胃肠炎型毒蘑菇

赭红拟口蘑 *Tricholomopsis rutilans* (Schaeff.) Singer

【别名/俗名】赭红口蘑。
【形态特征】菌盖直径4.5～8.0cm，初半球形，后渐平展，中部酒红色至暗红色，向边缘渐为砖红色，具砖红色鳞片，不黏。菌肉淡黄色。菌褶弯生，密，黄色。菌柄4.3～8.5×0.5～1.5cm，中生，圆柱形，向上渐细，米黄色至黄紫色，具砖红色至酒红色鳞片，基部稍膨大，肉质，空心。担孢子6.0～8.5×4～6μm，椭圆形至长椭圆形，光滑，透明，具油滴，非淀粉质，嗜蓝。
【生境及基物】针叶林腐木上。
【地理分布】东北、华东、华南、西南、西北地区。
【发生时间】6～9月。
【毒性】毒性成分不明，可导致胃肠炎型中毒。

黑鳞口蘑 *Tricholoma nigrosquamosum* (P.G. Liu) Zhu L. Yang & G.S. Wang

【形态特征】菌盖直径5～11cm，扁半球形至平展，表面污白色或浅灰色，被褐色、暗褐色或近黑色稍反卷鳞片。菌肉白色，厚实，受伤不变色。菌褶直生至弯生，白色、污白色或乳白色。菌柄5～15×1～3cm，棒状至近圆柱形，污白色或浅灰色，被淡褐色至褐色鳞片。担孢子8～10×6.5～7.5μm，光滑，非淀粉质。
【生境及基物】亚高山针叶林或针阔混交林地上。
【地理分布】西南地区。
【发生时间】7～10月。
【毒性】毒性成分不明，可导致胃肠炎型中毒（杨祝良等，2021，2022）。

浅褐疣钉菇 *Turbinellus fujisanensis* (S. Imai) Giachini

【别名/俗名】浅褐喇叭菌。

【形态特征】菌盖直径3.5～7.2cm，初耳状，后喇叭状或漏斗状，中央下陷至菌柄基部，边缘薄，波浪状，成熟后易开裂，粗糙，淡褐色或米黄色，中央金黄色至棕褐色，被浅黄色至淡褐色、翻卷块状鳞片。菌肉薄，污白色。菌褶延生，不典型，褶皱状，黄白色至浅黄褐色。菌柄3～8×0.5～2.0cm，圆锥形，米白色至黄色。担孢子11～18×6～7μm，椭圆形，稍粗糙。

【生境及基物】阔叶林地上。

【地理分布】东北地区。

【发生时间】7～9月。

【毒性】毒性成分不明，可导致胃肠炎型中毒。

长腿疣钉菇 *Turbinellus longistipes* Xue Ping Fan & Zhu L. Yang

【形态特征】菌盖直径5～10cm，喇叭形，中央深度下陷至菌柄中部，表面橙黄色至黄色，被稀疏黄色或橙黄色贴生细小鳞片，边缘波纹状。菌肉污白色至奶油色。子实层体棱脊形至脉纹形，污白色至米色。菌柄5～10×0.5～1.0cm，奶油色或污白色，有时有粉红色色调，光滑，下半部实心，上半部空心。担孢子15～20×7.0～9.5μm，长椭圆形，淡黄色，表面疣突常纵向排列成脊状。

【生境及基物】寒温性针叶林或针阔混交林地上。

【地理分布】西南地区。

【发生时间】7～9月。

【毒性】毒性成分不明，可能对部分人群有毒，导致胃肠炎型中毒。

胃肠炎型毒蘑菇

小孢疣钉菇 *Turbinellus parvisporus* Xue Ping Fan & Zhu L. Yang

【形态特征】菌盖直径 3～7cm，喇叭形，中央下陷至菌柄基部，蛋壳色、淡褐色至淡肉色，被淡褐色反卷鳞片，边缘波浪形。菌肉污白色至奶油色，伤后不变色。子实层体棱脊形至脉纹形，污白色至奶油色。菌柄 1.5～3.5×0.6～1.2cm，中空，污白色至奶油色。担孢子 10～13×5.5～7.0μm，椭圆形至长椭圆形，淡黄色，有疣突。

【生境及基物】亚热带阔叶林或针阔混交林地上。

【地理分布】西南地区。

【发生时间】7～9 月。

【毒性】毒性成分不明，可导致胃肠炎型中毒。

四川疣钉菇 *Turbinellus szechwanensis* (R.H. Petersen) Xue Ping Fan & Zhu L. Yang

【别名/俗名】四川陀螺菌、喇叭陀螺菌。

【形态特征】菌盖直径 5～17cm，喇叭形，中央下陷至菌柄基部，黄色至橘红色，被红色或橘红色贴生鳞片，边缘波浪形。菌肉污白色至奶油色。子实层体棱脊形至脉纹形，污白色至淡黄色。菌柄 2～6×1～2cm，污白色或奶油色，中空。担孢子 16～20×7.5～11.0μm，椭圆形至长椭圆形，淡黄色，有不规则排列的脊和疣突。

【生境及基物】亚高山针阔混交林地上。

【地理分布】西南地区。

【发生时间】7～9 月。

【毒性】毒性成分不明，可导致胃肠炎型中毒。

毛脚疣钉菇 *Turbinellus tomentosipes* Xue Ping Fan & Zhu L. Yang

【别名/俗名】毛脚陀螺菌。

【形态特征】菌盖直径2～8cm，喇叭形，中央下陷，较浅，至菌柄上部，橙黄色至淡黄色，被黄色或橙红色贴生鳞片。菌肉污白色至奶油色。子实层体棱脊形至脉纹形，污白色至淡橙色。菌柄3～6×0.7～2.0cm，奶油色或淡橙色，密被黄色绒毛，实心。担孢子11～14×5.5～7.5μm，椭圆形至长椭圆形，淡黄色，有不规则排列的脊和疣突。

【生境及基物】亚热带阔叶林或针阔混交林地上。

【地理分布】西南地区。

【发生时间】7～9月。

【毒性】毒性成分不明，可导致胃肠炎型中毒。

苦粉孢牛肝菌 *Tylopilus felleus* (Bull.) P. Karst.

【形态特征】菌盖直径2.5～10cm，近半球形至平展，干，灰白色至灰褐色，边缘稍浅色，光滑，不黏。菌肉白色，伤变浅红色至浅红褐色。子实层体弯生，幼时白色至淡粉色，成熟后粉色至污粉色，伤变浅红色至浅红褐色。菌管粉色至污粉色。孔口成熟时直径0.5～1mm，近圆形至多角形。菌柄2.5～10.0×0.5～4.0cm，棒状，向上渐细，淡褐色至褐色或深褐色，下半部偶尔红褐色，上半部具有明显网纹；基部菌丝体白色；菌肉白色至灰白色，伤不变色，味苦。担孢子14～17×4.5～5.5μm，近梭形，无色至浅黄色，光滑。

【生境及基物】松属或松科与壳斗科植物混交林地上。

【地理分布】东北、华东地区。

【发生时间】8月。

【毒性】毒性成分不明，可导致胃肠炎型中毒。

胃肠炎型毒蘑菇

新苦粉孢牛肝菌 *Tylopilus neofelleus* Hongo

【别名/俗名】苦马肝。

【形态特征】菌盖直径 5～16cm，扁半球形至平展，干，具微绒毛，浅紫罗兰色至褐色。菌肉白色至污白色，伤不变色，味苦。菌管与孔口淡粉色，伤不变色。菌柄 5～16×1.5～4.0cm，圆柱形，褐色，顶端常淡紫色，光滑，不具网纹，基部有白色菌丝体。担孢子 8～9×3～4μm，近纺锤形至腹鼓状，光滑，淡粉红色。菌盖表皮层由放射状至松散缠绕的菌丝组成。

【生境及基物】针叶林或针阔混交林地上。

【地理分布】华东、华中、西南地区。

【发生时间】5～10 月。

【毒性】毒性成分不明。2021 年在宁夏发生 1 起 2 人胃肠炎型中毒事件（Li *et al.*，2022a）。

黏盖托光柄菇 *Volvopluteus gloiocephalus* (DC.) Vizzini *et al.*

【形态特征】菌盖直径3~11cm，幼时卵形或圆锥形，后渐平展，中部具突起，有较厚的黏质层，干时光滑，灰褐色，中心突起深褐色，边缘向下弯曲，后平展平直，具半透明条纹。菌褶离生，初白色，后粉色至褐粉色。菌柄4~12×0.3~2.2cm，中生，向基部宽，向上渐细，淡黄色或淡褐色，近白色，有时浅褐色，光滑。菌托通常埋生地下，苞状，白色。担孢子6.8~10.5×6.5~8.8μm，近球形至稍卵形，具纵向纤维或稍絮状。

【生境及基物】林间草地、阔叶林地上。

【地理分布】东北、西南、西北地区。

【发生时间】10~11月。

【毒性】毒性成分不明，可导致胃肠炎型中毒。

大丛耳菌 *Wynnea gigantea* Berk. et M.A. Curtis

【别名/俗名】兔耳朵、丛耳菌。

【形态特征】子囊盘兔耳形，边缘内卷，直立，软木质至略带革质。子实层表面红褐色或深褐色，子层托平滑，与子实层表面同色或稍浅。菌核不规则状，暗褐色，子囊盘通过一柄状基部着生于菌核上。子囊近圆柱形，基部渐细，具亚囊盖，非淀粉质，内含8个单行排列的子囊孢子。子囊孢子25~35×11~15μm，近梭形，一侧略弯，具较浅的脊状纹饰，两端无明显乳突，多具3个油滴，无色。侧丝线形，具隔。

【生境及基物】针阔混交林腐殖质层上。

【地理分布】各地区均有分布。

【发生时间】5~10月。

【毒性】毒性成分不明，可导致胃肠炎型中毒。

胃肠炎型毒蘑菇

中华金孢牛肝菌 *Xanthoconium sinense* G. Wu et al.

【形态特征】菌盖直径 4～8cm，半球形至平展，干，幼时表面凹陷不平，成熟后近平滑，深褐色、橄榄褐色至琥珀褐色或蜜黄色。子实层体直生或近柄处微凹，表面幼时白色至米色，成熟后琥珀黄色至蛋黄色，伤不变色或微变褐色。管口成熟时直径 0.5～2.0mm，圆多角形。菌柄 5～8×0.5～2.0cm，柱状，近等粗，上部和中部淡褐色，上部具纵向长网纹，下部颜色较淡至近白色。担孢子 10～13×3.5～4.0μm，纺锤形，光滑。

【生境及基物】壳斗科植物林地上。

【地理分布】华南、西南地区。

【发生时间】6～9月。

【毒性】毒性成分不明，可导致胃肠炎型中毒。据文献记载，金孢牛肝菌属的物种含有毒蛋白。

亚绒盖牛肝菌 *Xerocomus subtomentosus* (L.) Quél.

【形态特征】菌盖直径 4～10cm，半球形至平展，干，密被绒毛，橄榄褐色、橄榄黄色，鹿皮状，平滑或微具指纹状花纹，少有凹痕。菌肉淡黄色，伤变色不明显。子实层体直生，近柄微凹，黄色至金黄色，伤后速变青蓝色。菌管淡黄色，伤后速变淡蓝色至青蓝色，管口成熟时直径 0.9～1.3mm，多角形。菌柄 6～9×1.5～2.0cm，棒状，近等粗，上部黄色，中部有红色纵条纹，基部微尖，菌柄基部菌丝体黄色。担孢子 10.5～15.0×4～5μm，椭圆形至纺锤形，光滑至近光滑，淡黄色。

【生境及基物】针阔混交林地上。

【地理分布】东北、华东、华中、华南、西南地区。

【发生时间】6～9月。

【毒性】毒性成分不明，可导致胃肠炎型中毒。

第五节　横纹肌溶解型毒蘑菇

亚稀褶红菇 *Russula subnigricans* Hongo

【别名/俗名】亚稀褶黑菇、火炭菌。
【形态特征】菌盖直径6~12cm，初扁半球形，后近平展至中凹呈浅漏斗形，浅灰色、灰褐色至灰黑褐色，有时边缘色浅，表面干燥，有微细绒毛，无条纹；表皮有时有不规则细浅裂纹，或部分脱落形成近白色至带白色斑点或斑块。菌肉白色，伤变淡锈红、淡红或红色，变红后可持续约30min。菌褶直生或近延生，近白色至浅黄白色，伤变淡锈红色至红色，稍稀疏，不等长，较厚，脆，不分叉，往往稍有横脉。菌柄3~6×1.0~3.5cm，圆柱形，淡灰色，较菌盖色浅。担孢子7~9×6~8μm，近球形至宽椭圆形，有疣和网纹，无色，淀粉质。

【生境及基物】阔叶林或针阔混交林地上。
【地理分布】华中、华东、华南、西南、华北地区。
【发生时间】5~9月。
【毒性】主要毒性成分为环丙-2-烯羧酸（Matsuura et al., 2009），导致横纹肌溶解型中毒。2016~2021年在湖南发生30起106人中毒事件，其中15人死亡（陈作红等，2022）。2019~2023年全国报道64起197人中毒事件，其中19人死亡（Li et al., 2020, 2021a, 2022a, 2023, 2024）。

横纹肌溶解型毒蘑菇

油口蘑 *Tricholoma equestre* (L.) P. Kumm.

【别名/俗名】油黄口蘑、黄缘口蘑、黄白蘑、黄荞面菌、油蘑、黄丝菌、黄茅草、松毛菇。

【形态特征】菌盖直径5～10cm，初扁半球形至扁半球形稍带中突，渐变凸透镜形至平展，中部稍凸，黄色至土黄色，或稍带绿色至青黄色，中部常较深色至褐色，被黄褐色细鳞片，边缘较平滑，易开裂。菌肉稍厚，白色至带淡黄色。菌褶弯生，淡黄色至柠檬黄色，稍密，不等长，后期褶缘渐裂为齿状。菌柄3～6×0.8～2.0cm，圆柱形，淡黄色，近顶部颜色常较浅至近白色，中实，基部膨大弯曲，初被黄色纤毛状小鳞片，后脱落。担孢子6～9×4.5～6.0μm，椭圆形至卵形，光滑，无色。

【生境及基物】混交林或阔叶林地上。

【地理分布】东北、华中、华东、西南、西北地区。

【发生时间】7～9月。

【毒性】毒性成分不明，可导致部分人群横纹肌溶解型中毒。

第六节 溶血型毒蘑菇

卷边桩菇 *Paxillus involutus* (Batsch) Fr.

【别名/俗名】卷边网褶菌、卷边伞、杨树蘑。

【形态特征】菌盖直径6~16cm，初扁半球形，后渐平展中凹至浅漏斗状，黄褐色至橄榄褐色，或带红褐色，伤变暗色，老时有暗斑，湿时稍黏，被缠结绒毛至近光滑；边缘具条纹，明显内卷。菌肉厚，肉质，浅黄色，味道柔，有微酸或微刺鼻气味。菌褶延生，密，不等长，窄，脆，有横脉，近菌柄处常分叉交错，连接呈网状或近孔状，黄绿色至青褐色，伤变暗褐色。菌柄5~9×1.0~2.5cm，近圆柱形，基部稍膨大或向下收细，偏生至近中生，与盖同色或略浅，伤变暗色，实心。担孢子7~11×5~7μm，椭圆形，光滑，黄褐色至锈褐色。

【生境及基物】杨树林地上。

【地理分布】东北、华北、西南地区。

【发生时间】5~9月。

【毒性】毒性成分不明，可导致溶血型中毒。2020年在内蒙古发生2起2人中毒事件，其中1人死亡（Li *et al*., 2021a）。尽管有人食用这种蘑菇没有中毒，但对个别人会致命。会引起过敏人群溶血及肾损伤而死亡。虽然以前食用不过敏，但后来某次食用后对它过敏而致死的情况——德国著名真菌学家Julius Schäffer于1944年就是食用这种他爱吃的蘑菇后死亡的。

溶血型毒蘑菇

东方桩菇 *Paxillus orientalis* Gelardi et al.

【别名/俗名】桤木菌。

【形态特征】菌盖直径4～6cm，初平展略中凹，后浅漏斗形至漏斗形，中央有时有一小脐突，边缘明显内卷，污白色、淡灰褐色至淡灰红褐色，被暗褐色至橄榄青灰褐色的平伏鳞片，边缘被平伏或交织的绒毛，老时稍瓣状。菌肉污白色至米黄色，伤变微红色至淡红褐色。菌褶延生，密，污白色至淡黄色，伤变灰褐色。菌柄2～5×0.8～1.5cm，近中生至偏生，圆柱形，向基部变小，淡灰色、淡褐色至深褐色，光滑。担孢子6～8×4～5μm，宽椭圆形至卵形，光滑，薄壁，浅黄褐色。

【生境及基物】针阔混交林地上。

【地理分布】西南地区。

【发生时间】4～9月。

【毒性】毒性成分不明，可能与卷边桩菇类似，可导致溶血型中毒。2021～2022年在四川、西藏发生3起3人中毒事件（Li *et al.*, 2022a, 2023）。

暗孢桩菇 *Paxillus obscurisporus* C. Hahn

【形态特征】菌盖扁半球形，后渐平展，中部下凹呈浅漏斗状，浅黄色至黄褐色，湿时稍黏，干时龟裂形成鳞片，边缘内卷，具绒毛。菌肉厚实，浅黄色。菌褶延生，密，不等长，与菌柄交接处有网状横脉，淡黄色，伤变暗褐色。菌柄坚实，具纤维状纵纹，淡红色。担孢子7.2～9.8×5.5～6.8μm，宽椭圆形，淡黄色至暗黄色，光滑。

【生境及基物】蒙古栎林地上。

【地理分布】东北地区。

【发生时间】6月。

【毒性】毒性成分不明，可能与卷边桩菇类似，可导致溶血型中毒。

长棱柄盘菌 *Paxina macropus* (Clem.) Seaver

【别名/俗名】长伞盘菌。

【形态特征】子囊盘高约 1cm、宽 3~4cm，子实层表面赭土色，子层托稍粗糙，灰白色，被细短绒毛，稍蜡质。菌柄长约 4cm、粗 2cm，不规则柱状，具深棱槽，距子囊盘部分较粗，表面粗糙，淡白灰黄色，实心，软骨质。子囊圆柱状，基部渐细，内含 8 个不规则单行排列的子囊孢子，非淀粉质。子囊孢子 20~22×12~14μm，宽椭圆形，无色，具直径 12~13μm 的油滴。侧丝棒状，具隔，不分枝，浅褐色，顶端宽约 9μm。

【生境及基物】林地腐殖质层上。

【地理分布】东北地区。

【发生时间】7~9 月。

【毒性】毒性成分不明，文献记载可导致溶血型中毒。

鹿角肉座壳菌 *Trichoderma cornu-damae* (Pat.) Z.X. Zhu & W.Y. Zhuang

【别名/俗名】红角肉棒菌、火焰茸。

【形态特征】子实体高 4~10cm，上部圆柱形至鹿角形，有时多分枝成佛手形至多叉分枝，枝粗 0.7~1.2cm，红色、橙红色至赭橙色，老后可褪色至浅黄色或亮黄色，光滑，柄部向下渐细，颜色稍淡。菌肉白色，革质。子囊壳埋生，直径 75~120μm，球形，小，有孔口。子囊圆柱形，内含 8 个子囊孢子。子囊孢子 3.5~4.0×2.5~3.5μm，宽椭圆形至近球形，无色，内含 1 个油滴，二态型，表面有细疣。无侧丝。

【生境及基物】腐木上或靠近树根的土壤中。

【地理分布】华南、西南地区。

【发生时间】8~9 月。

【毒性】毒性成分不明，文献记载可导致溶血型中毒。

光过敏性皮炎型毒蘑菇

第七节　光过敏性皮炎型毒蘑菇

污胶鼓菌 *Bulgaria inquinans* (Pers.) Fr.

【别名/俗名】污胶陀螺菌、猪拱嘴蘑、猪嘴蘑、胶鼓菌、胶陀螺、木海螺。

【形态特征】子囊盘高 2.0~3.5cm、宽约 4cm，陀螺形。子实层表面常呈近圆形的浅碟状，中部相对较平，边缘常往上翘，光滑，黑褐色，湿润时光泽。子层托黄褐色至暗褐色，密被成簇的粗绒毛。具短柄或仅有一个狭窄的基部。菌肉新鲜时柔软具弹性，胶状，干后坚硬。子囊筒状或近棒状，内含 8 个单行排列的子囊孢子。子囊孢子 10.5~15.0×6~8μm，背腹观近梭形，侧面观不等边且弯曲，暗褐色。侧丝线形，顶端稍弯曲，浅褐色。

【生境及基物】桦树、蒙古栎、榆树等倒木或木桩遮阴处。

【地理分布】东北、西南地区。

【发生时间】7~9 月。

【毒性】主要毒性成分为邻苯二甲酸二异丁酯（DiBP），引起光过敏性皮炎型中毒。东北地区中毒案例频繁发生，皮肤红肿带有灼烧感，用药后一般一周内康复。

叶状耳盘菌 *Cordierites frondosus* (Kobayasi) Korf

【形态特征】子囊盘宽 1.5~3.0cm，花瓣状、片状、近耳状、略扭曲的盘状或浅盘状，边缘波状。子实层表面黑色，常带点青灰色泽，湿时有光泽，具波状纹或浅皱纹。子层托具褶皱，有绒毛，黑褐色至黑色。干后墨黑色，脆而坚硬。有或无短菌柄，或仅有柄状基。子囊 40~50×3~5μm，细长，近棒形。子囊孢子 5.0~7.5×1~2μm，近短柱状或杆形，稍弯曲，无色，光滑，在子囊中近双行排列。侧丝线形，顶部弯曲，近无色，具隔，分枝。

【生境及基物】桦树等阔叶树腐木或倒木上。

【地理分布】东北、华中、华南、西南地区。

【发生时间】1~10 月。

【毒性】主要毒性成分为卟啉类毒素，导致光过敏性皮炎型中毒。2019~2023 年在重庆、云南发生 5 起 10 人中毒事件（Li *et al.*, 2020, 2023, 2024）。

第八节 其他类型毒蘑菇

毒沟褶菌 *Trogia venenata* Zhu L. Yang *et al.*

【别名/俗名】小白菌、蝴蝶菌、指甲菌。

【形态特征】菌盖直径 1～6cm，扇形至花瓣形，有辐射状沟纹，粉红色至浅肉色，有时污白色至白色，有时近基部带褐色；边缘常波状或瓣状。菌肉极薄，柔韧，白色至淡粉红色，无味。菌褶长延生，窄，稀疏，淡粉红色至污白色。菌柄 0.3～2.0×0.2～0.4cm，侧生，近圆柱形，常向下收细，污白色或浅粉色至浅褐色，较韧，基部菌丝体白色。担孢子 6～8×4～5μm，椭圆形至瓜子形，光滑，无色，非淀粉质。

【生境及基物】亚热带常绿阔叶林、针阔混交林腐木上或腐烂的竹子上。

【地理分布】西南地区。

【发生时间】5～9 月。

【毒性】该种自 20 世纪 70 年代以来在我国云南已引起 400 余人不明原因猝死（Yang *et al.*, 2012）。Zhou 等（2012）分离获得了 2 个新的毒性成分，即 2*R*-氨基-4*S*-羟基-5-己炔酸（2*R*-amino-4*S*-hydroxy-5-hexynoic acid）、2*R*-氨基-5-己炔酸（2*R*-amino-5-hexynoic acid），对小鼠的半致死剂量分别为 71mg/kg、84mg/kg。

第九节 毒性待确定种和分布存疑种

一、毒性待确定种

毒性待确定种是指那些只是口传或记载有毒的物种，以及与有毒种类具有密切亲缘关系但又缺乏中毒案例和毒素分析结果证明有毒的物种。例如，早期文献记载认为有毒，但在近20~30年并未发现中毒实例的物种；国内文献记载有毒，但国外没有记载有毒，甚至认为无毒的物种；其近缘种有毒，但本身无中毒案例的物种。

毒性待确定种并非无毒安全，其毒性有待进一步研究确认，请勿采食！

雀斑鳞鹅膏 *Amanita avellaneosquamosa* (S. Imai) S. Imai

【形态特征】菌盖直径4~8cm，扁半球形、凸透镜形至平展，中央有时稍凸起，污白色，被淡褐色至褐色、破布状至纤丝状菌幕残余；边缘有沟纹，有时有絮状物。菌肉白色。菌褶白色，干后淡灰色、灰褐色、淡褐色至巧克力褐色，较稀疏，不等长，短菌褶近菌柄端多平截。菌柄7~12×0.8~2.0cm，近圆柱形，白色至污白色，被絮状小鳞片。菌环上位，易破碎，常呈细小鳞片残存。菌托袋状，肉质，高2~4cm，宽1.5~3.0cm，厚1~3mm，污白色至近白色。担孢子9~11×5.5~7.0μm，椭圆形，光滑，薄壁，无色，淀粉质。
【生境及基物】松属或壳斗科植物林地上。
【地理分布】华东、华中、华南、西南地区。
【发生时间】7~9月。
【毒性】未检出鹅膏毒素，但文献记载有毒。

灰绒鹅膏 *Amanita griseofarinosa* Hongo

【形态特征】菌盖直径4~7cm，扁半球形至平展，表面淡灰色至淡褐灰色，被菌幕残余；菌幕残余常呈大小不一的块状，灰白色、淡灰色至灰色，粉末状至絮状，有时细疣状；边缘常有絮状物，无沟纹。菌肉白色，伤不变色。菌褶白色，短菌褶近菌柄端渐窄。菌柄6~14×0.5~2.0cm，圆柱形，淡灰色至污白色，被灰色至灰白色的粉末状、纤丝状至絮状鳞片，基部腹鼓状至近球状。菌环中上位，粉絮状，灰白色至淡灰色，易破碎消失。菌托常呈不规则环疣状至絮状，灰色至褐色。担孢子8.5~11.0×7~9μm，宽椭圆形至近球形，光滑，无色，淀粉质。
【生境及基物】阔叶林或针叶林地上。
【地理分布】华中、华南、西南地区。
【发生时间】3~9月。
【毒性】毒性不确定。

大果鹅膏 *Amanita macrocarpa* W.Q. Deng, T.H. Li & Zhu L. Yang

【形态特征】菌盖直径15～35cm，初近球形、半球形至凸透镜形，后平展至边缘上翘，污白色、淡橙色至淡褐色，有网状裂纹；鳞片高及宽各为2～4mm，角锥状，橙褐色至褐色，老时部分脱落；边缘无棱纹，有菌幕残余。菌肉厚2～3.5cm，白色，伤渐变淡黄色，有较浓不愉快气味。菌褶离生，密，宽12～23mm，奶油色至淡黄色，小菌褶多。菌柄18～35×4～8cm，粉白色至向下渐褐色，有小鳞片；基部膨大至近卵形，有纵裂纹。菌环近顶生，下垂6～10cm，裙状，上表面近白色，下表面淡褐色。担孢子7～9×5～6μm，椭圆形，光滑，无色，淀粉质。

【生境及基物】亚热带壳斗科植物阔叶林地上。

【地理分布】华南地区。

【发生时间】5～9月。

【毒性】毒性成分不详，当地群众认为有毒。该物种属于鹅膏属残鳞鹅膏组（*Amanita* sect. *Roanokenses*），与异味鹅膏（*A. kotohiraensis*）和锥鳞鹅膏（*A. virgineoides*）等有毒物种亲缘关系较近，很可能有急性肾损伤型毒性。

暗盖淡鳞鹅膏 *Amanita sepiacea* S. Imai

【形态特征】菌盖直径6～15cm，扁半球形至平展，深灰色、褐色至近黑色，中部色较深，具辐射状隐生纤丝花纹，被菌幕残余，可形成易脱落的浅色鳞片；边缘无沟纹或老时有不明显的短沟纹。菌肉白色，伤不变色。菌褶白色，短菌褶近菌柄端渐变窄。菌柄10～18×1.0～2.5cm，圆柱形，白色，下半部被灰色至淡灰色的纤丝状至絮状鳞片，基部呈梭形、近球状至白萝卜状。菌环顶生至近顶生，白色。菌托疣状至絮状，白色或淡灰色。担孢子7.5～9.5×6～7μm，宽椭圆形至椭圆形，光滑，无色，淀粉质。

【生境及基物】壳斗科和松科植物林地上。

【地理分布】东北、华中、华南、西南地区。

【发生时间】5～9月。

【毒性】毒性不确定，但文献记载有毒。

毒性待确定种和分布存疑种

杵柄鹅膏 *Amanita sinocitrina* Zhu L. Yang, Zuo H. Chen & Z.G. Zhang

【形态特征】菌盖直径3~8cm，扁平至平展，灰黄色、淡褐色至茶褐色，边缘色较淡，带青黄色，被菌幕残余，菌幕残余毡状、疣状至絮状，直径2~10mm，厚1~2mm，污白色、灰色、肉褐色至淡褐色，不规则分布，边缘无沟纹。菌褶白色至米色，短菌褶近菌柄端渐窄。菌柄6~10×0.5~1.5cm，白色至米色，上部有淡黄色纤毛状鳞片，菌环之下有白色至淡灰色鳞片或纤毛；基部呈杵状。菌环上位至中位，白色、米色或淡黄色。菌托疣状至絮状，有时近膜质，淡灰色至肉褐色。担孢子6~8×5.5~7.5μm，球形至近球形，光滑，无色，淀粉质。

【生境及基物】壳斗科和松科植物组成的针叶林、阔叶林或混交林地上。

【地理分布】华中、华南、西北地区。

【发生时间】6~9月。

【毒性】毒性不确定，但文献记载有毒。

块鳞灰鹅膏 *Amanita spissa* (Fr.) Opiz

【形态特征】菌盖直径5~10cm，扁平至平展，灰褐色至灰色，被灰色至灰褐色菌幕残余，边缘色较淡，无沟纹。菌褶白色至米色，短菌褶近菌柄端渐窄。菌柄8~15×0.5~1.0cm，污白色、淡灰色至淡褐色，被同色鳞片；基部近球状。菌环上位，白色、米色。菌托疣状至絮状，淡灰色至肉褐色。担孢子7~9×5.5~6.5μm，宽椭圆形，光滑，无色，淀粉质。

【生境及基物】温带针阔混交林地上。

【地理分布】东北地区。

【发生时间】8~9月。

【毒性】毒性不确定，但文献记载有毒。

灰托鹅膏 *Amanita vaginata* (Bull.) Lam.
= 灰托柄菇 *Amanitopsis vaginata* (Bull.) Roze

【形态特征】菌盖直径5~8cm，初钝锥形，渐平展，中央凸起，灰色至暗灰色，有时带浅褐色，向外变淡色；边缘有辐射状棱纹，无絮状物。菌肉白色，伤不变色。菌褶离生，白色至奶油色，不等长，短菌褶近菌柄端多平截。菌柄5~10×0.5~1.5cm，圆柱形，白色至污白色，近光滑至被浅灰色或浅褐色的蛇皮状鳞片。菌托袋状至杯状，高2~4cm，直径1.5~3.0cm，厚1~2mm，白色至污白色。菌环缺失。担孢子9.5~13.0×9~12μm，近球形，光滑，无色，非淀粉质。

【生境及基物】针叶林或针阔混交林地上。

【地理分布】东北地区。

【发生时间】6~9月。

【毒性】欧洲文献记载该种可食，但不可生食。我国文献记载有毒，但毒性不确定。

红星头鬼笔 *Aseroe rubra* Labill.

【形态特征】菌蕾幼时直径约3cm，卵圆至近球形，近白色；外包被开裂后形成菌托，从中长出柱形孢托。孢托成熟时高6~9cm，上端有淡红色至鲜红色的圆形顶盘及周边辐射状的托臂；托臂14~20个，有时每两枚形成一组，长2.5~4.0cm，向外变细尖。孢体产于顶盘及托臂靠近内侧，初黏粉状，后黏液状，暗褐色，有腥臭味。孢托不育部分（菌柄）长5~8cm、粗2.0~2.5cm，圆柱形，海绵质，白色至淡粉红色，中空，顶盘中部有一小孔。菌托苞状，内部有透明胶质物，担孢子4~5×1.4~1.6μm，椭圆形，光滑，无色。

【生境及基物】潮湿的枯枝落叶上。

【地理分布】华东、华南、西南地区。

【发生时间】3~7月。

【毒性】毒性不确定，但文献记载有毒。

毒性待确定种和分布存疑种

窄褶滑锈伞 *Hebeloma angustilamellatum* (Zhu L. Yang & Z.W. Ge) B.J. Rees & Orlovich

【形态特征】菌盖直径 3～10cm，扁半球形至凸透镜形，淡褐色至黄褐色，边缘变淡色，具辐射形皱纹，被细小菌幕残片，老后有时边缘撕裂。菌肉白色至污白色。菌褶密集，窄，淡黄色至褐色。菌柄 5～12×0.5～1.5cm，圆柱形，近白色至淡褐色。菌环上位，细小，易消失。担孢子 9.5～11.0×7.0～8.5μm，近杏仁形至近柠檬形，光滑，锈褐色。

【生境及基物】热带至南亚热带林地上。

【地理分布】华南、西南地区。

【发生时间】6～9月。

【毒性】该属的多数物种有毒，故该种可能有毒，但其毒性不确定。

白褐半球盖菇 *Hemistropharia albocrenulata* (Peck) Jacobsson & E. Larss. = 白褐鳞伞 *Pholiota albocrenulata* (Peck) Sacc.

【别名/俗名】白褐环锈伞、白小圈齿鳞伞、白圆齿鳞伞。

【形态特征】菌盖直径 2.6～11.0cm，幼时半球形，后平凸至平展，黄褐色、红褐色至咖啡色，湿时黏，有光泽，具浅褐色至褐色的平伏至块状鳞片，易脱落，边缘具菌幕残余。菌肉较厚，白色。菌褶直生至弯生，淡灰紫色，褶缘锯齿状。菌柄 3～10×0.8～1.2cm，圆柱形，中空，具纤毛状鳞片。菌环上位，易脱落。担孢子 10.0～13.5×5.5～7.5μm，长椭圆形，两头稍尖，光滑，黄褐色，厚壁。具锁状联合。

【生境及基物】树木根际或树干上。

【地理分布】东北、西南地区。

【发生时间】7～8月。

【毒性】毒性不确定，但文献记载有毒。

日本小林块腹菌 *Kobayasia nipponica* (Kobayasi) S. Imai & A. Kawam.

【别名/俗名】日本考巴菌。

【形态特征】菌体近球形至块状，长径 3~7cm，白色至淡黄褐色，光滑至具细裂隙，基部以粗大根状菌丝束结构固定于地上。包被干后具深褶皱，外包被由淡黄褐色的平行菌丝束组成；内包被由近无色的平行胶质菌丝束组成，包裹于胶质黏液中。孢体由许多小室组成，橄榄绿色。担孢子 4~5×1.5~2.0μm，长椭圆形至稍纺锤形，无色至淡绿色，平滑。锁状联合未见。

【生境及基物】混交林地上。

【地理分布】东北、华北、华东、华中、华南地区。

【发生时间】6 月。

【毒性】文献记载有毒，但毒性成分不确定。

毒性待确定种和分布存疑种

栗色环柄菇 *Lepiota castanea* Quél.

【形态特征】菌盖直径 1.5~3.0cm，幼时钟形至扁平，后平展，中部凸起，栗褐色，中部色深，具近颗粒状鳞片。菌肉薄，白色。菌褶离生，奶油色，密，不等长。菌柄 2.4~5.0×0.3~0.4cm，向下稍粗，浅栗色至栗色，内部松软至中空，菌环以上光滑，菌环以下具环状排列的暗栗色鳞片。菌环上位，不明显。担孢子 9.5~12.0×4~5mm，梭形，光滑，无色，稍厚壁，拟糊精质。缘生囊状体棒状。侧生囊状体未见。具锁状联合。

【生境及基物】林中草地上。

【地理分布】东北、华东、华南、西南、西北地区。

【发生时间】7~11 月。

【毒性】文献记载毒性成分为鹅膏毒肽，但未检出。

柱状拱门菌 *Laternea columnata* Nees

【别名/俗名】双柱小林鬼笔。

【形态特征】菌蕾幼时卵形，直径 1.5~2.0cm，包被白色，基部附有树枝状菌索；成熟时，包被开裂形成菌托，内部孢托以双柱状伸出。孢托 5~8×0.5~1.0cm，上部细，中间向外侧弯曲，淡红色至橙黄色，下部色较淡至白色；两柱状孢托顶部相连，后可断开。孢体长于两柱状孢托顶部内侧，黏液状，暗青褐色，有强烈粪臭味。菌托囊状，包裹着孢托基部，膜质，白色，初期明显，后渐萎缩。担孢子 3.5~4.5×1.5~2.0μm，椭圆形，光滑，淡绿色。

【生境及基物】庭院、林地的草地或富含有机质的地上。

【地理分布】华北、华中、华南地区。

【发生时间】5~9 月。

【毒性】文献记载有毒，但毒性成分不确定。

盾形环柄菇 *Lepiota clypeolaria* (Bull.) P. Kumm.

【别名/俗名】细鳞环柄菇、细环柄菇。

【形态特征】菌盖直径2～8cm，幼时钟形，后半球形至凸透镜形，中部稍凸起，近白色，具淡粉黄色至浅褐色的粉末状鳞片，中部鳞片密集，色较深；边缘垂挂有絮状菌幕残片。菌肉薄，奶油色。菌褶离生，较密，白色，不等长。菌柄5～10×0.3～1.0cm，圆柱形，基部稍膨大，近白色，内软至中空；菌环中上位，膜质，白色，易消失；菌环以上菌柄近光滑，菌环以下被白色至浅黄褐色的绒状鳞片。担孢子10～17×4.5～7.0mm，近梭形，光滑，顶部稍尖，厚壁，无色，拟糊精质。缘生囊状体棒状。侧生囊状体未见。具锁状联合。

【生境及基物】林中草地上。

【地理分布】东北、西南地区。

【发生时间】7～9月。

【毒性】文献记载有毒，但毒性成分不确定。

蛛丝状散尾鬼笔 *Lysurus arachnoideus* (E. Fisch.) Trierv.-Per. & K. Hosaka

【别名/俗名】星头鬼笔。

【形态特征】菌蕾幼时直径2～3cm，卵圆、椭圆或近球形，白色；外包被开裂后形成菌托，中间长出柱状的孢托。孢托成熟时高5～8cm，白色至近白色，顶部中央有一产孢区及周边辐射状的托臂；托臂8～15个，中空，长3.0～3.5cm，向外变细尖。孢体产于产孢区及托臂靠近内侧，初黏粉状，后黏液状，暗褐色，有强烈腥臭味。孢托不育部分（菌柄）5.0～7.5×2.0～2.5cm，圆柱形，海绵质，近白色，中空，顶部有一小孔。菌托苞状，内有透明胶质物。担孢子3.0～3.8×1.5～2.0μm，椭圆形，光滑，无色。

【生境及基物】林下或林缘草地上。

【地理分布】华南、西南地区。

【发生时间】3～7月。

【毒性】文献记载有毒，但毒性成分不确定。

毒性待确定种和分布存疑种

五棱散尾菌 *Lysurus mokusin* (L.) Fr.

【别名/俗名】中华散尾鬼笔、散尾鬼笔、五棱鬼笔、棱柱散尾菌。

【形态特征】菌蕾卵形或近球形，白色。菌体成熟时高8~13cm、宽1.5~3.0cm，毛笔形。孢托柄部（菌柄）7~9×1~2cm，具4~7条纵向棱脊，粉红色至红色；内部脆海绵状。托臂4~7个，长1~3cm，表面具凹槽，红色至粉红色，顶端不育，初期连生，成熟后分开。孢体黏液生于托臂凹槽内，橄榄色至污褐色，黏稠，有臭味。菌托直径2~3cm，近球形，白色至污白色。担孢子4.0~4.5×1~2mm，长椭圆形至杆形，无色，光滑。

【生境及基物】林地、路边草地上。

【地理分布】各地区均有分布。

【发生时间】7~9月。

【毒性】文献记载有毒，但毒性成分不确定。

联柄小皮伞 *Marasmius cohaerens* (Pers.) Cooke & Quél.

【别名/俗名】深山小皮伞。

【形态特征】菌盖直径2.2~2.8cm，初凸透镜形，成熟后近平展，表面橙红色、橙黄色至黄褐色，中部稍暗，有时淡褐色至暗褐色，边缘有时黄色，光滑或有弱条纹，具绒感。菌肉白色，薄。菌褶离生，污白色，密，有时褶缘淡褐色。菌柄3.3~4.6×0.1~0.2cm，圆柱形，上下等粗或基部稍细，光滑，顶部污白色、黄白色、淡褐色至黄褐色，中部红褐色至灰褐色，基部红褐色至褐黑色。担孢子7~10×3~5μm，椭圆形，光滑，薄壁，无色，非淀粉质。缘生囊状体和侧生囊状体刚毛状。具锁状联合。

【生境及基物】林地落叶层或苔藓层上。

【地理分布】东北、华东、华中、华南、西南、西北地区。

【发生时间】9月。

【毒性】文献记载有毒，但毒性成分不确定。

毒性待确定种和分布存疑种

蛇头菌 *Mutinus caninus* (Schaeff.) Fr.

【形态特征】菌蕾卵形或近球形，白色。成熟时菌体高 6～13cm。孢托圆柱形，中空，海绵状，红色，向下渐变浅白色至白色；产孢部分（菌盖）位于孢托上端，与不育部分无明显界限，高 1～2cm，圆锥形，鲜红色，有顶孔；不育部分（菌柄）长 5～11cm，最宽处 0.8～1.0cm，圆柱形，粉红色，向下略浅色。孢体为孢托上端圆锥形可育部分，表面黏稠，墨绿色，干后暗褐色。菌托 3～4×1.5～2.0cm，卵圆形，苞状，白色略带粉红色。担孢子 3.0～4.5×1.5～2.0μm，长椭圆形，光滑，无色至淡青绿色。

【生境及基物】竹林地上。

【地理分布】东北、华北、华南地区。

【发生时间】5～8 月。

【毒性】文献记载有毒，但毒性成分不确定。

新胶鼓菌 *Neobulgaria pura* (Pers.) Petr.

【别名/俗名】紫螺菌。

【形态特征】菌体高 1～2cm、宽 1～4cm，倒圆锥形、陀螺形至近垫状，后期有时可多个相连成近银耳状，半透明胶质，似果冻，有弹性。子实层表面浅黄色、淡肉桂色至赭石褐色，略带淡紫色，近平滑，边缘近波浪状。内部充实，柔软半透明，与子实层表面同色或略淡。子层托淡褐色、灰褐色至暗棕褐色，表面粗糙，颗粒状。无明显气味。菌柄短，深肉桂色。子囊棒状，内含 8 个单行排列的子囊孢子。子囊孢子 8～9×3.5～4.5μm，椭圆形，光滑，透明，内含 2 个油滴。侧丝细圆柱形，不分隔，顶部稍膨大，无色。

【生境及基物】阔叶林腐木上。

【地理分布】东北、华南、西南、西北地区。

【发生时间】7～8 月。

【毒性】文献记载有毒，但毒性成分不确定。

毒性待确定种和分布存疑种

洁丽新香菇 *Neolentinus lepideus* (Fr.) Redhead & Ginns sensu lato

【别名/俗名】豹皮香菇、洁丽香菇、豹皮菇。

【形态特征】菌盖直径5～15cm，钟形或半球形，渐平展或中部下凹，乳白色至浅黄褐色或淡黄色，被深色或浅色大鳞片，边缘钝，幼时开裂或波状。菌肉白色至奶油色，干后软木质。菌褶延生，白色至奶油色，稍稀，褶缘锯齿状。菌柄5～7×1～3cm，偏生，圆柱形，向下渐细，奶油色至浅黄色，基部浅褐色，具褐色至黑褐色鳞片。菌环膜质，但有时老后不明显。担孢子9.2～13.5×3.5～5.5μm，近圆柱形，光滑，无色。

【生境及基物】针叶林腐木上。

【地理分布】各地区均有分布。

【发生时间】8～9月。

【毒性】有人食用，也有文献记载有毒，但毒性成分不确定。

萎垂暗枝瑚菌 *Phaeoclavulina flaccida* (Fr.) Giachini

【别名/俗名】小孢白枝瑚菌、小孢白丛枝、萎垂枝瑚菌。

【形态特征】菌体高2～6cm、宽2～4cm，从基部分枝，二叉至多歧分枝，分枝纤细，直立或弯曲，呈圆柱形或扁平状，有凹槽，末端有细小分枝。表面初为黄白色或淡黄色，成熟后为暗黄色或黄褐色，光滑或有皱纹，有光泽。菌肉淡白色，纤维状，有弹性，味微苦，有轻微的果味。菌柄初白色至米白色，成熟后黄色，与分枝同色。担孢子6.5～9.5×3～4μm，泪滴状或椭圆形，白色至淡黄褐色，具疣突，厚壁，无色，淀粉质，有颗粒状内含物。具锁状联合。

【生境及基物】阔叶林或针叶林地上。

【地理分布】东北地区。

【发生时间】7月。

【毒性】文献记载有毒，但毒性成分不确定。

细皱鬼笔 *Phallus rugulosus* (E. Fisch.) Lloyd

【形态特征】菌体幼时（菌蕾）2~4×1.5~3.0cm，卵圆形至椭圆形，白色至灰白色，后菌盖和菌柄伸出外包被，总高10~18cm。孢托（菌盖）2~4×1~2cm，钟罩形至窄圆锥形，有细皱及小疣，红色至橙红色，被暗橄榄色至墨绿色黏性孢体，有腥臭味，后孢体渐消失；顶端成熟时穿孔。菌柄10~15×1.5~3.0cm，圆柱形，向下渐粗，上端红色至橙红色，向下渐变近白色，海绵状，有蜂窝状凹陷纹。菌托近白色，基部有灰白色菌索，内有透明胶黏物。担孢子4.0~4.5×1.5~2.0μm，短柱状或长椭圆形，薄壁，光滑，近无色至带橄榄绿色。

【生境及基物】林缘、路边、房前屋后地上。

【地理分布】各地区均有分布。

【发生时间】6~9月。

【毒性】文献记载有毒，但毒性成分不确定。

细黄鬼笔 *Phallus tenuis* (E. Fisch.) Kuntze

【形态特征】菌体幼时（菌蕾）卵形，外包被灰白色至淡褐色，成熟后外包被撕裂，菌盖和菌柄伸出外包被。孢托（菌盖）2~3×1~2cm，近圆锥形，顶端平截，成熟时有穿孔，表面具网格，黄色至橙黄色，被橄榄色黏性物质（孢体）。菌柄7~10×1~2cm，圆柱形，黄白色至白色。菌托直径1~3cm，近球形。担孢子2~3×1~2μm，长椭圆形至杆状，无色，光滑。

【生境及基物】针叶林腐殖质层上。

【地理分布】东北、华中、华南、西南地区。

【发生时间】7~9月。

【毒性】文献记载有毒，但毒性成分不确定。

毒性待确定种和分布存疑种

栗褶小脆柄菇 *Psathyrella castaneifolia* (Murrill) A.H. Sm.

【别名/俗名】栗褶疣孢斑褶菇。

【形态特征】菌盖直径4～5cm，初钟形、半球形，渐变凸透镜形至平展，褐色至浅黄褐色，中央褐色至赤褐色，密被辐射状绒毛，成熟时边缘龟裂。菌肉淡黄色，较薄，味微苦，无明显气味。菌褶弯生至直生，紫褐色，不等长，边缘微锯齿状。菌柄5～7×0.4～0.5cm，中生，近棒状，基部稍膨大，初灰白色，后变深至灰褐色，被纤丝，中空。菌环缺失。担孢子8～10×6～7μm，柠檬形，萌发孔处平截，有小疣。缘生囊状体丰富，棒状至圆柱状，薄壁，无色。侧生囊状体稀少，酒瓶形至近纺锤形，薄壁，无色。

【生境及基物】林地或粪堆上。

【地理分布】东北、华南地区。

【发生时间】9月。

【毒性】文献记载有毒，但毒性成分不确定。

烟色红菇 *Russula adusta* (Pers.) Fr.

【别名/俗名】变黑红菇、稀褶红菇、黑菇、火炭菌。

【形态特征】菌盖直径 5~10cm，平展至中部凹陷，淡烟色或浅褐灰色、烟色、棕灰色至深棕灰色，向边缘渐变稍浅色，受伤时变黑色，平滑，湿时稍黏。菌肉白色，厚且坚实，伤变灰色或褐灰色，渐变黑色。菌褶直生或延生，稍密至稀，不等长，鲜时白色，伤或老后变灰黑色。菌柄 2.0~5.5×1.0~2.5cm，圆柱形，白色，后与菌盖同色或稍浅。担孢子 6.9~9.3×6~8μm，近球形，具小疣，疣间相连形成不完整网状。缘生囊状体和侧生囊状体梭形、近梭形或棍棒状，顶端具锥形或乳状突起。

【生境及基物】落叶松或岳桦林地上。

【地理分布】东北地区。

【发生时间】8~9 月。

【毒性】有人食用，但文献记载有毒，实际上很可能是误食了毒性极强的亚稀褶红菇（*R. subnigricans*），要注意它们的区别。

大津粉孢牛肝菌 *Tylopilus otsuensis* Hongo

【形态特征】菌盖直径 5~10cm，半球形、凸透镜形至近平展，有微绒毛至光滑，湿时微黏，橄榄绿色、橄榄绿灰褐色至带紫色的栗褐色，边缘颜色稍淡。菌肉厚约 10mm，白色，伤后缓慢变粉褐色或淡红褐色。菌管长 7~10mm，近柄处稍下凹至离生，污白色至粉白色，伤变粉褐色。孔口每毫米 2 个，近圆形至近多角形，与菌管同色。菌柄 6.0~8.5×1~2cm，圆柱形，与菌盖同色或更深，有纵条纹和类粉末状绒毛，基部菌丝体白色。担孢子 5.0~6.5×4~5μm，宽椭圆形至近卵圆形，光滑，带粉红色。

【生境及基物】针叶林或针阔混交林地上。

【地理分布】华中、华南地区。

【发生时间】5~10 月。

【毒性】文献记载有毒，但毒性成分不确定。

二、国内分布存疑种

根据本书作者的分类学订正及同行的研究，一些"毒蘑菇"在我国曾有记载，甚至影响甚广，但有可能是基于错误鉴定出现在我国各类出版物中，实际上这些物种在国内并未找到可靠的凭证标本。因此，我们判断它们在我国可能没有分布，故将其作为国内分布存疑物种记录于此，有待进一步考证。

1. 包脚蘑菇 Agaricus pequinii (Boud.) Konrad & Maubl. ≡包脚绿褶托菇 Clarkeinda pequinii (Boud.) Sacc. & P. Syd.

《毒蘑菇》（中国科学院微生物研究所真菌组，1975）等有记载，但21世纪以来国内专家在我国尚未发现该种的确切标本。可能是蘑菇属其他种类。

2. 片鳞鹅膏 Amanita agglutinata (Berk. & M.A. Curtis) Lloyd

《毒蘑菇》（中国科学院微生物研究所真菌组，1975）等有记载，但杨祝良（2005）等在我国并未发现该种的确切标本。我国近似种有雀斑鳞鹅 A. avellaneosquamosa (S. Imai) S. Imai 等。

3. 橙红毒鹅膏 Amanita bingensis (Beeli) R. Heim

《毒蘑菇》（中国科学院微生物研究所真菌组，1975）等有记载，但杨祝良（2005）等在我国并未发现该种的确切标本。我国近似种有雀斑鳞鹅膏 A. avellaneosquamosa (S. Imai) S. Imai 等。

4. 块鳞青鹅膏 Amanita excelsa (Fr.) Bertill.

《毒蘑菇》（中国科学院微生物研究所真菌组，1975）等有记载，但杨祝良（2005）等在我国并未发现该种的确切标本。我国近似种有格纹鹅膏 A. fritillaria (Sacc.) Sacc.。

5. 黄毒蝇鹅膏 Amanita flavoconia G.F. Atk.

《毒蘑菇》（中国科学院微生物研究所真菌组，1975）等有记载，但杨祝良（2005）等在我国并未发现该种的确切标本。我国近似种有黄柄鹅膏 A. flavipes S. Imai。

6. 黄赭毒鹅膏 Amanita flavorubescens G.F. Atk.

《毒蘑菇识别》（卯晓岚，1987）等有记载，但杨祝良（2005）等在我国并未发现该种的确切标本。我国近似种有黄柄鹅膏 A. flavipes S. Imai。

7. 白柄黄盖鹅膏 Amanita gemmata (Fr.) Bertill.

《毒蘑菇识别》（卯晓岚，1987）等有记载，但杨祝良（2005）等在我国并未发现该种的确切标本。我国近似种有长柄鹅膏 A. altipes Zhu L. Yang, M. Weiss & Oberw.。

8. 豹斑鹅膏 Amanita pantherina (DC.) Krombh.

《毒蘑菇》（中国科学院微生物研究所真菌组，1975）等有记载，但杨祝良（2005）等在我国并未发现该种的确切标本。我国近似种有小豹斑鹅膏 A. parvipantherina Zhu L. Yang, M. Weiss & Oberw.、假豹斑鹅膏 A. pseudopantherina Zhu L. Yang ex Y.Y. Cui, Q. Cai & Zhu L. Yang 等。

9. 鬼笔鹅膏 Amanita phalloides (Vaill. ex Fr.) Link

《毒蘑菇》（中国科学院微生物研究所真菌组，1975）等有记载，但杨祝良（2005）等在我国并未发现该种的确切标本。我国近似种有假褐云斑鹅膏 A. pseudoporphyria Hongo 等。

10. 角鳞白鹅膏 Amanita solitaria (Bull.) Fr.= 刺头鹅膏 A. echinocephala (Vittad.) Quél.

《毒蘑菇识别》（卯晓岚，1987）等有记载，但杨祝良（2005）等在我国并未发现该种的确切标本。我国近似种有锥鳞白鹅膏 A. virgineoides Bas 等多个有锥状鳞片的种类。

11. 纹缘鹅膏 Amanita spreta (Peck) Sacc.

《毒蘑菇》（中国科学院微生物研究所真菌组，1975）等有记载，但杨祝良（2005）等在我国并未发现该种的确切标本。我国近似种有长条棱鹅膏 A. longistriata S. Imai 等。

12. 松果鹅膏 Amanita strobiliformis (Paulet ex Vittad.) Bertill.

《毒蘑菇》（中国科学院微生物研究所真菌组，1975）等有记载，但杨祝良（2005）等在我国并未发现该种的确切标本。我国近似种有锥鳞白鹅膏 A. virgineoides Bas 等多个有锥状鳞片的种类。

13. 春生鹅膏 Amanita verna Bull. ex Lam.

《毒蘑菇》（中国科学院微生物研究所真菌组，1975）等有记载，但杨祝良（2005）等在我国并未发现该种的确切标本。我国近似种有致命鹅膏 A. exitialis Zhu L. Yang & T.H. Li 等多个白色种类。

14. 白鳞粗柄鹅膏 Amanita vittadinii (Moretti) Vittad.

《毒蘑菇》（中国科学院微生物研究所真菌组，1975）等有记载，但杨祝良（2005）等在我国并未发现该种的确切标本。我国近似种有锥鳞白鹅膏 A. virgineoides Bas 等多个有锥状鳞片的种类。

15. 棱柄金牛肝菌（棱柄条孢牛肝菌）Aureoboletus russellii (Frost) G. Wu & Zhu L. Yang ≡棱柄条孢牛肝菌 Boletellus russellii (Frost) E.-J. Gilbert

卯晓岚（2006）记录该种有毒，但曾念开等在我国并未发现该种的确切标本（Xue et al., 2018）。我国近似种有奇异金牛肝菌

Aureoboletus mirabilis (Murrill) Halling ≡ 奇异条孢牛肝菌 *Boletellus mirabilis* (Murrill) Singer 等（Wu *et al.*，2016b）。

16. 凤梨条孢牛肝菌 *Boletellus ananas* (M.A. Curtis) Murrill.

《毒蘑菇》（中国科学院微生物研究所真菌组，1975）等有记载，但曾念开等在我国并未发现该种的确切标本（Xue *et al.*，2018）。我国近似种有木生条孢牛肝菌 *B. emodensis* (Berk.) Singer 等。

17. 凤梨盖条孢牛肝菌 *Boletellus ananiceps* (Berk.) Singer

毕志树等（1997）研究了国内部分"凤梨条孢牛肝菌 *B. ananas*"标本后发现，其担孢子的纹饰等更接近凤梨盖条孢牛肝菌。后经曾念开和杨祝良进一步研究，我国这些标本应为木生条孢牛肝菌等种类（Zeng and Yang，2011）。

18. 紫红牛肝菌 *Boletus purpureus* Fr.

《毒蘑菇识别》（卯晓岚，1987）等有记载，但赵宽等在我国并未发现该种的确切标本（Zhao *et al.*，2014），可能是红孔牛肝菌属其他种类。

19. 小美牛肝菌 *Boletus speciosus* Frost

《毒蘑菇识别》（卯晓岚，1987）等有记载，但多位牛肝菌专家在我国并未发现该种的确切标本。我国近似种有假小美黄肉牛肝菌 *Butyriboletus pseudospeciosus* Kuan Zhao & Zhu L. Yang 等。

20. 丽柄美牛肝菌 *Caloboletus calopus* (Pers.) Vizzini ≡ *Boletus calopus* Pers.

《毒蘑菇识别》（卯晓岚，1987）等有记载，但赵宽等在我国并未发现其分布（Zhao *et al.*，2014），可能是美牛肝菌属其他种类。

21. 拟根美牛肝菌 *Caloboletus radicans* (Pers.) Vizzini ≡ *Boletus radicans* Pers.

《中国的真菌》（邓叔群，1963）等记载有苦味，后有其他研究者认为它不宜食用且有毒，图力古尔等（2014）将其收入《中国毒蘑菇名录》。赵宽等在我国并未发现其分布（Zhao *et al.*，2014），可能是美牛肝菌属其他种类。

22. 水银杯伞 *Clitocybe opaca* Gillet

《毒蘑菇识别》（卯晓岚，1987）等记载其可能有毒，但近年相关研究并未发现该种的确切标本。我国近似种有深漏斗杯伞 *Infundibulicybe gibba* (Pers.) Harmaja。

23. 奥来丝膜菌 *Cortinarius orellanus* Fr.

《毒蘑菇识别》（卯晓岚，1987）等记载其可能有毒，但近年相关研究并未发现该种的确切标本，可能是丝膜菌属其他种类。

24. 黑蓝粉褶蕈 *Entoloma chalybeum* (Pers.) Noordel.= 蓝艳鳞伞 *Leptonia lazulina* (Fr.) Quél. ≡ 黑蓝赤褶伞 *Rhodophyllus lazulinus* (Fr.) Quél.

《毒蘑菇识别》（卯晓岚，1987）等记载其可能有毒，但近年相关研究并未发现该种的确切标本，可能是粉褶伞属其他种类。

25. 细条盖盔孢伞 *Galerina pectinata* (Sacc.) Courtec.=*Galerina subpectinata* (Murrill) A.H. Sm. & Singer

《毒蘑菇识别》（卯晓岚，1987）等记载其可能有毒，但近年相关研究并未发现该种的确切标本，可能是盔孢伞属其他种类。

26. 褐圆孔牛肝菌 *Gyroporus castaneus* (Bull.) Quél.

《毒蘑菇识别》（卯晓岚，1987）等有记载。21世纪以来，多位牛肝菌专家在我国并未发现该种的确切标本（Huang *et al.*，2021；Xie *et al.*，2022；Zhang *et al.*，2022）。我国近似种有褐圆孔牛肝菌的参照种 *G.* cf. *castaneus*、假长囊圆孔牛肝菌 *G. pseudolongicystidiatus* Ming Zhang *et al.* 等。

27. 紫圆孔牛肝菌（紫圆孢牛肝菌）*Gyroporus purpurinus* Snell ex Singer

国内有研究者认为它有毒，图力古尔等（2014）将其收入《中国毒蘑菇名录》，但近年对圆孔牛肝菌属真菌的研究（Xie *et al.*，2022；Zhang *et al.*，2022）发现我国没有该种的确切标本，可能是其近似种。

28. 网孢牛肝菌 *Heimioporus retisporus* (Pat. & C.F. Baker) E. Horak ≡ 网孢红牛肝菌 *Strobilomyces retisporus* (Pat. & C.F. Baker) Gilbert ≡ 网孢海氏牛肝菌 *Heimiella retisporus* (Pat. & C.F. Baker) Boedijn

《毒蘑菇》（中国科学院微生物研究所真菌组，1975）等有记载，但曾念开等在我国并未发现该种的确切标本（Zeng *et al.*，2018）。我国近似种有日本网孢牛肝菌 *Heimioporus japonicus* (Hongo) E. Horak、长柄网孢牛肝菌 *Heimioporus gaojiaocong* N.K. Zeng & Zhu L. Yang。

29. 近网孢牛肝菌 *Heimioporus subretisporus* (Corner) E. Horak ≡ 网孢红牛肝菌 *Heimiella subretispora* Corner

《毒蘑菇》（中国科学院微生物研究所真菌组，1975）等有记载，但曾念开等在我国并未发现该种的确切标本（Zeng *et al.*，2018）。我国近似种有日本网孢牛肝菌 *Heimioporus japonicus* (Hongo) E. Horak、长柄网孢牛肝菌 *Heimioporus gaojiaocong* N.K. Zeng & Zhu L. Yang。

30. 变黑湿伞 *Hygrocybe conica* (Schaeff.) P. Kumm. ≡ 变黑蜡伞

毒性待确定种和分布存疑种

Hygrophorus conicus (Schaeff.) Fr.

《毒蘑菇》（中国科学院微生物研究所真菌组，1975）等有记载，但王超群等在我国并未发现该种的确切标本（王超群，2017；Wang et al., 2020）。我国近似种有弱柄湿伞 *Hygrocybe debilipes* C.Q. Wang & T.H. Li、灰黑湿伞 *H. griseonigricans* C.Q. Wang & T.H. Li、红尖锥湿伞 *H. rubroconica* C.Q. Wang & T.H. Li 等受伤变黑的种类。

31. 栗褐褐牛肝菌 *Imleria badia* (Fr.) Vizzini ≡ 栗褐绒盖牛肝菌 *Xerocomus badius* (Fr.) E.-J. Gilbert

《毒蘑菇》（中国科学院微生物研究所真菌组，1975）等有记载，但朱学泰等在我国并未发现其分布（Zhu et al., 2014）。我国近似种有暗棕褐牛肝菌 *I. obscurebrunnea* (Hongo) Xue T. Zhu & Zhu L. Yang、亚高山褐牛肝菌 *I. subalpina* Xue T. Zhu & Zhu L. Yang。

32. 褐丝盖伞 *Inocybe brunnea* Quél.

《毒蘑菇》（中国科学院微生物研究所真菌组，1975）等有记载，但图力古尔（2021）在我国并未发现该种的确切标本，可能是其近似种。

33. 毛丝盖伞 *Inocybe caesariata* (Fr.) P. Karst.

《毒蘑菇识别》（卯晓岚，1987）等有记载，但图力古尔（2021）在我国并未发现该种的确切标本，可能是其近似种。

34. 辐射状丝盖伞 *Inocybe radiata* Peck

《毒蘑菇识别》（卯晓岚，1987）等有记载，但图力古尔（2021）在我国并未发现该种的确切标本，可能是其近似种。

35. 毛脚丝盖伞 *Inocybe repanda* (Bull.) Quél.

《毒蘑菇识别》（卯晓岚，1987）等有记载，但图力古尔（2021）在我国并未发现该种的确切标本，可能是其近似种。

36. 裂丝盖伞 *Inocybe rimosa* (Bull.) Kalchbr.

《毒蘑菇识别》（卯晓岚，1987）等有记载，但图力古尔（2021）在我国并未发现该种的确切标本，可能是其近似种。

37. 粗鳞凹孢丝盖伞 *Inosperma calamistratum* (Fr.) Matheny & Esteve-Rav. ≡ 翘鳞丝盖伞 *Inocybe calamistrata* (Fr.) Gillet

《毒蘑菇识别》（卯晓岚，1987）等有记载，但图力古尔（2021）在我国并未发现该种的确切标本，可能是其近似种。

38. 库克歧盖伞 *Inosperma cookei* (Bres.) Matheny & Esteve-Rav. ≡ 库克丝盖伞 *Inocybe cookei* Bres.

《毒蘑菇识别》（卯晓岚，1987）等有记载，但图力古尔（2021）在我国并未发现该种的确切标本，可能是其近似种。

39. 灰褐乳菇 *Lactarius pyrogalus* (Bull.) Fr.

《毒蘑菇》（中国科学院微生物研究所真菌组，1975）等有记载，但在我国暂未发现该种的确切标本。我国近似种有平行乳菇 *L. parallelus* H. Lee, Wisitr. & Y.W. Lim。

40. 棱边马勃（周边少鳞马勃）*Lycoperdon marginatum* Kalchbr.

《毒蘑菇识别》（卯晓岚，1987）等有记载，但近年相关研究并未发现该种的确切标本。我国近似种有网纹马勃 *L. perlatum* Pers. 等。

41. 红柄新牛肝菌 *Neoboletus erythropus* (Pers.) C. Hahn ≡ 红柄牛肝菌 *Boletus erythropus* Pers.

《毒蘑菇识别》（卯晓岚，1987）等有记载，但吴刚等在我国并未发现该种的确切标本（Wu et al., 2016b, 2023；Chai et al., 2019）。我国近似种有红孔新牛肝菌 *N. rubriporus* (G. Wu & Zhu L. Yang) N.K. Zeng et al. 等。

42. 红鬼笔 *Phallus rubicundus* (Bosc) Fr.

《毒蘑菇识别》（卯晓岚，1987）等有记载，但李挺等（2020）在我国并未发现该种的确切标本。我国近似种有细皱鬼笔 *Ph. rugulosus* (E. Fisch.) Lloyd。

43. 杂色鬼笔 *Phallus multicolor* (Berk. & Broome) Cooke ≡ 黄裙竹荪（杂色竹荪）*Dictyophora multicolor* Berk. et Broome

《毒蘑菇识别》（卯晓岚，1987）等有记载，但李挺等（2020）在我国并未发现该种的确切标本。我国近似种有纯黄竹荪 *Ph. luteus* (Liou & L. Hwang) T. Kasuya、变黄竹荪 *Ph. lutescens* T.H. Li et al. 等。

44. 绒毛桩菇 *Paxillus rubicundulus* P.D. Orton

图力古尔等（2014）把我国曾有记载的绒毛桩菇列入《中国毒蘑菇名录》，但近年研究在我国并未发现该种的确切标本。我国近似种有东方桩菇 *P. orientalis* Gelardi, Vizzini, E. Horak & G. Wu 等。

45. 冠状裸盖菇 *Psilocybe coronilla* (Bull.) Noordel. ≡ 冠状球盖菇 *Stropharia coronilla* (Bull.) Quél.

《毒蘑菇识别》（卯晓岚，1987）等有记载，但近年在我国并未发现该种的确切标本，可能是其近似种。

46. 黄粉末牛肝菌（黄粉牛肝菌）*Pulveroboletus ravenelii* (Berk. & M.A. Curtis) Murrill

《毒蘑菇》（中国科学院微生物研究所真菌组，1975）等有记载，但曾念开等并未找到该种的可靠标本或分子序列证据（Zeng et al., 2017）。我国近似种有疸黄粉末牛肝菌 *P. icterinus* (Pat. & C.F. Baker) Watling 等。

毒性待确定种和分布存疑种

47. 丁香枝瑚菌（丁香丛枝菌）*Ramaria mairei* Donk

《毒蘑菇识别》（卯晓岚，1987）等有记载，但近年在我国并未发现该种的确切标本。我国近似种有印滇枝瑚菌 *R. indoyunnaniana* R.H. Petersen & M. Zang 等。

48. 撒旦红孔牛肝菌 *Rubroboletus satanas* (Lenz) Kuan Zhao & Zhu L. Yang ≡ 细网牛肝菌 *Boletus satanas* Lenz

《毒蘑菇》（中国科学院微生物研究所真菌组，1975）等有记载，但赵宽、吴刚等牛肝菌研究专家在我国并未发现该种的确切标本（Zhao *et al.*，2014；Wu *et al.*，2023），可能是其近似种。

49. 密褶红菇 *Russula densifolia* Secr. ex Gillet

《毒蘑菇》（中国科学院微生物研究所真菌组，1975）等有记载，但近年尚未获得可靠标本或分子序列证据。我国近似种有烟色红菇 *R. adusta* (Pers.) Fr.、亚稀褶红菇 *R. subnigricans* Hongo 等受伤变黑的种类。

50. 粉柄红菇 *Russula farinipes* Romell

《毒蘑菇识别》（卯晓岚，1987）等有记载，但 21 世纪以来尚未发现国内有可靠标本或分子序列证据。我国近似种有非凡红菇 *R. insignis* Quél. 等。

51. 臭红菇 *Russula foetens* Pers.

《毒蘑菇》（中国科学院微生物研究所真菌组，1975）等有记载，但近年尚未获得可靠标本或分子序列证据。我国近似种有点柄红菇 *R. punctipes* Singer、非凡红菇 *R. insignis* Quél. 等。

52. 拟臭黄菇 *Russula grata* Britzelm. =*Russula laurocerasi* Melzer

《毒蘑菇识别》（卯晓岚，1987）等有记载，但近年尚未获得可靠标本或分子序列证据。我国近似种有点柄红菇 *R. punctipes* Singer 等。

53. 凯莱红菇（褐紫红菇）*Russula queletii* Fr.

《毒蘑菇》（中国科学院微生物研究所真菌研究组，1975）等有记载，但近年尚未获得可靠标本或分子序列证据。我国近似种有蓝黄红菇 *R. cyanoxantha* (Schaeff.) Fr. 等带紫褐色的种类。

54. 亚臭红菇 *Russula subfoetens* W.G. Sm.

早期报道四川等地有该种分布（Ying，1989），但近年尚未获得可靠标本或分子序列证据。我国近似种有点柄红菇 *R. punctipes* Singer 等。

55. 白硬皮马勃 *Scleroderma albidum* Pat. & Trab.

李海蛟等（Li *et al.*，2021a）报道了这个毒蘑菇，但有研究认为该种在我国可能不存在（Wu *et al.*，2023；曾念开和董全英，2024）。我国近似种有毒硬皮马勃 *S. venenatum* Y.Z. Zhang, C.Y. Sun & Hai J. Li 等。

56. 红网小乳牛肝菌 *Suillellus luridus* (Schaeff.) Murril ≡ 红网牛肝菌 *Boletus luridus* Schaeff.

《毒蘑菇识别》（卯晓岚，1987）等有记载，但崔洋洋等研究认为我国可能没有该种分布（Cui *et al.*，2016）。我国近似种有近杏仁小乳牛肝菌 *S. subamygdalinus* Kuan Zhao & Zhu L. Yang 等。

57. 削脚小乳牛肝菌（削脚牛肝菌）*Suillellus queletii* (Schulzer) Vizzini, Simonini & Gelardi ≡ 削脚牛肝菌 *Boletus queletii* Schulzer

《毒蘑菇识别》（卯晓岚，1987）等有记载，但吴刚等研究认为我国没有该种的确切标本（Wu *et al.*，2016b）。我国近似种有近杏仁小乳牛肝菌 *S. subamygdalinus* Kuan Zhao、红孔新牛肝菌 *Neoboletus rubriporus* (G. Wu & Zhu L. Yang) N.K. Zeng *et al.* 等。

58. 点柄乳牛肝菌（松林小牛肝菌）*Suillus punctatipes* (Snell & E.A. Dick) Singer ≡ 点柄条孢牛肝菌 *Boletinus punctatipes* Snell & E.A. Dick

图力古尔等（2014）将该种收录于《中国毒蘑菇名录》，但 Nguyen 等（2016）、曾念开和董全英（2024）研究认为该种可能为滑皮乳牛肝菌 *S. huapi* N.K. Zeng *et al.* 或其他近似种。

59. 苦口蘑 *Tricholoma acerbum* (Bull. ex Pers.) Quél.

《毒蘑菇识别》（卯晓岚，1987）等有记载，但在我国并未发现该种的确切标本。我国近似种有中华苦口蘑 *T. sinoacerbum* T.H. Li, Hosen & Ting Li。

60. 苦白口蘑 *Tricholoma album* (Schaeff.) P. Kumm.

《毒蘑菇》（中国科学院微生物研究所真菌组，1975）等有记载，但本书作者等研究认为我国没有该种的确切标本。我国近似种有中华苦口蘑 *T. sinoacerbum* T.H. Li, Hosen & Ting Li。

61. 豹斑口蘑 *Tricholoma pardinum* (Pers.) Quél.

《毒蘑菇》（中国科学院微生物研究所真菌组，1975）等有记载，但本书作者等研究认为我国没有该种的确切标本。我国近似种有高地口蘑 *T. highlandense* Zhu L. Yang *et al.*、黑鳞口蘑 *T. nigrosquamosum* (P.G. Liu) Zhu L. Yang & G.S. Wang 等鳞片显著的种类。

62. 虎斑口蘑 *Tricholoma tigrinum* (Schaeff.) Gillet

《毒蘑菇》（中国科学院微生物研究所真菌组，1975）等有记载，但本书作者等研究认为我国没有该种的确切标本。我国近似种有高地口蘑 *T. highlandense* Zhu L. Yang *et al.*、黑鳞口蘑 *T. nigrosquamosum* (P.G. Liu) Zhu L. Yang & G.S. Wang 等鳞片显著的种类。

毒性待确定种和分布存疑种

63. 浅棕粉孢牛肝菌 *Tylopilus ferrugineus* (Frost.) Singer

《中国大型真菌》（卯晓岚，2000）等记载其不宜食用。Li 和 Yang（2021）对粉孢牛肝菌属的研究没有发现该种的确切标本，可能是该属其他近似种。

64. 栗金孢牛肝菌 *Xanthoconium affine* (Peck) Singer

《中国菌蕈》（卯晓岚，2009）标注该种"记载有毒"，但近年在我国并未发现该种的确切标本，可能是该属其他近似种。

65. 亚绒盖牛肝菌 *Xerocomus subtomentosus* (L.) Quél.

国内对该种有较多记载，且有人认为它有毒。图力古尔等（2024）将其收入《中国毒蘑菇新修订名录》。根据近年对该类群的专门深入研究（Xue *et al.*，2023），在我国并未发现该种的确切标本。我国近似种有白绒毛绒盖牛肝菌 *X. albotomentosus* N.K. Zeng *et al.*、暗褐绒盖牛肝菌 *X. fuscatus* N.K. Zeng *et al.*、细皱绒盖牛肝菌 *X. rugosellus* (W.F. Chiu) F.L. Tai 等。

参考文献

包海鹰, 李玉, 图力古尔, 等. 2002. 长白山鹅膏菌肽类毒素的 HPLC 分析 [J]. 菌物系统, 21(2): 234-238.

包海鹰, 图力古尔, 李玉. 1990. 蘑菇的毒性成分及其应用研究现状 [J]. 吉林农业大学学报, (4): 107-113.

毕志树, 李泰辉, 章卫民, 等. 1997. 海南伞菌初志 [M]. 广州: 广东高等教育出版社.

蔡箐, 唐丽萍, 杨祝良. 2012. 大型经济真菌的 DNA 条形码研究: 以我国剧毒鹅膏为例 [J]. 植物分类与资源学报, 34(6): 614-622.

陈长清, 邱泽武, 孙峰瑞, 等. 2002. 肉褐鳞环柄菇急性中毒 5 例报道 [J]. 中国实用医药杂志, 2(10): 110-111.

陈留萍, 赵江, 李海蛟, 等. 2023. 一起拟灰花纹鹅膏菌毒蘑菇食物中毒事件的流行病学调查 [J]. 海峡预防医学杂志, 29(4): 90-93.

陈青君, 刘松. 2013. 北京野生大型真菌图册 [M]. 北京: 中国林业出版社: 1-176.

陈士瑜. 1987. 古代笔记杂志中的毒蕈: 毒蘑菇杂谈之三 [J]. 食用菌, 9(3): 46.

陈作红. 2014. 2000 年以来有毒蘑菇研究新进展 [J]. 菌物学报, 33(3): 493-516.

陈作红. 2020. 丝膜菌属有毒蘑菇及其毒素研究进展 [J]. 菌物学报, 39(9): 1640-1650.

陈作红, 胡劲松, 张志光, 等. 2003. 我国 28 种鹅膏菌主要肽类毒素的检测分析 [J]. 菌物系统, 22(4): 565-573.

陈作红, 梁进军, 韩小彤, 等. 2022. 湖南毒蘑菇识别与中毒防治手册 [M]. 长沙: 湖南师范大学出版社.

陈作红, 杨祝良, 图力古尔, 等. 2016. 毒蘑菇识别与中毒防治 [M]. 北京: 科学出版社.

陈作红, 张平. 2019. 湖南大型真菌图鉴 [M]. 长沙: 湖南师范大学出版社.

陈作红, 张志光, 张平, 等. 1997. 湖南莽山鹅膏菌属真菌资源、分类及其生态特征 [J]. 中国食用菌, 16(6): 27-29.

崔波, 马杰, 李良晨, 等. 1998. 河南的红菇科真菌资源研究（Ⅰ）[J]. 河南科学, 16(2): 193-198.

戴芳澜. 1979 中国真菌总汇 [M]. 北京: 科学出版社.

戴玉成, 杨祝良. 2008. 中国药用真菌名录及部分名称的修订 [J]. 菌物学报, 27(6): 801-824.

戴玉成, 杨祝良. 2018. 中国五种重要食用菌学名新注 [J]. 菌物学报, 37(12): 1572-1577.

戴玉成, 周丽伟, 杨祝良, 等. 2010. 中国食用菌名录 [J]. 菌物学报, 29(1): 1-21.

邓春英, 康超, 向准, 等. 2018. 贵州省毒蘑菇资源名录 [J]. 贵州科学, 36(5): 24-30.

邓叔群. 1963. 中国的真菌 [M]. 北京: 科学出版社.

邓文英, 李桂伍, 葛再伟, 等. 2020. 产于中国西南高山温带森林的二个棒瑚菌新种 [J]. 菌物学报, 39(9): 1684-1693.

傅伟杰, 杨淑荣, 李莲子, 等. 1995. 吉林省毒蘑菇调查初报 [J]. 食用菌, 17(4): 7-8.

郭超, 杨承亮, 李新和, 等. 2013. 一起条盖盔孢伞中毒事件的调查分析 [J]. 药物不良反应杂志, 15(1): 583-587.

郭婷, 杨瑞恒, 汤明霞, 等. 2022. 黄山大型真菌的物种多样性 [J]. 菌物学报, 41(9): 1398-1415.

郝海波. 1978. 毒蕈中毒及抢救治疗 [J]. 河北新医药, (4): 50-53.

何晓玲, 何介元. 1999. 紫灵芝救治蘑菇中毒的疗效分析 [J]. 食用菌学报, 6(3): 47-48.

何志凡, 马海英, 张强, 等. 2020. 一起条盖盔孢伞中毒事件调查 [J]. 中国食品卫生杂志, 32(4): 460-464.

胡贝, 罗玉琼, 李云桥, 等. 2024. 一起糠鳞杆柄鹅膏中毒事件调查分析 [J]. 中国工业医学杂志, 37(2): 217-219.

胡贝, 钟桂红, 何淑娴, 等. 2023. 梅州市一起致命鹅膏中毒事件的调查与分析 [J]. 中国食品卫生杂志, 35(10): 1533-1537.

胡建友. 2002. 胶陀螺中毒二例报告 [J]. 北京医学, 24(3): 216.

胡锦鹄. 1961. 毒蕈中毒（附 24 例临床分析）[J]. 山东医刊, 1(3): 27-29.

胡劲松, 陈作红. 2014. 大孔吸附树脂联合葡聚糖凝胶 Sephadex LH20 分离制备鹅膏肽类毒素的研究 [J]. 菌物学报, 33(3): 549-559.

胡劲松, 陈作红, 张志光, 等. 2003. 我国鹅膏菌新发现种：致命鹅膏 (*Amanita exitialis*) 的肽类毒素分析 [J]. 微生物学报, 43(5): 642-646.

湖南师范学院生物系, 湖南省食杂果品公司. 1979. 湖南主要食用菌和毒菌 [M]. 长沙：湖南科学技术出版社.

黄年来. 1998. 中国大型真菌原色图鉴 [M]. 北京：中国农业出版社.

黄锐尚. 1959. 毒蕈中毒：附四例报告 [J]. 人民军医, 2(11): 912-914.

黄双, 陈作红, 张平. 2015. 条盖盔孢伞子实体及菌丝体中鹅膏毒素检测 [J]. 菌物研究, 13(3): 164-167.

黄智勇, 何意亭, 蒋开义, 等. 1989. 腹膜透析抢救新型毒蕈中毒所致急性肾衰 10 例 [J]. 实用内科杂志, 9(5): 277.

姜奕甫, 郎乐, 张成龙, 等. 2024. 鹅膏环肽类毒素检测技术的研究进展 [J]. 菌物学报, 43(2): 4-18.

兰频, 苏玉婷, 杜望, 等. 2023. 6 例由假残托鹅膏引起的中毒病例临床调查及毒物鉴定研究 [J]. 中国食品卫生杂志, 35(5): 745-748.

黎刚, 屈燧林, 易素兰, 等. 1998. 毒蕈中毒致急性肾功衰竭 43 例临床分析 [J]. 华西医学, 13(2): 174-175.

李海蛟, 陈作红, 蔡箐, 等. 2020. 毒鹿花菌：一个发现于中国的毒蘑菇新种 [J]. 菌物学报, 39(9): 1706-1718.

李海蛟, 孙承业, 乔莉, 等. 2016a. 青褶伞中毒的物种鉴定、中毒特征及救治 [J]. 中华急诊医学杂志, 25(6): 739-743.

李海蛟, 余成敏, 姚群梅, 等. 2016b. 亚稀褶红菇中毒的物种鉴定、地理分布、中毒特征及救治 [J]. 中华急诊医学杂志, 25(6): 733-738.

李海蛟, 章轶哲, 刘志涛, 等. 2022. 云南蘑菇中毒事件中的毒蘑菇物种多样性 [J]. 菌物学报, 41(9): 1416-1429.

李红秋, 郭云昌, 刘志涛, 等. 2024. 2022 年中国大陆食源性疾病暴发监测资料分析 [J]. 中国食品卫生杂志, 36(8): 962-967.

李红秋, 贾华云, 赵帅, 等. 2022. 2021 年中国大陆食源性疾病暴发监测资料分析 [J]. 中国食品卫生杂志, 34(4): 816-821.

李建宗, 胡新文, 彭寅斌. 1993. 湖南大型真菌志 [M]. 长沙：湖南师范大学出版社.

李茹光. 1980. 吉林省有用和有害真菌 [M]. 长春：吉林人民出版社.

李茹光. 1991. 吉林省真菌志：第一卷 担子菌亚门 [M]. 长春：东北师范大学出版社.

李赛男. 2023. 中国丝盖伞科的分类、毒素检测与系统发育学研究 [D]. 长沙：湖南师范大学博士学位论文.

李泰辉, 宋斌. 2002. 中国食用牛肝菌的种类及其分布 [J]. 食用菌学报, 9(2): 22-30.

李挺, 李泰辉, 邓旺秋, 等. 2020. 中国华南及其周边地区分布的两种鬼笔学名订证 [J]. 食用菌学报, 27(4): 155-163.

李西云, 陶汝国, 赵世文. 2003. 云南省 16 年毒蕈引起的食物中毒分析 [J]. 中国食品卫生杂志, 15(1): 49-51.

李娅, 李海蛟, 符阳山, 等. 2023. 急性兰茂牛肝菌中毒的流行病学及临床特点分析 [J]. 临床急诊杂志, 24(5): 258-261, 265.

李毅, 于学忠. 2007. 毒蕈中毒的早期识别与治疗 [J]. 中国实用内科杂志, 27(15): 1172-1173.

李玉, 李泰辉, 杨祝良, 等. 2015. 中国大型菌物资源图鉴 [M]. 郑州：中原农民出版社.

李玉, 图力古尔. 2003. 中国长白山蘑菇 [M]. 北京：科学出版社.

梁嘉祺, 章轶哲, 李海蛟, 等. 2023. 致命鹅膏的研究进展 [J]. 中国急救医学, 43(9): 689-695.

梁嘉祺, 章轶哲, 张宏顺, 等. 2024. 北京市毒蘑菇名录 [J]. 菌物学报, 43(6): 230331.

刘波. 1958. 我国古籍中关于菌类的记述 [J]. 生物学通报, (6): 19-22.

刘登国. 2005. 表现为光敏性皮炎的毒蕈中毒 [J]. 临床误诊误治, 18(12): 1.

刘林东, 杨吉林, 董丽宏, 等. 2012. 联合治疗神经精神型毒蕈中毒 46 例临床分析 [J]. 昆明医学院学报, 33(3): 115-117.

刘润卿, 孙洁芳, 牛宇敏, 等. 2021. 鹅膏毒肽检测方法的研究进展 [J]. 分析测试学报, 40(4): 503-509.

卢中秋, 洪广亮, 孙承业, 等. 2019. 中国蘑菇中毒诊治临床专家共识 [J]. 临床急诊杂志, 20(8): 583-598.

马晓薇, 邓旺秋, 李泰辉, 等. 2013. 一起误食残托斑鹅膏菌引起中毒的调查报告 [J]. 医学动物防制, 29(1): 85-86.

卯晓岚. 1987. 毒蘑菇识别 [M]. 北京：科学普及出版社.

卯晓岚. 1990. 西藏鹅膏菌属的分类研究 [J]. 真菌学报, 9(3): 206-217.

卯晓岚. 1991. 中国鹅膏菌科毒菌及毒素 [J]. 微生物学通报, 18(3): 160-165.

卯晓岚. 1998. 中国经济真菌 [M]. 北京：科学出版社.

卯晓岚. 2000. 中国大型真菌 [M]. 郑州：河南科学技术出版社.

卯晓岚. 2006. 中国毒菌物种多样性及其毒素 [J]. 菌物学报, 25(3): 345-363.

卯晓岚. 2009. 中国蕈菌 [M]. 北京：科学出版社.

卯晓岚, 蒋长坪, 欧珠次仁. 1993. 西藏大型经济真菌 [M]. 北京：北京科学技术出版社.

穆源浦, 张肃. 1992. 1985～1990 年我国毒蕈中毒现状分析 [J]. 卫生研究, 21(3): 151-152.

彭德峰, 董保柱. 1995. 有毒木耳：叶状耳盘菌引起中毒的调查 [J]. 解放军预防医学杂志, 13(2): 144-145.

秦琪, 田恩静, 包海鹰. 2022. 蘑菇毒素分类及其结构式 [J]. 菌物研究, 20(2): 128-140.

裘维蕃. 1973. 云南伞菌的十个新种 [J]. 微生物学报, 13(2): 129-135.

《全国中草药汇编》编写组. 1975. 全国中草药汇编 [M]. 北京：人民卫生出版社.

任成山, 王伟强, 徐梓辉, 等. 2007. 毒蕈中毒 3638 例临床分型的探讨 [J]. 中华内科杂志, 46(3): 229-232.

任荆蕾, 图力古尔. 2016. 吉林省毒蘑菇资源调查 [J]. 菌物研究, 14(2): 86-95.

孙承业, 谢立璟. 2013. 有毒生物 [M]. 北京：人民卫生出版社.

图力古尔. 2014. 中国真菌志：第四十九卷 球盖菇科（一）[M]. 北京：科学出版社.

图力古尔. 2018. 蕈菌分类学 [M]. 北京：科学出版社.

图力古尔. 2019. 吉林农业大学校园蘑菇图册 [M]. 哈尔滨：东北林业大学出版社.

图力古尔. 2021. 中国真菌志：第五十三卷 丝盖伞科 [M]. 北京：科学出版社.

图力古尔. 2024a. 中国真菌志：第七十二卷 球盖菇科（二）[M]. 北京：科学出版社.

图力古尔. 2024b. 中国科尔沁沙地大型真菌多样性 [M]. 北京：科学出版社.

图力古尔, 包海鹰, 李玉. 2014. 中国毒蘑菇名录 [J]. 菌物学报, 33(3): 517-548.

图力古尔, 李海蛟, 包海鹰, 等. 2024. 中国毒蘑菇新修订名录 [J]. 菌物研究, 22(4): 301-321.

图力古尔, 王建瑞, 崔宝凯, 等. 2013. 山东省大型真菌物种多样性 [J]. 菌物学报, 32(4): 643-670.

万蓉, 刘志涛, 李海蛟. 2023. 云南野生毒菌图鉴 [M]. 昆明：云南科技出版社：1-155.

王超群. 2017. 中国蜡伞亚科与湿伞亚科的系统发育与分类研究 [D]. 北京：中国科学院大学博士学位论文.

王迪, 李玉. 2015. 医巫闾山国家级自然保护区大型真菌名录 [J]. 菌物研究, 13(3): 138-145.

王晋鹏, 黄新文, 郑保健. 2015. 以横纹肌溶解为特征的急性毒蕈中毒临床分析 [J]. 上海预防医学, 27(8): 516-517.

王向华. 2020. 红菇科可食真菌的若干分类问题 [J]. 菌物学报, 39(9): 1617-1639.

王云章. 1973. 伞菌的两个新种 [J]. 微生物学报, 13(1): 7-10.

吴金澄. 1976. 毒蕈中毒（附 6 例报告）[J]. 广西卫生, (1): 38-42.

习严梅, 唐雪, 马琳, 等. 2024. 云南省 18 起食用毒沟褶菌致横纹肌溶解综合征的中毒事件分析 [J]. 中华急诊医学杂志, 33(3): 307-311.

谢孟乐. 2022. 中国丝膜菌属形态分类、分子系统及生物地理学研究 [D]. 长春：东北师范大学博士学位论文.

薛金鼎. 1984a. 河南有毒蘑菇（Ⅰ）[J]. 河南科学院学报, 2(2): 50-62.

薛金鼎. 1984b. 河南有毒蘑菇（Ⅱ）[J]. 河南科学院学报, 2(3): 40-48.

薛金鼎. 1986. 河南有毒蘑菇（Ⅲ）[J]. 河南科学, 4(1): 58-60.

杨江英, 吴邦富, 江朝强, 等. 2003. 传统血液净化、血浆置换及 MARS 人工肝救治肝损害型白毒伞类毒蘑菇中毒 [J]. 中国血液净化, 2(7): 395-398.

杨勇. 1986.《吴蕈谱》中记载大型真菌初探 [J]. 西北农林科技大学学报（自然科学版）, 14(2): 83-95.

杨勇. 1991. 从我国典籍中看古代中国对大型真菌的认识 [J]. 湖北农学院学报, (2): 55-61.

杨仲亚. 1984. 毒蕈中毒防治手册 [M]. 北京：人民卫生出版社.

杨祝良. 2000. 中国鹅膏菌属（担子菌）的物种多样性 [J]. 云南植物研究, 22(2): 135-142.

杨祝良. 2005. 中国真菌志：第二十七卷 鹅膏科 [M]. 北京：科学出版社.

杨祝良. 2013. 基因组学时代的真菌分类学：机遇与挑战 [J]. 菌物学报, 32(6): 931-946.

杨祝良. 2015. 中国鹅膏科真菌图志 [M]. 北京：科学出版社.

杨祝良, 王向华, 吴刚. 2022. 云南野生菌 [M]. 北京：科学出版社.

杨祝良, 吴刚, 李艳春, 等. 2021. 中国西南地区常见食用菌和毒菌 [M]. 北京：科学出版社.

应建浙, 臧穆. 1994. 西南地区大型经济真菌 [M]. 北京：科学出版社.

余成敏, 李海蛟. 2020. 中国含鹅膏毒肽蘑菇中毒临床诊断治疗专家共识 [J]. 中华急诊医学杂志（电子版）, 29(2): 171-179.

云南省卫生防疫站. 1961. 云南常见的食菌与毒菌 [M]. 昆明：云南人民出版社.

曾念开, 董全英. 2024. 中国牛肝菌目有毒真菌 [J]. 菌物研究, 22(4): 322-332.

张平, 邓华志, 陈作红, 等. 2015. 湖南壶瓶山大型真菌图鉴 [M]. 长沙：湖南科学技术出版社.

张蕊, 图力古尔. 2012. 鹅膏毒肽与 RNA 聚合酶 Ⅱ 相互作用的研究进展 [J]. 食用菌学报, 19(2): 111-116, 123.

张烁, 李海蛟, 余成敏, 等. 2016. 发光类脐菇中毒事件调查分析 [J]. 中华急诊医学杂志, 25(6): 729-732.

张婷, 傅晓骏. 2017. 毒蕈中毒致横纹肌溶解并多脏器衰竭案例报道 [J]. 中国中西医结合肾病杂志, 18(4): 355-356.

张芝平, 黄信有, 吴春蕾, 等. 2020. 中国福建省南平市两起日本类脐菇中毒事件调查研究 [J]. 中华急诊医学杂志, 29(3): 355-359.

章轶哲, 孙承业, 图力古尔, 等. 2020. 中国青褶伞时空分布研究 [J]. 菌物学报, 39(9): 1759-1765.

郑文康. 1988. 云南食用菌与毒菌图鉴 [M]. 昆明：云南科技出版社.

中国科学院微生物研究所真菌组. 1975. 毒蘑菇 [M]. 北京：科学出版社.

中国科学院微生物研究所真菌组. 1979. 毒蘑菇 [M]. 2 版. 北京：科学出版社.

钟加菊, 李海蛟, 余成敏, 等. 2021a. 叶状耳盘菌中毒诊治三例报告 [J]. 中华急诊医学杂志, 30(6): 754-755.

钟加菊, 李海蛟, 章轶哲, 等. 2021b. 一起误食光硬皮马勃中毒事件调查 [J]. 中国食品卫生杂志, 33(5): 616-619.

周代兴, 李汕生. 1979. 贵州常见的食菌和毒菌及菌中毒的防治 [M]. 贵阳：贵州人民出版社.

周静, 袁媛, 朗楠, 等. 2016. 中国大陆地区蘑菇中毒事件及危害分析 [J]. 中华急诊医学杂志, 25(6): 419-424.

周亚娟, 俞红, 朱姝, 等. 2018. 一起剧毒蘑菇新种假淡红鹅膏中毒事件调查研究 [J]. 中国食品卫生杂志, 30(5): 497-501.

Antkowiak WZ, Gessner WP. 1979. The structures of orellanine and orelline[J]. Tetrahedron Letters, 20(21): 1931-1934.

Antkowiak WZ, Gessner WP. 1985. Photodecomposition of orellanine and orellinine, the fungal toxins of *Cortinarius orellanus* Fries and *Cortinarius speciosissimus*[J]. Experientia, 41(6): 769-771.

Apperley S, Kroeger P, Kirchmair M, *et al.* 2013. Laboratory confirmation of *Amanita smithiana* mushroom poisoning[J]. Clinical Toxicology, 51(4): 249-251.

Arima Y, Nitta M, Kuninaka S, *et al.* 2005. Transcriptional blockade induces p53-dependent apoptosis associated with translocation of p53 to mitochondria[J]. Journal of Biological Chemistry, 280(19): 19166-19176.

Bedry R, Baudrimont I, Deffieux G, *et al.* 2001. Wild-mushroom intoxication as a cause of rhabdomyolysis[J]. The New England Journal of Medicine, 345(11): 798-802.

Benjamin DR. 1995. Mushrooms: Poisons and Panaceas, A Handbook for Naturalists, Mycologists and Physicians[M]. New York: W. H. Freeman and Company.

Berger KJ, Guss DA. 2005a. Mycotoxins revisited: Part Ⅰ [J]. The Journal of Emergency Medicine, 28(2): 53-62.

Berger KJ, Guss DA. 2005b. Mycotoxins revisited: Part II [J]. The Journal of Emergency Medicine, 28(2): 175-183.

Bergis D, Friedrich-Rust M, Zeuzem S, et al. 2012. Treatment of *Amanita phalloides* intoxication by fractionated plasma separation and adsorption (Prometheus®)[J]. Journal of Gastrointestinal and Liver Diseases, 21(2): 171-176.

Brueckner F, Cramer P. 2008. Structural basis of transcription inhibition by alpha-amanitin and implications for RNA polymerase II translocation[J]. Nature Structural & Molecular Biology, 15(8): 811-818.

Bushnell DA, Cramer P, Kornberg RD. 2002. Structural basis of transcription: alpha-amanitin-RNA polymerase II cocrystal at 2.8 Å resolution[J]. Proceedings of the National Academy of Sciences of the United States of America, 99(3): 1218-1222.

Buvall L, Hedman H, Khramova A, et al. 2017. Orellanine specifically targets renal clear cell carcinoma[J]. Oncotarget, 8: 91085-91098.

Cai Q, Chen ZH, He ZM, et al. 2018. *Lepiota venenata*, a new species related to toxic mushroom in China[J]. Journal of Fungal Research, 16(2): 63-69.

Cai Q, Cui YY, Yang ZL. 2016. Lethal *Amanita* species in China[J]. Mycologia, 108(5): 993-1009.

Cai Q, Tulloss RE, Tang LP, et al. 2014. Multi-locus phylogeny of lethal amanitas: implications for species diversity and historical biogeography[J]. BMC Evolutionary Biology, 14: 143.

Cantin-Esnault D, Richard JM, Jeunet A. 1998. Generation of oxygen radicals from iron complex of orellanine, a mushroom nephrotoxin; preliminary ESR and spin-trapping studies[J]. Free Radical Research, 28(1): 45-58.

Chai H, Liang ZQ, Xue R, et al. 2019. New and noteworthy boletes from subtropical and tropical China[J]. MycoKeys, 46: 55-96.

Chen ZH, Zhang P, Zhang ZG. 2014. Investigation and analysis of 102 mushroom poisoning cases in Southern China from 1994 to 2012[J]. Fungal Diversity, 64(1): 123-131.

Courtecuisse R, Duhem B. 1995. Mushrooms and Toadstools of Britain and Europe[M]. London: Harper Collins.

Courtin P, Gallardo M, Berrouba A, et al. 2009. Renal failure after ingestion of *Amanita proxima*[J]. Clinical Toxicology, 47(9): 906-908.

Cui YY, Cai Q, Tang LP, et al. 2018. The family Amanitaceae: molecular phylogeny, higher-rank taxonomy and the species in China[J]. Fungal Diversity, 91(1): 5-230.

Cui YY, Feng B, Wu G, et al. 2016. Porcini mushrooms (*Boletus* sect. *Boletus*) from China[J]. Fungal Diversity, 81(1): 189-212.

Danel VC, Saviuc PF, Garon D. 2001. Main features of *Cortinarius* spp. poisoning: a literature review[J]. Toxicon, 39(7): 1053-1060.

Dehmlow EV, Schulz HJ. 1985. Synthesis of orellanine the lethal poison of a toadstool[J]. Tetrahedron Letters, 26(40): 4903-4906.

Deng LS, Kang R, Zeng NK, et al. 2021. Two new *Inosperma* (Inocybaceae) species with unexpected muscarine contents from tropical China[J]. MycoKeys, 85: 87-108.

Deng LS, Yu WJ, Zeng NK, et al. 2022. A new muscarine-containing *Inosperma* (Inocybaceae, Agaricales) species discovered from one poisoning incident occurring in tropical China[J]. Frontiers in Microbiology, 13: 923435.

Deng WQ, Li TH, Xi PG, et al. 2011. Peptide toxin components of *Amanita exitialis* basidiocarps[J]. Mycologia, 103(5): 946-949.

Diaz JH. 2005. Syndromic diagnosis and management of confirmed mushroom poisonings[J]. Critical Care Medicine, 33(2): 427-436.

Diaz JH. 2018. Amatoxin-containing mushroom poisonings: species, toxidromes, treatments, and outcomes[J]. Wilderness & Environmental Medicine, 29(1): 111-118.

Dinis-Oliveira RJ, Soares M, Rocha-Pereira C, et al. 2016. Human and experimental toxicology of orellanine[J]. Human & Experimental Toxicology, 35(9): 1016-1029.

Ginterová P, Sokolová B, Ondra P, et al. 2014. Determination of mushroom toxins ibotenic acid, muscimol and muscarine by capillary electrophoresis coupled with electrospray tandem mass spectrometry[J]. Talanta, 125: 242-247.

Graeme KA. 2014. Mycetism: a review of the recent literature[J]. Journal of Medical Toxicology, 10(2): 173-189.

Grzymala S. 1962. L'isolement de l'orellanine poison du *Cortinarius orellanus* Fries et l'etude de ses effets anatomo-pathologiques[J]. Bulletin de Societe Mycologique France, 78: 394-404.

Grzymala S. 1965. Etude clinique des intoxications par les champignons du genre *Cortinarius orellanus* Fr.[J]. Bulletin Medecine Legale Toxicologie, 8: 60-70.

Guzmán G. 2005. Species diversity of the genus *Psilocybe* (Basidiomycotina, Agaricales, Strophariaceae) in the world mycobiota, with special attention to hallucinogenic properties[J]. International Journal of Medicinal Mushrooms, 7(1-2): 305-331.

Habtemariam S. 1996. Cytotoxicity of extracts from the mushroom *Paxillus involutus*[J]. Toxicon, 34(6): 711-713.

He MQ, Wang MQ, Chen ZH, *et al.* 2022. Potential benefits and harms: a review of poisonous mushrooms in the world[J]. Fungal Biology Reviews, 42: 56-68.

He ZM, Chen ZH, Bau T, *et al.* 2023. Systematic arrangement within the family Clitocybaceae (Tricholomatineae, Agaricales): phylogenetic and phylogenomic evidence, morphological data and muscarine-producing innovation[J]. Fungal Diversity, 123(1): 1-47.

Herrmann A, Hedman H, Rosén J, *et al.* 2012. Analysis of the mushroom nephrotoxin orellanine and its glucosides[J]. Journal of Natural Products, 75(10): 1690-1696.

Huang C, Zhang M, Wu XL, *et al.* 2021. Cyanescent *Gyroporus* (Gyroporaceae, Boletales) from China[J]. MycoKeys, 81: 165-183.

Iwafuchi Y, Morita T, Kobayashi H, *et al.* 2003. Delayed onset acute renal failure associated with *Amanita pseudoporphyria* Hongo ingestion[J]. Internal Medicine, 42(1): 78-81.

Judge BS, Ammirati JF, Lincoff GH, *et al.* 2010. Ingestion of a newly described North American mushroom species from Michigan resulting in chronic renal failure: *Cortinarius orellanosus*[J]. Clinical Toxicology, 48(6): 545-549.

Kaplan CD, Larsson KM, Kornberg RD. 2008. The RNA polymerase II trigger loop functions in substrate selection and is directly targeted by alpha-amanitin[J]. Molecular Cell, 30(5): 547-556.

Karlson-Stiber C, Persson H. 2003. Cytotoxic fungi: an overview[J]. Toxicon, 42(4): 339-349.

Kirchmair M, Carrilho P, Pfab R, *et al.* 2012. *Amanita* poisonings resulting in acute, reversible renal failure: new cases, new toxic *Amanita* mushrooms[J]. Nephrology, Dialysis, Transplantation, 27(4): 1380-1386.

Leathem AM, Purssell RA, Chan VR, *et al.* 1997. Renal failure caused by mushroom poisoning[J]. Journal of Toxicology: Clinical Toxicology, 35(1): 67-75.

Lee PT, Wu ML, Tsai WJ, *et al.* 2001. Rhabdomyolysis: an unusual feature with mushroom poisoning[J]. American Journal of Kidney Diseases, 38(4): E17.

Leist M, Gantner F, Naumann H, *et al.* 1997. Tumor necrosis factor-induced apoptosis during the poisoning of mice with hepatotoxins[J]. Gastroenterology, 112(3): 923-934.

Li HJ, Xie JW, Zhang S, *et al.* 2015. *Amanita subpallidorosea*, a new lethal fungus from China[J]. Mycological Progress, 14(6): 43.

Li HJ, Zhang HS, Zhang YZ, *et al.* 2020. Mushroom poisoning outbreaks–China, 2019[J]. China CDC Weekly, 2(2): 19-27.

Li HJ, Zhang HS, Zhang YZ, *et al.* 2021a. Mushroom poisoning outbreaks–China, 2020[J]. China CDC Weekly, 3(3): 41-50.

Li HJ, Zhang HS, Zhang YZ, *et al.* 2022a. Mushroom poisoning outbreaks–China, 2021[J]. China CDC Weekly, 4(3): 35-40.

Li HJ, Zhang YZ, Zhang HS, *et al.* 2023. Mushroom poisoning outbreaks–China, 2022[J]. China CDC Weekly, 5(3): 45-50.

Li HJ, Zhang YZ, Zhang HS, *et al.* 2024. Mushroom poisoning outbreaks–China, 2023[J]. China CDC Weekly, 6(4): 64-68.

Li SN, Xu F, Jiang M, *et al.* 2021b. Two new toxic yellow *Inocybe* species from China: morphological characteristics, phylogenetic analyses and toxin detection[J]. MycoKeys, 81: 185-204.

Li SN, Xu F, Long P, *et al.* 2022b. Five new species of *Inosperma* from China: morphological characteristics, phylogenetic analyses and toxin detection[J]. Frontiers in Microbiology, 13: 1021583.

Li YC, Yang ZL. 2021. The Boletes of China: *Tylopilus* s.l.[M]. Singapore: Springer.

Li YK, Yuan Y, Liang JF. 2014. Morphological and molecular evidence for a new species of *Psilocybe* from southern China[J]. Mycotaxon, 129(2): 221-222.

Lima AD, Costa Fortes R, Carvalho Garbi Novaes MR, *et al.* 2012. Poisonous mushrooms: a review of the most common intoxications[J]. Nutricion Hospitalaria, 27(2): 402-408.

Lin S, Mu M, Yang F, *et al.* 2015. *Russula subnigricans* poisoning: from gastrointestinal symptoms to rhabdomyolysis[J]. Wilderness & Environmental Medicine, 26(3): 380-383.

Lincoff G, Mitchel DH. 1977. Toxic and Hallucinogenic Mushroom Poisoning[M]. New York: Van Nostrand Reinhold Company.

Lindell TJ, Weinberg F, Morris PW, *et al.* 1970. Specific inhibition of nuclear RNA polymerase II by alpha-amanitin[J]. Science, 170(3956): 447-449.

Long P, Fan FX, Xu B, *et al.* 2020. Determination of amatoxins in *Lepiota brunneoincarnata* and *Lepiota venenata* by high-performance liquid chromatography coupled with mass spectrometry[J]. Mycobiology, 48(3): 204-209.

Luis IS, Rafael B. 2016. Acute liver failure caused by mushroom poisoning: still a fork in the road[J]. Liver International, 36(7): 952-953.

Ma J, Xia J, Li HJ, *et al.* 2023 Four cases of reported adverse effects from black boletoi, *Anthracoporus nigropurpureus* (Boletaceae) mushroom ingestion[J]. Toxicon, 230: 107155.

Ma T, Feng Y, Lin XF, *et al.* 2014. *Psilocybe chuxiongensis*, a new bluing species from subtropical China[J]. Phytotaxa, 156(4): 211-220.

Ma T, Ling XF, Hyde KD. 2016. Species of *Psilocybe* (Hymenogastraceae) from Yunnan, southwest China[J]. Phytotaxa, 284(3): 181-193.

Magdalan J, Ostrowska A, Piotrowska A, *et al.* 2010. Alpha-amanitin induced apoptosis in primary cultured dog hepatocytes[J]. Folia Histochemica et Cytobiologica, 48(1): 58-62.

Magdalan J, Piotrowska A, Gomułkiewicz A, *et al.* 2011a. Benzylpenicyllin and acetylcysteine protection from α-amanitin-induced apoptosis in human hepatocyte cultures[J]. Experimental and Toxicologic Pathology, 63(4): 311-315.

Magdalan J, Piotrowska A, Gomułkiewicz A, *et al.* 2011b. Influence of commonly used clinical antidotes on antioxidant systems in human hepatocyte culture intoxicated with alpha-amanitin[J]. Human & Experimental Toxicology, 30(1): 38-43.

Mao N, Xu YY, Zhao TY, *et al.* 2022. New species of *Mallocybe* and *Pseudosperma* from North China[J]. Journal of Fungi, 8(3): 256.

Matsuura M, Saikawa Y, Inui K, *et al.* 2009. Identification of the toxic trigger in mushroom poisoning[J]. Nature Chemical Biology, 5(7): 465-467.

Michelot D, Melendez-Howell LM. 2003. *Amanita muscaria*: chemistry, biology, toxicology, and ethnomycology[J]. Mycological Research, 107(2): 131-146.

Michelot D, Toth B. 1991. *Gyromitra esculenta*: a review[J]. Journal of Applied Toxicology, 11: 235-243.

Musshoff F, Madea B, Beike J. 2000. Hallucinogenic mushrooms on the German market-simple instructions for examination and identification[J]. Forensic Science International, 113(1-3): 389-395.

Nguyen NH, Vellinga EC, Bruns TD, *et al.* 2016. Phylogenetic assessment of global *Suillus* ITS sequences supports morphologically defined species and reveals synonymous and undescribed taxa[J]. Mycologia, 108(6): 1216-1228.

Nguyen VT, Giannoni F, Dubois MF, *et al.* 1996. *In vivo* degradation of RNA polymerase II largest subunit triggered by alpha-amanitin[J]. Nucleic Acids Research, 24(15): 2924-2929.

Nilsson UA, Nyström J, Buvall L, *et al.* 2008. The fungal nephrotoxin orellanine simultaneously increases oxidative stress and down-regulates cellular defenses[J]. Free Radical Biology and Medicine, 44(8): 1562-1569.

Nusair SD, Abandah B, Al-Share QY, *et al.* 2023. Toxicity induced by orellanine from the mushroom *Cortinarius orellanus* in primary renal tubular proximal epithelial cells (RPTEC): novel mechanisms of action[J]. Toxicon, 235: 107312.

Oubrahim H, Richard JM, Cantin-Esnault D. 1998. Peroxidase-mediated oxidation, a possible pathway for activation of the fungal nephrotoxin orellanine and related compounds.ESR and spin-trapping studies[J]. Free Radical Research, 28(5): 497-505.

Oubrahim H, Richard JM, Cantin-Esnault D, *et al.* 1997. Novel methods for identification and quantification of the mushroom nephrotoxin orellanine: thin-layer chromatography and electrophoresis screening of mushrooms with electron spin resonance determination of the toxin[J]. Journal of Chromatography A, 758(1): 145-157.

Passie T, Seifert J, Schneider U, *et al.* 2002. The pharmacology of psilocybin[J]. Addict Biol, 7(4): 357-364.

Pillukat MH, Schomacher T, Baier P, *et al.* 2016. Early initiation of MARS dialysis in *Amanita phalloides*-induced acute liver injury prevents liver transplantation[J]. Annals of Hepatology, 15(5): 775-787.

Poucheret P, Fons F, Doré JC, *et al.* 2010. Amatoxin poisoning treatment decision-making: pharmaco-therapeutic clinical strategy assessment using multidimensional multivariate statistic analysis[J]. Toxicon, 55(7): 1338-1345.

Pradhan SC, Girish C. 2006. Hepatoprotective herbal drug, silymarin from experimental pharmacology to clinical medicine[J]. Pharmacognosy Reviews, 2(3): 102-109.

Prast H, Werner ER, Pfaller W, *et al.* 1988. Toxic properties of the mushroom *Cortinarius orellanus*. Ⅰ. Chemical characterization of the main toxin of *Cortinarius orellanus* (Fries) and *Cortinarius speciosissimus* (Kühn and Romagn) and acute toxicity in mice[J]. Archives of Toxicology, 62(1): 81-88.

Richard JM, Cantin-Esnault D, Jeunet A. 1995. First electron spin resonance evidence for the production of semiquinone and oxygen free radicals from orellanine, a mushroom nephrotoxin[J]. Free Radical Biology and Medicine, 19(4): 417-429.

Richard JM, Creppy EE, Benoit-Guyod JL, *et al.* 1991. Orellanine inhibits protein synthesis in Madin-Darby canine kidney cells, in rat liver mitochondria, and *in vitro*: indication for its activation prior to *in vitro* inhibition[J]. Toxicology, 67(1): 53-62.

Richard JM, Louis J, Cantin D. 1988. Nephrotoxicity of orellanine, a toxin from the mushroom *Cortinarius orellanus*[J]. Archives of Toxicology, 62(2/3): 242-245.

Ruedl C, Gstraunthaler G, Moser M. 1989. Differential inhibitory action of the fungal toxin orellanine on alkaline phosphatase isoenzymes[J]. Biochimica et Biophysica Acta, 991: 280-283.

Saviuc P, Danel V. 2006. New syndromes in mushroom poisoning[J]. Toxicological Reviews, 25(3): 199-209.

Schumacher TK, Høiland K. 1983. Mushroom poisoning caused by species of the genus *Cortinarius* (Fries) [J]. Archives of Toxicology, 53(2): 87-107.

Schmutz M, Carron PN, Yersin B, *et al.* 2016. Mushroom poisoning: a retrospective study concerning 11-years of admissions in a Swiss Emergency Department[J]. Internal and Emergency Medicine, 13(1): 59-67.

Shao D, Tang S, Healy RA, *et al.* 2016. A novel orellanine containing mushroom *Cortinarius armillatus*[J]. Toxicon, 114: 65-74.

Spoerke DG, Rumack BH. 1994. Handbook of Mushroom Poisoning: Diagnosis and Treatment[M]. London: CRC Press.

Su YT, Cai Q, Qin WQ, *et al.* 2022. Two new species of *Amanita* section *Amanita* from central China[J]. Mycological Progress, 21(9): 78.

Su YT, Liu J, Yang DN, *et al.* 2023. Determination of ibotenic acid and muscimol in species of the genus *Amanita* section *Amanita* from China[J]. Toxicon, 233: 107257.

Takahashi A, Agatsuma T, Matsuda M, *et al.* 1992. Russuphelin A, a new cytotoxic substance from the mushroom *Russula subnigricans* Hongo[J]. Chemical & Pharmaceutical Bulletin, 40(12): 3185-3188.

Takahashi A, Agatsuma T, Ohta T, *et al.* 1993. Russuphelins B, C, D, E and F, new cytotoxic substances from the mushroom *Russula subnigricans* Hongo[J]. Chemical & Pharmaceutical Bulletin, 41(10): 1726-1729.

Tang SS, Zhou Q, He ZM, *et al.* 2016. Cyclopeptide toxins of lethal amanitas: compositions, distribution and phylogenetic implication[J]. Toxicon, 120: 78-88.

Tylš F, Páleníček T, Horáček J. 2014. Psilocybin: summary of knowledge and new perspectives[J]. European Neuropsychopharmacology, 24(3): 342-356.

Vardar R, Gunsar F, Ersoz G, *et al.* 2010. Efficacy of fractionated plasma separation and adsorption system (Prometheus) for treatment of liver failure due to mushroom poisoning. Hepatogastroenterology, 57(99-100): 573-577.

Walton DJ. 2018. The Cyclic Peptide Toxins of *Amanita* and Other Poisonous Mushrooms[M]. Gewerbestrasse: Springer International Publishing AG.

Wang CQ, Zhang M, Li TH. 2020. Three new species from Guangdong Province of China, and a molecular assessment of *Hygrocybe* subsection *Hygrocybe*[J]. MycoKeys, 75: 145-161.

Wang D, Bushnell DA, Westover KD, *et al.* 2006. Structural basis of transcription: role of the trigger loop in substrate specificity and catalysis[J]. Cell, 127(5): 941-954.

Wang H, Wang Y, Shi FF, *et al.* 2020. A case report of acute renal failure caused by *Amanita neoovoidea* poisoning in Anhui Province, eastern China[J]. Toxicon, 173: 62-67.

Wang XH, Nuytinck J, Verbeken A. 2015. *Lactarius vividus* sp. nov. (Russulaceae, Russulales), a widely distributed edible mushroom in central and southern China[J]. Phytotaxa, 231(1): 63-72.

Warden CR, Benjamin DR. 1998. Acute renal failure associated with suspected *Amanita smithiana* mushroom ingestions: a case series[J]. Academic Emergency Medicine, 5(8): 808-812.

Wei JH, Wu JF, Chen J, *et al.* 2017. Determination of cyclopeptide toxins in *Amanita subpallidorosea* and *Amanita virosa* by high-performance liquid chromatography coupled with high-resolution mass spectrometry[J]. Toxicon, 133: 26-32.

West PL, Lindgren J, Horowitz BZ. 2009. *Amanita smithiana* mushroom ingestion: a case of delayed renal failure and literature review[J]. Journal of Medical Toxicology, 5(1): 32-38.

White J, Weinstein SA, De Haro L, *et al.* 2019. Mushroom poisoning: a proposed new clinical classification[J]. Toxicon, 157: 53-65.

Wieland H. 1986. Peptides of Poisonous *Amanita* Mushrooms[M]. Berlin: Springer-Verlag New York Inc.: 1-256.

Winkelmann M, Stangel W, Schedel I, *et al.* 1986. Severe hemolysis caused by antibodies against the mushroom *Paxillus involutus* and its therapy by plasma exchange[J]. Klinische Wochenschrift, 64(19): 935-938.

Wu F, Yuan Y, Malysheva VF, *et al.* 2014. Species clarification of the most important and cultivated *Auricularia* mushroom "Heimuer": evidence from morphological and molecular data[J]. Phytotaxa, 186(5): 241-253.

Wu F, Zhou LW, Yang ZL, *et al.* 2019. Resource diversity of Chinese macrofungi: edible, medicinal and poisonous species[J]. Fungal Diversity, 98(1): 1-76.

Wu G, Li HJ, Horak E, *et al.* 2023. New taxa of Boletaceae from China[J]. Mycosphere, 14(1): 745-746.

Wu G, Li YC, Zhu XT, *et al.* 2016b. One hundred noteworthy boletes from China[J]. Fungal Diversity, 81(1): 25-188.

Wu H, Tang S, Huang Z, *et al.* 2016a. Hepatoprotective effects and mechanisms of action of triterpenoids from Lingzhi or Reishi medicinal mushroom *Ganoderma lucidum* (Agaricomycetes) on α-amanitin-induced liver injury in mice[J]. International Journal of Medicinal Mushrooms, 18(9): 841-850.

Wu R, Zhou LR, Qu H, *et al.* 2023. Updates on *Scleroderma*: four new species of section *Scleroderma* from southwestern China[J]. Diversity, 15(6): 775.

Wu X, Zeng J, Hu JS, *et al.* 2013. Hepatoprotective effects of aqueous extract from Lingzhi or Reishi medicinal mushroom *Ganoderma lucidum* (higher basidiomycetes) on α-amanitin-induced liver injury in mice[J]. International Journal of Medicinal Mushrooms, 15(4): 383-391.

Xie HJ, Tang LP, Mu M, *et al.* 2022. A contribution to knowledge of *Gyroporus* (Gyroporaceae, Boletales) in China: three new taxa, two previous species, and one ambiguous taxon[J]. Mycological Progress, 21(1): 71-92.

Xu F, Gong BL, Xu ZX, *et al.* 2020a. Reverse-phase/phenylboronic-acid-type magnetic microspheres to eliminate the matrix effects in amatoxin and phallotoxin determination *via* ultrahigh-performance liquid chromatography-tandem mass spectrometry[J]. Food Chemistry, 332: 127394.

Xu F, Zhang YZ, Zhang YH, *et al.* 2020b. Mushroom poisoning from *Inocybe serotina*: a case report from Ningxia, Northwest China with exact species identification and muscarine detection[J]. Toxicon, 179: 72-75.

Xue R, Chai H, Wang Y, *et al.* 2018. Species clarification of the locally famous mushroom *Suillus placidus* from the south of China with description of *S. huapi* sp. nov. [J]. Phytotaxa, 371(4): 251-259.

Xue R, Zhang X, Xu C, *et al.* 2023. The subfamily Xerocomoideae (Boletaceae, Boletales) in China[J]. Studies in Mycology, 106: 95-197.

Yan YY, Zhang YZ, Vauras J, *et al.* 2022. *Pseudosperma arenarium* (Inocybaceae), a new poisonous species from Eurasia, based on morphological, ecological, molecular and biochemical evidence[J]. MycoKeys, 92: 79-93.

Yang S, Wen D, Zheng FS, *et al*. 2024. Simple and rapid detection of three amatoxins and three phallotoxins in human body fluids by UPLC-MS-MS and its application in 15 poisoning cases[J]. Journal of Analytical Toxicology, 48(1): 44-53.

Yang WS, Lin CH, Huang JW, *et al*. 2006. Acute renal failure caused by mushroom poisoning[J]. Taiwan Yi Zhi, 105(3): 263-267.

Yang ZL. 1997. Die *Amanita*-Arten von Südwestchina[J]. Bibliotheca Mycologica, 170: 1-240.

Yang ZL. 2000a. Species diversity of the genus *Amanita* (Basidiomycetes) in China[J]. Acta Botanica Yunnanica, 22: 135-142.

Yang ZL. 2000b. Revision of the Chinese *Amanita* collections deposited in BPI and CUP[J]. Mycotaxon, 75: 117-130.

Yang ZL, Ding XX, Kost G, *et al*. 2017. New species in the *Tricholoma pardinum* complex from Eastern Himalaya[J]. Phytotaxa, 305(1): 1.

Yang ZL, Li TH. 2001. Notes on three white *Amanitae* of section *Phalloideae* (Amanitaceae) from China[J]. Mycotaxon, 78: 439-448.

Yang ZL, Li YC, Tang LP, *et al*. 2012. *Trogia venenata* (Agaricales), a novel poisonous species which has caused hundreds of deaths in southwestern China[J]. Mycological Progress, 11(4): 937-945.

Yao Y, Zhang YZ, Liang JQ, *et al*. 2024. Mushroom poisoning of *Panaeolus subbalteatus* from Ningxia, northwest China, with species identification and tryptamine detection[J]. Toxicon, 247: 107849.

Yin X, Yang AA, Gao JM. 2019. Mushroom toxins: chemistry and toxicology[J]. Journal of Agricultural and Food Chemistry, 67: 5053-5071.

Ying JZ. 1989. Studies on the genus *Russula* Pers. from China I. new taxa of *Russula* from China[J]. Mycosystema, 8(3): 205-209.

Zeng NK, Chai H, Liang ZQ, *et al*. 2018. The genus *Heimioporus* in China[J]. Mycologia, 110(6): 1110-1126.

Zeng NK, Liang ZQ, Tang LP, *et al*. 2017. The genus *Pulveroboletus* (Boletaceae, Boletales) in China[J]. Mycologia, 109(3): 422-442.

Zeng NK, Tang LP, Li YC, *et al*. 2013. The genus *Phylloporus* (Boletaceae, Boletales) from China: morphological and multilocus DNA sequence analyses[J]. Fungal Diversity, 58(1): 73-101.

Zeng NK, Yang ZL. 2011. Notes on two species of *Boletellus* (Boletaceae, Boletales) from China[J]. Mycotaxon, 115: 413-423.

Zhang J, Zhang Y, Peng Z, *et al*. 2014. Experience of treatments of *Amanita phalloides*-induced fulminant liver failure with molecular adsorbent recirculating system and therapeutic plasma exchange[J]. Asaio Journal, 60(4): 407-412.

Zhang M, Xie DC, Wang CQ, *et al*. 2022. New insights into the genus *Gyroporus* (Gyroporaceae, Boletales), with establishment of four new sections and description of five new species from China[J]. Mycology, 13(3): 223-242.

Zhang P, Chen ZH, Xiao B, *et al*. 2010. Lethal amanitas of East Asia characterized by morphological and molecular data[J]. Fungal Diversity, 42(1): 119-133.

Zhang YZ, Zhang KP, Zhang HS, *et al*. 2019. *Lepiota subvenenata* (Agaricaceae, Basidiomycota), a new poisonous species from southwestern China[J]. Phytotaxa, 400(5): 265-272.

Zhao K, Wu G, Feng B, *et al*. 2014. Molecular phylogeny of *Caloboletus* (Boletaceae) and a new species in East Asia[J]. Mycological Progress, 13(4): 1001.

Zhao LN, Yu WJ, Deng LS, *et al*. 2022. Phylogenetic analyses, morphological studies, and muscarine detection reveal two new toxic *Pseudosperma* (Inocybaceae, Agaricales) species from tropical China[J]. Mycological Progress, 21(9): 75.

Zheleva A, Tolekova A, Zhelev M, *et al*. 2007. Free radical reactions might contribute to severe alpha amanitin hepatotoxicity: a hypothesis[J]. Medical Hypotheses, 69(2): 361-367.

Zhou ZY, Shi GQ, Fontaine R, *et al*. 2012. Evidence for the natural toxins from the mushroom *Trogia venenata* as a cause of sudden unexpected death in Yunnan Province, China[J]. Angewandte Chemie, 51(10): 2368-2370.

Zhu XT, Li YC, Wu G, *et al*. 2014. The genus *Imleria* (Boletaceae) in East Asia[J]. Phytotaxa, 191(1): 81-98.

中文名称索引

A

阿切尔笼头菌　228
哀牢山炮孔菌　172
安蒂拉斑褶菇　181
暗孢桩菇　348
暗顶蘑菇　211
暗盖淡鳞鹅膏　353
暗褐黄囊伞　135
暗褐乳菇　265
暗花纹小菇　177
暗蓝裸盖菇　201
暗鳞蘑菇　215
暗毛丝盖伞　154
暗缘乳菇　265

B

白杯伞状金钱菌　125
白褐半球盖菇　356
白褐离褶伞　286
白褐鳞伞　356
白黄粉褶蕈　238
白金钱菌　130
白绒拟鬼伞　232
白霜金钱菌　127
白褶歧盖伞　168
白棕口蘑　329
斑盖红金钱菌　308
斑拟鬼伞　233
半卵形斑褶菇　188
半被毛丝膜菌　91

半球原球盖菇　192
瓣缘金钱菌　129
棒柄瓶杯伞　119
棒囊盔孢伞　67
薄囊体多汁乳菇　279
薄瓢牛肝菌　221
杯伞状大金钱菌　287
鞭囊类脐菇　292
变孢硫磺菌　175
变红褐鹅膏　88
变红歧盖伞　166
变红青褶伞　226
变灰黑湿伞　258
变蓝斑褶菇　184
变绿粉褶菌　240
变紫乳菇　273
波纹尿囊菌　288
波缘盘菌　295
波状根盘菌　307

C

残托鹅膏　118
草黄口蘑　331
茶褐裂盖伞　198
长白歧盖伞　165
长孢歧盖伞　167
长柄鹅膏　96
长柄网孢牛肝菌　253
长根滑锈伞　250
长棱柄盘菌　349

长绒多汁乳菇　275
长腿疣钉菇　339
橙黄鹅膏　97
橙黄拟蜡伞　260
橙黄硬皮马勃　319
橙裸伞　141
赤脚鹅膏　84
臭粉褶菌　242
杵柄鹅膏　354
楚雄裸盖菇　199
纯黄白鬼伞　284
枞裸伞　144
丛生垂暮菇　261
丛生粉褶菌　239
粗鳞鹅膏　97
簇生盔孢伞　68
脆柄湿伞　257

D

大白桩菇　220
大孢粉末牛肝菌　304
大孢滑锈伞　251
大蝉草　208
大丛耳菌　343
大毒滑锈伞　249
大盖小皮伞　287
大果薄瓢牛肝菌　221
大果鹅膏　353
大红菇　311
大津粉孢牛肝菌　365

大理蘑菇　212
大囊盔孢伞　72
大平盘菌　138
单生裂盖伞　197
疸黄粉末牛肝菌　303
淡红鹅膏　62
淡黄红菇　312
淡紫丝盖伞　155
蛋黄丝盖伞　156
地鳞伞　301
点柄黄红菇　315
点柄乳牛肝菌　323
雕纹口蘑　334
碟状马鞍菌　146
丁香紫白环蘑　284
东方钉菇　245
东方褐盖口蘑　333
东方黄盖鹅膏　108
东方桩菇　348
毒粉褶菌　243
毒沟褶菌　351
毒红菇　312
毒环柄菇　82
毒盔孢伞　78
毒鹿花菌　145
毒新牛肝菌　290
毒蝇鹅膏　107
毒蝇口蘑　208
毒蝇歧盖伞　168
毒硬皮马勃　319

中文名称索引　381

短孢红菇　311
盾形环柄菇　359
盾状粉褶菌　239
多瓣鳞伞　299
多变丝盖伞　159
多鳞勒氏菌　282
多色杯伞　124
多形担子盔孢伞　77
多形盔孢伞　77

E
耳侧盘菌　294
耳状小塔氏菌　328
二梗金钱菌　126

F
发光类脐菇　293
帆孢盔孢伞　67
方孢粉褶菌　242
芳香杯伞　123
非凡红菇　313
肥脚白鬼伞　285
粉柄歧盖伞　169
粉红枝瑚菌　305
粉褶白环蘑　283
粪生斑褶菇　184
粪生黄囊菇　137
复生乳菇　277

G
盖条盔孢伞　74
橄榄斑褶菇　185
橄榄口蘑　332
橄榄褶乳菇　269
高地口蘑　330
高山毛脚乳菇　264
格纹鹅膏　102
沟条盔孢伞　78
古巴裸盖菇　200

冠状环柄菇　281
冠状球盖菇　207
光柄丝盖伞　153
光帽丝盖伞　164
光硬皮马勃　318

H
海南粉褶菌　240
海南歧盖伞　166
荷叶丝膜菌　93
褐点粉末牛肝菌　302
褐顶裂盖伞　194
褐黑口蘑　336
褐环黏盖牛肝菌　324
褐鳞粉末牛肝菌　303
褐鳞环柄菇　80
褐色圆孔牛肝菌　249
褐疣柄牛肝菌　281
褐云斑鹅膏　218
黑耳　244
黑褐乳菇　268
黑鳞口蘑　338
黑龙江盖尔盘菌　245
黑毛小塔式菌　327
黑网柄牛肝菌　306
黑紫变黑牛肝菌　120
红柄斑褶菇　188
红彩孔菌　146
红橙口蘑　329
红褐斑褶菇　189
红褐鹅膏　109
红褐乳菇　270
红黄红菇　314
红脚红菇　316
红硫黄菌　280
红笼头菌　228
红乳菇　271
红托鹅膏　112
红星头鬼笔　355

红皱乳菇　271
红锥形湿伞　258
厚瓢牛肝菌　256
胡萝卜色丝盖伞　148
湖南金钱菌　128
华丽新牛肝菌　178
华南黄囊伞　134
滑皮乳牛肝菌　324
环带斑褶菇　183
环带杯伞　124
环带丝膜菌　95
环带炮孔菌　174
环鳞鹅膏　99
环暮歧盖伞　171
黄白黏盖牛肝菌　327
黄斑蘑菇　217
黄豹斑鹅膏　101
黄柄鹅膏　100
黄柄裂盖伞　193
黄顶白缘鹅膏　104
黄盖鹅膏　64
黄盖粪锈伞　121
黄盖小脆柄菇　122
黄褐口蘑　330
黄褐盔孢伞　69
黄褐丝盖伞　151
黄褐疣孢斑褶菇　180
黄孔红孔牛肝菌　309
黄孔小乳牛肝菌　320
黄孔新牛肝菌　290
黄鳞鹅膏　116
黄鳞伞　298
黄裸盖菇　201
黄肉条孢牛肝菌　222
黄棕丝膜菌　91
灰豹斑鹅膏　103
灰盖粉褶鹅膏　60
灰盖拟鬼伞　231
灰花纹鹅膏　59

灰绿多汁乳菇　275
灰绒鹅膏　352
灰托柄菇　355
灰托鹅膏　355
灰疣鹅膏　103

J
鸡足山乳菇　266
迦佩盔孢伞　71
家园小鬼伞　229
假豹斑鹅膏　111
假残托鹅膏　111
假淡红鹅膏　65
假粉丝盖伞　160
假褐云斑鹅膏　88
假黄盖鹅膏　110
假卷盖马鞍菌　255
假蜜环菌　236
假球基鹅膏　104
假日本红菇　315
假异形丝盖伞　160
尖鳞伞　301
江西绿僵菌　288
姜黄裂盖伞　194
角鳞灰鹅膏　115
洁丽新香菇　362
洁小菇　178
芥味滑锈伞　251
金盖囊皮伞　235
金黄枝瑚菌　304
金毛鳞伞　297
近江粉褶菌　241
近毛脚乳菇　273
近肉红环柄菇　80
近血红丝膜菌　94
晶粒小鬼伞　230
酒红庭院牛肝菌　255
酒红褶滑锈伞　252
橘红褐色口蘑　331

具核金钱菌　132
卷边桩菇　347
卷鳞丝盖伞　150

K

喀斯特蘑菇　212
卡拉拉裸盖菇　202
糠鳞杵柄鹅膏　219
糠鳞小蘑菇　289
苦粉孢牛肝菌　341
苦味裸伞　143
块鳞灰鹅膏　354
宽孢红孔牛肝菌　309

L

蜡蘑状乳菇　268
辣味多汁乳菇　276
辣味丝盖伞　147
兰茂牛肝菌　175
蓝柄小鳞伞　191
蓝黄粉褶菌　238
劳里纳丝盖伞　155
类沿海丝盖伞　156
里肯斑褶菇　187
栎裸脚伞　248
栗色环柄菇　358
栗色丝膜菌　90
栗褶小脆柄菇　364
联柄小皮伞　360
裂盖伞　196
裂盖湿伞　259
裂皮鹅膏　63
林地盘菌　295
鳞柄白鹅膏　66
鳞盖黄囊伞　135
鳞毛丝盖伞　152
鳞皮扇菇　294
领口鹅膏　98
硫色口蘑　336

柳生光柄菇　191
鹿胶角菌　223
鹿角肉座壳菌　349
绿盖裘氏牛肝菌　224
绿褐裸伞　138
绿褐丝盖伞　150
绿囊斑褶菇　183
卵孢黄囊伞　137
卵囊裸盖菇　203
轮纹乳菇　274
落叶松裂盖伞　195

M

马鞍菌　254
马达加斯加湿伞（参照种）　257
马六甲蘑菇　213
麦角菌　123
毛脚乳菇　267
毛脚疣钉菇　341
毛头鬼伞　234
毛头乳菇　279
毛纹丝盖伞　154
毛缘菇　308
玫黄黄肉牛肝菌　121
美黄鹅膏　106
美丽褶孔牛肝菌　302
美洲白柄蘑　282
美洲乳牛肝菌　322
迷惑多汁乳菇　274
迷你丝盖伞　157
密褶裸脚伞　246
蜜环丝膜菌　89
蜜黄裂盖伞　195
棉毛丝盖伞　164
墨汁拟鬼伞　231
木生金钱菌　133
穆雷粉褶菌　241

N

奶油炮孔菌　173
拟毒蝇口蘑　332
拟荷叶丝膜菌　92
拟虎皮乳牛肝菌　325
拟华美丝盖伞　161
拟黄脚多汁乳菇　277
拟灰花纹鹅膏　60
拟栎裸脚伞　247
拟卵盖鹅膏　86
拟乳头状青褶伞　227
黏盖托光柄菇　343
黏皮鳞伞　299
黏乳牛肝菌　326

O

欧姆斯乳菇　269
欧氏鹅膏　87

P

旁遮普斑褶菇　187
泡孢盔孢伞　73
泡质盘菌　296

Q

桤生火菇　244
奇丝地花孔菌　218
脐凹灰盖杯伞　206
脐突假鸡油菌　224
铅绿青褶伞　226
铅紫异色牛肝菌　327
浅褐脐状金钱菌　126
浅褐疣钉菇　339
浅黄湿伞　259
浅鳞白鬼伞　285
翘鳞蛋黄丝盖伞　162
翘鳞黄棕丝盖伞　162
翘鳞伞　300
青脚丝盖伞　163

青绿黏湿伞　139
琼榆丝盖伞　149
球孢鹿花菌　145
球孢青褶伞　227
球盖青褶伞　225
球基鹅膏　117
球基蘑菇　210
雀斑鳞鹅膏　352

R

日本红菇　314
日本类脐菇　293
日本网孢牛肝菌　252
日本小林块腹菌　357
绒白多汁乳菇　280
绒边乳菇　270
绒柄金钱菌　132
柔锥盖伞　134
肉杯菌　317
肉褐鳞环柄菇　79
乳白锥盖伞　66
软托鹅膏　61
锐顶斑褶菇　180
锐鳞环柄菇　237
瑞丽裸盖菇　204

S

三针松裂盖伞　197
沙地裂盖伞　193
山地黄囊菇　136
烧地鳞伞　298
蛇皮盖红孔牛肝菌　310
蛇头菌　361
深凹漏斗伞　263
深褐顶蘑菇　213
湿金钱菌　128
鼠尾草垂暮菇　262
双孢斑褶菇　182
水环乳菇　264

斯氏拟鬼伞 233
四川鹿花菌 144
四川疣钉菇 340
似白乳菇 272
松林乳牛肝菌 325
松小乳牛肝菌 321
苏梅岛裸盖菇 204

T

台湾裸盖菇 205
苔藓盔孢伞 71
泰国鹅膏 114
泰国绿斑裸盖菇 206
条盖盔孢伞 76
条缘裸伞 142
铁盔孢伞 74
铜绿球盖菇 207
突顶口蘑 337
土红鹅膏 113
退紫丝膜菌 95

W

弯柄丝盖伞 151
晚生丝盖伞 165
网状硬皮马勃 318
萎垂暗枝瑚菌 362
纹柄盔孢伞 75
纹缘盔孢伞 72
紊纹盔孢伞 73
窝柄黄乳菇 272
乌莎裂盖伞 198
污白丝盖伞 152
污胶鼓菌 350
五棱散尾菌 360
五指山歧盖伞 171

X

西方肉杯菌 316
西藏金钱菌 131

西藏蘑菇 216
喜粪生裸盖菇 200
细柄青褶伞 225
细褐鳞蘑菇 214
细褐鳞歧盖伞 170
细黄鬼笔 363
细鳞丝膜菌 92
细鹿褐鳞歧盖伞 170
细条盔孢伞 68
细皱鬼笔 363
狭孢胶陀盘菌 328
仙女木金钱菌 127
纤细乳菇 266
纤细枝瑚菌 306
显鳞鹅膏 83
线形裸盖菇 202
相似裸脚伞 248
小白杯伞 176
小孢裸伞 142
小孢黏滑菇 250
小孢疣钉菇 340
小豹斑鹅膏 110
小蝉草 179
小毒红菇 313
小毒蝇鹅膏 105
小果蘑菇 217
小红褐蘑菇 215
小托柄鹅膏 99
小型斑褶菇 181
小致命鹅膏 63
斜盖粉褶菌 237
新茶褐裂盖伞 196
新假革耳 291
新胶鼓菌 361
新苦粉孢牛肝菌 342
星孢丝盖伞 147
锈口蘑 333
靴状拟金钱菌 133
雪白拟鬼伞 232

血红小菇 177

Y

亚毒环柄菇 81
亚粪生裸盖菇 205
亚红鹅膏 117
亚灰花纹鹅膏 64
亚辣味多汁乳菇 278
亚热带金钱菌 131
亚绒多汁乳菇 278
亚绒盖牛肝菌 344
亚稀褶红菇 345
亚小豹斑鹅膏 118
亚洲金钱菌 125
烟褐变黑牛肝菌 119
烟色垂暮菇 260
烟色红菇 365
叶状耳盘菌 350
异囊盔孢伞 70
异味鹅膏 85
荫生丝盖伞 163
银白离褶伞 286
隐藏丝盖伞 158
隐纹条孢牛肝菌 222
印度黄汁乳菇 267
油口蘑 346
疣孢褐盘菌 176
疣孢拟鬼伞 230
疣孢枝瑚菌 305
圆足鹅膏 115
云南棒瑚菌 229
云南裂盖伞 199
云南小乳牛肝菌 321
云杉金钱菌 130

Z

皂味口蘑 334
窄褶滑锈伞 356
毡盖金钱菌 129

毡盖美牛肝菌 223
毡毛小脆柄菇 263
詹尼暗金钱菌 296
赭红拟口蘑 338
赭黄裸伞 143
赭鹿花菌 190
芝麻厚瓤牛肝菌 256
直柄粉褶菌 243
致命鹅膏 58
掷丝膜菌 90
中国双环林地蘑菇 216
中华鹅膏 220
中华格氏菇 245
中华红孔牛肝菌 310
中华灰褐纹口蘑 335
中华金孢牛肝菌 344
中华苦口蘑 335
钟菌 209
钟形斑褶菇 186
皱柄白马鞍菌 254
皱盖钟菌 209
珠鸡白环蘑 283
珠亮平盘菌 236
蛛丝状散尾鬼笔 359
竹林拟口蘑 337
柱状拱门菌 358
砖红垂幕菇 262
锥鳞白鹅膏 89
紫褐鳞环柄菇 79
紫褐裸伞 140
紫罗兰钉菇 246
紫星裂盘菌 317
棕红新牛肝菌 289
棕糠丝盖伞 161

拉丁学名索引

A

Agaricus abruptibulbus 210
Agaricus atrodiscus 211
Agaricus daliensis 212
Agaricus karstomyces 212
Agaricus malangelus 213
Agaricus melanocapus 213
Agaricus moelleri 214
Agaricus phaeolepidotus 215
Agaricus semotus 215
Agaricus sinoplacomyces 216
Agaricus tibetensis 216
Agaricus tytthocarpus 217
Agaricus xanthodermus 217
Albatrellus dispansus 218
Amanita altipes 96
Amanita avellaneosquamosa 352
Amanita castanopsidis 97
Amanita citrina 97
Amanita clarisquamosa 83
Amanita collariata 98
Amanita concentrica 99
Amanita exitialis 58
Amanita farinosa 99
Amanita flavipes 100
Amanita flavopantherina 101
Amanita franzii 219
Amanita fritillaria 102
Amanita fuliginea 59
Amanita fuligineoides 60
Amanita griseofarinosa 352
Amanita griseopantherina 103
Amanita griseorosea 60
Amanita griseoverrucosa 103
Amanita gymnopus 84
Amanita ibotengutake 104
Amanita kotohiraensis 85
Amanita macrocarpa 353
Amanita melleialba 104
Amanita melleiceps 105
Amanita mira 106
Amanita molliuscula 61
Amanita muscaria 107
Amanita neoovoidea 86
Amanita oberwinkleriana 87
Amanita orientigemmata 108
Amanita orsonii 109
Amanita pallidorosea 62
Amanita parviexitialis 63
Amanita parvipantherina 110
Amanita porphyria 218
Amanita pseudogemmata 110
Amanita pseudopantherina 111
Amanita pseudoporphyria 88
Amanita pseudosychnopyramis 111
Amanita rimosa 63
Amanita rubrovolvata 112
Amanita rufobrunnescens 88
Amanita rufoferruginea 113
Amanita sepiacea 353
Amanita siamensis 114
Amanita sinensis 220
Amanita sinocitrina 354
Amanita sphaerobulbosa 115
Amanita spissa 354
Amanita spissacea 115
Amanita subfrostiana 116
Amanita subfuliginea 64
Amanita subglobosa 117
Amanita subjunquillea 64
Amanita subpallidorosea 65
Amanita subparcivolvata 117
Amanita subparvipantherina 118
Amanita sychnopyramis 118
Amanita vaginata 355
Amanita virgineoides 89
Amanita virosa 66
Amanitopsis vaginata 355
Ampulloclitocybe clavipes 119
Anthracoporus holophaeus 119
Anthracoporus nigropurpureus 120
Aseroe rubra 355
Aspropaxillus giganteus 220

B

Baorangia major 221
Baorangia pseudocalopus 221
Bolbitius titubans 121
Boletellus aurocontextus 222
Boletellus indistinctus 222
Bulgaria inquinans 350
Butyriboletus roseoflavus 121

C

Caloboletus panniformis 223
Calocera viscosa 223
Candolleomyces candolleanus 122
Cantharellula umbonata 224
Chiua virens 224
Chlorophyllum demangei 225
Chlorophyllum globosum 225
Chlorophyllum hortense 226
Chlorophyllum molybdites 226
Chlorophyllum neomastoideum 227
Chlorophyllum sphaerosporum 227
Clathrus archeri 228
Clathrus ruber 228
Clavariadelphus yunnanensis 229
Claviceps purpurea 123
Clitocybe fragrans 123
Clitocybe rivulosa 124
Clitocybe subditopoda 124
Collybia alboclitocyboides 125
Collybia asiatica 125
Collybia bisterigmata 126

Collybia brunneoumbilicata 126
Collybia dealbata 127
Collybia dryadicola 127
Collybia humida 128
Collybia hunanensis 128
Collybia pannosa 129
Collybia petaloidea 129
Collybia phyllophila 130
Collybia piceata 130
Collybia subtropica 131
Collybia tibetica 131
Collybia tomentostipes 132
Collybia tuberosa 132
Collybia xylogena 133
Collybiopsis peronata 133
Conocybe apala 66
Conocybe tenera 134
Coprinellus domesticus 229
Coprinellus micaceus 230
Coprinopsis alopecia 230
Coprinopsis atramentaria 231
Coprinopsis cinerea 231
Coprinopsis lagopus 232
Coprinopsis nivea 232
Coprinopsis picacea 233
Coprinopsis strossmayeri 233
Coprinus comatus 234
Cordierites frondosus 350
Cortinarius armillatus 89
Cortinarius bolaris 90
Cortinarius castaneus 90
Cortinarius cinnamomeus 91
Cortinarius hemitrichus 91
Cortinarius pseudosalor 92
Cortinarius rubellus 92
Cortinarius salor 93
Cortinarius subsanguineus 94
Cortinarius traganus 95
Cortinarius trivialis 95
Cystoderma aureum 235

D

Deconica austrosinensis 134
Deconica furfuracea 135
Deconica fuscobrunnea 135
Deconica merdaria 137
Deconica montana 136
Deconica ovispora 137
Desarmillaria tabescens 236
Discina ancilis 236
Discina gigas 138

E

Echinoderma asperum 237
Entoloma abortivum 237
Entoloma album 238
Entoloma caeruleoflavum 238
Entoloma caespitosum 239
Entoloma clypeatum 239
Entoloma hainanense 240
Entoloma incanum 240
Entoloma murrayi 241
Entoloma omiense 241
Entoloma quadratum 242
Entoloma rhodopolium 242
Entoloma sinuatum 243
Entoloma strictius 243
Exidia glandulosa 244

F

Flammula alnicola 244

G

Galerina calyptrata 67
Galerina clavata 67
Galerina fasciculata 68
Galerina filiformis 68
Galerina helvoliceps 69
Galerina heterocystis 70
Galerina hypnorum 71
Galerina jaapii 71
Galerina marginata 72
Galerina megalocystis 72
Galerina perplexa 73
Galerina physospora 73
Galerina pistillicystis 74
Galerina sideroides 74
Galerina stylifera 75
Galerina sulciceps 76
Galerina triscopa 77
Galerina variibasidia 77
Galerina venenata 78
Galerina vittiformis 78
Galiella amurensis 245
Gerhardtia sinensis 245
Gliophorus psittacinus 139
Gomphus orientalis 245
Gomphus violaceus 246
Gymnopilus aeruginosus 138
Gymnopilus dilepis 140
Gymnopilus junonius 141
Gymnopilus liquiritiae 142
Gymnopilus minisporus 142
Gymnopilus penetrans 143
Gymnopilus picreus 143
Gymnopilus sapineus 144
Gymnopus densilamellatus 246
Gymnopus dryophiloides 247
Gymnopus dryophilus 248
Gymnopus similis 248
Gyromitra sichuanensis 144
Gyromitra sphaerospora 145
Gyromitra venenata 145
Gyroporus paramjitii 249

H

Hapalopilus rutilans 146
Hebeloma angustilamellatum 356
Hebeloma crustuliniforme 249
Hebeloma parvisporum 250
Hebeloma radicosum 250
Hebeloma sacchariolens 251
Hebeloma sinapizans 251
Hebeloma vinosophyllum 252
Heimioporus gaojiaocong 253
Heimioporus japonicus 252
Helvella acetabulum 146
Helvella crispa 254
Helvella elastica 254
Helvella pseudoreflexa 255
Hemistropharia albocrenulata 356
Hortiboletus subpaludosus 255
Hourangia cheoi 256
Hourangia nigropunctata 256
Hygrocybe cf. *astatogala* 257
Hygrocybe debilipes 257
Hygrocybe flavescens 259
Hygrocybe griseonigricans 258
Hygrocybe rimosa 259
Hygrocybe rubroconica 258
Hygrophoropsis aurantiaca 260
Hypholoma capnoides 260
Hypholoma fasciculare 261
Hypholoma lateritium 262
Hypholoma myosotis 262

I

Infundibulicybe gibba 263
Inocybe acriolens 147
Inocybe asterospora 147
Inocybe caroticolor 148
Inocybe carpinicola 149
Inocybe cincinnata 150
Inocybe corydalina 150
Inocybe curvipes 151
Inocybe flavobrunnea 151
Inocybe flocculosa 152
Inocybe geophylla 152
Inocybe glabripes 153
Inocybe hirtella 154
Inocybe lacera 154

Inocybe lanuginosa 164
Inocybe laurina 155
Inocybe lilacina 155
Inocybe lutea 156
Inocybe maritimoides 156
Inocybe minima 157
Inocybe nitidiuscula 164
Inocybe occulta 158
Inocybe plurabellae 159
Inocybe pseudorubens 160
Inocybe pseudoteraturgus 160
Inocybe rufotacta 161
Inocybe serotina 165
Inocybe splendentoides 161
Inocybe squarrosofulva 162
Inocybe squarrosolutea 162
Inocybe subaeruginascens 163
Inocybe umbratica 163
Inosperma changbaiense 165
Inosperma erubescens 166
Inosperma hainanense 166
Inosperma longisporum 167
Inosperma muscarium 168
Inosperma nivalellum 168
Inosperma rosellicaulare 169
Inosperma squamulosobrunneum 170
Inosperma squamulosohinnuleum 170
Inosperma wuzhishanense 171
Inosperma zonativeliferum 171

K

Kobayasia nipponica 357

L

Lacrymaria lacrymabunda 263
Lactarius alpinihirtipes 264
Lactarius aquizonatus 264
Lactarius atrobrunneus 265

Lactarius atromarginatus 265
Lactarius chichuensis 266
Lactarius gracilis 266
Lactarius hirtipes 267
Lactarius indochrysorrheus 267
Lactarius laccarioides 268
Lactarius lignyotus 268
Lactarius necator 269
Lactarius oomsisiensis 269
Lactarius pubescens 270
Lactarius repraesentaneus 277
Lactarius rubrobrunneus 270
Lactarius rubrocorrugatus 271
Lactarius rufus 271
Lactarius scoticus 272
Lactarius scrobiculatus 272
Lactarius subhirtipes 273
Lactarius torminosus 279
Lactarius uvidus 273
Lactarius zonarius 274
Lactifluus deceptivus 274
Lactifluus glaucescens 275
Lactifluus pilosus 275
Lactifluus piperatus 276
Lactifluus pseudoluteopus 277
Lactifluus subpiperatus 278
Lactifluus subvellereus 278
Lactifluus tenuicystidiatus 279
Lactifluus vellereus 280
Laetiporus ailaoshanensis 172
Laetiporus cremeiporus 173
Laetiporus montanus 280
Laetiporus versisporus 175
Laetiporus zonatus 174
Lanmaoa asiatica 175
Laternea columnata 358
Leccinum scabrum 281
Legaliana badia 176
Lepiota brunneoincarnata 79
Lepiota brunneolilacea 79

Lepiota castanea 358
Lepiota clypeolaria 359
Lepiota cristata 281
Lepiota helveola 80
Lepiota subincarnata 80
Lepiota subvenenata 81
Lepiota venenata 82
Leratiomyces squamosus 282
Leucoagaricus americanus 282
Leucoagaricus leucothites 283
Leucoagaricus meleagris 283
Leucoagaricus purpureolilacinus 284
Leucocoprinus birnbaumii 284
Leucocoprinus cepistipes 285
Leucocoprinus cretaceus 285
Leucocybe candicans 176
Leucocybe connata 286
Lyophyllum leucophaeatum 286
Lysurus arachnoideus 359
Lysurus mokusin 360

M

Marasmius cohaerens 360
Marasmius maximus 287
Megacollybia clitocyboidea 287
Meiorganum curtisii 288
Metarhizium jiangxiense 288
Micropsalliota furfuracea 289
Mutinus caninus 361
Mycena haematopus 177
Mycena pelianthina 177
Mycena pura 178

N

Neoboletus brunneorubrocarpus 289
Neoboletus flavidus 290
Neoboletus magnificus 178
Neoboletus venenatus 290

Neobulgaria pura 361
Neolentinus lepideus 362
Neonothopanus nambi 291

O

Omphalotus flagelliformis 292
Omphalotus guepiniiformis 293
Omphalotus olearius 293
Ophiocordyceps sobolifera 179
Otidea cochleata 294

P

Panaeolina foenisecii 180
Panaeolus acuminatus 180
Panaeolus alcis 181
Panaeolus antillarum 181
Panaeolus bisporus 182
Panaeolus chlorocystis 183
Panaeolus cinctulus 183
Panaeolus cyanescens 184
Panaeolus fimicola 184
Panaeolus olivaceus 185
Panaeolus papilionaceus 186
Panaeolus punjabensis 187
Panaeolus rickenii 187
Panaeolus rubricaulis 188
Panaeolus semiovatus 188
Panaeolus subbalteatus 189
Panellus stipticus 294
Paragyromitra infula 190
Paxillus involutus 347
Paxillus obscurisporus 348
Paxillus orientalis 348
Paxina macropus 349
Peziza arvernensis 295
Peziza repanda 295
Peziza vesiculosa 296
Phaeoclavulina flaccida 362
Phaeocollybia jennyae 296
Phallus rugulosus 363

Phallus tenuis　363
Pholiota albocrenulata　356
Pholiota aurivella　297
Pholiota carbonaria　298
Pholiota flammans　298
Pholiota lubrica　299
Pholiota multicingulata　299
Pholiota squarrosa　300
Pholiota squarrosoides　301
Pholiota terrestris　301
Pholiotina cyanopus　191
Phylloporus bellus　302
Pluteus salicinus　191
Protostropharia semiglobata　192
Psathyrella castaneifolia　364
Pseudosperma arenarium　193
Pseudosperma citrinostipes　193
Pseudosperma conviviale　194
Pseudosperma fulvidiscum　194
Pseudosperma laricis　195
Pseudosperma melleum　195
Pseudosperma neoumbrinellum　196
Pseudosperma rimosum　196
Pseudosperma singulare　197
Pseudosperma triaciculare　197
Pseudosperma umbrinellum　198
Pseudosperma ushae　198
Pseudosperma yunnanense　199
Psilocybe chuxiongensis　199
Psilocybe coprophila　200
Psilocybe cubensis　200
Psilocybe cyanescens　201
Psilocybe fasciata　201
Psilocybe keralensis　202
Psilocybe liniformans　202
Psilocybe ovoideocystidiata　203
Psilocybe ruiliensis　204

Psilocybe samuiensis　204
Psilocybe subcoprophila　205
Psilocybe taiwanensis　205
Psilocybe thaiaerugineomaculans　206
Pulveroboletus brunneopunctatus　302
Pulveroboletus brunneoscabrosus　303
Pulveroboletus icterinus　303
Pulveroboletus macrosporus　304

R

Ramaria aurea　304
Ramaria flava　305
Ramaria formosa　305
Ramaria gracilis　306
Retiboletus nigerrimus　306
Rhizina undulata　307
Rhodocollybia maculata　308
Ripartites tricholoma　308
Rubroboletus flavus　309
Rubroboletus latisporus　309
Rubroboletus serpentiformis　310
Rubroboletus sinicus　310
Russula adusta　365
Russula alutacea　311
Russula brevispora　311
Russula emetica　312
Russula flavida　312
Russula fragilis　313
Russula insignis　313
Russula japonica　314
Russula luteotacta　314
Russula nigricans　365
Russula pseudojaponica　315
Russula punctipes　315
Russula rufobasalis　316

Russula subnigricans　345

S

Sarcoscypha coccinea　317
Sarcoscypha occidentalis　316
Sarcosphaera coronaria　317
Scleroderma areolatum　318
Scleroderma cepa　318
Scleroderma citrinum　319
Scleroderma venenatum　319
Spodocybe umbilicata　206
Stropharia aeruginosa　207
Stropharia coronilla　207
Suillellus flaviporus　320
Suillellus pinophilus　321
Suillellus yunnanensis　321
Suillus americanus　322
Suillus granulatus　323
Suillus huapi　324
Suillus luteus　324
Suillus phylopictus　325
Suillus pinetorum　325
Suillus placidus　327
Suillus viscidus　326
Sutorius eximius　327

T

Tapinella atrotomentosa　327
Tapinella panuoides　328
Tolypocladium dujiaolongae　208
Trichaleurina tenuispora　328
Trichoderma cornu-damae　349
Tricholoma albobrunneum　329
Tricholoma aurantium　329
Tricholoma equestre　346
Tricholoma focale　331
Tricholoma fulvum　330
Tricholoma highlandense　330

Tricholoma lascivum　331
Tricholoma muscarioides　332
Tricholoma muscarium　208
Tricholoma nigrosquamosum　338
Tricholoma olivaceum　332
Tricholoma orientifulvum　333
Tricholoma pessundatum　333
Tricholoma saponaceum　334
Tricholoma scalpturatum　334
Tricholoma sinoacerbum　335
Tricholoma sinoportentosum　335
Tricholoma sulphureum　336
Tricholoma ustale　336
Tricholoma virgatum　337
Tricholomopsis bambusina　337
Tricholomopsis rutilans　338
Trogia venenata　351
Turbinellus fujisanensis　339
Turbinellus longistipes　339
Turbinellus parvisporus　340
Turbinellus szechwanensis　340
Turbinellus tomentosipes　341
Tylopilus felleus　341
Tylopilus neofelleus　342
Tylopilus otsuensis　365

V

Verpa bohemica　209
Verpa digitaliformis　209
Volvopluteus gloiocephalus　343

W

Wynnea gigantea　343

X

Xanthoconium sinense　344
Xerocomus subtomentosus　344